城市污水回用深度处理设施设计计算

崔玉川　主　编

张　弛　副主编

（第三版）

化学工业出版社

·北京·

内容简介

本书介绍了城市污水回用的途径、深度处理的工艺和要求，主要以计算例题的形式具体阐述了城市污水回用深度处理各单元工艺设施的设计计算内容、方法和步骤。全书共九章，内容包括城市污水回用深度处理的要求及工艺，脱氮除磷设施，混凝设施，沉淀、澄清、气浮设施，过滤设施，活性炭吸附及软化装置，膜分离装置，消毒，国内外部分已建城市污水深度处理回用工程实例。

本书具有较强的针对性和可操作性，可供给水排水、环境工程等领域的工程技术人员参考，也可供高等学校给水排水、环境工程等相关专业师生参阅。

图书在版编目（CIP）数据

城市污水回用深度处理设施设计计算/崔玉川主编；张弛副主编 .—3 版 .—北京：化学工业出版社，2024.3

ISBN 978-7-122-44961-0

Ⅰ.①城…　Ⅱ.①崔…②张…　Ⅲ.①城市污水处理-深度处理-水处理设施-设计计算　Ⅳ.①X799.303.3

中国国家版本馆 CIP 数据核字（2024）第 022472 号

责任编辑：董　琳　　　装帧设计：关　飞
责任校对：王鹏飞

出版发行：化学工业出版社
　　　　　（北京市东城区青年湖南街 13 号　邮政编码 100011）
印　　　装：北京科印技术咨询服务有限公司数码印刷分部
787mm×1092mm　1/16　印张 26　字数 570 千字
2024 年 6 月北京第 3 版第 1 次印刷

购书咨询：010-64518888　　　售后服务：010-64518899
网　　　址：http://www.cip.com.cn
凡购买本书，如有缺损质量问题，本社销售中心负责调换。

定　　　价：198.00 元　　　　版权所有　违者必究

前 言

近年来，随着经济的快速发展和人口的不断增涨，水资源短缺和水环境污染已成了全球面临的重大水安全问题。若与雨水和海水相比，城镇产生的污水量大且稳定，水质可控，就近可取，是可靠的第二水源。其再生利用潜力巨大、经济可行，也是解决缺水和水污染问题的双赢途径。

2021 年 1 月，我国在国家发展改革委联合九部门印发的《关于推进污水资源化利用的指导意见》中，明确了我国污水再生利用的发展目标、重要任务和重点工程，标志着污水再生利用上升为国家行动计划。"十四五"期间和未来15 年，我国再生水利用将会得到快速发展。

《城市污水回用深度处理设施设计计算》（第二版）出版至今已有 6 年多时间，应当进一步更新丰富内容，使其使用参考价值与时俱进。此次再版，其增新删旧的主要内容如下。

① 对第一章的内容进行了更新修改。

② 增加了几种新型深度处理单元技术的计算例题。

③ 更新和补充了附录中的几个重要水质标准。

④ 对不常用设施的计算例题进行了删减。

⑤ 对第九章的实例进行了增减。

⑥ 对书中的设计综合例题进行了全部验算改正。

城镇污水的深度处理工艺一般包括脱氮除磷（活性污泥法、生物膜法），澄清（絮凝、沉淀、气浮、过滤），软化除盐（离子交换、ED、UF、RO），吸附（粒状或粉状活性炭），消毒（氯及其衍生物、紫外线、臭氧和高级氧化）等。本书列出各处理单元设施的设计计算例题共 78 个。本书可供给水排水工程、环境工程等专业的工程技术人员及高等学校相关专业师生使用参考。

本书由太原理工大学崔玉川主编，张弛副主编，参与编写的人员有陈琳、王树峰、付世沫、王红涛等。在此对本书第二版的第二主编陈宏平表示感谢。

由于编写时间紧张，资料有限，书中难免会有不足及缺憾，敬请读者指教！

编者

2023 年 8 月

第一版前言

我国是一个缺水的国家,人均水资源占有量不足世界人均值的1/4,被联合国粮农组织列为13个缺水国之一。20世纪80年代以来,随着我国经济的迅速发展,以及人民生活水平的提高,一方面使城市需水量大大增加,供需矛盾日益突出;另一方面污废水的排放量与日俱增,既污染了水环境,又浪费了水资源。因此,实施污水回用的城市污水资源化方略,既可解决缺水问题,又可合理利用水资源,既可节约用水,又有利于环境保护,是水资源可持续利用以保证城市建设和经济建设可持续发展的重要举措之一。

本书首先介绍了城市污水回用的途径、深度处理的工艺和要求,之后主要以计算例题的形式具体阐述了城市污水回用深度处理各单元工艺设施(设备、装置和构筑物)的设计计算内容、方法和步骤。内容包括混凝、沉淀(澄清、气浮)、过滤、消毒,以及活性炭吸附、离子交换、膜分离技术(电渗析、反渗透、超滤)、臭氧氧化和脱氮除磷等单元处理设施的设计计算例题共90个。本书可供给水排水、环境工程等专业的工程技术人员和大专院校师生使用或参考。

本书由崔玉川主编,各章的编写分工为:第一章、第二章、第四章、第八章由崔玉川、张东伟编写;第三章、第七章由张东伟编写;第五章、第六章由杨崇豪编写。

由于我国尚未颁布有关详尽的法规性设计文件,加上我们的水平有限,书中难免会有不足和缺憾,恳请读者指正。

编者
2003年1月

第二版前言

《城市污水回用深度处理设施设计计算》的第一版于 2003 年 7 月出版，至今已有 12 年时间了，我们感谢广大读者对本书的喜爱。

随着我国工农业生产的迅猛发展和人民生活水平的不断提高，对水资源的需求量日益增加。而水资源严重短缺和自然水体污染程度日益加重，缺水已成为制约我国社会经济发展的重要因素之一。为了保证国民经济的可持续发展和改善生态环境，缓解城市发展与水资源短缺之间的矛盾，将城市污水处理厂的出水作为城市第二水源，实现城市污水资源化是解决这一问题的良策。

近些年来，由于城市污水资源化工程越来越多，污水回用处理技术不断开发创新，有关的设计规范及回用标准不断更新，本书第一版原有的内容已经不能很好地满足现在的使用要求。因此，结合城市污水处理技术的发展和应用情况编写本书的第二版，以使其内容与时俱进，为读者提供更好的学习参考书。

本书在保持第一版特点和风格的基础上，扩充、更新了一些工艺技术、设施和计算方法与例题，以及城市污水回用处理的工程案例。具体内容如下。

① 按照城市污水处理厂深度处理的流程特点，更新整合了本书的组成体系和章节顺序，将脱氮除磷设施置于第二章。删去了回用处理不多用的工艺技术和构筑物设施的设计计算例题。

② 按照最新室外排水设计规范（GB 50014—2006）的要求，对常用的脱氮除磷工艺设施进行了重新设计计算。并增加了曝气生物滤池、复合生物反应池、AB 法工艺、SBR 工艺、MBR 工艺的设计计算例题。

③ 澄清处理部分增加了网格絮凝池、高密度沉淀池、机械刮泥沉

淀池、涡凹气浮、溶气泵气浮、V形滤池、翻板滤池、转盘滤池的计算例题。

④ 水质软化部分增加了全自动软水器、石灰法软化及纳滤软化的计算例题。

⑤ 消毒部分增加了漂白粉、次氯酸钠和紫外线消毒的计算例题。

⑥ 汇集并更新了有关的水质标准。

⑦ 增设了一章"国内外部分已建城市污水深度处理回用工程实例"。

书中共列出污水深度处理的脱氮除磷（活性污泥法、生物膜法）、澄清（絮凝、沉淀、气浮、过滤）、软化除盐（离子交换、ED、UF、RO）、吸附和消毒（粒状与粉状活性炭吸附，氯及其衍生物、紫外线与臭氧消毒）的各处理单元设施的设计计算例题共77个。

本书由崔玉川、陈宏平主编，曹昉、付世沫、周茜参加了部分章节的编写。另外，吕秀彬、杨雅云、李谦等协助做了不少辅助性工作，天津膜天膜科技股份有限公司的孙超及其他设计、环保单位的同行提供了有关计算及工程应用资料，特致谢意！同时，对本书第一版的参编者张东伟和杨崇豪表示深深感谢。

本书可供从事给水排水工程、环境工程、资源与环境工程等相关专业的设计、研究、管理和设备制造的工程技术人员参考使用，也可供高等学校相关专业师生学习参考。

由于我们的水平有限，书中难免会有缺点和不妥之处，敬请读者批评指正。

编者

2015 年 6 月

目 录

第二章 脱氮除磷设施 / 25

第三章 混凝设施 / 103

第四章　沉淀、澄清、气浮设施 / 156

第五章　过滤设施 / 224

第六章　活性炭吸附及软化装置　/285

第七章　膜分离装置　/319

第九章 国内外部分已建城市污水深度处理回用工程实例 / 379

附录 / 391

参考文献 / 400

第一章
城市污水回用深度处理的要求及工艺

随着人口不断增长和经济飞速发展，用水量及排水量正在逐年增加，而有限的水资源又被不断污染。加上地区性的水资源分布不均和周期性干旱，导致淡水资源日益短缺，水资源的供需矛盾愈加尖锐。在这种形势下，人们不得不在天然水资源之外通过多种途径开发新水源。主要有：①海水淡化；②远距离调水；③城市污水处理回用；④雨水收集、处理、利用等。相比之下，污水处理回用投资少、工期短、见效快，比较现实易行，具有重要意义。

我国已颁发了《水回用导则》系列国家标准，包括《再生水厂水质管理》（GB/T 4016—2021）、《污水再生处理技术与工艺评价方法》（GB/T 4017—2021）、《再生水分级》（GB/T 4018—2021）、《再生水利用效益评价》（GB/T 42247—2022）四个方面为我国污水资源化利用发展提供重要标准依据，对于加强再生水分级管理，引导污水再生处理技术开发与优化进步，促进再生水行业快速发展具有重要意义。

第一节　城市污水资源化及回用途径

污水即在生产与生活中排放的水的总称。从水质上看，是受到人为的物理性、化学性、生物性、放射性等因素侵害后的水，其水质成分或外观性状对饮用、使用和环境会造成危害与风险。再生水是污水经处理后达到一定水质要求，满足某种使用功能，可以安全、有益使用的水。

一、城市污水资源化的内涵意义

排入城市排水设施的污水主要包括生活污水、符合排入城市下水道水质标准的工业废水、雨水和通过排水管道接口渗入的地下水。

污水再生处理是以生产再生水为目的，对达到《污水综合排放标准》（GB 8978—1996）或《城镇污水处理厂污染物排放标准》（GB 18918—2002）的污水厂出水，进行净化处理的过程。

城市污水处理分为两大类型，即达标排放型的无害化处理和达标回用型的资源化处理。城市污水资源化是将污水进行深度处理后，进行直接再利用，使之成为城市水资源的一个重要的组成部分。其意义如下。

1. 可缓解水资源的供需矛盾

由于全球性水资源危机正威胁着人类的生存和发展，世界上的许多国家和地区已对城市污水处理回用做出总体规划，把经适当处理的污水作为一种新水源，以缓解水资源的紧缺状况。

2019 年我国城镇污水排放量约为 $750 \times 10^8 \, \mathrm{m}^3$，城镇污水处理厂数量约 3919 座，但污水再生利用率仅约 15%。据 2021 年国家发展改革委联合九部委出台的《关于推进污水资源化利用的指导意见》，到 2025 年，我国缺水城市再生水利用率达到 25% 以上，京津冀地区达到 35% 以上，黄河流域中下游地级及以上缺水城市力争达到 30%，预计"十四五"期间和未来几年，我国再生水利用将会得到更快发展。

综上所述，实施城市污水资源化，把城市污水处理后作为第二水源加以利用，是合理利用水资源的重要途径。城市污水处理后回用可以减少城市新鲜水的取用量，减轻城市供水不足的压力和负担，缓解水资源的供需矛盾，这对缺水城市来说意义更为重大。搞污水回用，实现污水资源化势在必行。

2. 体现了水的"优质优用，低质低用"原则

各种用途的用水并非都需要优质水，以生活用水为例，其中用于烹饪、饮用的水约占 5%，而对占 20%~30% 不与人体直接接触的生活杂用水并无过高水质要求。为了避免市政、娱乐、景观、环境用水过多占用居民生活所需的优质水，美国佛罗里达州规定：这些"用户"必须采用能满足其水质要求的较低水质的水源，即不允许将高一级水质的水用于要求低一级水质的场合。这应是合理利用水资源的一条普遍原则。由此可扩大可利用水资源的范围和水的有效利用程度。

3. 有利于提高城市水资源利用的综合经济效益

① 为城市建立第二供水系统，提供新水源。城市污水水质和水量相对稳定，不受气候等自然条件的影响，且就近可得，易于收集。与长距离引水制备自来水相比，不但节省了水资源费，还节省了远距离输水的动力费和取水管道的基建费等。同时，以城市污水厂二级处理出水为原水的再生水厂的制水成本一般都远低于自来水厂的制水成本。另外，城市污水回用要比海水淡化经济。海水含 3.5% 的溶解盐和有机物，其杂质含量为污水二级

处理出水的 35 倍以上。因此，无论基建费或运行成本，海水淡化费用均超过污水回用的处理费用。所以，城市污水回用在经济上更具明显的优势。

② 除减去了排污收费外，污水回用所收取的水费可以使污水处理行业获得有力的财政支持，使水污染防治得到可靠的经济保证。

③ 建设健康、良好的水环境是现代城市的重要基础条件，城区水系对净化空气、消除水体污染、调节局部小气候产生重要作用，大大改善了城区自然环境和人居环境。城市污水再生回用作为城区水系的补充水，为城市水环境的改善提供了一个契机。一方面它可以缓解城市对新鲜水的需求，另一方面也减少了排向城市自然水体的污染物量，由此而带来的直接和间接的社会效益、环境效益不可估量。城市污水回用在解决水资源短缺的同时，使部分被污染的水体逐渐更新、复活，可有效保护水源，降低该水源的水处理费用，使有限的资金得到更高效的利用。因为将严重受污染的水处理到合格的程度，不仅费用高昂，往往难度很大。

4. 城市污水回用是实现环境保护战略的重要措施

城市污水回用与"清洁生产""源头削减"和"废物减量化"等环境保护战略措施是密切相关的。事实上，城市污水回用也是污水的一种"回收"和"削减"，而且水中相当一部分污染物质只能在回用基础上才能回收。

二、我国城市污水处理后的回用方向

污水再生利用是解决水资源短缺和水环境污染问题的重要措施，其经济上可行、技术上可靠。全球许多国家和地区已开展了卓有成效的再生水利用，例如美国、日本、澳大利亚、以色列、新加坡等国是开展相关理论研究、技术研发和工程实践较早的国家。近年来，我国城镇污水基础设施发展迅速，污水处理能力不断提升，污水处理出水水质不断提高，为再生水利用奠定了良好基础。

根据我国《城镇污水再生利用工程设计规范》（GB 50335—2016），其回用途径大致有五类，见表 1-1。

表 1-1　城市污水再生利用类别

序号	分类	范围	示例
1	农、林、牧、渔业用水	农田灌溉	种籽与育种、粮食与饲料、经济作物
		造林育苗	种籽、苗木、苗圃、观赏植物
		畜牧养殖	畜牧、家畜、家禽
		水产养殖	淡水养殖
2	城市杂用水	城市绿化	公共绿地、住宅小区绿化
		冲厕	厕所便器冲洗
		道路清扫	城市道路的冲洗及喷洒
		车辆冲洗	各种车辆冲洗
		建筑施工	施工场地清扫、浇洒、灰尘抑制、混凝土制备与养护、施工中的混凝土构件和建筑物冲洗
		消防	消火栓、消防水炮

序号	分类	范围	示例
3	工业用水	冷却用水	直流式、循环式
		洗涤用水	冲渣、冲灰、消烟、除尘、清洗
		锅炉用水	中压、低压锅炉
		工艺用水	溶料、水浴、蒸煮、漂洗、水力开采、力水输送、增湿、稀释、搅拌、选矿、油田回注
		产品用水	浆料、化工制剂、涂料
4	环境用水	娱乐性景观环境用水	娱乐性景观河道、景观湖泊及水景
		观赏性景观环境用水	观赏性景观河道、景观湖泊及水景
		湿地环境用水	恢复自然湿地、营造人工湿地
5	补充水源水	补充地表水	河流、湖泊
		补充地下水	水源补给、防止海水入侵、防止地面沉降

（1）农、林、牧、渔业用水　农、林、牧、渔业用水包括农田灌溉、造林育苗、畜牧养殖、水产养殖、牧草、苗木、农副产品、洗涤及冷冻等用水，其中农田灌溉是将污水施于土地，同时满足处理与植物生长所需。城市污水回用于农田灌溉，历史悠久，范围也最广泛，为污水回用的首选对象。其优点如下。

① 农田灌溉用水量较大，再生水回用于农田灌溉，不仅可以缓解工、农业争水的矛盾，还可以把节约下来的优质水用于城市生活，有利于合理利用水资源。例如，北京市通过再生水灌溉、雨洪水利用。

② 既可利用污水的肥效，还可利用土壤-植物系统的自然净化功能减轻污染。

③ 与其他用水相比，农田灌溉用水对水质要求不高，一般二级处理水经适当处理即可满足水质要求，制水成本低。

因此，城市污水处理后用作农、林、牧、渔业用水有着广阔的前途。

（2）城市杂用水　城市杂用水包括城市绿化、冲厕、道路清扫、车辆冲洗、建筑施工、消防等用水。

从卫生和健康角度考虑，污水处理后作为城市杂用水应进行严格消毒；从输水的经济性出发，车辆冲洗和道路清扫用水应设置集中取水点，环境、娱乐和景观用水的供水范围不能过度分散，应以大型风景区、公园、苗圃、城市森林公园为回用目标。

（3）工业用水　工业用水包括冷却用水、洗涤用水、锅炉用水、工艺用水、产品用水等用水。

在城市用水中，工业用水所占比例很大，面对淡水日缺、水价不断上涨的现实，工业企业除了尽力提高水的循环利用率外，还要逐步将城市污水再生后回用。许多国家建有专门将再生水供给工业用水大户的工业水道系统，除作为冷却水外，还可以作为产品处理用水、原料用水及锅炉用水。其有利条件有以下几点。

① 工业用户紧邻供水水源，就近可得，不必长距离引输。

② 水源稳定，不会出现枯水期用水紧张的问题。

③ 城市污水厂的二级处理出水经过简单的深度处理，即可满足许多工业部门用水的水质要求，成本远比长距离引水低。

④ 可将节省下来的自来水供给城市居民生活用水。

城市污水再生后回用于工业有以下三种主要用途。

① 冷却用水。冷却水在工业用水中一般占70%～80%或更多，且水质要求相对较低，因而是城市污水工业回用的大户和主要对象。

② 锅炉补充水。对一般锅炉用水，尚需软化、脱盐等处理后方可使用；对于高压锅炉，特别是超高压锅炉，由于水质要求高，近期内还不可能普遍利用。

③ 工艺用水。由于不同的生产工艺对水质要求差别很大，因此应根据其对水质的不同要求而定。

（4）环境用水　环境用水包括娱乐性景观环境用水、观赏性景观环境用水、湿地环境用水等。

景观水体分为两类：一类为人体非全身性接触的娱乐性景观水体；另一类为人体非直接接触的观赏性景观水体。从环境质量考虑，景观用水应保持城市地面水的环境质量，注意防止水体富营养化的发生，在使用中可采用水生植物净化措施或人工曝气处理措施等，以使水体的水质符合要求。

（5）补充水源水　补充水源水包括补充地表水、地下水等用水。

补充地表水是指水体为维持自身发展过程和保护生物多样性所需要的水量，主要包括补充蒸发、渗漏损失和维持水质的换水量。通过补充河流、湖泊等水体，可以平衡其蒸发、渗漏等水量损失，并提供维持水质的换水量。

补充地下水是利用工程设施将经过处理后的城市污水直接或用人工诱导的方法注入地下含水层，以增加地下水储量的措施。其目的主要如下。

① 维持原有的地面承载能力和土壤结构，防止因过量开采地下水造成的严重环境地质问题，如地表下陷、沉降。

② 城市污水处理后回灌地下水，可以提高含水层的供水能力，减轻或解决地下水开采与补给的不平衡，防止地下水水位下降，保护地表和土壤层的生态稳定，维持当地的气候不发生重大变化。

③ 沿海地区防止海水倒灌渗透入侵造成的土壤盐碱化。

三、城市污水回用的发展概况

城市污水再生回用是城市供水开源节流的首选方案，是实现水资源可持续利用以保证经济和城市可持续发展的重要举措，已成为众多国家的共识。

在国外，实施污水回用的时间较久，已有较多的工程实例。日本在1962年就开始回用污水，20世纪70年代已初具规模。有人说，从水源上看，日本靠污水回用支撑了20

世纪60年代的经济复兴。纳米比亚于1968年建成了世界上第一个合格的再生饮用水工厂，日产水量4800m³。以色列100%的生活污水和72%的城市污水已经回用。俄罗斯虽然水资源比较丰富，但对污水回用也很重视，如莫斯科东南区设有专用工业回用污水系统，36个工厂使用再生城市污水。美国已有357个城市回用污水，1980年的污水回用工程已达536项，年回用水量9.37×10⁹m³（农业占62%、工业占31.5%、娱乐等占1.5%）。

我国从20世纪50年代初开始采用污水灌溉的方式回用污水，但真正将污水处理后回用于城市生活和工业生产，约有40年的历史。我国的污水回用事业大致可分为三个阶段：1985年前的"六五"期间是起步阶段；1986～2000年的"七五""八五""九五"这15年是技术储备和示范工程引导阶段；2001年以"十五"纲要明确提出污水回用为标志，国家进入到全面启动阶段。近年来，我国城镇污水处理设施不断发展，成效显著，2019年城市污水处理率提高到94.5%，2025年县城污水处理率将达到95%。可以预见，随着我国经济持续发展和污水处理规模的不断扩大，解决水污染和水资源短缺的污水处理回用技术和事业，必将得到更好的应用和发展。

目前，我国已投产运行的城市污水回用工程已经很多。根据《中国城市建设统计年鉴》2012年对全国26个省市地区的数据分析，我国城市再生水量约占城市污水处理总量的14%。另外，城镇污水处理厂出水水质不断提升，2019年全国城镇再生水利用量达到1.26×10¹⁰m³，利用率接近20%。其工程实例见本书第九章。

第二节　城市污水处理系统

污水处理实质上就是采用必要的处理方法与处理流程，将污水中的污染物分离出去或将其转化为无害的物质，从而使污水得到净化并达到排入某一水体或再次使用的水质要求。

一、城市污水处理方法

城市污水处理方法按原理可分为物理、化学和生物处理法三类。

（1）物理处理法　利用物理分离作用分离、回收污水中呈悬浮状态的污染物质的处理方法（包括油膜和油珠），在处理过程中不改变污染物的化学性质。根据其作用原理不同，常用的物理处理方法与设备、设施主要如下。

① 筛滤截留法。常用设备是格栅、筛网、滤池、微滤机等。

② 重力分离法。常用设备有沉砂池、沉淀池、隔油池、上浮池等。

③ 离心分离法。常用设备有水旋分离器与离心分离机等。

污水物理处理方法的类型和设备见图1-1。

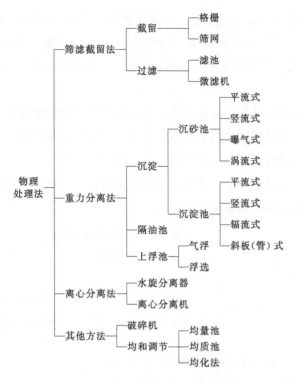

图 1-1　污水物理处理方法的类型和设备

（2）化学处理法　化学处理法是通过化学反应和传质作用来分离、回收污水中呈溶解、胶体状态的污染物或将其转化为无害物质的方法。以投加药剂产生化学反应为基础的处理单元有混凝、中和、氧化还原等。以传质作用为基础的处理单元有萃取、吹脱、汽提、吸附、离子交换以及电渗析和反渗透等。运用传质作用的处理单元既有化学作用，又具有与之相关的物理作用，所以也可以从化学处理法中分离出来，成为另一类处理方法，称为物理化学处理法。

污水化学处理方法的类别见图 1-2。

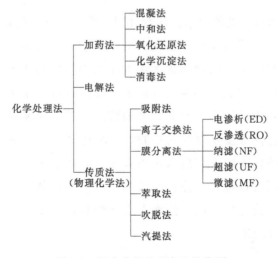

图 1-2　污水化学处理方法的类别

（3）生物处理法　生物处理法是通过微生物的代谢作用，使污水中呈溶解状态、胶体状态以及某些不溶解的有机甚至无机污染物质转化为稳定、无害的物质，从而达到净化废水的目的。依据作用微生物类别的不同，又可分为好氧生物处理和厌氧生物处理两种类型。

好氧与厌氧两类生物处理法大体上又分为活性污泥法和生物膜法两种，每种又有许多形式。传统上好氧生物处理法常用于城市污水和有机生产废水的处理，厌氧生物处理法则多用于处理高浓度有机性污水与污水处理过程中产生的污泥。

稳定塘及污水土地处理系统也是污水生物处理设施，属于自然生物处理的方法。

污水生物处理方法的类别参见图1-3。

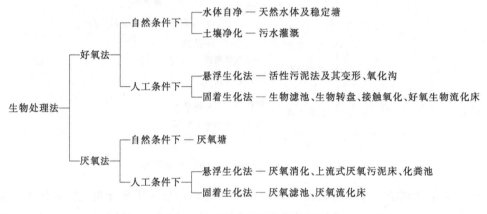

图1-3　污水生物处理方法的类别

污水生物处理方法及单元设施见图1-4。

城市污水中的污染物是多种多样的，只用一种处理方法往往不能把所有的污染物质全部除去，而是需要通过由几种方法组成的处理流程才能达到要求的程度。

二、污水处理程度

按照城市污水处理后的功能要求，污水处理分为无害化处理系统（即达标排放）和再生回用处理系统（即可供专指用户使用）两类。前者一般由一级处理、二级处理和三级处理系统组成，其中一级以物理化学法去除水中颗粒物为主，二级处理以去除有机物为主，三级以去除氮、磷为主。后者一般以城市污水为原水，在一、二级处理的基础上，为达到相应的回用水水质，增加深度处理。深度处理主要去除二级处理过程中未被去除的和去除程度不够的污染物，以使处理后的水达到相应的回用水质标准。深度处理要达到的处理程度和出水水质取决于处理水的具体用途或再生水用户对水质的要求，所以它既可以是以去除氮、磷为主的三级处理，也可以是以进一步去除浊度、悬浮物为主的物化处理。城市污水再生处理包括但不限于一级处理、二级强化处理、深度处理和消毒处理。

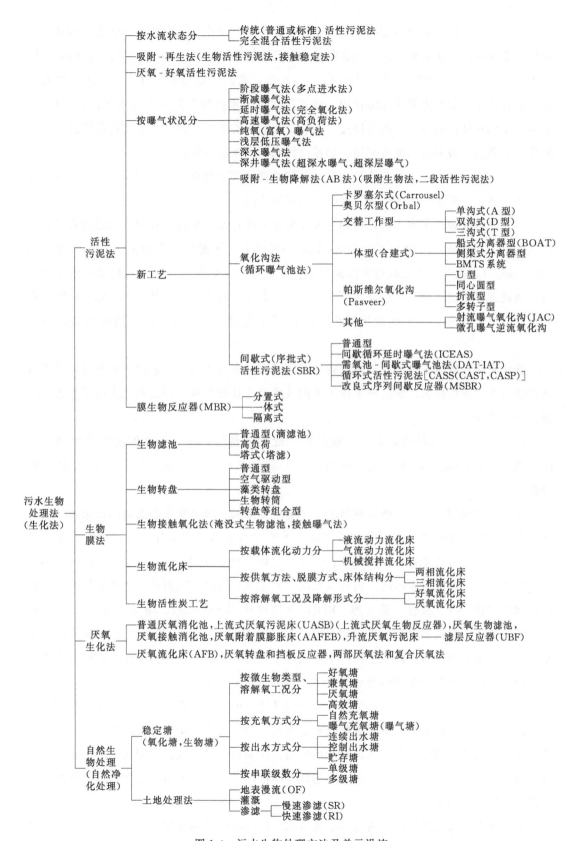

图 1-4　污水生物处理方法及单元设施

（1）一级处理　污水一级处理的主要任务是去除污水中呈悬浮或漂浮状态的固体污染物质，多采用污水物理处理法中的各种处理单元。污水经一级处理后，悬浮固体物的去除率为 $70\%\sim80\%$，BOD_5 的去除率只有 30% 左右，尚达不到排放标准，但一级处理对后续污水处理工序起着重要的保障作用，因此往往是污水处理工艺中不可缺少的首段处理。虽然城市污水处理后回用一般要经过一级、二级和深度处理，但对于某些特殊情况或特殊的排水，只经一级处理后便可回用，如城市污水回用于农田灌溉。

另外，在上述的一级处理流程中，也可把格栅和沉砂池算作预处理设施，因为它们处于污水处理工艺系统中的最前面，而且是不可缺少的。

（2）二级处理　污水二级处理的主要任务是去除污水中呈胶体和溶解状态的有机污染物（即 BOD_5 物质）。BOD_5 的去除率可达 90% 以上，处理后污水的 BOD_5 一般可降至 $20\sim30mg/L$。由于二级处理通常多采用生物处理作为主体工艺，所以人们常把生物处理与二级处理看作同义语。一般情况下，经二级处理后，污水即可达到排入水体的标准。在污水的二级处理中，所产生的污泥也必须得到相应的处理和处置，否则将会造成新的污染。

近年来随着新型水处理材料及装备的不断开发，以及水处理工艺的不断改进，采用物理化学或化学方法作为二级处理主体工艺的技术也在日渐发展，例如属于表面过滤机理的膜分离技术等。

污水在进行二级处理之前，一级处理一般是需要的，故一级处理又叫预处理。又因一级和二级的组合处理方法是城镇污水处理经常采用的方法，所以又称为常规处理法。

（3）三级处理　污水三级处理目的在于进一步除去二级处理未能去除的污染物质，其中包括微生物未能降解的有机物，以及氮磷等能加速水体富营养化过程的可溶性无机物等。三级处理的方法是多种多样的，化学处理法和生物处理法的许多处理单元都可以用于三级处理，如生物脱氮除磷法、混凝沉淀法、砂滤法、活性炭吸附法、离子交换法、电渗析法和反渗透法等。通过三级处理，BOD_5 浓度可从 $20\sim30mg/L$ 降至 $5mg/L$ 以下，同时能够去除大部分的氮和磷。污水经一级、二级处理后，一般仍然达不到相应的回用标准。所以城市污水处理回用工艺以一级处理为预处理，以二级处理为主体，必要时再进行深度处理，使污水达到排放标准或补充工业用水和城市供水。

三级处理是深度处理（或高级处理）的同义语，但两者又不完全相同。如前所述，三级处理是在常规处理之后，为了去除更多有机物及某些特定污染物质（如氮、磷）而增加的一项处理工艺。深度处理（或高级处理）则往往是以污水回收、再用为目的而在常规处理之外所增加的处理工艺流程。污水回用的范围很广，从工业上的重复利用、水体的补给水源到成为生活用水等。

深度处理（或高级处理）是为使处理后的水达到再生回用标准在常规处理之外所增加的处理流程。其主要功能可以是进一步去除水中的氮、磷及更多的有机物，也可以是去除水中的悬浮物、色度、硬度和含盐量等。

城镇污水处理的三种基本处理方法和功能如图1-5所示。

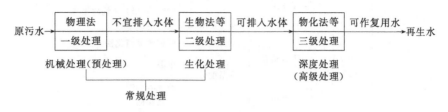

图1-5　城镇污水处理方法和功能

三、污水处理的产物

污泥是污水处理过程中的产物，主要来源于初次沉淀池、二次沉淀池等工艺环节，是一种固态、半固态和液态的废弃物，具体产量取决于排水体制、进水水质、污水及污泥处理工艺等因素。每 $10000m^3$ 污水经处理后污泥产生量（按含水率80％计）一般为5～10t，以含水率97％计，占处理水量的0.3％～0.5％。污泥中除含有灰分和大量水分（95％～99％）外，还含有大量的有机物、病原微生物、细菌寄生虫卵、挥发性物质、重金属、盐类以及植物营养素（氮、磷、钾）等。其体积庞大，且易腐化发臭，所以必须进行处理和处置以防止造成二次污染。

污泥处理和处置是污泥进入接纳的环境之前和之后的两个不同阶段。污泥处理是为了满足接纳污泥的环境的消纳要求所采取的各种处理措施，确保处理后的污泥在处置时不会对所接纳的环境产生有害的影响。处理得当的污泥，能够在最大程度上避免对环境的负面影响，实现安全、稳妥地处置。因此，污泥处理被定义为对污泥进行稳定化（如厌氧消化、好氧消化等）、减量化（如浓缩法、脱水等）和无害化（厌氧消化、堆肥）处理的过程。

污泥处置则是指污泥经处理后在环境中的消纳方式，以自然或人工方式能够使处理后的污泥或污泥产品长期达到稳定并对生态环境没有不良影响的最终消纳方式（包括污泥资源化，如在土地中加以利用、在填埋场填埋、制成建材后被利用、焚烧）。

污泥处理方法主要有浓缩、消化、脱水和处置等。典型污泥处理工艺流程见图1-6。污泥处理、处置方法的分类及设施见图1-7。

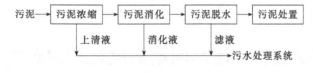

图1-6　典型污泥处理工艺流程

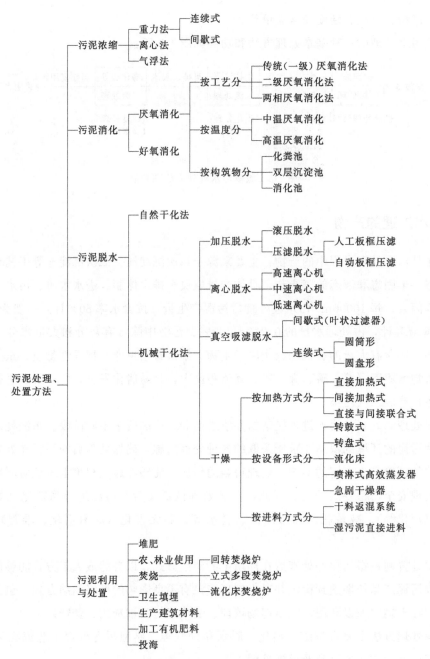

图 1-7　污泥处理、处置方法的分类与设施

第三节　污水回用深度处理的要求

　　不同的再生水用户对再生水水质的要求不同，深度处理工艺及处理后的出水水质所要达到的标准也不尽相同。

一、回用水水质指标

污水所含的污染物质千差万别，可用分析和检测的方法对污水中的污染物质做出定性、定量的检测以反映污水的水质。国家对水质的分析和检测制定有许多标准，其指标可分为物理性指标、化学性指标、生物性指标三大类。回用水水质指标内容广泛，按性质可以分为以下 6 项。

（1）物理性指标　这方面的指标多以感观性状指标为主，包括浊度（悬浮物）、色度、臭、味、电导率、含油量、溶解性固体、温度等。

（2）化学性指标　主要包括 N、P、pH 值、硬度、金属、重金属（铅、汞、镉、铬、锑、钡、砷、硒等）、氯化物、硫化物、氰化物、挥发酚、阴离子合成洗涤剂。这类物质中除铜、锌、铅、铬、镍、镉、锑、汞、氰化物等具有毒理学意义外，一般并不直接对人体健康构成危害，却可能对生活使用或生产过程产生不同程度的不良影响，其含量需加以限制。

（3）生物化学性指标

① 生物化学需氧量（BOD）。在一定期间内，微生物分解一定体积水中某些可被氧化物质（特别是有机物）所消耗的溶解氧的数量。以 mg/L、百分率表示，它是反映水中有机污染物含量的一个综合指标。

水中有机物质的分解分为两个阶段，第一阶段为碳氧化阶段，有机物在好氧微生物作用下被降解，转化为 CO_2、H_2O 和 NH_3，在自然条件下，一般 10～20 天可以完成，为 BOD_u 或 BOD_{20}。由于测定 BOD_u 或 BOD_{20} 需要 20 天，时间太长，一般都以五日为测定生化需氧量的标准，写为 BOD_5，约为 BOD_u 的 70%。第二阶段为硝化阶段，大约需百日可以完成。

② 化学需氧量（COD）。在一定的条件下，用重铬酸钾或高锰酸钾做氧化剂氧化水中有机物时所消耗的氧化剂的量，折算成每升水全部被氧化后需要的氧的毫克数，单位为 mg/L。在 COD 测定过程中，有机物被氧化成二氧化碳和水，水中无机还原性物质也会消耗氧化剂。重铬酸钾法用于污染严重的水和工业废水，高锰酸钾法用于测定较清洁的水。同一水样用这两种方法测定结果有差异，所以测定结果要注明测定方法。

③ 总有机碳（TOC）。在 950℃高温下，使水中有机物气化、燃烧，通过测定产生的 CO_2 的量，以此推测总有机碳在水中的浓度，单位为 mg/L。由于水中碳酸盐、重碳酸盐也会生成 CO_2，注意予以扣除。

如果水样在测定之前经 $0.45\mu m$ 滤膜过滤，则为溶解性有机碳，用 DOC 表示。

④ 总需氧量（TOD）。在 900℃高温下，使水中的有机物在已知浓度的氧气载气中燃烧生成稳定的氧化物。

通过测定消耗的载气中氧气的量推测水中有机物的量，单位为 mg/L。

⑤ 理论需氧量（ThOD）。用化学反应方程式推算出水中有机物完全氧化所需的氧量，单位为 mg/L。

⑥ 紫外光消光值 ［EUV（254）］。水中芳香烃、带共轭双键化合物等有机物对紫外光

的吸光度，特别是水中腐殖质类物质在 260～300nm 波段测定时的吸光度。EUV 值与水样中的腐殖质含量呈正相关，用来反映水中有机物（特别是腐殖质类）含量及其污染程度。

水中有机物被微生物分解时会消耗水中的溶解氧，导致水体缺氧、水质腐败等一系列不良后果。上述水质指标都是反映水质污染程度或治理程度的重要指标，可视具体情况选用或兼用。一般情况下，城市污水中 $ThOD>TOD>COD_{Cr}>BOD_u>BOD_5>TOC$。

（4）毒理学指标　有些化学物质在水中的含量超过一定的限度就会对人体或其他生物造成危害，这些物质即属有毒化学物质，并构成水的毒理学指标。毒理学指标包括氟化物、氰化物、有毒重金属离子、汞、砷、硒、酚类，以及各类致癌、致畸、致突变的有机污染物（如多氯联苯、多环芳香烃、芳香胺类和以总三卤甲烷为代表的有机卤化物等）、亚硝酸盐、一部分农药和放射性物质。

（5）细菌学指标　细菌学指标是反映威胁人体健康的病原体的污染指标，如细菌总数、大肠杆菌数、寄生虫卵和消毒处理后的余氯量（和剩余臭氧量）等。

其中余氯是指加氯消毒后，经过一定的消毒接触时间，水中剩余的余氯量。它既表明了消毒作用效果，也表明消毒剂继续抑制水中残存的病原微生物再度繁殖，从而防止水受到再度污染的能力。

而细菌和大肠杆菌是间接反映病原体污染程度的指标。因为很多病原微生物为致病菌、病虫卵和病毒等，它们常常与细菌和大肠杆菌共存，水样中有细菌和大肠杆菌，就可能含有大量的病原体。大肠杆菌的抵抗力比一般肠道传染病致病菌的抵抗力要强，如果消毒后大肠杆菌消失，则认为其他致病菌也被完全杀死。

（6）其他指标　其他指标包括那些反映工业生产或其他用水过程对回用水水质具有特殊要求的水质指标。

二、再生水分级

根据污水再生处理工艺，将再生水分为 A、B 和 C 级别，见表 1-2。

表 1-2　再生水分级

级别		水质基本要求①	典型用途	对应处理工艺
C	C2	GB 5084(旱地作物、水田作物)② GB 20922(纤维作物、旱地谷物、油料作物、水田谷物)②	农田灌溉③(旱地作物)等	采用二级处理和消毒工艺。常用的二级处理工艺主要有活性污泥法、生物膜法等
	C1		农田灌溉③(水田作物)等	
B	B5	GB 5084(蔬菜)② GB 20922(露地蔬菜)②	农田灌溉③(蔬菜)等	在二级处理的基础上,采用三级处理和消毒工艺。三级处理工艺可根据需要,选择以下一个或多个技术:混凝、过滤、生物滤池、人工湿地、微滤、超滤、臭氧等
	B4	GB/T 25499	绿地灌溉等	
	B3	GB/T 19923	工业利用(冷却用水)等	
	B2	GB/T 18921	景观环境利用等	
	B1	GB/T 18920	城市杂用等	

级别		水质基本要求^①	典型用途	对应处理工艺
A	A3	GB/T 1576	工业利用(锅炉补给水)等	在三级处理的基础上,采用高级处理和消毒工艺。高级处理和三级处理可以合并建设。高级处理工艺可根据需要选择以下一个或多个技术:纳滤、反渗透、高级氧化、生物活性炭、离子交换等
	A2	GB/T 19772(地表回灌)	地下水回灌(地表回灌)等	
	A1	GB/T 19772(井灌)	地下水回灌(井灌)等	
		GB/T 11446.1	工业利用(电子级水)	
		GB/T 12145	工业利用(火力发电厂锅炉补给水)	

① 当再生水同时用于多种用途时,水质可按最高水质标准要求确定,也可按用水量最大用户的水质标准要求确定。

② 农田灌溉的水质指标限值取 GB 5084 和 GB 20922 中规定的较严值。

③ 农田灌溉应满足《中华人民共和国水污染防治法》的要求,保障用水安全。

根据再生水水质基本要求,可将再生水进一步分为 10 个细分级别。

采用二级处理和消毒工艺生产的再生水评价为 C 级再生水。水质达到表 1-2 规定的基本要求时,再生水可评价为 C1 或 C2 级。

采用三级处理和消毒工艺生产的再生水评价为 B 级再生水。水质达到表 1-2 规定的基本要求时,再生水可评价为 B1 或 B2、B3、B4、B5 级。

采用高级处理和消毒工艺生产的再生水评价为 A 级再生水。水质达到表 1-2 规定的基本要求时,再生水可评价为 A1 或 A2、A3 级。高级处理设施可根据需要,在再生水厂或在用户端建设、运行。

水质达到相关要求时,再生水可用于相应用途。A 级再生水也可用于 B 级和 C 级再生水对应的用途。B 级再生水也可用于 C 级再生水对应的用途。

各级别再生水的水质基本控制项目见表 1-3。

表 1-3　各级别再生水的水质基本控制项目

级别		水质基本要求	基本控制项目
C	C2	GB 5084(旱地作物、水田作物) GB 20922(纤维作物、旱地谷物、油料作物、水田谷物)	五日生化需氧量、化学需氧量、悬浮物、阴离子表面活性剂、水温、pH 值、全盐量、氯化物、硫化物、总汞、镉、总砷、铬(六价)、铅、粪大肠菌群数、蛔虫卵数、溶解氧、溶解性总固体、余氯、石油类、挥发酚
	C1		
B	B5	GB 5084(蔬菜) GB 20922(露地蔬菜)	五日生化需氧量、化学需氧量、悬浮物、阴离子表面活性剂、水温、pH 值、全盐量、氯化物、硫化物、总汞、镉、总砷、铬(六价)、铅、粪大肠菌群数、蛔虫卵数、溶解氧、溶解性总固体、余氯、石油类、挥发酚
	B4	GB/T 25499	浊度、嗅、色度、pH 值、溶解性总固体、五日生化需氧量、总余氯、氯化物、阴离子表面活性剂、氨氮、粪大肠菌群、蛔虫卵数
	B3	GB/T 19923	pH 值、悬浮物、浊度、色度、五日生化需氧量、化学需氧量、铁、锰、氯离子、二氧化硅、总硬度、总碱度、硫酸盐、氨氮、总磷、溶解性总固体、石油类、阴离子表面活性剂、余氯、粪大肠菌群
	B2	GB/T 18921	pH 值、五日生化需氧量、浊度、总磷、总氮、氨氮、粪大肠菌群、余氯、色度
	B1	GB/T 18920	pH 值、色度、嗅、浊度、五日生化需氧量、氨氮、阴离子表面活性剂、铁、锰、溶解性总固体、溶解氧、总氯、大肠埃希氏菌

级别		水质基本要求	基本控制项目
A	A3	GB/T 1576	浊度、硬度、pH 值、电导率、溶解氧、油、铁等
	A2	GB/T 19772(地表回灌)	色度、浊度、pH 值、总硬度、溶解性总固体、硫酸盐、氯化物、挥发酚类、阴离子表面活性剂、化学需氧量、五日生化需氧量、硝酸盐、亚硝酸盐、氨氮、总磷、动植物油、石油类、氰化物、硫化物、氟化物、粪大肠菌群数
	A1	GB/T 19772(井灌)	色度、浊度、pH 值、总硬度、溶解性总固体、硫酸盐、氯化物、挥发酚类、阴离子表面活性剂、化学需氧量、五日生化需氧量、硝酸盐、亚硝酸盐、氨氮、总磷、动植物油、石油类、氰化物、硫化物、氟化物、粪大肠菌群数
		GB/T 11446.1	电阻率、全硅、微粒数、细菌个数、铜、锌、镍、钠、钾、铁、铅、氟、氯、亚硝酸根、溴、硝酸根、磷酸根、硫酸根、总有机碳
		GB/T 12145	二氧化硅、电导率、总有机碳离子(TOCi)等

注：水质基本控制项目的指标限值见相关水质标准要求。

三、回用水水质标准

回用水水质标准是保证用水的安全可靠及选择经济合理水处理流程的基本依据。由于回用水方向及范围的多元化，回用水水质情况十分复杂，对回用水标准体系提出了更高的要求。所以，应制定污水再生利用的法律法规和技术标准，以污水资源化为目标，从严确立城镇污水处理的总体要求和基本标准，并对城市污水处理设施建设的规划、设计、投资、收费、监督、管理等加以规范，确保城市污水再生利用健康有序地发展。

我国于 2002 年编制了《城市污水再生利用》系列标准，为有效利用城市污水资源和保障回用水的质量安全提供了技术依据，主要包括《城市污水再生利用 分类》（GB/T 18919—2002）、《城市污水再生利用 城市杂用水水质》（GB/T 18920—2020）、《城市污水再生利用 景观环境用水水质》（GB/T 18921—2019）、《城市污水再生利用 地下水回灌水质》（GB/T 19772—2005）、《城市污水再生利用 工业用水水质》（GB/T 19923—2005）和《城市污水再生利用 农田灌溉用水水质》（GB 20922—2007）。

另外，2008 年由农业部提出《城市污水再生回灌农田安全技术规范》（GB/T 22103—2008）。

系列标准从技术层面上明确了城市污水再生利用技术发展的方向和原则，为我国污水安全处理和资源化利用提供了技术依据。

另有一些相关标准，在不同用途回用时作为参考，如《工业锅炉水质》（GB/T 1576—2018）、《渔业水质标准》（GB 11607—1989）。

以上回用水水质标准，详见本书附录。

第四节　城市污水回用深度处理工艺

一、概述

1. 城市污水二级处理出水水质

表 1-4 是我国城镇污水处理厂的出水水质标准［《城镇污水处理厂污染物排放标准》(GB 18918—2002)］。城市污水经传统二级处理后，虽然绝大部分悬浮固体和有机物被去除，但还残留有难生物降解有机物、氮和磷的化合物、不可沉淀的固体颗粒、致病性微生物以及无机盐等污染物质。污水厂二级处理出水常含 BOD_5 $20\sim30mg/L$、COD_{Cr} $40\sim100mg/L$、SS $20\sim30mg/L$、NH_3-N $15\sim25mg/L$、P $1\sim3mg/L$。含有这些污染物质的水如大量排放湖泊、水库等缓流水体会导致水体的富营养化。如果排放到具有较高经济价值的水体，如养鱼水体，会使该水体遭到破坏，更不适宜回用。

表 1-4　基本控制项目最高允许排放浓度（日均值）　　　　　单位：mg/L

序号	基本控制项目		一级标准		二级标准	三级标准
			A 标准	B 标准		
1	化学需氧量(COD)		50	60	100	120[①]
2	生化需氧量(BOD_5)		10	20	30	60[①]
3	悬浮物(SS)		10	20	30	50
4	动植物油		1	3	5	20
5	石油类		1	3	5	15
6	阴离子表面活性剂		0.5	1	2	5
7	总氮(以 N 计)		15	20	—	—
8	氨氮(以 N 计)[②]		5(8)	8(15)	25(30)	—
9	总磷 (以 P 计)	2005 年 12 月 31 日前建设的	1	1.5	3	5
		2006 年 1 月 1 日起建设的	0.5	1	3	5
10	色度(稀释倍数)		30	30	40	50
11	pH 值		6～9			
12	粪大肠菌群数/(个/L)		10^3	10^4	10^4	—

①下列情况下按去除率指标执行：当进水 COD 大于 350mg/L 时，去除率应大于 60%；BOD 大于 160mg/L 时，去除率应大于 50%。

②括号外数值为水温>12℃时的控制指标，括号内数值为水温≤12℃时的控制指标。

注：除 pH 值外，其余单位为 mg/L。pH 值、悬浮物、生化需氧量和化学需氧量的标准值是指 24h 定时均量混合水样的检测值；其他项目的标准值为季均值。

2. 污水深度处理的对象和技术

为达到回用或排放的目的，二级处理出水必须进一步进行深度处理。深度处理的去除对象和主要处理技术见表1-5。

表1-5　深度处理的去除对象和主要处理技术

去除对象	有关指标		主要处理技术
有机物	悬浮状态	SS、VSS	过滤、混凝沉淀
	溶解状态	BOD_5、COD、TOC、TOD	混凝沉淀、活性炭吸附、臭氧氧化
植物性营养盐类	氮	TN、NH_3-N、NO_2^--N、NO_3^--N	吹脱、折点氯化、离子交换脱氨、生物脱氮
			生物脱氮除磷
	磷	PO_4^{3-}-P、TP	金属盐混凝沉淀、石灰混凝沉淀晶析法、生物除磷
微量成分	溶解性无机盐	Na^+、Ca^{2+}、Cl^-	反渗透、电渗析、离子交换
	微生物	细菌、病毒	臭氧氧化、消毒(氯气、次氯酸钠、紫外线)

二、悬浮物的去除

1. 必要性

污水中含有悬浮物，其粒径从数十毫米到一微米以下的胶体颗粒是多种多样的。经二级处理后，在处理水中残留的悬浮物是粒径从数毫米到十微米的生物絮凝体和未被凝聚的胶体颗粒。这些颗粒几乎全部都是有机性的，二级处理水 BOD_5 值的50%～80%都来源于这些颗粒。为了提高二级处理水的稳定度，去除这些颗粒是非常必要的。此外，对二级处理水进行以回用为目的的深度处理，如去除溶解性有机物以及以排放缓流水体为目的的脱氮除磷工艺时，去除残留悬浮物是提高深度处理和脱氮除磷效果的必要条件。

2. 去除悬浮物的方法

去除二级处理水中的悬浮物采用的处理技术要根据悬浮物的状态和粒径而定。粒径在 $1\mu m$ 以上的颗粒，一般采用过滤去除；粒径从几十纳米到几十微米的颗粒，采用微滤机一类的设备去除；粒径在零点几纳米至 $100nm$ 的颗粒，应采用去除溶解性盐类的反渗透法加以去除；呈胶体状态的粒子，采用混凝沉淀法去除。

(1) 混凝沉淀　是污水深度处理常用的一种技术，其去除的对象是二级处理水中呈胶体和微小悬浮状态的有机和无机污染物，从表观而言，就是去除污水的色度和浑浊度。混凝沉淀还可以去除污水中某些溶解性的物质，如砷、汞等，也能有效地去除能够导致缓流水体富营养化的氮、磷等。

(2) 过滤　在污水深度处理技术中，过滤是得到最普遍应用的一种技术，是产生高质量出水的一个关键。二级处理水过滤的主要去除对象是生物处理残留的生物污泥絮体，设计时应注意以下3点。

① 一般不需投加药剂。滤后水 SS 值可达 10mg/L，COD 去除率可达 10％～30％。对于胶体污染物，由于难以通过过滤法去除，应考虑投加一定的药剂。如处理水中含有溶解性有机物，则应考虑采用活性炭吸附法去除。

② 反冲洗困难。二级处理水中的悬浮物多是生物絮体，在滤料层表面易形成一层滤膜，致使水头损失迅速上升，过滤周期大为缩短。絮体贴在滤料表面，不易脱离，因此需要辅助冲洗，即加气表面冲洗或用气水共同反冲洗。

③ 滤料应适当加大粒径，以加大单位体积滤料的截污量。

三、难降解有机物的去除

1. 必要性

有效的二级处理过程，主要去除污水中所有可生物降解的有机物质，其去除率一般为 90％左右。难以生物降解的有机物在二级处理过程中一般不能被去除。这些有机物可能产生下列危害：

① 使下游城市的给水产生臭味；

② 使出水带色而不适于多种回用；

③ 使受纳水体污染，不宜供娱乐之用；

④ 使受纳水体中的鱼有异味，不宜食用；

⑤ 使受纳水体产生泡沫；

⑥ 可能通过下游给水厂，与投加的消毒剂（尤其是氯）反应形成一些对用水居民有长期生理影响的化合物。

为了消除这些危害，有效地去除二级处理水中的难降解有机物是很必要的。

2. 难降解有机物的去除方法

二级处理水中的难降解有机物多为丹宁、木质素、黑腐酸、醚类、多环芳烃、联苯胺、卤代甲烷、甲基蓝活性物质（MBAS）、除草剂和杀虫剂等，对这些物质的去除，至今尚无比较成熟的处理技术。当前，从经济合理和技术可行方面考虑，采用活性炭吸附和臭氧氧化法是适宜的。

（1）活性炭吸附　活性炭是以含碳为主的物质作为原料，经高温炭化和活化制得的疏水性吸附剂。活性炭含有大量微孔，具有巨大的比表面积，对于污水中一些难去除的物质，如表面活性剂、酚、农药、染料、难生物降解有机物和重金属离子等具有较高的处理效率。为了避免活性炭层被悬浮物所堵塞或活性炭表面被胶体污染物所覆盖使活性炭的吸附功能降低，二级处理水在用活性炭进行处理前，需进行一定程度的预处理。采用的前处理技术主要是过滤和以石灰或铁盐为混凝剂的混凝沉淀。

（2）臭氧氧化法　作为深度处理技术，臭氧对二级处理水进行以回用为目的的处理，其主要作用有以下 3 项。

① 去除污水中残存的有机物。臭氧能够氧化的有机物有蛋白质、氨基酸、木质素、

腐殖酸、链式不饱和化合物和氰化物等。

② 脱除污水的着色。为了提高脱色效果，应考虑以砂滤作为前处理技术。

③ 杀菌消毒。如欲提高处理效果，应考虑以砂滤去除悬浮物为前处理的技术措施。

四、溶解性无机盐的去除

1. 必要性

回用水中如含有溶解性无机盐类物质可能产生下列问题：

① 金属材料与含有大量溶解性无机盐类的污水相接触，可能产生腐蚀作用；

② 溶解度较低的钙盐和镁盐从水中析出，附着在器壁上，形成水垢；

③ SO_4^{2-} 还原，产生硫化氢，放出臭气；

④ 灌溉用水中含有盐类物质，对土壤结构不利，影响农业生产。

因此，含有大量溶解性无机盐类物质的污水，由于仅通过二级处理技术是不可能去除的，在回用前应进行脱盐处理。

2. 脱盐技术

在以回用为目的的污水深度处理中，常用的脱盐技术主要有离子交换法和膜分离法。

（1）离子交换法　离子交换法是通过离子交换剂上的离子与水中离子交换以去除水中阴离子或者阳离子的方法。在城市污水深度处理中是一种主要的处理技术。离子交换法脱盐处理主要是以含盐浓度为 $100\sim300mg/L$ 的污水作为对象的。含高盐浓度的污水也可以考虑用离子交换法进行处理。由于树脂的交换容量所限，只能用于小水量，而且需要进行频繁的再生处理。因此，设备费、再生药剂费都较高。从经济角度来看，用离子交换法脱盐，污水含盐量不宜超过 $500mg/L$。

（2）膜分离法　膜分离法是利用特殊膜（离子交换膜、半透膜）的选择透过性，对溶剂（通常是水）中的溶质或微粒进行分离或浓缩的方法的统称。溶质通过膜的过程称为渗析，溶剂通过膜的过程称为渗透。膜分离技术由于在分离过程中不发生相变，具有较高的能量转化率及分离率，且可在常温下进行，因而在实际中得到了广泛的应用。

根据溶质或溶剂透过膜的推动力不同，膜分离法可分为以下 3 类。

① 以电动势为推动力的方法——电渗析和电渗透。

② 以浓度差为推动力的方法——扩散渗析和自然渗透。

③ 以压力差为推动力的方法——压渗析、反渗透、超滤、微滤和纳滤。

在污水深度处理中，常用的膜分离设备有 5 种。

① 微滤器（MF）。膜孔径＞$0.1\sim0.5\mu m$，工作压力为 $300kPa$ 左右。可用于分离污水中较细小的颗粒物质（＜$15\mu m$）和粗分散相油珠等或作为其他处理工艺的预处理，如用做反渗透设备的预处理，去除悬浮物质、BOD_5 和 COD 成分，减轻反渗透负荷，使其运行稳定。

② 超滤器（UF）。膜孔径 $0.01\sim0.1\mu m$，工作压力为 $150\sim700kPa$。超滤器可分离

污水中细小颗粒物质（<10μm）和乳化油等；回收有用物质（如从电镀涂料废液中回收涂料，从化纤工业中回收聚乙烯醇）；在用于污水深度处理时，可去除大分子与胶态有机物质、病毒和细菌等；或者作为反渗透设备的预处理，去除悬浮物质、BOD_5 和 COD 成分，减轻反渗透的负荷，使其运行稳定。

③ 纳滤器（NF）。膜孔径 0.001～0.01μn，操作压力为 500～1000kPa。纳滤器可截留分子量为 200～500 的有机化合物，主要用于分离污水中多价离子和色度粒子，可除去二级出水中 2/3 的盐度、4/5 的硬度以及超过 90% 的溶解有机碳和 THM 前体物。纳滤进水要求几乎不含浊度，故仅适用于经砂滤、微滤甚至超滤作为预处理的水质。

④ 反渗透（RO）。膜孔径<0.001μm，操作压力>1.0MPa。反渗透不仅可以除去盐类和离子状态的其他物质，还可以除去有机物质、胶体、细菌和病毒。反渗透对城市二级处理出水的脱盐率达到 90% 以上，水的回收率为 75% 左右，COD、BOD 去除率在 85% 以上，反渗透对含氮化合物、氯化物和磷也有良好的脱除性能。为防止膜堵塞，二级处理出水通常采用过滤和活性炭吸附等预处理工艺。为了减小结垢的危险，有时需要去除铁、锰等。

⑤ 电渗析（ED）。适合于含盐量在 500～4000mg/L 的高盐浓度水处理，能够去除水中呈离子化的无机盐类，对二级处理水可考虑不予前处理，比反渗透处理工艺要简单些。通过一次电渗析工艺处理，污水的脱盐率可达 20%～50%，如欲取得更高的脱盐率，则需要采用多级串联式系统或序批循环式系统、部分循环系统等。以城市污水二级处理水为对象，水回收率可达 90%。

五、污水的消毒处理

污水经二级处理后，水质大大改善，细菌含量也大幅度减少，但细菌的绝对值仍很可观，并存在有病原菌的可能。为确保公共卫生安全，常规污水处理厂一定要对二级处理后的出水进行消毒，尤其对于回用水来说，必须符合回用水细菌数量的标准。

六、氮、磷的去除

1. 氮、磷对污水再生利用的影响

污水的再生利用往往离不开脱氮除磷技术，这是因为传统的城市污水二级生物处理技术，旨在降低污水中以 BOD_5、COD 综合指标表示的含碳有机物和悬浮固体的浓度，对于氮、磷只能去除细菌细胞由于生理上的需要而摄取的数量。通常，二级处理后氮的去除率只有 20%～40%，磷的去除率仅为 10%～30%，大多数的氮、磷尚未去除。氮、磷含量较高的再生污水回用于城市水体、工业用水或市政杂用水时将造成以下危害。

① 氮和磷是藻类和水生植物的营养源，会造成城市水体的富营养化，有损水体外观，降低旅游价值。

② 回用水中的氮、磷会导致生物黏膜在输水管道、用水设备表面的过量增殖，从而造成堵塞或影响效率。

③ 氨氮的氧化会造成水体中溶解氧浓度的降低和碱度的消耗。

④ 氨氮能与氯反应生成氯胺，因此会增加消毒所需的投氯量，提高水处理成本。

⑤ 氨对铜有腐蚀性，若用含一定浓度氨氮的再生水作为冷却水回用时，对以铜为主要材料的冷却设备有腐蚀作用。

因此，当城市污水作为城市第二水源开发时，对于某些回用对象，必须对氮和磷的含量加以控制。

2. 脱氮工艺

污水脱氮方法一般可分为化学法（如氨吹脱法、折点加氯法和离子交换法等）和生物脱氮法两大类。各种脱氮工艺的原理及特点见表1-6。

表1-6　各种脱氮工艺的原理及特点

处理方法	原　理	特　点			
		去除率	最终氮形态	优　点	缺　点
氨吹脱法	将污水 pH 值提高到 $10.8\sim11.5$，使 NH_4^+ 成为 NH_3 释放出来 $NH_4^+ \rightleftharpoons NH_3\uparrow + H^+$	NH_3-N 去除率 60%～95%	NH_3 气体	(1)基建及运行费用低 (2)流程简单,稳定性好 (3)可以去除高浓度含氮污水	(1)氨气对环境产生二次污染 (2)水在吹脱塔填料上会产生结垢,需采取措施 (3)低温时吹脱效率低
折点加氯法	氯的水合物在当量点与氨反应释放出氮气	NH_3-N 去除率 90%～100%	N_2	(1)基建费用低 (2)稳定性好 (3)不受水温的影响	(1)处理规模大时,运行费用很高 (2)残余氯必须进行处理 (3)有可能生成有害的氯胺
离子交换法	用对 NH_4^+ 有选择性的离子交换树脂去除 NH_3-N	NH_3-N 去除率 90%～97%	铵盐	(1)去除率高 (2)不受水温的影响	(1)再生时排出的高浓度含氨废液必须进行处理 (2)水中含钙离子时有干扰 (3)运行成本高
生物脱氮法	利用一些专性细菌实现氮形式的转化,最终转化成无害气体——氮气,从污水中去除	TN 去除率 70%～95%,可去除有机氮、NH_3-N,NO_2^--N,NO_3^--N	N_2	(1)可去除各种含氮化合物 (2)去除率高、效果稳定 (3)不产生二次污染	(1)运行管理麻烦 (2)低温时效率低 (3)受有毒物质的影响 (4)占地面积大

3. 除磷工艺

除磷方法一般可分为化学法和生物法两大类。各种除磷工艺的原理及特点见表1-7。

表 1-7 各种除磷工艺的原理及特点

处理方法	原理	特征	
		优点	缺点
化学混凝沉淀法	在初沉池前、二沉池前或二级处理出水中投加混凝剂,生成磷的化合物沉淀而被去除	(1)除磷效率高 (2)运转较灵活	(1)产生的污泥量大 (2)运行的成本(药品费等)高
厌氧-好氧(A/O)工艺	利用厌氧状态释放磷、好氧状态摄取磷的特性除磷	(1)能够利用已建成的处理设施 (2)不投加药剂	(1)比化学法的除磷效率低 (2)因为活性污泥对磷的积蓄量是有限的,对排泥量必须控制
弗斯特利普(Pho-stirp)工艺	厌氧-好氧和化学法组合流程除磷	(1)由于在磷浓缩液中加入少量的石灰,能经济地除磷 (2)除磷效果稳定	必须增加除磷设施

七、同步脱氮除磷系统

为了达到在一个处理系统中同时去除氮和磷的目的,近年来各种脱氮除磷工艺应运而生,主要有氧化沟工艺、A^2O 工艺、巴顿甫(Barden-pho)脱氮除磷工艺、UCT 工艺和 SBR 工艺等。

八、城市污水回用深度处理的工艺选择与组合

由于污水成分的复杂性及回用水质的要求不同,污水回用处理工艺也千差万别。城市污水深度处理的基本单元技术有混凝(化学除磷)、沉淀(澄清、气浮)、过滤、消毒。对水质要求更高时采用的深度处理单元技术有活性炭吸附、臭氧氧化、离子交换、膜分离技术、脱氮除磷技术等。

城市污水深度处理工艺方案(某种单元过程或单元组合)的优化选择,取决于:①二级出水水质及回用水水质的要求;②工程设计规模;③单元工艺可行性与整体流程的适应性;④运行控制难度、设备国产化程度、固体与气体废物产生与处置方法;⑤工程投资与运行成本;⑥当地的实际条件和要求。工艺流程最好通过实验室试验确定,并借鉴国内外已成功运行的经验,避免出现技术偏差。

《城镇污水再生利用工程设计规范》(GB 50335—2016)给出了深度处理单元技术的处理效率和目标水质,见表 1-8、表 1-9。

表 1-8 二级出水进行沉淀过滤的处理效率与出水水质

项目	处理效率/%			出水水质/(mg/L)
	混凝沉淀	过滤	综合	
浊度	50～60	30～50	70～80	3～5NTU
SS	40～60	40～60	70～80	5～10
BOD_5	30～50	25～50	60～70	5～10

项目	处理效率/%			出水水质/(mg/L)
	混凝沉淀	过滤	综合	
COD$_{Cr}$	25～35	15～25	35～45	40～75
总氮	5～15	5～15	10～20	—
总磷	40～60	30～40	60～80	1
铁	40～60	30～40	60～80	0.3

表 1-9   其他单元过程的去除效率   单位：%

项目	活性炭吸附	脱氨	离子交换	折点加氯	反渗透	臭氧氧化
BOD$_5$	40～60	—	25～50	—	≥50	20～30
COD$_{Cr}$	40～60	20～30	25～50	—	≥50	≥50
SS	60～70	—	≥50	—	≥50	—
氨氮	30～40	≥50	≥50	≥50	≥50	—
总磷	80～90	—	—	—	≥50	—
色度	70～80	—	—	—	≥50	≥70
浊度	70～80	—	—	—	≥50	—

第二章
脱氮除磷设施

第一节　城市污水脱氮除磷技术

对于城市污水中氮、磷的去除，一般应结合污水的一级、二级处理工艺进行。在对城市污水一级处理去除悬浮物及二级处理去除有机物的基础上，进一步采取措施去除其中的氮、磷，即三级处理。当二级或三级出水水质仍达不到回用水水质要求时，需采取的处理措施则称为深度处理。

城市污水脱氮技术可分为生物法脱氮和物理化学法脱氮两类。在生物脱氮系统中，不仅要去除有机物，还要将污水中的有机氮和氨氮通过生物硝化和反硝化作用转化为氮气，最终从污水中除去。物理化学脱氮方法通常直接对氨氮进行脱除，不包括有机氮转化为氨氮和氨氮氧化成硝酸盐的过程。

一、城市污水脱氮技术

1. 物理化学法脱氮

能够去除水中氮的物理化学法脱氮工艺主要有化学沉淀法、折点氯化法、选择性离子交换法、空气吹脱法、汽提法、反渗透法等。

（1）化学沉淀法　往水中投加某种化学药剂，使其与水中的 NH_4^+ 发生反应，生成难溶于水的盐类，形成沉渣易去除。例如在含有 NH_3-N 的废水中加入 PO_4^{3-} 和 Mg^{2+}，生成磷酸铵镁沉淀。

（2）空气吹脱法　废水中的 NH_3-N 大多以铵离子（NH_4^+）和游离氨（NH_3）保持平衡的状态存在（$NH_3 + H_2O \Longrightarrow NH_4^+ + OH^-$）。将水的 pH 值调节至碱性，则水中 NH_4^+ 转化为游离态的 NH_3。再向水中通入空气，使水中的 NH_3 从液相转移到空气中，随气体逸散到大气。

（3）汽提法　使蒸气与废水接触，废水温度提升至沸点，利用蒸馏作用使水中的游离 NH_3 挥发到大气中。

（4）氯化法　将氯气或次氯酸钠通入水中，当投入量超过某一值时，NH_3-N 与氯反应生成 N_2 从水中去除。

（5）结晶法　含铵盐的废水经蒸发浓缩，使铵盐在废水中形成结晶去除。

（6）离子交换法　用不溶性离子化合物（离子交换剂）上的可交换离子与废水中的 NH_4^+ 进行交换反应，使 NH_4^+ 转移至不溶性离子化合物上去除。

对于物理化学法脱氮，目前尚缺乏成功的工艺设计经验，运行操作复杂，费用昂贵，而现有的城市污水二级处理系统很容易改建成生物脱氮系统。因此目前城市污水脱氮的主要内容是生物脱氮。只有当气候条件不适合生物脱氮或污水中氨氮浓度很高时（如填埋沥滤液）才用物理化学法去除氨氮。此外，当用生物脱氮还不能满足严格的出水水质要求时，可以把物理化学法脱氮作为最终处理工艺。

2. 生物法脱氮

（1）污水中的氮及生物脱氮过程　氮在污水中的存在形式有四种，即有机氮（动物蛋白、植物蛋白）、氨氮（NH_4^+、NH_3）、亚硝酸氮（NO_2^-）和硝酸氮（NO_3^-）。在城市污水中，氮主要以有机氮（蛋白质、氨基酸、尿素、胺类化合物、硝基化合物等）和氨氮的形式存在，一般以前者为主。当污水中的有机物被生物降解氧化时，其中的有机氮被转化为氨氮（氨化反应）。因此，二级处理出水中氮的形式主要是氨氮，另外还有少量经硝化反应生成的亚硝酸氮和硝酸氮。

污水中有机氮和氨氮的总和称为凯氏氮（TKN），是指以基耶达（Kjeldahl）法测得的水中含氮量。它包括在测定条件下能转化为铵盐而被测定的有机氮化合物、氨氮。其中有机氮化合物主要有蛋白质、氨基酸、肽、胨、核酸、尿素以及所合成的氮为负三价形态的有机氮化合物，但不包括叠氮化合物、硝基化合物等。凯氏氮与亚硝酸氮及硝酸氮的总和叫总氮（TN）。一般认为

$$凯氏氮＝有机氮＋氨氮$$
$$总氮＝总凯氏氮＋硝酸氮＋亚硝酸氮$$

城市污水中 TKN 的值一般为 15～50mg/L，其中非溶解性部分约占 40%。

生物脱氮包括以下 3 个过程。

① 同化过程。污水中一部分氨氮被同化为新细胞物质，以剩余污泥形式去除。

② 硝化过程。在好氧条件下，将氨态氮氧化为亚硝酸氮和硝酸氮的过程。此作用是由亚硝酸菌和硝酸菌共同完成的。

③ 反硝化过程。在缺氧条件下，硝酸氮和亚硝酸氮在反硝化菌作用下，还原为氮气，然后使氮气从污水中释放到大气中的过程。

（2）生物硝化工艺　生物硝化工艺是生物脱氮的必要步骤，根据碳氧化（碳有机物的氧化）和硝化功能的分离程度，硝化工艺一般有两种形式：单独硝化工艺（又称分级硝化工艺）和合并硝化工艺（又称单级硝化工艺）。碳氧化和硝化在不同反应器内进行称为单独硝化工艺，碳氧化和硝化在同一反应器内进行称为合并硝化工艺。

完成生物硝化的反应器可分为微生物悬浮生长型和微生物附着生长型两种类型。微生物悬浮生长型反应器即活性污泥反应器，这种类型的反应器除普通活性污泥法的典型工艺（包括完全混合式和推流式）外，还包括普通活性污泥法的一些变形（如延时曝气、吸附再生、阶段曝气、纯氧活性污泥法等）以及序批式活性污泥法（SBR）和氧化沟等。微生物附着型反应器即生物膜反应器，主要有普通生物滤池、塔式生物滤池、生物转盘、生物接触氧化池和生物流化床等。表 2-1 为两种生物硝化工艺的特性比较。

表 2-1　两种生物硝化工艺的特性比较

工艺类型	优点	缺点
活性污泥法合并硝化	含碳有机物氧化与氨氮氧化在同一反应器内完成，工艺流程及设备简单；出水氨氮含量可以很低；由于 BOD_5/TKN 高，易于控制污泥含量	对有毒物质较敏感，操作稳定性居于中等，且与二沉池效率有关；在气候寒冷地区，池容较大
生物膜法合并硝化	含碳有机物氧化与氨氮氧化在同一反应器内完成，工艺流程简单；由于微生物附着生长在填料上，处理稳定性不受二沉池效率影响	对有毒物质较敏感，操作稳定性居于中等；除生物转盘外，出水氨氮含量一般为 1～3mg/L，在气候寒冷地区不宜采用
活性污泥法单独硝化	可有效地抑制有毒物质的影响，操作稳定；出水中氨氮含量可以很低	由于 BOD_5/TKN 值低，难以保持硝化反应器内污泥含量操作；稳定性与二沉池效率有关；由于含碳有机物氧化与氨氮氧化在不同反应器内进行，增加了构筑物数目和管理的复杂程度
生物膜法单独硝化	可有效地抑制有毒物质的影响，操作稳定；由于微生物附着生长在填料上，处理稳定性不受二沉池效率影响；温度对硝化反应影响较小	出水氨氮含量一般为 1～3mg/L，由于含碳有机物氧化与氨氮氧化在不同反应器内进行，增加了构筑物数目和管理的复杂程度

（3）生物脱氮工艺　生物硝化过程将污水中的有机氮和氨氮氧化为硝态氮，但这只是转化了氮在污水中的存在形式，并不能使污水中的总氮减少。只有在硝化的基础上再进行反硝化，将硝态氮还原为氮气，才能降低污水中的总氮。

生物脱氮工艺流程同一般的生物处理法一样，按处理原理可分为两大类：活性污泥脱氮法（系统）和生物膜脱氮法（系统）。按碳氧化、硝化、反硝化的过程是结合进行还是分开进行来区分，有多级和单级两种系统。按脱氮时所采用的碳源不同，还可区分为内碳源和外加碳源两种方式。

在活性污泥多级脱氮系统中，硝化菌、反硝化菌污泥互不相混，分别由不同反应器将它们分隔开来，可分别称为三级活性污泥脱氮系统和二级活性污泥脱氮系统。在单级脱氮系统中，碳氧化、硝化和反硝化在一个活性污泥反应器内实现，微生物交替地处于好氧和厌氧状态。

① 三级活性污泥脱氮工艺。三级生物脱氮系统是一种传统的生物脱氮方式，其工艺流程见图 2-1。在此流程中，含碳有机物氧化和含氮有机物氨化、氨氮的硝化及硝酸盐的反硝化分别按顺序在三个反应器中进行，并维持各自独立的污泥回流系统。第一段（曝气池）和第二段（硝化池）应维持好氧状态。第三段（反硝化反应器）则应维持缺氧条件，不进行曝气，只采用搅拌使污泥处于悬浮状态并与污水保持良好的混合。第二段的硝化过程要消耗碱度，使 pH 值下降，从而降低硝化反应速度，因此如果原污水碱度不足，需要加碱调节 pH 值。该工艺中，反硝化过程所需碳源采用外加甲醇。

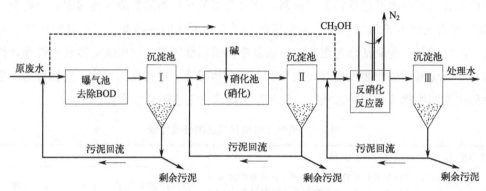

图 2-1　三级活性污泥脱氮工艺流程

这种流程的优点是好氧菌、硝化菌和反硝化菌分别生长在不同的反应器中，并分别控制在适宜的条件下运行，反应速度较快，可以得到相当好的 BOD_5 去除效果和脱氮效果。另外，由于不同阶段发生的污泥分别在不同的沉淀池中沉淀分离而且各有独自的污泥回流系统，故运行的灵活性和适应性较好。

这种流程的缺点是流程长、构筑物多、附属设备多、基建费用很高，且由于需要投加甲醇作为外加碳源，也在较大程度上增加了运行费用。此外，在出水中还往往残留一定量的甲醇，形成 BOD_5 和 COD_{Cr}。

② 二级活性污泥脱氮工艺。在此流程中，含碳有机物的氧化、有机氮的氨化和硝化合并在一个生物处理构筑物中进行，即采用合并硝化工艺，见图 2-2。该工艺流程与三级活性污泥脱氮工艺相比较，系统中减少了一个活性污泥反应器、一个沉淀池和一个污泥回流系统，但仍需外加甲醇作为碳源。该系统的优缺点与三级活性污泥脱氮系统相似，为了保证出水有机物浓度满足要求，可以在反硝化池后面增加一个曝气池，去除由于残留甲醇形成的 BOD_5。

③ 单级活性污泥脱氮工艺。单级活性污泥脱氮系统最典型的特征就是只有一个沉淀池，即只有一个污泥回流系统。这种系统利用污水中的含碳有机物或微生物内源代谢产物作为 $NO_3^- \text{-N}$ 反硝化电子供体，因而不需要补充外加碳源。

单级活性污泥脱氮系统具有许多不同的形式，如缺氧/好氧（A/O）工艺，厌氧/缺氧/好氧（A^2O）工艺、UCT（University of Capetown）工艺和 VIP（virginia initiative plant）工艺。这些工艺只有一个缺氧池。巴顿甫（Bardenpho）生物脱氮工艺和改良

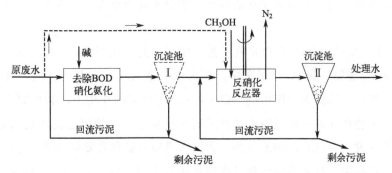

图 2-2　二级活性污泥脱氮工艺流程

UTC 工艺是具有两个缺氧池的单级活性污泥脱氮系统。此外，还有多缺氧池的单级活性污泥脱氮系统，其他如氧化沟、SBR 法、循环曝气系统（cyclical aerated system）也同归属为单级活性污泥脱氮系统。

　　a. 缺氧-好氧生物脱氮工艺（简称 A/O 工艺）。该工艺的主要特点是将反硝化反应器放置在系统之首，故又称为前置反硝化生物脱氮系统，见图 2-3。这是目前较为广泛采用的一种脱氮工艺。

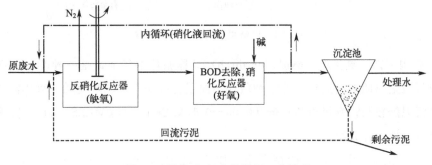

图 2-3　缺氧-好氧生物脱氮工艺流程

　　在此流程中，原污水先进入缺氧池，再进入好氧池，并将好氧池的混合液与沉淀池的污泥同时回流到缺氧池。污泥回流和好氧池混合液的回流保证了缺氧池和好氧池中有足够数量的微生物，并使缺氧池得到好氧池中硝化产生的硝酸盐。由于原污水和好氧池混合液直接进入缺氧池，为缺氧池反硝化提供了充足的碳源有机物，使反硝化反应能在缺氧池中得以进行。缺氧池进行反硝化后，出水可以在好氧池中进行 BOD_5 的进一步降解和硝化作用。

　　该工艺流程简单，装置少，无需外加碳源，因而基建费用及运行费用较低，脱氮效率一般在 80％左右；但由于出水中含有一定浓度的硝酸盐，在二沉池中，有可能进行反硝化反应，造成污泥上浮，影响出水水质。

　　与多级生物脱氮系统相比，单级活性污泥脱氮系统脱氮率较低，对污水中生物有毒有害物质较敏感，但现有以去除 BOD 为目标的普通二级污水处理系统很容易改建为同时去除 BOD 和脱氮的单级活性污泥脱氮系统。当对出水有更严格要求或在冬季由于水温低不能满足出水水质要求时，可以在单级活性污泥脱氮系统后增加一级补充外加碳源的反硝化构筑物。

b. 巴顿甫（Bardenpho）生物脱氮工艺。该工艺是由两级 A/O 工艺组成，共四个反应池，见图 2-4。在第一级 A/O 工艺中，原污水先进入第一缺氧池，第一好氧池混合液回流至第一缺氧池。回流混合液中的 NO_3-N 在反硝化菌的作用下，利用原污水中的含碳有机物作为碳源物质在第一缺氧池中进行反硝化反应。第一缺氧池出水进入第一好氧池，在第一好氧池中发生含碳有机物的氧化、含氮有机物的氨化和氨氮的硝化作用，第一缺氧池产生的氮气也在第一好氧池中经曝气吹脱释出。在第二级 A/O 工艺中，第一好氧池中的混合液流入第二缺氧池，反硝化菌利用混合液中的内源代谢产物进一步进行反硝化。第二缺氧池混合液进入第二好氧池，由于曝气作用吹脱释出反硝化产生的氮气，从而可改善污泥的沉淀性能，同时由于溶菌作用，产生的 NH_4^+-N 也可在第二好氧池得到硝化。由于有两级 A/O 工艺，该工艺的脱氮效率可达 90%～95%。

图 2-4 巴顿甫生物脱氮工艺流程

c. 氧化沟工艺。氧化沟（oxidation ditch）又称循环曝气池，是一种改良的活性污泥法，其曝气池呈封闭的沟渠形，污水和活性污泥混合液在其中循环流动。氧化沟的水力停留时间和污泥龄较长，有机负荷很低 [0.05～0.15kgBOD$_5$/（kgMLSS·d）]，实质上相当于延时曝气活性污泥系统。

氧化沟的出水水质好，一般情况下，BOD$_5$ 去除率可达 95%～99%，脱氮率可达 90%，除磷效率在 50% 左右，如在处理过程中，适量投加铁盐，则除磷效率可达 95%。目前常用于生物脱氮的氧化沟工艺主要有卡鲁塞尔式、三沟交替工作式和奥贝尔氧化沟。

（a）卡鲁塞尔（Carrousel）氧化沟工艺。这是一个多沟串联的系统，进水与活性污泥混合后沿箭头方向在沟内做循环流动，见图 2-5。卡鲁塞尔氧化沟在每一组沟渠的同一端设置一台立式低速表曝机，因此形成了靠近曝气机下游的富氧区和曝气机上游以及外环的缺氧区。这不仅有利于生物凝聚，还使活性污泥易于沉淀。

卡鲁塞尔氧化沟采用立式表曝机，氧转移效率高，平均传氧效率达到 2.1kg/（kW·h）以上，具有极强的混合搅拌和耐冲击负荷能力。氧化沟内水深可采用 4～4.5m，沟内水流速度为 0.3～0.4m/s。如果有机负荷较低时，可停止某些曝气器的运行，在保证水流搅拌混合循环流动的情况下，减少能量损耗。

（b）三沟交替工作式氧化沟。三沟交替工作式氧化沟又称 T 型氧化沟，是丹麦 Kruger 公司开发的生物脱氮新工艺。该系统由三个相同的氧化沟组建在一起作为一个单元运行，三个氧化沟之间相互两两连通，两侧的 Ⅰ、Ⅲ 两池交替用做曝气池和沉淀池，中

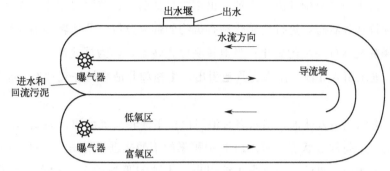

图 2-5　卡鲁塞尔氧化沟工艺

间的Ⅱ池始终进行曝气。进水交替进入Ⅰ池和Ⅲ池，出水相应从Ⅲ池和Ⅰ池引出。这样交替运行可提高曝气池转刷的利用率，有利于生物脱氮。

三沟交替工作式氧化沟生物脱氮的运行过程可分为 6 个阶段，如图 2-6 和表 2-2 所示。

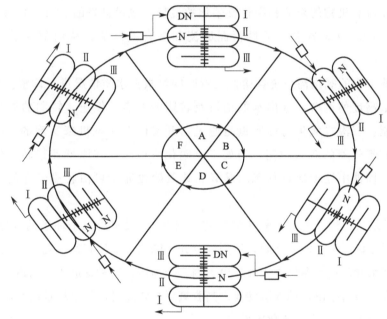

图 2-6　三沟交替工作式氧化沟运行过程

表 2-2　三沟交替工作式氧化沟运行方式

运行阶段	A			B			C		
沟别	Ⅰ沟	Ⅱ沟	Ⅲ沟	Ⅰ沟	Ⅱ沟	Ⅲ沟	Ⅰ沟	Ⅱ沟	Ⅲ沟
各沟状态	反硝化	硝化	沉淀	硝化	硝化	沉淀	沉淀	硝化	沉淀
运行时间/h	2.5			0.5			1.0		
运行阶段	D			E			F		
沟别	Ⅰ沟	Ⅱ沟	Ⅲ沟	Ⅰ沟	Ⅱ沟	Ⅲ沟	Ⅰ沟	Ⅱ沟	Ⅲ沟
各沟状态	沉淀	硝化	反硝化	沉淀	硝化	硝化	沉淀	硝化	沉淀
运行时间/h	2.5			0.5			1.0		

阶段 A　污水通过分配井流入Ⅰ池，出水自Ⅲ池引出，三池的工作状态为：Ⅰ池转刷低速旋转，维持缺氧状态，进行反硝化和有机物的部分分解；Ⅱ池转刷高速转动，进行有机物进一步降解及 NH_4^+-N 的硝化；Ⅲ池转刷停止转动，作为沉淀池。

阶段 B　进水引入Ⅱ池，出水自Ⅲ池引出，Ⅰ池和Ⅱ池维持好氧状态，Ⅲ池保留为沉淀池。

阶段 C　进水仍引入Ⅱ池，出水自Ⅲ池引出；Ⅰ池转为沉淀池，完成泥水分离；Ⅱ池转刷低速转动，维持缺氧状态。对阶段 B 中积累的硝酸盐进行反硝化，Ⅲ池仍为沉淀池。

阶段 D　进水引入Ⅲ池，出水自Ⅰ池引出。Ⅰ池与Ⅲ池的工作状态正好与阶段 A 相反，Ⅱ池则与阶段 A 相同。

阶段 E　Ⅱ池工作状态与阶段 B 相同，Ⅰ池与Ⅲ池的工作状态与阶段 B 相反。

阶段 F　Ⅱ池工作状态与阶段 C 相同，Ⅰ池与Ⅲ池的工作状态与阶段 C 相反。

从上述运行过程可以看出，三沟交替工作式氧化沟是一个 A/O 生物脱氮活性污泥系统，可以完成有机物的降解和硝化反硝化的过程，取得良好的 BOD_5 去除效果。依靠三池工作状态的转换，省去了活性污泥回流和混合液回流，从而节省了电耗和基建费用。

三沟交替工作的氧化沟系统各阶段运行时间可根据水质情况进行调整。整个运行过程中，溢流堰高度的调节，进出水的切换及转刷的开启、停止，转刷的调整均由自控装置进行控制。三沟式氧化沟的脱氮是通过新开发的双速电机来实现的，曝气转刷能起到混合器和曝气器的双重功能。当处于反硝化阶段时，转刷低速运转，仅仅保持池中污泥悬浮，而池中处于缺氧状态。好氧和缺氧阶段完全可由转刷转速的改变进行自动控制。

(c) 奥贝尔氧化沟。奥贝尔氧化沟工艺见图 2-7，通常由三个环形的沟道相套组成，平面上为圆形或椭圆形。沟道之间采用隔墙分开，隔墙下部设有通水孔。沟道断面形状多为矩形。原污水和回流污泥可进入外、中、内三个沟道，通常是进入外沟道。出水自内沟道经中心岛内的堰门排出，进入沉淀池。当脱氮要求较高时，可以增设内回流系统（由内沟道回流到外沟道），提高反硝化程度。

除活性污泥法脱氮工艺外，还有生物膜法脱氮工艺，其原理与运行方式与活性污泥法基本相同。不同之处是用生物膜代替了活性污泥，且不需要回流污泥。

二、城市污水除磷技术概述

磷的去除有化学除磷和生物除磷两种工艺，生物除磷相对经济，但生物除磷工艺出水不能稳定达到排放标准；要达到稳定的出水标准，有时需要辅以化学除磷或直接采用化学除磷。

1. 化学除磷

化学除磷是一种应用较早和较广的除磷技术，其基本原理是通过向污水中投加化学药

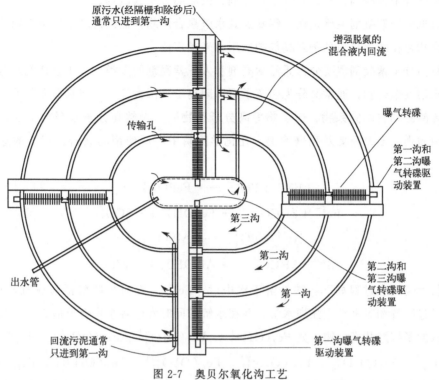

图 2-7 奥贝尔氧化沟工艺

剂与磷反应生成不溶性磷酸盐从污水中除去，常用药剂有石灰、铝盐和铁盐。

(1) 石灰除磷　向水中投加石灰，钙盐与水中的磷酸盐发生反应生成沉淀，将磷从水中去除。其反应过程如下：

$$3HPO_4^{2-} + 5Ca^{2+} + 4OH^- \longrightarrow Ca_5(OH)(PO_4)_3 \downarrow + 3H_2O$$

石灰首先与水中的碱度发生反应生成碳酸钙沉淀，然后过量的 Ca^{2+} 才能与磷酸盐反应生成羟基磷灰石沉淀。羟基磷灰石的溶解度随着 pH 值升高而减小，其沉淀越多，磷的去除率也就越高。

(2) 金属盐除磷　其原理是投加的阳离子絮凝剂与污水中的 PO_4^{3-} 形成不溶性化合物，同时由于污水中 OH^- 的存在，最终产生氢氧化物絮体，通过固液分离的方法从污水中脱除，达到除磷的目的。

金属盐除磷分为沉淀反应、凝聚过程、絮凝过程、固液分离 4 个步骤。沉淀反应和凝聚过程在一个混合单元内进行，目的是使沉淀剂在污水中快速有效地混合。凝聚过程中，沉淀所形成的胶体和污水中原已存在的胶体凝聚为直径在 $10\sim15\mu m$ 范围内的主粒子。絮凝过程中主粒子相互结合在一起形成更大的粒子——絮体，该过程的意义在于增加沉淀物颗粒的大小，使得这些颗粒能够通过典型的沉淀或气浮加以分离。

水处理的化学药剂按照成分主要分为有机、无机、微生物；按照分子质量的大小可分为低分子絮凝剂、高分子絮凝剂；根据官能团及离解后电荷情况又可以分为阴离子型、阳离子型、非离子型。在水处理中应用最为广泛的是低分子絮凝剂和高分子絮凝剂，主要种类有无机低分子絮凝剂、有机高分子絮凝剂、天然高分子絮凝剂。

无机低分子絮凝剂主要是铁、铝盐及其水解聚合产物，而以羟基多核络合物或无机高分子化合物存在的无机高分子絮凝剂的运用越来越广泛。

有机高分子絮凝剂主要分为天然絮凝剂和人工絮凝剂两大类。人工合成的高分子絮凝剂多为水溶性聚合物，通常又分为阴离子型和阳离子型两大类。合成高分子絮凝剂主要包括聚丙烯酰胺和它的同系物、衍生物等高分子类物质。天然高分子絮凝剂主要包括淀粉类、蛋白质类、多聚糖类及壳聚糖类。在化学除磷中广泛使用的铁盐、铝盐的除磷机理如下：

$$Fe^{3+} + PO_4^{3-} \longrightarrow FePO_4 \downarrow$$

$$Fe^{3+} + 3HCO_3^- \longrightarrow Fe(OH)_3 \downarrow + 3CO_2$$

$$Al^{3+} + PO_4^{3-} \longrightarrow AlPO_4 \downarrow$$

$$Al^{3+} + 3HCO_3^- \longrightarrow Al(OH)_3 \downarrow + 3CO_2$$

铁盐除磷反应过程如下：铁盐溶于水中后，Fe^{3+} 一方面与磷酸根形成难溶性的盐，一方面通过溶解和吸水发生强烈水解，并在水解的同时发生各个聚合反应，生成具有较长线形结构的多核羟基络合物，如 $Fe_2(OH)_2^{4+}$、$Fe_3(OH)_4^{5+}$、$Fe_5(OH)_9^{6+}$、$Fe_5(OH)_8^{7+}$、$Fe_5(OH)_7^{8+}$、$Fe_6(OH)_{12}^{6+}$、$Fe_7(OH)_{12}^{9+}$、$Fe_7(OH)_{11}^{10+}$、$Fe_9(OH)_{20}^{7+}$、$Fe_{12}(OH)_{34}^{2+}$ 等。这些含铁的羟基络合物能有效地降低或消除水体中胶体的 ζ 电位，通过电中和、吸附架桥及絮体的卷扫作用使胶体凝聚，再通过沉淀分离将磷去除。

铝盐除磷的原理一般认为是当铝盐分散于水体时，一方面 Al^{3+} 与 PO_4^{3-} 反应，另一方面 Al^{3+} 首先水解生成单核络合物 $Al(OH)^{2+}$、$Al(OH)_2^+$ 及 AlO^{2-} 等，单核络合物通过碰撞进一步缩合，进而形成一系列多核络合物 $Al_n(OH)_m^{(3n-m)+}$（$n > 1$，$m \leqslant 3n$），这些铝的多核络合物往往具有较高的正电荷和比表面积，能迅速吸附水体中带负电荷的杂质、中和胶体电荷、压缩双电层及降低胶体 ζ 电位，促进了胶体和悬浮物等快速脱稳、凝聚和沉淀，表现出良好的除磷效果。

2. 生物除磷

生物除磷机理有两种不同观点，第一种认为是生物诱导化学沉淀作用除磷，第二种认为是生物过量聚磷作用。目前，普遍认可第二种，即聚磷菌的摄磷释磷原理。其原理主要包括以下两方面。

（1）厌氧段　如图 2-8 所示，活性污泥中的一部分细菌通过发酵作用，将处理水中的溶解性 BOD_5 转化成低分子发酵产物——挥发性脂肪酸。在没有溶解氧或硝态氮的厌氧条件下，聚磷菌在分解体内的聚磷酸盐时产生生物能量 ATP，并将其作为低分子发酵产物，以主动运输的方式摄入细胞内，以聚-β-羟基丁酸盐、聚-β-羟基戊酸盐及糖原等有机颗粒的形式存储于细胞内。主动运输过程所消耗的能量来源于磷酸盐的水解和细菌体内糖的酵解，在此过程中，细菌还将分解聚磷酸盐所产生的磷酸排到体外。与此同时，细胞内还会经过诱导产生大量的聚磷酸盐激酶。

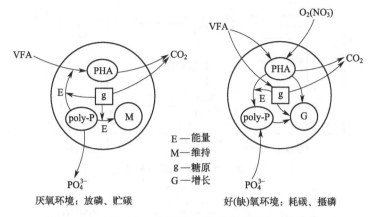

E——能量
M——维持
g——糖原
G——增长

厌氧环境：放磷、贮碳　　　　　好(缺)氧环境：耗碳、摄磷

图 2-8　放/摄磷、贮/耗磷原理

根据 Gaudy 的研究，在厌氧条件下，乙酰乙酸生成电子的受体 PHB，并且当有能量的来源时，已经吸收进入细菌体内的乙酸盐就会转化为乙酰辅酶 A，但由于细胞内的辅酶 A 有限，乙酰辅酶 A 可以转化为乙酰乙酸。在好氧条件下，PHB 会再次被氧化为乙酰辅酶 A 进入到三羧酸循环（TCA）之中。

由于厌氧段的时间较为短暂，没有充足的时间进行水解和转化进入的颗粒性 BOD_5，厌氧段中的兼性细菌通过对进水 BOD_5 中的溶解性成分进行发酵而产生乙酸盐和其他的发酵产物。厌氧段中，除磷微生物将水解聚磷所产生的能量用于促进发酵产物的吸收和储存，而此过程说明在活性污泥系统中，除磷微生物比其他微生物更具有竞争性，也即厌氧状态对活性污泥系统中的微生物种类进行了生物选择并促进了除磷微生物的生长与繁殖。

（2）好氧段　在好氧段，聚磷菌利用在厌氧段产生的 PHB 的氧化分解所产生的能量，将污水中的磷摄入到体内，并利用这一部分磷合成聚磷酸盐存储在细菌的体内。经过厌氧段的释磷过程，活性污泥在好氧段和缺氧段会再次大量地将磷吸收到体内，吸磷能力的强弱取决于在厌氧段磷的释放情况。

3. 除磷工艺

（1）Phostrip 工艺　在常规的活性污泥工艺回流污泥过程中增设厌氧放磷池和上清液的化学沉淀池即构成了 Phostrip 工艺，见图 2-9。其原理是使二沉池的污泥在浓缩池中浓缩，处于厌氧态的污泥释放磷，浓缩池上清液的含磷量升高。将上清液撇出加石灰沉淀，然后将释放出磷后的浓缩污泥再回流到曝气池，以使之在好氧状态下再摄取磷。该工艺是一种生物法和化学法协同的除磷方法。

（2）A/O 生物除磷工艺　A/O 生物除磷工艺由厌氧及好氧两部分组成，见图 2-10。污水首先进入厌氧池，与二沉池回流的污泥混合。聚磷菌在厌氧条件下将细胞中的磷释放到混合液中，同时大量吸附污水中易被快速降解的有机物。进入好氧池，聚磷菌在好氧条件下过量吸附水中的磷（比在厌氧条件下释放更多的磷），将磷贮存在污泥中。再经二沉池随剩余污泥排出系统，从而降低出水中磷的含量。

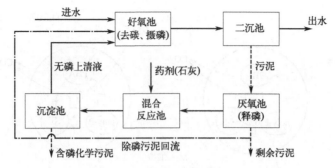

图 2-9　Phostrip 生物除磷工艺

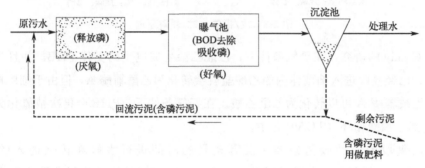

图 2-10　A/O 生物除磷工艺

三、同步脱氮除磷及其新技术概述

随着污水脱氮除磷技术的研究、开发和实际应用，出现了可以在同一个系统中完成脱氮除磷的处理技术，也开发出越来越多的以全新的原理为理论基础的新生物脱氮除磷技术。

1. 同步脱氮除磷工艺

（1）A^2/O 工艺　A^2/O 是 A/O 工艺的改进，见图 2-11。在原来 A/O 工艺基础上，在缺氧池之前嵌入一个厌氧池并将好氧池中的混合液回流到缺氧池中达到反硝化的目的。污水与回流污泥先进入厌氧池完全混合，同时回流污泥中的聚磷微生物释放磷，满足细菌对磷的需求。然后厌氧池出水和好氧池内循环回流的混合液一起进入缺氧池，反硝化细菌以污水中未分解的含碳有机物作为碳源，其中的硝酸盐还原为 N_2 而释放。接着污水流入好氧池，水中氨氮进行硝化反应生成硝酸盐，有机物被氧化分解供给吸磷微生物以能量，微生物在水中吸收磷，磷进入细胞组织，经二沉池分离以后以富磷污泥的形式从系统中排出。

（2）SBR 工艺　SBR 工艺也叫间歇式活性污泥法，是在一个反应器中周期性完成生物降解和泥水分离过程的污水处理工艺，见图 2-12。在典型的 SBR 反应器中，按照进水、曝气、沉淀、排水、闲置 5 个阶段顺序完成一个污水处理周期。SBR 工艺的新变种有 ICEAS、CAST、CASS、IDEA 等。通过调整运行顺序，在一个周期里的不同时段分别提

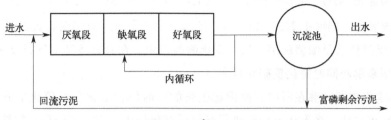

图 2-11 A^2/O 工艺

供脱氮除磷所需的厌氧、缺氧、好氧条件，实现脱氮除磷的目的。

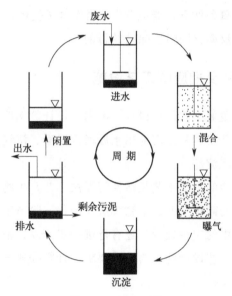

图 2-12 SBR 工艺

（3）氧化沟 在氧化沟前增设厌氧池提供厌氧条件或者在氧化沟内提供厌氧区，使氧化沟处理系统具备厌氧、缺氧、好氧条件，实现脱氮除磷的目的。

2. 同步脱氮除磷新工艺

最新的生物脱理论包括短程硝化反硝化反应、同时硝化反硝化反应、厌氧氨氧化反应、好氧反硝化、异养硝化、反硝化除磷等。

① 短程硝化反硝化理论仍以传统脱氮理论为基础，将氨氮氧化控制在亚硝化阶段，然后进行反硝化，省去了传统生物脱氮中由亚硝酸盐氧化成硝酸盐，再还原成亚硝酸盐两个环节。

② 同时硝化反硝化就是硝化反应和反硝化反应在同一反应器中、相同操作条件下同时发生这一现象。关于这一理论有几种假说，其中微环境理论认为微生物个体形态非常微小，因而影响生物的生存环境也是微小的。而宏观环境与微观环境并不完全一致，在活性污泥菌胶团和生物膜内部会存在多种多样的微环境类型，在宏观环境的好氧状态下，微环境却可能包括好氧、缺氧、厌氧状态，使微生物实现脱氮除磷的目的，即同时硝化反硝化现象。

③ 厌氧氨氧化理论认为系统处在缺氧或厌氧的环境下，一类被称为厌氧氨氧化细菌

的自养型细菌能将 NH_4^+ 当作电子供体，同时将 NO_3^- 或 NO_2^- 当作电子受体，在这个过程中 NH_4^+ 被氧化，同时把 NO_3^- 或 NO_2^- 还原成为气态氮从而实现脱氮过程。

④ 好氧反硝化就是细菌利用好氧反硝化酶的作用，在有氧条件下进行反硝化的过程。该理论也被用来解释同时硝化反硝化现象。

⑤ 异养硝化细菌能够在利用有机碳源生长的同时将含氮化合物硝化生成羟胺、亚硝酸盐、硝酸盐等产物，多数还能同时进行好氧反硝化作用，直接将硝化产物转化为含氮气体。因此，异养硝化作用利用这类细菌实现氨氮在高有机物浓度条件下的硝化作用。

⑥ 反硝化除磷理论源于兼性厌氧型反硝化除磷菌的发现。反硝化除磷理论认为兼性厌氧型反硝化除磷菌在缺氧条件下，能把 NO_3^- 当作电子受体，生物摄磷作用和反硝化脱氮能同时进行，从而实现反硝化同时去除磷的目的。

四、污水生物法的类别及相应的工艺设施

由于城市污水物化法脱氮工艺使用极少，本书不设计算例题。物化法除磷工艺主要是在生物处理系统内直接投药或者是二沉池出水后增设混凝、沉淀处理单元，这部分设计计算可参见本书有关混凝、沉淀部分。

目前城市污水脱氮除磷的主流工艺是活性污泥法工艺，生物膜法处理技术主要应用于污水的有机物降解和氨氮的硝化方面。生物膜法反硝化、除磷工艺虽然有诸如深床滤池等工艺，但在城市污水处理中的应用较少，还有待进一步开发、推广。本章列出活性污泥法及生物膜法脱氮除磷常用工艺设计的主要设计要求、计算公式与技术参数等，以供工程设计计算使用。

第二节　活性污泥法脱氮除磷

活性污泥是指由细菌、菌胶团、原生动物、后生动物等微生物群体及吸附的污水中有机和无机物质组成的、有一定活力的、具有良好的净化污水功能的絮绒状污泥。活性污泥法是以活性污泥为主体的废水生物处理的主要方法，是在人工充氧条件下，对污水和各种微生物群体进行连续混合培养，形成活性污泥。利用活性污泥的生物凝聚、吸附和氧化作用，分解去除污水中的有机污染物，然后使污泥与水分离，大部分污泥再回流到曝气池，多余部分则排出活性污泥系统。

一、设计概述

以传统生物脱氮除磷理论为基础的工艺，尽管运行方式、构筑物的结构和形式不同，但其容积多以泥龄法、负荷法为基础计算。在工程设计时应根据去除碳源污染物、脱氮、

除磷、好氧污泥稳定等不同要求和外部环境条件，选择适宜的活性污泥处理工艺。并根据可能发生的运行条件，设置不同的运行方案。

① 生物反应池的超高，当采用鼓风曝气时为 0.5～1.0m；当采用机械曝气时，其设备操作平台宜高出设计水面 0.8～1.2m。

② 污水中含有大量产生泡沫的表面活性剂时，应有除泡沫措施。

③ 每组生物反应池在有效水深 1/2 处宜设置放水管。

④ 廊道式生物反应池的池宽与有效水深之比宜采用 (1∶1)～(2∶1)。有效水深应结合流程设计、地质条件、供氧设施类型和选用风机压力等因素确定，可采用 4.0～6.0m。在条件许可时，水深尚可加大。

⑤ 生物反应池中的好氧区（池），采用鼓风曝气器时，处理每立方米污水的供气量不应小于 3m^3。好氧区采用机械曝气器时，混合全池污水所需功率不宜小于 25W/m^3；氧化沟不宜小于 15W/m^3。缺氧区（池）、厌氧区（池）应采用机械搅拌，混合功率宜采用 2～8W/m^3。机械搅拌器布置的间距、位置，应根据试验资料确定。

⑥ 生物反应池的设计，应充分考虑冬季低水温对去除碳源污染物、脱氮和除磷的影响，必要时可采取降低负荷、增长泥龄、调整厌氧区（池）及缺氧区（池）水力停留时间和保温或增温等措施。

⑦ 原污水、回流污泥进入生物反应池的厌氧区（池）、缺氧区（池）时，宜采用淹没入流方式。

⑧ 进入生物脱氮、除磷系统的污水，应符合下列要求。

a. 脱氮时，污水中的五日生化需氧量与总凯氏氮之比宜大于 4。

b. 除磷时，污水中的五日生化需氧量与总磷之比宜大于 17。

c. 同时脱氮、除磷时，宜同时满足以上两条要求。

d. 好氧区（池）剩余总碱度宜大于 70mg/L（以 CaCO$_3$ 计），当进水碱度不能满足上述要求时，应采取增加碱度的措施。

⑨ 当仅需脱氮时，宜采用缺氧/好氧法（A$_N$O 法）。

a. 缺氧区（池）容积可按下列公式计算：

$$V_n \frac{0.001Q(N_k - N_{te}) - 0.12\Delta X_v}{K_{de}X}$$

$$K_{de(T)} = K_{de(20)}1.08^{(T-20)}$$

$$\Delta X_v = yY_t \frac{Q(S_0 - S_e)}{1000}$$

式中　V_n——缺氧区（池）容积，m^3；

　　　Q——生物反应池的设计流量，m^3/d；

　　　X——生物反应池内混合液悬浮固体平均浓度，gMLSS/L；

　　　N_k——生物反应池进水总凯氏氮浓度，mg/L；

　　　N_{te}——生物反应池出水总氮浓度，mg/L；

ΔX_v——排出生物反应池系统的微生物量，kgMLVSS/d；

K_{de}——脱氮速率，$kgNO_3^- \text{-}N/(kgMLSS \cdot d)$，宜根据试验资料确定；无试验资料时20℃的 K_{de} 值可采用 $0.03 \sim 0.06 kgNO_3^- \text{-}N/(kgMLSS \cdot d)$，并按本式进行温度修正，$K_{de(T)}$、$K_{de(20)}$ 分别为 T℃和20℃时的脱氮速率；

T——设计温度，℃；

Y_t——污泥总产率系数，kgMLSS/kgBOD_5，宜根据试验资料确定，无试验资料时系统有初次沉淀池时取0.3，无初次沉淀池时取 $0.6 \sim 1.0$；

y——MLSS中MLVSS所占比例；

S_0——生物反应池进水五日生化需氧量，mg/L；

S_e——生物反应池出水五日生化需氧量，mg/L。

b. 好氧区（池）容积可按下列公式计算：

$$V_o = \frac{Q(S_0 - S_e)\theta_{co}Y_t}{1000X}$$

$$\theta_{co} = F\frac{1}{\mu}$$

$$\mu = 0.47\frac{N_a}{K_n + N_a}e^{0.098(T-15)}$$

式中　V_o——好氧区（池）容积，m^3；

θ_{co}——好氧区（池）设计污泥泥龄，d；

F——安全系数，为 $1.5 \sim 3.0$；

μ——硝化菌比生长速率，d^{-1}；

N_a——生物反应池中氨氮浓度，mg/L；

K_n——硝化作用中氮的半速率常数，mg/L；

T——设计温度，℃；

0.47——15℃时，硝化菌最大比生长速率，d^{-1}；

Q、S_0、S_e、Y_t、X 意义同前。

c. 混合液回流量可按下列公式计算：

$$Q_{Ri} = \frac{1000V_n K_{de}X}{N_t - N_{ke}} - Q_R$$

式中　Q_{Ri}——混合液回流量，m^3/d，混合液回流比不宜大于400%；

Q_R——回流污泥量，m^3/d；

N_{ke}——生物反应池出水总凯氏氮浓度，mg/L；

N_t——生物反应池进水总氮浓度，mg/L；

V_n、K_{de}、X 意义同前。

d. 缺氧/好氧法（A_NO法）生物脱氮的主要设计参数，宜根据试验资料确定，无试验资料时，可采用经验数据或按表2-3的规定取值。

表 2-3　缺氧/好氧法（A~N~O 法）生物脱氮的主要设计参数

项目	单位	参数值
BOD$_5$ 污泥负荷 L_S	kgBOD$_5$/(kgMLSS·d)	0.05～0.15
总氮负荷率	kgTN/(kgMLSS·d)	≤0.05
污泥浓度(MLSS) X	g/L	2.5～4.5
污泥龄 θ_c	d	11～23
污泥产率系数 Y	kgVSS/kgBOD$_5$	0.3～0.6
需氧量 O_2	kgO$_2$/kgBOD$_5$	1.1～2.0
水力停留时间 HRT	h	8～16
		缺氧 0.5～3.0
污泥回流比 R	%	50～100
混合液回流比 R_i	%	100～400
总处理效率 η	%	90～95(BOD$_5$)
	%	60～85(TN)

⑩ 当仅需除磷时，宜采用厌氧/好氧法（A$_p$O 法）。

a. 生物反应池中厌氧区（池）的容积可按下列公式计算：

$$V_p = \frac{t_p Q}{24}$$

式中　V_p——厌氧区（池）容积，m^3；

　　　t_p——厌氧区（池）水力停留时间，h，宜为 1～2h；

　　　Q——设计污水流量，m^3/d。

b. 厌氧/好氧法（A$_p$O 法）生物除磷的主要设计参数宜根据试验资料确定，无试验资料时，可采用经验数据或按表 2-4 的规定取值。

表 2-4　厌氧/好氧法（A$_p$O 法）生物除磷的主要设计参数

项目	单位	参数值
BOD$_5$ 污泥负荷 L_S	kgBOD$_5$/(kgMLSS·d)	0.4～0.7
污泥浓度(MLSS) X	g/L	2.0～4.0
污泥龄 θ_c	d	3.5～7
污泥产率系数 Y	kgVSS/kgBOD$_5$	0.4～0.8
污泥含磷率	kgTP/kgVSS	0.03～0.07
需氧量 O_2	kgO$_2$/kgBOD$_5$	0.7～1.1
水力停留时间 HRT	h	3～8
		厌氧 1～2
		A$_p$：O=(1：2)～(1：3)
污泥回流比 R	%	40～100
总处理效率 η	%	80～90(BOD$_5$)
	%	75～85(TP)

c. 采用生物除磷处理污水时，剩余污泥宜采用机械浓缩。生物除磷的剩余污泥采用厌氧消化处理时，输送厌氧消化污泥或污泥脱水滤液的管道应有除垢措施。对含磷高的液体，宜先除磷再返回污水处理系统。

⑪ 当需要同时脱氮除磷时，宜采用厌氧/缺氧/好氧法（AAO 法，又称 A²O 法）。生物反应池的容积包括去除碳源污染物及脱氮（第⑨条）除磷（第⑩条）所需的容积。主要设计参数宜根据试验资料确定；无试验资料时可采用经验数据或按表 2-5 的规定取值。工艺流程中可根据需要改变进水和回流污泥的布置形式，调整为前置缺氧区（池）或串联增加缺氧区（池）和好氧区（池）等变形工艺。

表 2-5　生物脱氮除磷的主要设计参数

项目	单位	参数值
BOD_5 污泥负荷 L_S	$kgBOD_5/(kgMLSS \cdot d)$	0.1～0.2
污泥浓度（MLSS）X	g/L	2.5～4.5
污泥龄 θ_c	d	10～20
污泥产率系数 Y	$kgVSS/kgBOD_5$	0.3～0.6
需氧量 O_2	$kgO_2/kgBOD_5$	1.1～1.8
水力停留时间 HRT	h	7～14
		厌氧 1～2
		缺氧 0.5～3
污泥回流比 R	%	20～100
混合液回流比 R_i	%	≥200
总处理效率 η	%	80～95（BOD_5）
	%	50～75（TP）
	%	55～80（TN）

⑫ 氧化沟

a. 氧化沟脱氮除磷所需生物反应池的容积按⑨、⑩条所列公式计算。氧化沟前可不设初次沉淀池，可设置厌氧池。氧化沟可按两组或多组系列布置，并设置进水配水井。氧化沟可与二次沉淀池分建或合建。延时曝气氧化沟的主要设计参数宜根据试验资料确定，无试验资料时可按表 2-6 的规定取值。

表 2-6　延时曝气氧化沟的主要设计参数

项目	单位	参数值
污泥浓度（MLSS）X	g/L	2.5～4.5
污泥负荷 L_S	$kgBOD_5/(kgMLSS \cdot d)$	0.03～0.08
污泥龄 θ_c	d	>15
污泥产率系数 Y	$kgVSS/kgBOD_5$	0.3～0.6
需氧量 O_2	$kgO_2/kgBOD_5$	1.5～2.0

项目	单位	参数值
水力停留时间 HRT	h	≥16
污泥回流比 R	%	75~150
总处理效率 η	%	>95(BOD_5)

b. 氧化沟进水和回流污泥点宜设在缺氧区首端，出水点宜设在充氧器后的好氧区。氧化沟的超高与选用的曝气设备类型有关，当采用转刷、转碟时，宜为0.5m；当采用竖轴表曝机时，宜为0.6~0.8m，其设备平台宜高出设计水面0.8~1.2m。

c. 氧化沟的有效水深与曝气、混合和推流设备的性能有关，宜采用3.5~4.5m。根据氧化沟渠宽度，弯道处可设置一道或多道导流墙；氧化沟的隔流墙和导流墙宜高出设计水位0.2~0.3m。

d. 氧化沟曝气转刷、转碟宜安装在沟渠直线段的适当位置，曝气转碟也可安装在沟渠的弯道上，竖轴表曝机应安装在沟渠的端部。

e. 氧化沟的走道板和工作平台，应安全、防溅和便于设备维修。

f. 氧化沟内的平均流速宜大于0.25m/s。

⑬ SBR

a. SBR反应池宜按平均日污水量设计；反应池前、后的水泵、管道等输水设施应按最高日最高时污水量设计。

b. SBR反应池的数量宜不少于2个。

c. SBR反应池容积可按下列公式计算：

$$V=\frac{24QS_0}{1000XL_St_R}$$

式中　Q——每个周期进水量，m^3；

　　　t_R——每个周期反应时间，h。

d. 污泥负荷的取值，以脱氮为主要目标时，宜按表2-3的规定取值；以除磷为主要目标时，宜按表2-4的规定取值；同时脱氮除磷时，宜按表2-5的规定取值。

e. SBR工艺各工序的时间宜按下列规定计算。

（a）进水时间可按下列公式计算：

$$t_F=\frac{t}{n}$$

式中　t_F——每池每周期所需要的进水时间，h；

　　　t——一个运行周期需要的时间，h；

　　　n——每个系列反应池个数。

（b）反应时间可按下列公式计算：

$$t_R=\frac{24S_0m}{1000L_SX}$$

式中 m——充水比，仅需除磷时宜为 0.25～0.5，需脱氮时宜为 0.15～0.3。

(c) 沉淀时间 t_S 宜为 1h。

(d) 排水时间 t_D 宜为 1.0～1.5h。

(e) 一个周期所需时间可按下列公式计算：

$$t = t_R + t_S + t_D + t_b$$

式中 t_b——闲置时间，h。

(f) 每天的周期数宜为正整数。

(g) 连续进水时，反应池的进水处应设置导流装置。

(h) 反应池宜采用矩形池，水深宜为 4.0～6.0m；反应池长度与宽度之比间隙进水时宜为 (1:1)～(2:1)，连续进水时宜为 (2.5:1)～(4:1)。

(i) 反应池应设置固定式事故排水装置，可设在滗水结束时的水位处。

(j) 反应池应采用有防止浮渣流出设施的滗水器，同时宜有清除浮渣的装置。

二、计算例题

本节除特殊说明外，《排水规范》指《室外排水设计标准》（GB 50014—2021）；《给水规范》指《室外给水设计标准》（GB 50013—2018）；《排放标准》指《城镇污水处理厂污染物排放标准》（GB 18918—2002）；《数据手册》指《给水排水常用数据手册》（第二版）。

【例题 2-1】 活性污泥法合并硝化曝气池工艺的设计计算

（一）已知条件

某镇污水处理厂设计处理水量 $Q = 5000\text{m}^3/\text{d}$。采用传统曝气活性污泥法去除 BOD_5 及 $NH_3\text{-}N$。曝气池设计进水水质：$COD_{Cr} = 350\text{mg/L}$，$BOD_5 = 180\text{mg/L}$，$N_k$（凯氏氮）= 40mg/L，$TP = 9\text{mg/L}$，总 $SS = 160\text{mg/L}$，碱度 $S_{ALK} = 280\text{mg/L}$。平均水温夏季 $T = 25℃$，冬季 $T = 10℃$。处理后出水供城市杂用，即设计出水水质为 $BOD_5 \leqslant 10\text{mg/L}$，$NH_3\text{-}N \leqslant 10\text{mg/L}$。计算曝气池体积。

（二）设计计算

1. 曝气池体积

本工程以去除碳源污染物为主，并涉及硝化作用，应按《排水规范》式（7.6.10-2）计算。曝气池总容积采用污泥龄法计算：

$$V = \frac{QY_t\theta_{co}(S_0 - S_e)}{1000X(1 + K_{d20}\theta_{co})}$$

式中 V——曝气池有效容积，m^3；

Q——曝气池设计流量，m^3/d，取 $5000\text{m}^3/\text{d}$；

Y_t——污泥总产率系数（kgMLSS/kgBOD_5），0.4～0.8，本工程有硝化反应，取 0.4；

θ_{co}——设计污泥泥龄，其数值为 3～15，d；

X——生物反应池内混合液悬浮固体平均浓度，gMLSS/L。查《排水规范》表7.6.10，X 为 2.5~4.5gMLSS/L，取 2.5gMLSS/L；

S_0——进水 BOD_5 浓度，mg/L，取 180mg/L；

S_e——生物反应池出水五日生化需氧量，mg/L；

K_{d20}——20℃时的衰减系数，d^{-1}，20℃的数值为 0.04~0.075，本工程取 $0.05d^{-1}$。

$$S_e = S_{BOD} - 7.1bX_aC_e$$

式中 X_a——在处理水的悬浮固体中，有活性的微生物所占的比例。高负荷活性污泥处理系统为 0.8；延时曝气系统为 0.1；其他活性污泥处理系统在一般负荷条件下为 0.4，本工程取 0.3；

C_e——活性污泥处理系统的处理水中的悬浮固体浓度，mg/L；本工程以 SS_e 代入，根据《排放标准》，要求一级 A 出水 SS≤10mg/L，取 10mg/L；

b——微生物自身氧化率，d^{-1}，取值范围为 0.05~0.1d^{-1}，取 $0.06d^{-1}$；本工程以 K_{dT} 代入，根据《排水规范》式（7.6.11）计算。

$$K_{dT} = K_{d20}\theta_T^{T-20}$$

式中 θ_T——温度系数，采用 1.02~1.06，本工程取 1.05；

T——设计温度，℃，夏季温度为 25℃，则 $K_{dT} = K_{d20}\theta_T^{T-20} = 0.05 \times 1.05^{25-20} = 0.05 \times 1.05^5 = 0.05 \times 1.276 = 0.0638(d^{-1})$。

$$S_e = S_{BOD} - 7.1K_{dT}X_aSS_e$$

$$S_e = S_{BOD} - 7.1K_{dT}X_aSS_e = 10 - 7.1 \times 0.0638 \times 0.3 \times 10 = 10 - 1.36 = 8.64(\text{mg/L})$$

$$\theta_{co} = F\frac{1}{\mu}$$

$$\mu = 0.47\frac{N_a}{K_n + N_a}e^{0.098(T-15)}$$

式中 F——安全系数，城市污水可生化性好，为 1.5~3.0，本工程取 2.0；

μ——硝化菌比生长速率，d^{-1}；

N_a——生物反应池中氨氮浓度，mg/L，取 40mg/L；

K_n——硝化作用中氮的半速率常数，mg/L。K_n 的典型值为 1.0mg/L，本工程取 1.0mg/L；

0.47——15℃时，硝化菌最大比生长速率，d^{-1}；

T——设计温度，℃，取最不利温度 10℃。

则 $\mu = 0.47\dfrac{N_a}{K_n + N_a}e^{0.098(T-15)} = 0.47\dfrac{40}{1+40}e^{0.098\times(10-15)} = \dfrac{0.47 \times 40}{41} \times e^{-0.49}$

$$= \frac{0.47 \times 40}{41} \times e^{-0.49} = 0.459 \times 0.613 = 0.28(d^{-1})$$

$$\theta_{co} = F\frac{1}{\mu} = 2 \times \frac{1}{0.28} = 7.14(d)$$

根据《排水规范》表 7.6.10，θ_{co} 值应介于 3～15 之间，取 11d。

则 $V = 1507.97(m^3)$。

曝气池水力停留时间 $HRT = V/Q = 1507.97/5000 = 0.302(d) = 7.24(h)$。

根据《排水规范》表 7.6.10，水力停留时间 HRT 值应介于 9～22h 之间（其中缺氧段 2～10h），本工程不需反硝化，符合要求。

2. 碱度校核

各种生物反应过程对污水碱度产生影响。每硝化 1mg/L 氨氮消耗 7.14mg/L 的碱度，每反硝化 1mg/L 的硝态氮，可产生 3.57mg/L 的碱度，每碳化 1mg/L 的 BOD_5 可产生 0.1mg/L 的碱度。剩余碱度可用下式计算：

$$ALK_e = ALK_0 - 7.14(TN_0 - NH_e - N_w) + 3.57(TN_0 - TN_e - N_w) + 0.1(S_0 - S_e)$$

式中　ALK_e——出水碱度（以 $CaCO_3$ 计），mg/L；

ALK_0——进水碱度，mg/L，本工程为 280mg/L；

TN_0——进水总氮，mg/L，原始资料没有提供，本工程按进水凯氏氮计，为 40mg/L；

NH_e——出水氨氮，mg/L，本工程为 10mg/L；

N_w——微生物同化作用去除的氮，mg/L。

$$N_w = 0.124 \frac{Y_t(S_0 - S_e)}{1 + K_{dT}\theta_c}$$

$$N_w = 0.124 \frac{Y_t(S_0 - S_e)}{1 + K_d\theta_c} = 0.124 \times \frac{0.3 \times (180 - 8.72)}{1 + 0.0307 \times 11}$$

$$= 0.124 \times \frac{0.3 \times 171.28}{1 + 0.3377} = 0.124 \times \frac{51.384}{1.3377} = 4.76(mg/L)$$

则 $ALK_e = ALK_0 - 7.14(TN_0 - NH_e - N_w) + 0.1(S_0 - S_e)$

$\qquad = 280 - 7.14 \times (40 - 10 - 4.76) + 0.1 \times (180 - 8.72)$

$\qquad = 280 - 7.14 \times 25.24 + 0.1 \times 171.28$

$\qquad = 280 - 180.21 + 17.13 = 116.92(mg/L)$

剩余碱度大于 100mg/L（以 $CaCO_3$ 计），可维持原污水的 pH 值。

3. 污泥回流比

由于对出水水质要求严格，系统中活性污泥的 SVI 值应低。取 $SVI = 100$，r 为考虑污泥在沉淀池中停留时间、池深、污泥厚度等因素的系数，取 1.2。回流污泥浓度 X_R 计算公式为

$$X_R = \frac{10^6}{SVI}r = \frac{10^6}{100} \times 1.2 = 12000(mg/L)$$

污泥回流比 $R = \frac{X}{X_R - X} \times 100\% = \frac{2500}{12000 - 2500} \times 100\% = 26\%$

4. 剩余污泥量

（1）按污泥产率系数、衰减系数及不可生物降解和惰性悬浮物计算

根据《排水规范》7.7.3-2：

$$\Delta X = YQ(S_0 - S_e) - K_d V X_v + fQ(SS_0 - SS_e)$$

式中　ΔX——剩余污泥量，kgSS/d；

Y——污泥产率系数，kgVSS/kgBOD$_5$，据《排水规范》表 7.6.10，为 0.3～0.6，本工程取 0.3；

X_v——生物反应池内混合液挥发性悬浮固体平均浓度，gMLVSS/L；

f——SS 的污泥转换率。宜根据试验资料确定，无试验资料时可取 0.5～0.7gMLSS/gSS，本工程取 0.6gMLSS/gSS。

$$X_v = 0.75X = 0.75 \times 2.5 = 1.875 (\text{gMLVSS/L})$$

则 $\Delta X = YQ(S_0 - S_e) - K_d V X_v + fQ(SS_0 - SS_e)$

$= 0.3 \times 5000 \times (0.180 - 0.00864) - 0.0307 \times 1130.98 \times 1.875 + 0.6 \times 5000 \times$

$(0.16 - 0.01)$

$= 1500 \times 0.171368 - 0.0307 \times 1130.98 \times 1.875 + 0.6 \times 5000 \times 0.15$

$= 257.04 - 65.10 + 450 = 641.94 (\text{kgSS/d})$

（2）按污泥泥龄计算

$$\Delta X = \frac{VX}{\theta_c}$$

则 $\Delta X = \dfrac{VX}{\theta_c} = \dfrac{1130.98 \times 2.5}{11} = 257.04 (\text{kgSS/d})$

本工程取 641.94kgSS/d。

5. 曝气池主要尺寸

曝气池总容积 V 为 1130.98m^3，分设 2 组，单组容积 $V_单$ 为 565.5m^3。有效水深可采用 4.0～6.0m，在条件许可时，水深尚可加大。结合本工程的流程设计、地质条件、可选的供氧设施类型和选用风机压力等因素，有效水深 h 取 4.0m，单组有效面积：

$$S_单 = V_单/h = 565.5/4.0 = 141.3 (\text{m}^2)$$

根据《排水规范》7.6.5，廊道式生物反应池的池宽与有效水深之比宜采用（1：1）～（2：1）。本工程廊道宽 b 取 4.5m，每组曝气池总长 $L_{单总} = S_单/b = 141.3/4.5 = 31.4(\text{m})$。采用 3 廊道式，每组曝气池池宽 $B_单 = 4.5 \times 3 = 13.5(\text{m})$，池长 $L_单$ 为 $L_{单总}/3 = 31.4/3 = 10.47(\text{m})$，取 12m。则曝气池总长 $L_{单总} = 12 \times 3 = 36(\text{m})$。

反应池廊道的长宽比 $L_{单总}/B = 36/4.5 = 8$，满足 5～10 的要求。

超高取 0.5m，则反应池总高 $H = 4.0 + 0.5 = 4.5$（m）。

反应池平面布置见图 2-13。

6. 曝气池进、出水管、堰

（1）进水管　两组曝气池合建，进水、回流污泥由曝气池首端进入。为减少水头损失，进口均设在水面以下。

进水管设计流量 $Q_单 = Q/(86400 \times 2) = 50000/(86400 \times 2) = 0.0289(\text{m}^3/\text{s})$

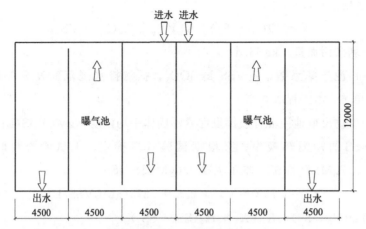

图 2-13　反应池平面布置

根据《给水工程》表 5-1，进水管流速 v_1 采用 0.6～0.9m/s。查水力计算表，进水管管径为 DN200 时，流速 0.92m/s。

（2）回流污泥管道　为了保证处理系统的灵活运行，回流污泥管道按污泥回流比 $R_{max}=200\%$ 考虑，则最大污泥回流量为

$$Q_R = R_{max}Q_单/86400 = 200\% \times 0.0289 = 0.0578(m^3/s)$$

根据《排水工程》8.1.4，污泥流动的下临界速度约为 1.1m/s，上临界速度约为 1.4m/s。查水力计算表，进水管管径为 DN250 时，流速为 1.18m/s。

（3）出水堰　出水堰过水流量为处理水量与回流污泥量之和：$Q_{出水}=Q_单+RQ_单$。其中污泥回流比仍按最不利情况 R_{max} 考虑，则 $Q_{出水}=Q_单+R_{max}Q_单=(1+R_{max})Q_单=(1+200\%)\times Q_单=300\%\times0.0289=0.0867(m^3/s)$。

曝气池出水堰堰上水头由矩形堰的流量公式 $Q=1.84bh^{3/2}$ 计算得。

$$h_堰 = [Q_{出水堰}/(1.84b)]^{2/3} = [0.0867/(1.84\times4.5)]^{2/3} = 0.010^{2/3} \approx 0.05(m)$$

（4）出水管　单组反应池出水管设计流量 $Q_{出水}=0.0867m^3/s$。查水力计算表，出水管管径为 DN350 时，流速为 0.9m/s。

7. 曝气系统

（1）设计需氧量　曝气池需氧量根据去除的五日生化需氧量、氨氮的硝化等要求确定，宜按下列公式计算：

$$O_2 = 0.001aQ(S_0-S_e) - c\Delta X_v + b[0.001Q(N_k-N_{ke}) - 0.12\Delta X_v]$$

式中　O_2——曝气池需氧量，kgO_2/d；

　　　a——碳的氧当量，本工程含碳物质数量以 BOD_5 计，取 1.47；

　　　c——常数，细菌细胞的氧当量，取 1.42；

　　　b——常数，氧化每公斤氨氮所需氧量，kgO_2/kgN，取 $4.57kgO_2/kgN$；

　　　N_k——曝气池进水总凯氏氮浓度，mg/L，本工程为 40mg/L；

　　　N_{ke}——曝气池出水总凯氏氮浓度，mg/L，本工程为 10mg/L；

ΔX_v——排出生物反应池系统的微生物量，kg/d。

$$\Delta X_v = 0.75\Delta X = 0.75 \times 641.85 = 481.39(kg/d)$$

则 $O_2 = 0.001aQ(S_0-S_e)-c\Delta X_v+b[0.001Q(N_k-N_{ke})-0.12\Delta X_v] = 0.001 \times 1.47 \times 5000 \times (180-8.72)-1.42 \times 481.39+4.57 \times [0.001 \times 5000 \times (40-10)-0.12 \times 481.39] = 1258.91-683.57+4.57 \times (150-57.77) = 1258.91-683.57+4.57 \times 92.23 = 1258.91-683.57+421.49 = 996.83(kgO_2/d) = 41.53(kgO_2/h)$

(2) 用气量 本工程为传统推流式曝气池，选用鼓风曝气装置供氧。按《排水规范》6.8.4 节公式将标准状态下污水需氧量换算为标准状态下的供气量。

$$G_s = O_s/(0.28E_A)$$

$$O_s = \frac{O_2 \times C_{s(20)}}{\alpha[\beta\rho C_{sb(T)}-C] \times 1.024^{(T-20)}}$$

$$\rho = \frac{P}{1.013 \times 10^5}$$

$$C_{sb(T)} = C_{s(T)}\left(\frac{P_b}{2.026 \times 10^5}+\frac{O_t}{42}\right)$$

$$P_b = P+9.8 \times 10^3 H$$

$$O_t = \frac{21(1-E_A)}{79+21(1-E_A)}$$

式中　G_s——标准状态下供气量，m^3/h；

　　　O_s——标准状态下曝气池需氧量，kgO_2/h；

$C_{s(20)}$——20℃时氧在清水中的饱和溶解度，$C_{s(20)}=9.17mg/L$；

　　　α——氧总转移系数，$\alpha=0.85$；

　　　β——氧在污水中的饱和溶解度修正系数，$\beta=0.95$；

　　　ρ——因海拔高度不同而引起的压力修正系数；

　　　P——所在地区大气压力，Pa，本工程所在地平均海拔高度为 800m，为 $9.4mH_2O=92182.51Pa$；

　　　T——设计污水温度，℃，本工程冬季 $T=10$℃，夏季 $T=25$℃；

$C_{sb(T)}$——设计水温条件下曝气池内平均溶解氧饱和度，mg/L；

$C_{s(T)}$——设计水温条件下氧在清水中饱和溶解度，mg/L，夏季清水氧饱和度 $C_{s(25)}$ 为 8.4mg/L，冬季清水氧饱和度 $C_{s(10)}$ 为 11.33mg/L；

　　　P_b——空气扩散装置处的绝对压力，Pa；

　　　H——空气扩散装置淹没深度，m，本工程微孔曝气头安装在距池底 0.3m 处，淹没深度 3.7m，其绝对压力 P_b 为 $P_b=P+9.8 \times 10^3 H = 1.013 \times 10^5 + 0.098 \times 10^5 \times 3.7 = 1.38 \times 10^5(Pa)$；

　　　O_t——气泡离开水面时含氧量，%；

　　　E_A——空气扩散装置氧转移效率，%，查产品样本，本工程所选空气扩散装置氧转移效率为20%。

则 $\rho = \dfrac{P}{1.013 \times 10^5} = \dfrac{92182.51}{1.013 \times 10^5} = 0.91$

$$O_t = \frac{21(1-E_A)}{79+21(1-E_A)} \times 100\% = \frac{21 \times (1-20\%)}{79+21 \times (1-20\%)} \times 100\% = \frac{21 \times 0.8}{79+21 \times 0.8} \times 100\%$$

$$= \frac{16.8}{79+16.8} = 18\%$$

则夏季 $C_{sb(T)} = C_{s(25)}\left(\dfrac{P_b}{2.026 \times 10^5} + \dfrac{O_t}{42}\right) = 8.4 \times \left(\dfrac{1.28 \times 10^5}{2.026 \times 10^5} + \dfrac{18}{42}\right)$

$$= 8.4 \times (0.63 + 0.43) = 9.32 (mg/L)$$

冬季 $C_{sb(T)} = C_{s(10)}\left(\dfrac{P_b}{2.026 \times 10^5} + \dfrac{O_t}{42}\right) = 11.33 \times \left(\dfrac{1.38 \times 10^5}{2.026 \times 10^5} + \dfrac{18}{42}\right)$

$$= 11.33 \times (0.68 + 0.43) = 12.58 (mg/L)$$

曝气池末端最低溶解氧浓度大于 2mg/L，即 $C = 2mg/L$。

则夏季标准需氧量 $O_{s(25)} = \dfrac{O_2 \times C_{s(20)}}{\alpha[\beta\rho C_{sb(25)} - C] \times 1.024^{(T-20)}}$

$$= \frac{41.53 \times 9.17}{0.85 \times (0.95 \times 0.91 \times 9.32 - 2) \times 1.024^{(25-20)}}$$

$$= \frac{380.83}{0.85 \times (8.06-2) \times 1.13} = 380.83/5.82 = 65.43 (kg/h)$$

则冬季标准需氧量 $O_{s(10)} = \dfrac{O_2 \times C_{s(20)}}{\alpha[\beta\rho C_{sb(10)} - C] \times 1.024^{(T-20)}}$

$$= \frac{41.53 \times 9.17}{0.85 \times (0.95 \times 0.91 \times 12.58 - 2) \times 1.024^{(10-20)}}$$

$$= \frac{380.83}{0.85 \times (10.88-2) \times 0.79} = 380.83/5.95 = 63.9 (kg/h)$$

则夏季空气用量 $G_{s(25)} = O_{s(25)}/(0.28E_A) = 65.43/(0.28 \times 20\%) = 1168.39 (m^3/h)$

$$= 19.47 (m^3/min)$$

冬季空气用量 $G_{s(10)} = O_{s(10)}/(0.28E_A) = 64.01/(0.28 \times 20\%) = 1143.04 (m^3/h)$

$$= 19.05 (m^3/min)$$

（3）曝气器数量　根据供货商提供的数据，微孔曝气器标准供氧能力为 $0.14kgO_2/$（h·个），服务面积不大于 $0.75m^2/$个。

① 曝气器数量 n

$$n = O_{s(25)}/0.14 = 65.43/0.14 \approx 468 (个)$$

② 曝气器数量校核。每组曝气池面积 $162m^2$，总面积为 $162 \times 2 = 324(m^2)$。每个曝气器服务面积 $f = 324/468 = 0.69(m^2) < 0.75(m^2)$。

（4）空气管道　空气管道布置见图 2-14。

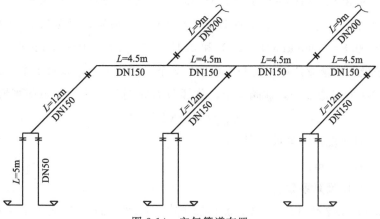

图 2-14　空气管道布置

本图为计算简图，示意鼓风机或空压机压力的
计算过程，具体工程应根据施工图详图计算。

① 总管。根据《排水规范》7.9.14，输气管道中空气流速宜采用：干支管为 10～15m/s；竖管、小支管为 4～5m/s。总管空气流量 $G_{s(25)}$ ＝1168.39m³/h＝19.47m³/min，设 2 根。每根流量 584.20m³/h＝9.74m³/min。查《排水工程》下册附录 2，总管管径为 DN150 时，空气流速为 10m/s。

② 干管。每组生物池空气流量 1168.39/3＝389.46(m³/h)＝6.49(m³/min)，总管管径为 DN150 时，空气流速为 7m/s。

③ 支管。支管向单侧廊道供气，每个廊道沿程布置 6 个，则每个干管沿途共接 12 根，每根的流量 389.46/12＝32.45(m³/h)＝0.54(m³/min)，总管管径为 DN50 时，空气流速为 4m/s。

④ 鼓风机或空压机出口压力。

$$P＝h_1＋h_2＋h_3＋h_4＋\Delta h$$

式中　P——鼓风机出口压力，kPa；

　　　h_1——供气管道沿程阻力损失，kPa；

　　　h_2——供气管道局部阻力损失，MPa；

　　　h_3——空气扩散装置安装深度（以装置出口处计），kPa，本工程为 3.5m，取 34.32kPa；

　　　h_4——空气扩散装置阻力，本工程所选微孔曝气阻力为 4kPa；

　　　Δh——压力余量，kPa，一般 Δh＝3～5kPa，本工程取 5kPa。

本工程分别选用了 DN200、DN150、DN50 的管道，气温按 30℃考虑，管内空气压力为

$$P_{管压}＝9.8(1.5＋H_{空扩})$$

式中　$P_{管压}$——空气压力，kPa；

　　　$H_{空扩}$——空气扩散装置距水面的深度，m，本工程为 3.7m。

则 $P_{管压}=9.8(1.5+H)=9.8\times(1.5+3.7)=9.8\times5.2=50.96(kPa)$

总管 DN150、干管 DN150、支管 DN50 管道的摩擦损失分别为 $0.5\times9.8=4.9(kPa/1000m)$、$0.2\times9.8=1.96(kPa/1000m)$ 和 $0.4\times9.8=3.92(kPa/1000m)$。

本工程按最不利管段计算,设 DN50 弯头 2 个,三通 1 个,球阀 1 个,50×150 渐扩 1 个;干管 DN150 三通 2 个,球阀 1 个;总管 DN150 球阀 1 个。管道的当量长度

$$L_{当}=55.5KD^{1.2}$$

式中 $L_{当}$——管道配件的当量长度,m;

D——管径,m;

K——长度换算系数。

则设 DN50 弯头 2 个 $[2\times55.5\times0.4\times0.05^{1.2}=1.22(m)]$,三通 1 个 $[55.5\times1.33\times0.05^{1.2}=2.03(m)]$,球阀 1 个 $[55.5\times2\times0.05^{1.2}=3.05(m)]$,$50\times150$ 渐扩 1 个 $[55.5\times0.33\times0.05^{1.2}=0.5(m)]$。DN50 管道配件的当量长度为 $1.22+2.03+3.05+0.5=6.8(m)$。

干管 DN150 三通 1 个 $[55.5\times1.33\times0.15^{1.2}=7.58(m)]$,球阀 1 个 $[55.5\times2\times0.15^{1.2}=11.39(m)]$。DN150 管道配件的当量长度为 $7.58+11.39=18.97(m)$。

总管 DN150 球阀 1 个 $[55.5\times1.33\times0.2^{1.2}=10.7(m)]$,$150\times150$ 三通 1 个 $[55.5\times1.33\times0.2^{1.2}=10.7(m)]$。

总管 DN150 管道配件的当量长度为 $10.7+10.7=21.4(m)$。

折合当量长度后,DN50 管道总长为 $5.5+6.8=12.3(m)$,沿程与局部压力损失之和 $h_1+h_2=12.3\times3.92/1000=0.048(kPa)$;干管 DN150 管道总长为 $16.5+18.97=35.47(m)$,沿程与局部压力损失之和 $h_1+h_2=35.47\times1.96/1000=0.07(kPa)$;总管 DN150 管道总长为 $9+21.4=30.4(m)$,沿程与局部压力损失之和 $h_1+h_2=30.4\times4.5/1000=0.137(kPa)$。

沿程与局部压力损失共计 $0.048+0.07+0.137=0.255(kPa)$。

则 $P=h_1+h_2+h_3+h_4+\Delta h=0.255+34.32+4+5=43.58(kPa)$。

本工程所需空气量大、气压相对较小,选用鼓风机。

8. 二沉池

(1) 二沉池选型 可选的二沉池池型有平流式沉淀池、辐流式沉淀池、竖流式沉淀池和斜板(管)沉淀池。本工程流量相对较小,不适合选用。竖流式沉淀池池身较高,不利于高程布置;平流式沉淀池占地较大,且需要机械排泥。经比较,最终选用斜管沉淀池。

(2) 二沉池面积 二沉池设计采用表面负荷法

$$A=\frac{Q_{max}}{q}=\frac{Q_{max}}{3.6v}$$

$$Q_{max}=K_zQ$$

式中 A——二沉池有效沉淀面积,m^2;

Q_{max}——最大时污水流量,m^3/h;

K_z——最高日最高时污水量与平均日平均时污水量的比值,本工程 $Q=57.87L/s$,

查《排水规范》表 4.1.15，用线性内插法计算，K_z 取 2.0；

q——水力表面负荷，$m^3/(m^2 \cdot h)$。根据《排水规范》7.5.14，升流式异向流斜管（板）沉淀池的设计表面水力负荷，可按普通沉淀池的设计表面水力负荷的 2 倍计，对于二次沉淀池，尚应以固体负荷核算。又根据表 7.5.1，活性污泥法之后的二沉池为 $0.6 \sim 1.5 m^3/(m^2 \cdot h)$，本工程取 $1.2 m^3/(m^2 \cdot h)$。

则 $Q_{max} = K_z Q = 2.0 \times (5000/24) = 2.0 \times 208.33 = 416.66 (m^3/h)$

$$A = Q_{max}/q = 416.66/1.2 = 347.22 (m^2)$$

沉淀池分 2 座，每座面积 $A_单 = 173.61 m^2$。

固体负荷 $G = \dfrac{24(1+R)Q_{max}X}{A} = \dfrac{24 \times (1+0.26) \times 416.66 \times 2.5}{347.22}$

$= 90.72 [kg/(m^2 \cdot d)] < 160 [kg/(m^2 \cdot d)]$，满足要求。

（3）二沉池平面布置　为方便曝气池与二沉池的平面布置，取二沉池宽度 $B_单$ 为 13.5m，则二沉池长度 $L_单 = A_单/B_单 = 152.78/13.5 = 11.32 (m)$，取 12m。沿池长方向，各设 0.3m 的进水渠和出水渠，总长 12.6m。

为避免沉淀池进、出水布水不均匀造成的不利影响，每座沉淀池分二格，则每格宽度为 $B_{单格} = B_单/2 = 13.5/2 = 6.75 (m)$。

（4）二沉池污泥斗容积　污泥区的容积按 2h 的贮泥量计，其污泥浓度按 $(X+X_r)/2$ 计，有 $2(1+R)Q/24 = V_{泥区}(X+X_r)/2$。

$$V_{泥区} = \frac{(1+R)QX}{6(X+X_r)} = \frac{(1+0.26) \times 5000 \times 2500}{6 \times (2500+12000)} = 181.03 (m^3)$$

每格沉淀池所需污泥部分容积 $V_{泥区}/4 = 181.03/4 = 45.26 (m^3)$。

为降低污泥斗的高度，每格沿长度方向分二排布置。采用方形污泥斗排泥，根据《排水规范》6.5.4，每个污泥斗均应设单独的闸阀和排泥管，污泥斗的斜壁与水平面的倾角为 60°。

（5）二沉池高度　根据《排水规范》7.5.2，沉淀池超高取 0.3m，斜管（板）区上部水深为 0.8m，斜管孔径为 80mm，斜管（板）斜长为 1.0m，斜管（板）水平倾角为 60°，则垂直高度为 0.866m。斜管（板）区底部缓冲层高度为 1m，污泥斗高度为 2.165m。沉淀池总高 $0.3+0.8+0.866+1+2.165 = 5.131 (m)$。

为便于沉淀池排泥，每格沉淀池单独布置。平面布置参照平流沉淀池的设计要求。根据《排水规范》7.5.10，每格长度与宽度之比不宜小于 4。沉淀池平面及剖面图见图 2-15～图 2-17。

每格沉淀池共设 8 个污泥斗，每个污泥斗的容积为

$$V_{单斗} = \frac{1}{3} h_{泥斗}(f_1 + f_2 + \sqrt{f_1 f_2})$$

式中　f_1——污泥斗上口面积，m^2，$3 \times 3 = 9 (m^2)$；

　　　f_2——污泥斗下口面积，m^2，$0.5 \times 0.5 = 0.25 (m^2)$；

$h_{泥斗}$——污泥斗的高度，m，污泥斗为方斗，倾角 $\alpha = 60°$，$[(3-0.5)/2]\tan 60° = 2.165\text{m}$。

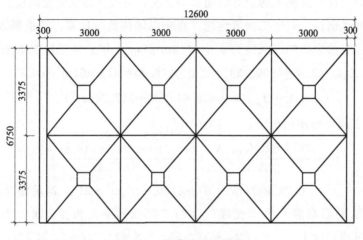

图 2-15　沉淀池平面布置

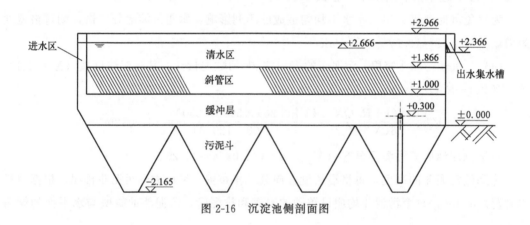

图 2-16　沉淀池侧剖面图

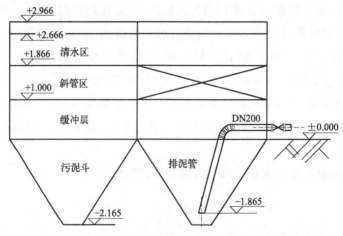

图 2-17　沉淀池横剖面图

则 $V_{单斗}=\dfrac{1}{3}\times 2.165\times(9+0.25+\sqrt{9\times 0.25})=7.76(m^3)$

8 个污泥斗的总容积 $7.76\times 8=62.08(m^3)>45.26m^3$，满足要求。

根据《排水规范》7.5.6，确定排泥管管径 DN200，排泥口与沉淀池水面高差 2.366m$>$0.9m，满足《排水规范》7.5.7 的要求。

（6）进出水系统

① 进水。每格沉淀池最大进水流量 $Q_{max}(1+R)/4=366.67\times(1+0.26)/4=115.50(m^3/h)=0.0321(m^3/s)$ 沉淀池底部布水区高 1m，宽 3.375m，断面流速 $0.0321/(1\times 3.375)=0.0095(m/s)<0.1m/s$。

② 出水。每格沉淀池的出水量为 $Q_{max}/4=366.67/4=91.67(m^3/h)=25.5(L/s)$。

在沉淀池末端布置一道出水堰，堰长 6.75m，出水堰负荷 $25.5/6.75=3.78[L/(s\cdot m)]>1.7L/(s\cdot m)$，不符合《排水规范》7.5.8 的要求。

每格沿纵向增设 3 道 2m 长集水堰，中间一道两侧集水，如图 2-18 所示。出水堰负荷 $25.5/(6.75+2.1\times 4)=1.68[L/(s\cdot m)]>1.7L/(s\cdot m)$，符合《排水规范》7.5.8 的要求。

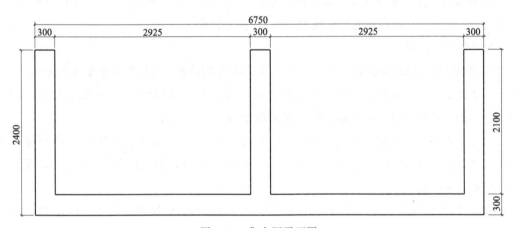

图 2-18　集水堰平面图

采用 90°三角堰出水，详细尺寸如图 2-19 所示。每米 5 个出水堰口，每个出水堰口出流量 $1.68/5=0.336(L/s)$。堰上水头按 90°三角堰过堰流量计算，$h_1=(q/1.4)^{2/5}=(0.000336/1.4)^{2/5}=0.036(m)$。

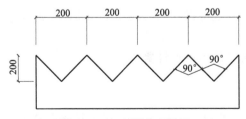

图 2-19　三角堰节点详图

集水槽宽度取 0.3m，高取 0.3m。近似按矩形明渠均匀流计算，水深 0.2m 时，流量为

$$Q_渠 = \omega C \sqrt{Ri}$$
$$C = R^{1/6}/n$$
$$R = \omega/\chi$$

式中　$Q_渠$——流量，m^3/s；

　　　ω——过水断面面积，m^2，本工程为 $0.3 \times 0.2 = 0.06(m^2)$；

　　　C——谢才系数；

　　　R——水力半径，m；

　　　χ——湿周，m，本工程为 0.7m；

　　　n——粗糙率，取 0.013；

　　　i——水力坡度，取 0.02。

则 $R = 0.06/0.7 = 0.0857(m)$

$$C = R^{1/6}/n = 0.0857^{1/6}/0.013 = 0.664/0.013 = 51.07$$

则集水槽最大过水量 $Q_渠 = \omega C \sqrt{Ri} = 0.06 \times 51.07 \times \sqrt{0.0857 \times 0.02} = 0.126(m^3/s) = 126(L/s)$。大于每格沉淀池的出水量 25.5L/s，满足要求。

9. 污泥回流系统

二沉池沉淀污泥靠静水压力排至污泥池，由污泥池内的潜污泵提升送至曝气池进口。设计污泥回流比 26%，实际设计按最大回流比考虑，为 200%。则最大污泥回流量为 $366.67 \times 200\% = 733.34(m^3/h)$。正常运行时污泥回流量为 $54.16m^3/h$。

设 3 台潜污泵（2 用 1 备）。其中 2 台泵流量为 $700m^3/h$（A、B 泵），1 台泵流量为 $60m^3/h$（C 泵）。正常运行时使用 C 泵，最大污泥回流量时同时使用 A、C 泵。B 泵备用（与 A 泵定期切换）。

每日排出的剩余污泥干重 641.85kgSS/d，根据《排水规范》7.2.1 污泥含水量按 99.6% 计，湿污泥流量为 $641.85/(1-99.6\%)/1000 = 160.46(m^3/d) = 6.69(m^3/h)$。在回流污泥管上接支管，将剩余污泥送到污泥处理系统。

水泵扬程根据竖向流程和水力计算确定。

根据《排水规范》6.3.1，污泥池的容积不应小于最大一台水泵 5min 的出水量，则其容积为 $700 \times 5/60 = 58.3(m^3)$。污泥池的平面尺寸为 4.5m×4.5m，有效深度为 3m，超高 0.3m，总高为 3.3m。底部设 0.5m×0.5m 积水坑，底坡 2% 坡向积水坑。

【例题 2-2】 氧化沟硝化工艺的设计计算

(一) 已知条件

污水处理厂设计处理水量 $Q = 50000m^3/d$。采用氧化沟硝化工艺去除 BOD_5 及 NH_3-N。曝气池设计进水水质 $COD_{Cr} = 350mg/L$，$BOD_5 = 200mg/L$，N_k（凯氏氮）$= 40mg/L$，

$TP=9mg/L$，$TSS=250mg/L$，$VSS/TSS=0.7$，碱度 $S_{ALK}=280mg/L$。平均水温夏季 $T=25℃$，冬季 $T=10℃$。处理出水城市杂用，即设计出水水质为 $BOD_5\leqslant10mg/L$，$NH_3\text{-}N\leqslant10mg/L$，浊度$\leqslant5mg/L$。计算氧化沟处理系统构筑物。

（二）设计计算

根据《排水规范》7.6.25，当采用氧化沟进行脱氮除磷时，宜符合该规范第 7.6.16～7.6.19 条的有关规定。

1. 氧化沟体积

$$V=\frac{Q(S_0-S_e)Y_t\theta_{co}}{1000X}$$

$$S_e=S_{BOD}-7.1bX_aSS_e$$

$$\theta_{co}=F\frac{1}{\mu}$$

$$\mu=0.47\frac{N_a}{K_n+N_a}e^{0.098(T-15)}$$

式中　V——曝气池有效容积，m^3；

Q——曝气池设计流量，m^3/d，取 $50000m^3/d$；

S_0——进水 BOD_5 浓度，mg/L，取 $200mg/L$；

S_e——生物反应池出水五日生化需氧量，mg/L，本工程按出水所含溶解性 BOD_5 浓度计算；

b——微生物自身氧化率，d^{-1}，取值范围为 $0.05\sim0.1d^{-1}$，取 $0.06d^{-1}$；

SS_e——活性污泥处理系统的处理水中的悬浮固体浓度，mg/L，根据《排放标准》，要求一级 A 出水 $SS\leqslant10mg/L$，取 $10mg/L$；

Y_t——污泥总产率系数，$kgMLSS/kgBOD_5$，取 $0.3\sim0.6kgMLSS/kgBOD_5$，本工程有硝化反应，取 $0.3kgMLSS/kgBOD_5$；

θ_{co}——设计污泥泥龄，d；

F——安全系数，城市污水可生化性好，为 $1.5\sim3.0$，本工程取 2.0；

μ——硝化菌比生长速率，d^{-1}；

N_a——生物反应池中氨氮浓度，mg/L，本工程取 $40mg/L$；

K_n——硝化作用中氮的半速率常数，mg/L，K_n 的典型值为 $1.0mg/L$，本工程取 $1.0mg/L$；

0.47——$15℃$时硝化菌最大比生长速率，d^{-1}；

T——设计温度，$℃$，取最不利温度 $10℃$；

X——生物反应池内混合液悬浮固体平均浓度，$gMLSS/L$，X 为 $2.5\sim4.5gMLSS/L$，取 $2.5gMLSS/L$。

则 $S_e=S_{BOD}-7.1bX_aSS_e=10-7.1\times0.06\times0.3\times10=10-1.278=8.72(mg/L)$

$$\mu = 0.47\frac{N_a}{K_n + N_a}e^{0.098(T-15)} = 0.47 \times \frac{40}{1+40}e^{0.098 \times (10-15)} = \frac{0.47 \times 40}{41} \times e^{-0.49}$$

$$= \frac{0.47 \times 40}{41} \times e^{-0.49} = 0.459 \times 0.613 = 0.28(d^{-1})$$

$$\theta_{co} = F\frac{1}{\mu} = 2 \times \frac{1}{0.28} = 7.14(d)$$

根据《排水规范》表 7.6.17，θ_{co} 值应介于 11~23 之间，取 11d。

则 $V = \dfrac{Q(S_0 - S_e)Y_t\theta_{co}}{1000X} = \dfrac{50000 \times (200-8.72) \times 0.3 \times 11}{1000 \times 2.5} = \dfrac{50000 \times 191.28 \times 0.3 \times 11}{1000 \times 2.5}$

$= 12624.48(m^3)$

曝气池水力停留时间

$$HRT = V/Q = 12624.48/50000 = 0.25(d) = 6.06(h)$$

根据《排水规范》表 7.6.17，水力停留时间 HRT 值应介于 9~22h 之间（其中缺氧段 2~10h），本工程不需反硝化，符合要求。

2. 碱度校核

计算过程参见例题 2-1。剩余碱度大于 100mg/L（以 $CaCO_3$ 计），可维持原污水的 pH 值。

3. 污泥回流比

计算过程参见例题 2-1。污泥回流比 $R = \dfrac{X}{X_R - X} \times 100\% = \dfrac{2500}{12000 - 2500} \times 100\% = 26\%$

根据《排水规范》表 7.6.24，回流比应为 75%~150%，取 100%。

4. 剩余污泥量

（1）按污泥产率系数、衰减系数及不可生物降解和惰性悬浮物计算

计算过程参见例题 2-1。

$\Delta X = YQ(S_0 - S_e) - K_d V X_v + fQ(SS_0 - SS_e)$

$= 0.3 \times 50000 \times (0.2 - 0.00872) - 0.0307 \times 12624.48 \times 1.875 + 0.6 \times 50000 \times (0.25 - 0.01)$

$= 15000 \times 0.19128 - 0.0307 \times 12624.48 \times 1.875 + 0.6 \times 50000 \times 0.24$

$= 2869.2 - 726.70 + 7200 = 9342.5(kgSS/d)$

（2）按污泥泥龄计算　计算过程参见例题 2-1。

$$\Delta X = \frac{VX}{\theta_c} = \frac{12624.48 \times 2.5}{11} = 2869.2(kgSS/d)$$

本工程取 9342.5kgSS/d。

5. 氧化沟主要尺寸

（1）直线及弯道部分　曝气池总容积 $V_{总}$ 为 12624.48m³，分设 2 组，单组容积 $V_{单}$ 为 12624.48/2 = 6312.4（m³）。

根据《排水规范》7.6，氧化沟按两组系列布置，设置进水配水井配水，与二次沉淀

池分建。采用转碟曝气设备，超高为 0.5m。有效水深采用 4m，沟内的平均流速为 0.5m/s。

弯道部分占总容积的 80%，弯道部分容积 $V_{单弯}=0.8\times6312.4=5049.92(m^3)$。

直线部分占总容积的 20%，直线部分容积 $V_{单直}=0.2\times6312.4=1262.48(m^3)$。

有效水深 h 取 4m，弯道部分面积 $A_{单弯}=V_{单弯}/h=5049.92/4=1262.48(m^2)$。

直线部分面积 $A_{单直}=V_{单直}/h=1262.48/4=315.62(m^2)$。

内沟宽度 $B_内$、中沟宽度 $B_中$、外沟宽度 $B_外$ 分别均取 4.5m，则直线段长度 L

$$L=\frac{A_直}{2(B_外+B_中+B_内)}=\frac{315.62}{2\times(4.5+4.5+4.5)}=11.69(m)$$

取 $L=12m$。

（2）中心岛部分　外、中、内三沟道之间隔墙厚度取 0.25m。

内沟弯道处外缘半径　$r_内=r+0.25+B_内=r+0.25+4.5=r+4.75$

中沟弯道处外缘半径　$r_中=r_内+0.25+B_中=r+4.75+0.25+4.5=r+9.5$

外沟弯道处外缘半径　$r_外=r_中+0.25+B_外=r+9.5+0.25+4.5=r+14.25$

内沟弯道处面积

$$A_{弯内}=\pi[r_内^2-(r+0.25)^2]=\pi[(r+4.75)^2-(r+0.25)^2]$$
$$=\pi[(r+4.75+r+0.25)\times(r+4.75-r-0.25)]=\pi(9r+22.5)$$

中沟弯道处面积

$$A_{弯中}=\pi[r_中^2-(r_内+0.25)^2]=\pi[(r+9.5)^2-(r+5)^2]$$
$$=\pi[(r+9.5+r+5)\times(r+9.5-r-5)]=\pi(9r+60.75)$$

外沟弯道处面积

$$A_{弯外}=\pi[r_外^2-(r_中+0.25)^2]=\pi[(r+14.25)^2-(r+9.75)^2]$$
$$=\pi[(r+14.25+r+9.75)\times(r+14.25-r-9.75)]=\pi(9r+108)$$

弯道总面积

$$A_弯=A_{弯外}+A_{弯中}+A_{弯内}=\pi(9r+22.5+9r+60.75+9r+108)$$
$$=\pi(27r+191.25)=1262.48(m^2)$$

中心岛半径 $r=(1262.48/\pi-191.25)/27=7.8(m)$

取 $r=8m$。

（3）校核各沟道容积比例

外沟面积

$$A_外=A_{直外}+A_{弯外}=2B_外 L+\pi(9r+108)=2\times4.5\times12+\pi(9\times8+108)$$
$$=108+565.2=673.2(m^2)$$

中沟面积

$$A_中=A_{直中}+A_{弯中}=2B_中 L+\pi(9r+60.75)=2\times4.5\times12+\pi[9\times8+60.75]$$
$$=108+416.84=524.84(m^2)$$

内沟面积 $A_{内}=A_{直内}+A_{弯内}=2B_{内}L+\pi(9r+22.5)=2\times4.5\times12+\pi(9\times8+22.5)$

$\qquad =108+296.73=404.73(m^2)$

外沟所占比例 $K_{外}=673.2/(673.2+524.84+404.73)\times100\%=673.2/1602.77\times100\%=$

$\qquad 42.0\%$

中沟所占比例 $K_{中}=524.84/(673.2+524.84+404.73)\times100\%=524.84/1602.77\times$

$\qquad 100\%=32.7\%$

内沟所占比例 $K_{内}=404.73/(673.2+524.84+404.73)\times100\%=404.73/1602.77\times$

$\qquad 100\%=25.3\%$

6. 曝气设备

曝气设备选用转碟式氧化沟曝气机,转碟直径 $D=1400mm$,单碟 (d_s) 充氧能力为 $1.3kgO_2/(h\cdot d)$,每米轴安装碟片不大于 5 片。

(1) 设计需氧量 计算过程参见例题 2-1。$\Delta X_v=0.75\Delta X=0.75\times9342.5=7006.88(kg/d)$

则 $O_2=0.001aQ(S_0-S_e)-c\Delta X_v+b[0.001Q(N_k-N_{ke})-0.12\Delta X_v]$

$\qquad =0.001\times1.47\times50000\times(200-8.72)-1.42\times7006.88+4.57\times[0.001\times50000\times$

$\qquad (40-10)-0.12\times7006.88]$

$\qquad =14059.08-9949.77+4.57\times(1500-840.83)$

$\qquad =14059.08-9949.77+4.57\times659.17=14059.08-9949.76+3012.41$

$\qquad =7721.72(kgO_2/d)=296.74(kgO_2/h)$

(2) 用气量 根据《氧化沟活性污泥法污水处理工程技术规范》(HJ 578—2010) 6.6.3

$$O_s=\frac{O_2\times C_{s(20)}}{\alpha[\beta\rho C_{sw(T)}-C]\times1.024^{(T-20)}}$$

$$\rho=\frac{P}{1.013\times10^5}$$

式中 O_s——标准状态下曝气池需氧量,kgO_2/h;

$\quad C_{s(20)}$——20℃时氧在清水中饱和溶解度,$C_{s(20)}=9.17mg/L$;

$\quad\alpha$——氧总转移系数,$\alpha=0.85$;

$\quad\beta$——氧在污水中的饱和溶解度修正系数,$\beta=0.95$;

$\quad\rho$——因海拔高度不同而引起的压力修正系数;

$\quad P$——所在地区大气压力,Pa,本工程所在地平均海拔高度为 800m,为 $9.4mH_2O=92182.51Pa$;

$\quad T$——设计污水温度,本工程冬季 $T=10℃$,夏季 $T=25℃$;

$\quad C_{sw(T)}$——设计水温条件下氧在清水中饱和溶解度,mg/L,夏季 25℃时清水氧饱和溶解度 $C_{sw(25)}$ 为 8.4mg/L,冬季 10℃时清水氧饱和溶解度 $C_{sw(10)}$ 为 11.33mg/L。

则 $\rho=\dfrac{P}{1.013\times10^5}=\dfrac{92182.51}{1.013\times10^5}=0.91$

则夏季 $O_s=\dfrac{O_2\times C_{s(20)}}{\alpha[\beta\rho C_{sw(T)}-C]\times1.024^{(T-20)}}=\dfrac{296.74\times9.17}{0.85\times(0.95\times0.91\times8.4-2)\times1.024^{(T-20)}}$

$=\dfrac{296.74\times9.17}{4.47253\times1.13}=538.41(\mathrm{kgO_2/h})$

冬季 $O_s=\dfrac{O_2\times C_{s(20)}}{\alpha[\beta\rho C_{sw(T)}-C]\times1.024^{(T-20)}}=\dfrac{296.74\times9.17}{0.85\times(0.95\times0.91\times11.33-2)\times1.024^{(T-20)}}$

$=\dfrac{296.74\times9.17}{6.63\times0.79}=519.52(\mathrm{kgO_2/h})$

按夏季最不利条件设计供氧量。

（3）曝气设备选型及布置　曝气选用转碟曝气机，转碟直径 $D=1400\mathrm{mm}$，单碟（d_s）充氧能力为 $1.3\mathrm{kgO_2/(h\cdot d)}$，每米轴安装碟片不大于 5 片。共需碟片 520.62/1.3≈401（片）。

本工程只涉及有机物的好氧降解和生物硝化作用，三沟均为好氧状态，各沟标准需氧量与其面积成比例。

则各沟所需的碟片数分别为外沟 $401\times42.0\%\approx169$（片）；中沟 $401\times32.7\%\approx132$（片）；内沟 $401\times25.3\%\approx101$（片）。每米安装 4 个转碟，每沟池宽 4.5m，每组安装转碟 $4.5\times4-1=17$（个）。各沟所需的转碟组数分别为外沟 $169/17\approx10$（组）（取 12 组，备用 2 组）；中沟 $401\times32.7\%\approx8$（组）；内沟 $401\times25.3\%\approx6$（组）。

为了使表面含较高溶解氧的混合液尽快转入池底，降低沿高程方向的溶解氧梯度，同时降低混合液表面流速，在每组曝气转碟下游 2.5m 处设置导流板与水平成 45°倾斜安装，板顶部距水面 0.2m。导流板采用玻璃钢，宽为 0.9m，长度与渠道宽度相同。为防止导流板翻转或变形，在每块倒流板后设 2 根 $\phi80\mathrm{mm}$ 的钢管予以支撑。

7. 搅拌、推流装置

为满足推动池内污水、污泥的要求，增设推流装置。根据《氧化沟活性污泥法污水处理工程技术规范》（HJ 578—2010）7.3.3，容积功率宜控制在 $1\sim3\mathrm{W/m^3}$ 之间。本工程取 $2\mathrm{W/m^3}$，其总功率为 $2\times12624.48/1000=25.25(\mathrm{kW})$，外沟、中沟、内沟分别设 3、2、1 台共 6 台推流器，每台功率 4.2kW。

8. 进、出水设计

进水管按最大设计流量考虑，$Q_{\max}/2=183.335\mathrm{m^3/h}=0.051\mathrm{m^3/s}$，DN300，流速 1.44m/s。出水堰为电动可调节堰，堰高调节范围 0.3m，以调节曝气转碟的淹没深度。堰宽 1m，堰上水头由矩形堰的流量公式 $Q=1.84bh^{3/2}$ 计算得，污泥回流按 200% 考虑。

$h_堰=[Q_{出水堰}/(1.84b)]^{2/3}=[0.153/(1.84\times1)]^{2/3}\approx0.191(\mathrm{m})$。

出水竖井位于中心岛，曝气转碟上游，长 1.5m，宽 1.2m，出水孔宽 1.2m，高 0.5m。

氧化沟平面布置见图 2-20。

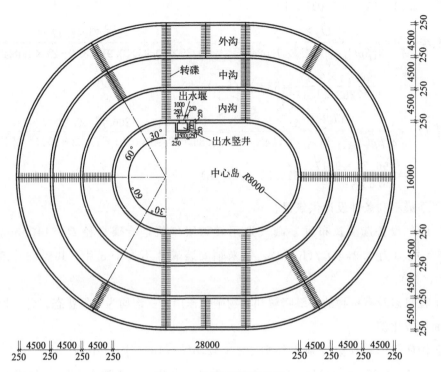

图 2-20　氧化沟平面布置

【例题 2-3】 **AB 法硝化工艺的设计计算**

（一）已知条件

污水处理厂设计处理水量 $Q=30000\text{m}^3/\text{d}$。采用 AB 法工艺去除 BOD_5 及 $NH_3\text{-}N$，物理化学法除磷及浊度。曝气池设计进水水质：$COD_{Cr}=350\text{mg/L}$，$BOD_5=200\text{mg/L}$，N_k（凯氏氮）$=40\text{mg/L}$，$TP=9\text{mg/L}$，$TSS=250\text{mg/L}$，$VSS/TSS=0.7$，碱度 $S_{ALK}=280\text{mg/L}$。平均水温夏季 $T=25℃$，冬季 $T=10℃$。处理出水供城市杂用，即设计出水水质满足为：$BOD_5 \leqslant 10\text{mg/L}$，$NH_3\text{-}N \leqslant 10\text{mg/L}$，浊度 $\leqslant 5\text{mg/L}$，$VSS/TSS=0.75$。计算 AB 法处理系统构筑物。

（二）设计计算

1. A 段曝气池

根据《排水规范》表 7.6.10，A 段污泥负荷 N_A 为 $2\sim5\text{kgBOD}_5/(\text{kgMLSS}\cdot\text{d})$，本工程取 $3\text{kgBOD}_5/(\text{kgMLSS}\cdot\text{d})$；污泥浓度（MLSS）$X_A$ 为 $2000\sim3000\text{mg/L}$，本工程取 2500mg/L；污泥回流比 R_A 为 $20\%\sim50\%$，本工程取 30%。

A 段曝气池以吸附去除碳源污染物为主，不涉及硝化反应。生物反应池的容积，可按《排水规范》式（7.6.10-2）计算。

$$V=\frac{Y\theta_c Q(S_0-S_e)}{1000 X_v(1+K_d\theta_c)}$$

$$\theta_c = \frac{1}{YK_2S_e - K_d}$$

$$K_2 = v_{\max}/K_s$$

式中 V——A 段曝气池有效容积，m^3；

Y——污泥产率系数，根据试验资料确定，无试验资料时取 $Y = 0.4 \sim 0.8$；

θ_c——好氧区污泥龄，d，根据《数据手册》表 4.2-4，A 段 θ_c 为 $0.4 \sim 0.7$d，又根据《排水规范》A 段 θ_c 为 $0.3 \sim 0.5$；

K_2——动力学常数；

$v_{\max}$——BOD_5 最大降解速度，对于生活污水，以 BOD_5 计算，$v_{\max}$ 在 $2 \sim 10$d^{-1} 之间，本工程取 6d^{-1}；

K_s——半速率常数，K_s 在 60 左右，本工程取 60；

S_0——进水 BOD_5 浓度，mg/L，本工程为 200mg/L；

S_e——生物反应池出水五日生化需氧量，mg/L，A 段对 BOD_5 的去除率为 $40\% \sim 70\%$，本工程取 50%，则 S_e 为 100mg/L；

Q——A 段曝气池设计流量，m^3/d，取 30000m^3/d；

X_v——生物反应池内混合液挥发性悬浮固体平均浓度，gMLVSS/L，A 段为 $2 \sim 3$mg/L，本工程取 3mg/L。

因此，K_2 一般取值 $0.03 \sim 0.17$ 之间，本工程取 0.1，则 $K_2 = v_{\max}/K_s = 6/60 = 0.1$。

$$K_{dT} = K_{d20}\theta^{T-20}$$

式中 K_{dT}——T℃时污泥自身氧化系数，d^{-1}；

K_{d20}——20℃时污泥自身氧化系数，d^{-1}，数值为 $0.04 \sim 0.075$d^{-1}，本工程取 0.05d^{-1}；

θ——温度系数，采用 $1.02 \sim 1.06$，本工程取 1.03；

T——设计温度，℃，夏季温度为 25℃。

$$K_{d10} = 0.05 \times 1.03^{25-20} = 0.058$$

$$\theta_c = \frac{1}{YK_2S_e - K_d} = \frac{1}{0.6 \times 0.1 \times 100 - 0.058} = 0.168$$

计算值偏低，取 θ_c 为 0.3。

$$V = \frac{Y\theta_c Q(S_0 - S_e)}{1000X_v(1 + K_d\theta_c)} = \frac{0.6 \times 0.3 \times 30000 \times (200 - 100)}{3000 \times (1 + 0.058 \times 0.3)}$$

$$= 540000/3052 = 176.93(m^3)$$

取 $V = 200m^3$。

水力停留时间 $200/(300000/24) = 0.16$(h)，不满足 $0.5 \sim 0.75$h 的要求。

由于 A 段的原理为生物吸附作用为主而非生物降解，故该段按负荷法计算。

$$V = \frac{QS_0}{1000NX}$$

式中 N——污泥负荷，$kgBOD_5/(kgMLSS \cdot d)$，为 $2\sim5kgBOD_5/(kgMLSS \cdot d)$，本工程取 $3kgBOD_5/(kgMLSS \cdot d)$。

$$V = \frac{QS_0}{1000NX} = \frac{30000 \times 200}{1000 \times 3 \times 3} = 666.67(m^3)$$

取 $V = 700m^3$。

水力停留时间 $t = \dfrac{V}{Q} = \dfrac{700}{30000/24} = 0.56(h)$，满足 $0.5\sim0.75h$ 的要求。

2. B 段曝气池

A 段出水 $S_e = 100mg/L$，不发生硝化作用（生物同化作用吸附的氨氮忽略），$NH_3\text{-}N = 40mg/L$。

由于 B 段涉及硝化作用，根据《排水规范》7.6.17-4，计算过程参见例题 2-1。

$$V = \frac{Q(S_0 - S_e)Y_t\theta_{co}}{1000X} = \frac{30000 \times (100 - 8.64) \times 0.3 \times 11}{1000 \times 2.5}$$

$$= \frac{30000 \times 171.28 \times 0.3 \times 11}{1000 \times 2.5} = 3617.856(m^3)$$

取 $3700m^3$。曝气池水力停留时间 $HRT = V/Q = 3700/30000 = 0.123(d) = 2.96(h)$。

B 段水力停留时间 HRT 值应为 $2\sim4h$，符合要求。

3. A 段沉淀池

A 段二沉池示意图见图 2-21。

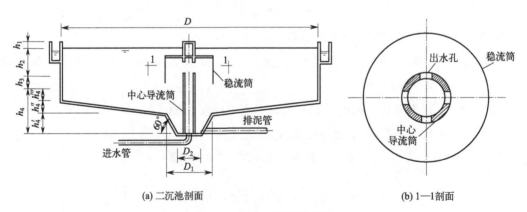

(a) 二沉池剖面 (b) 1—1剖面

图 2-21 A 段二沉池示意图

（1）沉淀部分水面面积 二沉池设计采用表面负荷法。

$$A = \frac{Q_{max}}{q} = \frac{Q_{max}}{3.6v}$$

$$Q_{max} = K_z Q$$

式中 A——二沉池有效沉淀面积，m^2；

Q_{max}——最大时污水流量，m^3/h；

K_z——最高日最高时污水量与平均日平均时污水量的比值。本工程 $Q = 30000m^3/d =$

$1250m^3/h = 347.22L/s$，查《排水规范》表 3.1.3，线性内插法计算，K_z 取 1.47；

q——水力表面负荷，$m^3/(m^2 \cdot h)$，A 段取《排水规范》7.5.1，为 $1.5m^3/(m^2 \cdot h)$。

则 $Q_{max} = K_z Q = 1.47 \times (30000/24) = 1.47 \times 1250 = 1837.5(m^3/h)$

$$A = Q_{max}/q = 1837.5/1.5 = 1225(m^2)$$

根据《数据手册》表 4.2-4，A 段污泥回流比 20%～50%，取 30%。

固体负荷 $G = \dfrac{24(1+R)Q_{max}X}{A} = \dfrac{24 \times (1+0.3) \times 1833.33 \times 3}{1222.22} =$

$= 63.8[kg/(m^2 \cdot d)] < 160[kg/(m^2 \cdot d)]$，满足要求。

沉淀池分 2 座，每座面积 $A_{单} = 1222.22/2 = 611.11(m^2)$。

(2) 池子直径 D

$$D = \sqrt{\frac{4A_{单}}{\pi}} = \sqrt{\frac{4 \times 611.11}{\pi}} = 27.9(m^2)$$

取 30m，满足《排水规范》7.5.12 辐流沉淀池水池直径不宜大于 50m 的要求。

(3) 沉淀部分的有效水深　A 段沉淀时间为 1～2h。本工程设沉淀时间 $t = 2h$，则沉淀部分的有效水深为 $h_2 = qt = 1.5 \times 2 = 3(m)$，取 3.5m。

水池直径（或正方形的一边）与有效水深之比宜为 $30/3.5 = 8.57(m)$，满足《室外排水设计标准》（GB 50014—2021）7.5.12 水池直径（或正方形的一边）与有效水深之比宜为 6～12 的要求。

(4) 污泥区容积　A 段污泥负荷高，系统中活性污泥的 SVI 值偏高。取 $SVI = 120$，r 为考虑污泥在沉淀池中停留时间、池深、污泥厚度等因素的系数，取 1.2。回流污泥浓度 X_R 计算公式为

$$X_R = \frac{10^6}{SVI}r = \frac{10^6}{120} \times 1.2 = 10000(mg/L)$$

污泥区的容积按 2h 的贮泥量计，其污泥浓度按 $(X + X_r)/2$ 计，有 $2(1+R)Q/24 = V_{泥区}(X + X_r)/2$。

$$V_{泥区} = \frac{(1+R)QX}{6(X+X_r)} = \frac{(1+0.3) \times 30000 \times 3000}{6 \times (3000+10000)} = 1500(m^3)$$

每座沉淀池所需污泥部分容积 $V_{泥区}/2 = 1500/2 = 750(m^3)$。

由于沉淀池直径较大，采用周边传动的刮泥机排泥。

(5) 污泥区

① 污泥斗容积。池底的径向坡度为 0.05，污泥斗底部直径 $D_2 = 1.5m$，上部直径 $D_1 = 3.0m$，倾角 60°，则污泥斗高度

$$h_4' = \frac{D_1 - D_2}{2} \times \tan60° = \frac{3.0 - 1.5}{2} \times \tan60° = 1.3(m)$$

污泥斗容积

$$V_{\text{泥}1}=\pi h_4'(D_1^2+D_1D_2+D_2^2)/12=\pi\times1.3\times(3^2+3\times1.5+1.5^2)/12=5.36(\text{m}^3)$$

② 圆锥形池体部分容积。圆锥形池体高度

$$h_4''=\frac{D-D_1}{2}\times0.05=\frac{30-3}{2}\times0.05=0.675(\text{m})$$

圆锥形池体部分容积

$$V_{\text{泥}2}=\frac{\pi h_4''}{12}\times(D^2+DD_1+D_1^2)=\frac{\pi\times0.675}{12}\times(30^2+30\times3+3^2)$$

$$=\frac{\pi\times0.675}{12}\times999=176.45(\text{m}^3)$$

③ 污泥区的高度。竖直段污泥部分的高度

$$h_4'''=(V_{\text{泥区}}-V_{\text{泥}1}-V_{\text{泥}2})/A=(750-5.36-176.45)/611.11=568.19/611.11=0.93(\text{m})$$

污泥区的高度 $h_4=h_4'+h_4''+h_4'''=1.30+0.675+0.93=2.91(\text{m})$

(6) 沉淀池的总高度 H　设超高 $h_1=0.3\text{m}$，缓冲层高度 $h_3=0.5\text{m}$，则 $H=h_1+h_2+h_3+h_4=0.3+3.5+0.5+2.91=7.21(\text{m})$。

(7) 中心进水导流筒　设计最大回流比为 200%，进水管流量为 $(1+R_{\max})Q_{\text{单}}=(1+2)\times625=1875(\text{m}^3/\text{h})$。

进水管流速 v_0 采用 $0.9\sim1.4\text{m/s}$。查水力计算表，进水管管径为 DN800 时，流速为 1.04m/s。

中心进水导流筒设 4 个出水孔，出水孔宽 0.5m，高 1.8m，出水孔流速为 $(1+R_{\max})Q_{\text{单}}/(4\times0.6\times1.8)=1875/(4\times0.5\times1.8\times3600)=1875/12960=0.14(\text{m/s})$。

(8) 稳流筒　稳流筒用于稳定由中心筒流出的水流，防止对沉淀产生不利影响。稳流筒下缘淹没深度应为水深的 $30\%\sim70\%$，本工程有效水深为 3.5m，稳流筒下缘淹没深度取 2.8m。中心导流筒上缘取水面下 0.5m，出水孔上缘距导流筒上缘 0.2m，其下缘距水面 $0.5+0.2+1.8=2.5(\text{m})$。则稳流筒下缘低于中心导流筒出水孔下缘 0.3m。稳流筒内下降流速一般控制在 $0.02\sim0.03\text{m/s}$ 之间，本工程取 0.03m/s，稳流筒内水流面积 f 为 $(1+R_{\max})Q_{\text{单}}/0.03=1875/(0.03\times3600)=17.36(\text{m}^2)$。稳流筒直径为 $\sqrt{\dfrac{4\times17.36}{3.14}+1^2}=4.81(\text{m})$，取 5m。

(9) 验算二沉池表面负荷　二沉池有效沉淀区面积为 $\pi(30^2-5^2)/4=\pi\times(900-25)/4=686.88(\text{m}^2)$，实际表面负荷为 $Q_{\max}/(2\times1559.93)=1837.5/(2\times686.88)=1.33[\text{m}^3/(\text{m}^2\cdot\text{h})]$，满足要求。

(10) 验算二沉池固体负荷

$$G=\frac{24(1+R)Q_{\max}X}{A}=\frac{24\times(1+0.3)\times1837.5\times3}{686.88\times2}$$

$$=41.64[\text{kg}/(\text{m}^2\cdot\text{d})]<160[\text{kg}/(\text{m}^2\cdot\text{d})]，满足要求。$$

4. B 段沉淀池

采用辐流式二沉池，计算简图参见 A 段沉淀池示意图 2-21。

(1) 沉淀部分水面面积　B 段二沉池设计同 A 段，查《排水规范》表 3.1.3，线性内插法计算，K_z 取 1.47。

则 $Q_{max} = K_z Q = 1.47 \times (30000/24) = 1.47 \times 1250 = 1833.33 (m^3/h)$

水力表面负荷取《排水规范》7.5.1 下限，为 $0.6 m^3/(m^2 \cdot h)$。

则 $A = Q_{max}/q = 1833.33/0.6 = 3055.05 (m^2)$。

根据《数据手册》表 4.2-4，B 段污泥回流比为 50%～100%，取 100%。

固体负荷 $G = \dfrac{24(1+R)Q_{max}X}{A} = \dfrac{24 \times (1+0.5) \times 1833.33 \times 3}{3055.05}$

$= 21.60 [kg/(m^2 \cdot d)] < 160 [kg/(m^2 \cdot d)]$，满足要求。

沉淀池分为 2 座，每座面积 $A_单 = 3055.05/2 = 1527.53 (m^2)$。

(2) 池子直径 D

$$D = \sqrt{\frac{4A_单}{\pi}} = \sqrt{\frac{4 \times 1527.53}{\pi}} = 44.11 (m^2)$$

取 45m，满足《排水规范》7.5.12 辐流沉淀池水池直径不宜大于 50m 的要求。

(3) 沉淀部分的有效水深　B 段沉淀池的沉淀时间为 2～4h。本工程设沉淀时间 $t = 4h$，则沉淀部分的有效水深 $h_2 = qt = 0.6 \times 4 = 2.4 (m)$。根据《数据手册》表 4.2-17，取 4m。

水池直径（或正方形的一边）与有效水深之比宜为 $45/3.6 = 12.5$，满足《排水规范》7.5.12 水池直径（或正方形的一边）与有效水深之比宜为 6～12 的要求。

(4) 污泥区容积　B 段污泥负荷低，系统中活性污泥的 SVI 值偏低。取 SVI = 80，r 为考虑污泥在沉淀池中停留时间、池深、污泥厚度等因素的系数，取 1.2。回流污泥浓度 X_R 计算公式为

$$X_R = \frac{10^6}{SVI} r = \frac{10^6}{80} \times 1.2 = 15000 (mg/L)$$

污泥区的容积按 2h 的贮泥量计，其污泥浓度按 $(X + X_r)/2$ 计，有 $2(1+R)Q/24 = V_{泥区}(X + X_r)/2$。

$$V_{泥区} = \frac{(1+R)QX}{6(X + X_r)} = \frac{(1+0.3) \times 30000 \times 2500}{6 \times (2500 + 15000)} = 928.57 (m^3)$$

每座沉淀池所需污泥部分容积 $V_{泥区}/2 = 928.57/2 = 464.29 (m^3)$。

由于沉淀池直径较大，采用周边传动的刮泥机排泥。

(5) 污泥区

① 污泥斗容积。池底的径向坡度为 0.05，污泥斗底部直径 $D_2 = 1.5m$，上部直径 $D_1 = 3.0m$，倾角为 60°，则污泥斗高度

$$h_4' = \frac{D_1 - D_2}{2} \times \tan 60° = \frac{3.0 - 1.5}{2} \times \tan 60° = 1.3 (m)$$

污泥斗容积

$$V_{泥1}=\pi h_4'(D_1^2+D_1D_2+D_2^2)/12=\pi\times1.3\times(3^2+3\times1.5+1.5^2)/12=5.36(\mathrm{m}^3)$$

② 圆锥形池体部分容积

圆锥形池体高度

$$h_4''=\frac{D-D_1}{2}\times0.05=\frac{45-3}{2}\times0.05=1.05(\mathrm{m})$$

圆锥形池体部分容积

$$V_{泥2}=\frac{\pi h_4''}{12}\times(D^2+DD_1+D_1^2)=\frac{\pi\times1.05}{12}\times(45^2+45\times3+3^2)$$

$$=\frac{\pi\times1.05}{12}\times2169=595.93(\mathrm{m}^3)$$

③ 污泥区的高度。竖直段污泥部分的高度

$$h_4'''=(V_{泥区}-V_{泥1}-V_{泥2})/A=(928.57-5.36-595.93)/1589.63=327.28/1589.63=0.21(\mathrm{m})$$

污泥区的高度 $h_4=h_4'+h_4''+h_4'''=1.30+1.05+0.21=2.56(\mathrm{m})$。

(6) 沉淀池的总高度 H 设超高 $h_1=0.3\mathrm{m}$,缓冲层高度 $h_3=0.5\mathrm{m}$,则 $H=h_1+h_2+h_3+h_4=0.3+4+0.5+2.56=7.36(\mathrm{m})$。

(7) 中心进水导流筒 设计最大回流比为 200%,进水管流量为 $(1+R_{\max})Q_{单}=(1+2)\times625=1875(\mathrm{m}^3/\mathrm{h})$。

进水管流速 v_0 采用 0.9~1.4m/s。查水力计算表,进水管管径为 DN800 时,流速为 1.04m/s。

中心进水导流筒设 4 个出水孔,出水孔宽 0.5m,高 1.8m,出水孔流速为 $(1+R_{\max})Q_{单}/(4\times0.6\times1.8)=1875/(4\times0.5\times1.8\times3600)=1875/12960=0.14(\mathrm{m/s})$。

(8) 稳流筒 稳流筒用于稳定由中心筒流出的水流,防止对沉淀产生不利影响。稳流筒下缘淹没深度应为水深的 30%~70%,本工程有效水深为 3.5m,稳流筒下缘淹没深度取 2.8m。中心导流筒上缘取水面下 0.5m,出水孔上缘距导流筒上缘 0.2m,其下缘距水面 0.5+0.2+1.8=2.5(m)。则稳流筒下缘低于中心导流筒出水孔下缘 0.3m。稳流筒内下降流速一般控制在 0.02~0.03m/s 之间,本工程取 0.03,稳流筒内水流面积 f 为 $(1+R_{\max})Q_{单}/0.03=1875/(0.03\times3600)=17.36(\mathrm{m}^2)$。稳流筒直径为 $\sqrt{\dfrac{4\times17.36}{3.14}+1^2}=4.81$ (m),取 5m。

(9) 验算二沉池表面负荷 二沉池有效沉淀区面积为 $\pi(45^2-5^2)/4=\pi\times(2025-25)/4=1570(\mathrm{m}^2)$,实际表面负荷为 $Q_{\max}/(2\times1570)=1833.33/(2\times1570)=0.58[\mathrm{m}^3/(\mathrm{m}^2\cdot\mathrm{h})]$,满足要求。

(10) 验算二沉池固体负荷

$$G=\frac{24(1+R)Q_{\max}X}{A}=\frac{24\times(1+1)\times1833.33\times2.5}{1570\times2}$$

$$=70.06[kg/(m^2 \cdot d)]<160[kg/(m^2 \cdot d)]，满足要求。$$

5. 剩余污泥

（1）A 段剩余污泥　由于 A 段以吸附作用为主，不宜用泥龄法计算。按污泥产率系数、衰减系数及不可生物降解和惰性悬浮物计算，A 段 SS 去除率按 60％考虑，本工程为 100mg/L。

$$\Delta X = YQ(S_0 - S_e) - K_d V X_v + fQ(SS_0 - SS_e)$$
$$=0.5 \times 30000 \times (0.2-0.1) - 0.058 \times 700 \times 2.25 + 0.6 \times 30000 \times (0.25-0.1)$$
$$=1500-91.35+2700=4108.65(kgSS/d)$$

每日排出的剩余污泥干重 4108.65kgSS/d，根据《排水规范》8.2.1，污泥含水率按 99.2％计，湿污泥流量为 $4108.65/(1-99.2\%)/1000=513.58(m^3/d)=21.40(m^3/h)$。在回流污泥管上接支管，将剩余污泥送到污泥处理系统。

（2）B 段剩余污泥

$$\Delta X = YQ(S_0 - S_e) - K_d V X_v + fQ(SS_0 - SS_e)$$
$$=0.4 \times 30000 \times (0.1-0.00864) - 0.058 \times 3700 \times 1.88 + 0.5 \times 30000 \times (0.1-0.01)$$
$$=1096.32-403.448+1350=2042.87(kgSS/d)$$

每日排出的剩余污泥干重 2042.87kgSS/d，根据《排水规范》8.2.1，污泥含水量按 99.6％计，湿污泥流量为 $2042.87/(1-99.6\%)/1000=512.22(m^3/d)=21.34(m^3/h)$。在回流污泥管上接支管，将剩余污泥送到污泥处理系统。

6. 污泥龄

A 段以生物吸附为主，其容积按负荷法计算，不校核泥龄。

B 段污泥龄为 $X_v V/\Delta X=1.88 \times 3700/692.55=10.04(d)$，在 B 段 10～25d 的范围内。

7. 确定曝气池及沉淀池尺寸、平面布置

A 段曝气池容积 700m³，分为 2 组，单组池容 350m³。B 段曝气池容积 3700m³，分为 2 组，单组池容 1850m³。A 段辐流式沉淀池，分为 2 组，单池直径 30m。B 段辐流式沉淀池，分为 2 组，单池直径 45m。A、B 段曝气池有效水深取 4m，廊道宽度 4.5m。A 段三廊道布置，每廊道长 7.5m，总长 22.5m。B 段七廊道布置，每廊道长 12m，总长 60m。经比较，确定平面布置见图 2-22。

8. 需氧量计算

（1）A 段设计需氧量　根据《排水规范》7.9.2，A 段无硝化和反硝化作用，曝气池需氧量宜按下列公式计算

$$O_2 = 0.001aQ(S_0 - S_e) - c\Delta X_v$$

式中　O_2——曝气池需氧量，kgO_2/d；

　　　a——碳的氧当量，本工程含碳物质数量以 BOD_5 计，取 1.47；

　　　c——常数，细菌细胞的氧当量，取 1.42；

　　　ΔX_v——排出生物反应池系统的微生物量，kg/d。

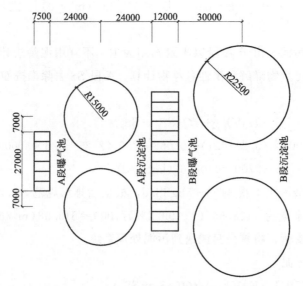

图 2-22　AB 法曝气池及沉淀池平面布置

$$\Delta X_v = 0.75\Delta X = 0.75 \times 4108.65 = 3081.49(\text{kg/d})$$

则 $O_2 = 0.001aQ(S_0 - S_e) - c\Delta X_v$

$$= 0.001 \times 1.47 \times 30000 \times (200 - 100) - 1.42 \times 3081.49$$

$$= 4410 - 4375.72$$

$$= 34.28(\text{kgO}_2/\text{d})$$

$$= 1.43(\text{kgO}_2/\text{h})$$

（2）B 段设计需氧量　根据《排水规范》7.9.2：

$O_2 = 0.001aQ(S_0 - S_e) - c\Delta X_v + b[0.001Q(N_k - N_{ke}) - 0.12\Delta X_v]$

$= 0.001 \times 1.47 \times 30000 \times (100 - 8.64) - 1.42 \times 1536.65 + 4.57 \times [0.001 \times 30000 \times$

$(40 - 10) - 0.12 \times 1536.65]$

$= 4028.98 - 2182.04 + 4.57 \times (900 - 184.40)$

$= 4028.98 - 2182.04 + 4.57 \times 715.6$

$= 4028.98 - 2182.04 + 3270.29$

$= 5117.23(\text{kgO}_2/\text{d}) = 213.22(\text{kgO}_2/\text{h})$

（3）用气量　A、B 段设计需氧量总计 $34.28 + 5117.23 = 5151.51(\text{kgO}_2/\text{d}) = 214.65$ (kgO_2/h)。

本工程 A、B 段曝气池均为传统推流式曝气池，选用鼓风曝气装置供氧。按《排水规范》式(7.9.4) 将标准状态下污水需氧量，换算为标准状态下的供气量。计算过程参见例题 2-1。

夏季空气用量 $G_{s(25)} = O_{s(25)}/(0.28E_A) = 338.20/(0.28 \times 20\%) = 6039.29(\text{m}^3/\text{h}) =$ $100.65(\text{m}^3/\text{min})$。

冬季空气用量 $G_{s(10)} = O_{s(10)}/(0.28E_A) = 330.26/(0.28 \times 20\%) = 5897.5(\text{m}^3/\text{h}) =$ $98.29(\text{m}^3/\text{min})$。

(4) 曝气系统设计计算

① 曝气器。根据供货商提供数据，微孔曝气器标准供氧能力为 $0.14kgO_2/(h\cdot 个)$，服务面积不大于 $0.75m^2/个$。则曝气器数量 $n=O_{s(25)}/0.14=100.65/0.14\approx718.96(个)$，取 900 个。

A、B 段曝气池总面积 $7.5\times4.5\times6+7.5\times4.5\times14=675(m^2)$。每个曝气器服务面积 $f=675/900=0.75(m^2)$，满足要求。

② A 段曝气系统。根据《排水规范》7.9.14，输气管道中空气流速宜采用：干支管为 10～15m/s；竖管、小支管为 4～5m/s。

A 段曝气管路布置见图 2-23，A 段总管空气流量 $100.65\times[34.28/(34.28+5117.23)]=0.67(m^3/min)$。设 2 根，每根总管长 9m，每根流量 $0.34m^3/min=20.23m^3/h$。总管管径为 DN50 时，空气流速为 4m/s。

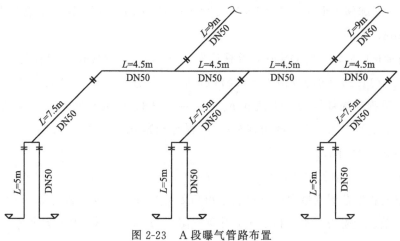

图 2-23　A 段曝气管路布置

两个廊道共用一根干管，每根干管长 7.5m，共 3 根干管。每根干管流量 $0.67/3=0.22(m^3/min)=13.4m^3/h$。干管管径为 DN50 时，空气流速为 2m/s。

每根支管两边分别分出 7 根支管，每根支管长 5m，共 14 根支管。每根支管流量 $0.67/(14\times3)=0.016(m^3/min)=0.96m^3/h$。流量按 $5m^3/h$ 估计，支管管径为 DN50 时，空气流速为 1m/s。

③ B 段曝气系统。B 段曝气管路布置与 A 段相似，由于 B 段供气量大，其曝气管管径较大，经校核其压力损失比 A 段小。故选 A 段为最不利计算管路，B 段计算内容从略。

④ 鼓风机或空压机出口压力。本工程 A 段分别选用了总管 DN50、干管 DN50、支管 DN50 的管道，气温按 30℃考虑，计算过程参见例题 2-1。

管内空气压力为

$$P_{管压}=9.8(1.5+H)=9.8\times(1.5+3.7)=9.8\times5.2=50.96(kPa)。$$

总管 DN50、干管 DN50、支管 DN50 管道的摩擦损失分别为 $0.2\times9.8=1.96kPa/1000m$、$0.1\times9.8=0.98kPa/1000m$ 和 $0.1\times9.8=0.98kPa/1000m$。

本工程按最不利管段计算，支管设 DN50 弯头 2 个，三通 1 个，球阀 1 个；干管设

DN50 弯头 1 个，球阀 1 个，三通 1 个；总管设 DN50 球阀 1 个。管道的当量长度

$$L_当 = 55.5KD^{1.2}$$

式中　$L_当$——管道配件的当量长度，m；

　　　D——管径，m；

　　　K——长度换算系数。

则支管设 DN50 弯头 2 个 $[2×55.5×0.4×0.05^{1.2}=1.22(m)]$，三通 1 个 $[55.5×1.33×0.05^{1.2}=2.02(m)]$，球阀 1 个 $[55.5×2×0.05^{1.2}=3.05(m)]$。支管 DN50 管道配件的当量长度为 $1.22+2.02+3.05=6.29(m)$。

干管设 DN50 弯头 1 个 $[55.5×0.4×0.05^{1.2}=0.61(m)]$，三通 1 个 $[55.5×1.33×0.05^{1.2}=2.02(m)]$，球阀 1 个 $[55.5×2×0.05^{1.2}=3.05(m)]$。干管 DN50 管道配件的当量长度为 $0.61+2.02+3.05=5.68(m)$。

总管 DN50 球阀 1 个 $[55.5×2×0.05^{1.2}=3.05(m)]$。总管 DN150 管道配件的当量长度为 3.05m。

折合当量长度后，支管 DN50 管道总长为 $5+6.29=11.29(m)$，沿程与局部压力损失之和 $h_1+h_2=11.29×0.98/1000=0.011(kPa)$；干管 DN50 管道总长为 $12+5.68=17.68(m)$，沿程与局部压力损失之和 $h_1+h_2=17.68×0.98/1000=0.017(kPa)$；总管 DN50 管道总长为 $9+3.05=12.05(m)$，沿程与局部压力损失之和 $h_1+h_2=12.05×1.96/1000=0.024(kPa)$。

沿程与局部压力损失共计 $0.011+0.017+0.024=0.052(kPa)$

h_3 为空气扩散装置安装深度（以装置出口处计），kPa，本工程为 3.7m＝36.28kPa；h_4 为空气扩散装置阻力，本工程所选微孔曝气阻力为 4kPa；Δh 为压力余量，kPa，一般 $\Delta h=3\sim5$kPa，本工程取 5kPa。

则 $P=h_1+h_2+h_3+h_4+\Delta h=0.052+36.28+4+5=45.33(kPa)$

本工程所需空气量大、气压相对较小，选用鼓风机。

【例题 2-4】 经典 SBR 法硝化工艺的设计计算

(一) 已知条件

某乡镇住宅区污水处理站设计处理水量 $Q=500m^3/d$。采用 SBB 法工艺去除 BOD_5 及 NH_3-N。曝气池设计进水水质 $COD_{Cr}=350mg/L$，$BOD_5=200mg/L$，N_k（凯氏氮）＝40mg/L，TP＝9mg/L，TSS＝250mg/L，VSS/TSS＝0.7，碱度 $S_{ALK}=280mg/L$。平均水温夏季 $T=25℃$，冬季 $T=10℃$。处理出水供城市杂用，即设计出水水质为：$BOD_5\leqslant$ 10mg/L，NH_3-N$\leqslant$10mg/L，浊度$\leqslant$5mg/L。计算 SBR 法处理系统构筑物。

(二) 设计计算

1. 计算水量

根据《排水规范》7.6.34，SBR 反应池按平均日污水量设计，即 $Q=500m^3/d=$

5.79L/s。反应池前、后的水泵、管道等输水设施应按最高日最高时污水量设计，查《排水规范》表4.1.15，按内插法计算，$K_z=2.30$，则$Q_{max}=K_zQ=2.30\times500m^3/d=1150m^3/d=47.92m^3/h=13.31L/s$。

2. 运行周期及反应器个数

SBR工艺是按周期运行的，每个周期包括进水、反应（厌氧、缺氧、好氧）、沉淀、排水和闲置五个工序，前四个工序是必需工序。

进水时间指开始向反应池进水至进水完成的一段时间。在此期间可根据具体情况进行曝气（好氧反应）、搅拌（厌氧、缺氧反应）、沉淀、排水或闲置。若一个处理系统有n个反应池，连续地将污水流入各个池内，依次对各池污水进行处理，假设在进水工序不进行沉淀和排水，一个周期的时间为t，则进水时间应为t/n。

本工程取反应器个数$n=8$，周期时间$T=6h$，周期数$K=4$，每个反应器每周期处理水量

$$Q_{单}=Q/(nK)=500/(8\times4)=15.63(m^3)$$

3. 每个运行周期时间

（1）进水时间T_f 根据《排水规范》7.6.36，进水时间为$T_f=24/(nk)=24/(8\times4)=0.75(h)$。

（2）反应时间t_r

$$t_r=24S_0m/(1000L_sX)$$

式中 S_0——进水BOD_5浓度，mg/L，本工程为200mg/L；

m——充水比，仅需除磷时宜为0.25～0.5，需脱氮时宜为0.15～0.3，本工程取0.25；

L_s——生物反应池五日生化需氧量污泥负荷，$kgBOD_5/(kgMLSS\cdot d)$，根据《排水规范》7.6.35中表7.6.19的规定取值，本工程取$0.1kgBOD_5/(kgMLSS\cdot d)$；

X——生物反应池内混合液悬浮固体平均浓度，gMLSS/L，按《排水规范》表7.6.19的规定，本工程取4gMLSS/L。

则反应时间为$t_r=24S_0m/(1000L_sX)=24\times200\times0.25/(1000\times0.1\times4)=3(h)$。

（3）沉淀时间t_s 根据《排水规范》7.6.36，沉淀时间t_s取1h。

（4）排水时间t_d 根据《排水规范》7.6.36，排水所用时间t_d由滗水器的能力决定，可通过增加滗水器台数或加大溢流负荷来缩短。但是，缩短了排水时间将增加后续处理构筑物（如消毒池等）的容积和增大排水管管径。综合两者关系，排水时间宜为1.0～1.5h。本工程取1h。

（5）闲置时间t_i

$$t=t_f+t_r+t_S+t_d+t_i$$

式中 t_i——闲置时间，h。

则$t_i=t-(t_f+t_r+t_S+t_d)=6-(0.75+3+1+1)=6-5.75=0.25(h)$。

4. 反应池容积V

$$V_单 = (24Q_单 S_0)/(1000XL_st_R) = (24\times15.63\times200)/(1000\times3\times0.1\times3) = 83.36(m^3)$$

每个反应池尺寸长×宽×高为 5.4m×4.5m×4.5m（包括超高 0.5m）。

SBR 池布置见图 2-24。

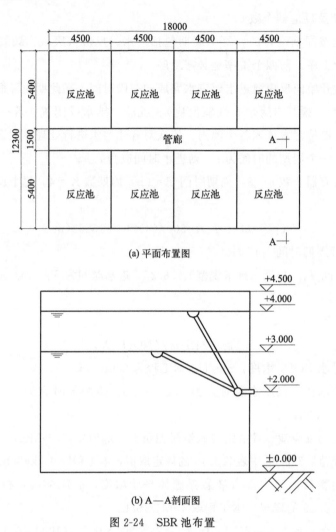

(a) 平面布置图

(b) A—A剖面图

图 2-24　SBR 池布置

排水高度为 1m，每池有效容积 5.4×4.5×4.0＝97.2(m³)，每次排水量 5.4×4.5×1＝24.3(m³)＞15.63m³。

污泥负荷 $L_s = 4Q_单S_0/(XV) = 4\times15.63\times200/(1000\times4\times97.2) = 0.032$ [kgBOD₅/(kgMLSS·d)]＜0.1[kgBOD₅/(kgMLSS·d)]。

5. 剩余污泥产量

按污泥产率系数、衰减系数及不可生物降解和惰性悬浮物计算。

$$\Delta X = YQ(S_0 - S_e) - K_dVX_v + fQ(SS_0 - SS_e)$$
$$S_e = S_{BOD} - 7.1bX_aSS_e$$
$$K_{dT} = K_{d20}\theta^{T-20}$$

式中　ΔX——剩余污泥量，kgSS/d；

Y——污泥产率系数，kgVSS/kgBOD$_5$，据《排水规范》式(7.6.18)，为 $0.4\sim$
0.8，本工程取 0.6；

S_e——生物反应池出水五日生化需氧量，mg/L，本工程按出水所含溶解性 BOD$_5$
浓度计算；

b——微生物自身氧化率，d^{-1}，取值范围为 $0.05\sim0.1$d^{-1}，取 0.06d^{-1}；

SS$_e$——活性污泥处理系统的处理水中的悬浮固体浓度，mg/L，根据《排放标
准》，要求一级 A 出水 SS$\leqslant$10mg/L，取 10mg/L；

SS$_0$——系统进水 SS，mg/L，本工程为 250mg/L；

K_d——T℃时的衰减系数，d^{-1}；

K_{dT}——污泥自身氧化系数，d^{-1}；

K_{d20}——20℃时污泥自身氧化系数，数值为 $0.04\sim0.075$，本工程取 0.05d^{-1}；

θ——温度系数，采用 $1.02\sim1.06$，本工程取 1.03；

T——设计温度，℃，夏季温度为 25℃；

X_v——生物反应池内混合液挥发性悬浮固体平均浓度，gMLVSS/L；

f——SS 的污泥转换率，宜根据试验资料确定，无试验资料时可取 $0.5\sim$
0.7gMLSS/gSS。SBR 污泥转换率高，本工程取 0.7gMLSS/gSS。

$$K_{d10}=0.05\times1.03^{25-20}=0.058$$
$$X_v=0.75X=0.75\times4=3(\text{gMLVSS/L})$$

则 $S_e=S_{BOD}-7.1bX_aSS_e=10-7.1\times0.06\times0.3\times10=10-1.278=8.72(\text{mg/L})$。

则 $\Delta X=YQ(S_0-S_e)-K_dVX_v+fQ(SS_0-SS_e)$

$=0.6\times500\times(0.20-0.00872)-0.058\times97.2\times8\times3+0.7\times500\times(0.25-0.01)$

$=57.38-135.3+84=6.08(\text{kgSS/d})$

每日排出的剩余污泥干重 6.08kgSS/d，根据《排水规范》8.2.1 污泥含水量按
99.6%计，湿污泥流量为 $5.7/(1-99.6\%)/1000=6.08/0.004/1000=1.52(\text{m}^3/\text{d})=0.063$
(m^3/h)。在回流污泥管上接支管，将剩余污泥送到污泥处理系统。

6. 设计需氧量

根据《排水规范》7.9.2，曝气池需氧量，由去除的五日生化需氧量、氨氮的硝化等
要求确定，计算过程参见例题 2-1。

$O_2=0.001aQ(S_0-S_e)-c\Delta X_v+b[0.001Q(N_k-N_{ke})-0.12\Delta X_v]$

$=0.001\times1.47\times500\times(200-8.72)-1.42\times4.56+4.57\times[0.001\times500\times(40-10)-$

$0.12\times4.56]=140.59-6.48+4.57\times(15-0.55)$

$=140.59-6.48+4.57\times14.45=140.59-6.48+66.03$

$=200.14(\text{kgO}_2/\text{d})=8.34(\text{kgO}_2/\text{h})$

7. 用气量

计算过程参见例题 2-1。

夏季空气用量 $G_{s(25)} = O_{s(25)}/(0.28E_A) = 13.14/(0.28 \times 20\%) = 234.64(m^3/h) = 3.91(m^3/min)$。

冬季空气用量 $G_{s(10)} = O_{s(10)}/(0.28E_A) = 12.83/(0.28 \times 20\%) = 229.11(m^3/h) = 3.82(m^3/min)$。

8. 曝气系统

(1) 曝气器 根据供货商提供的数据，微孔曝气器标准供氧能力为 $0.14kgO_2/(h \cdot$ 个)，服务面积不大于 $0.75m^2/$个。则曝气器数量 $n = O_{s(25)}/0.14 = 13.14/0.14 \approx 93.86$（个），取 100 个。

曝气池总面积 $5.4 \times 4.5 \times 8 = 194.4(m^2)$。每个曝气器服务面积 $f = 194.4/100 = 1.94$ $(m^2) > 0.75m^2$，取曝气头个数 288 个，每池 36 个，每个曝气器服务面积 $f = 194.4/288 = 0.68(m^2) < 0.75(m^2)$，满足要求。每个曝气头供气量 $3.91/288 = 0.014(m^3/min)$。

(2) 供气管道沿程阻力损失 h_1、局部阻力损失 h_2 计算过程参见例题 2-1。

曝气管路布置见图 2-25，两池共用 1 根干管，共 4 根干管。本工程处理水量较小，总管设 1 根。

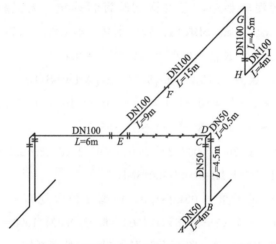

图 2-25 曝气管路布置

气温按 30℃考虑，管内空气压力为

$$P_{管压} = 9.8(1.5 + H_{空扩})$$

式中　$P_{管压}$——空气压力，kPa；

　　　$H_{空扩}$——空气扩散装置距水面的深度，m，本工程为 3.7m。

则 $P_{管压} = 9.8(1.5 + H) = 9.8 \times (1.5 + 3.7) = 9.8 \times 5.2 = 50.96(kPa)$

ABCD 段支管接 6 个曝气头，供气量为 $0.014 \times 6 = 0.084(m^3/min) = 5.04(m^3/h)$。查《排水工程》下册附录 2，管径为 DN50 时，空气流速为 0.8m/s。查附录 3，其压力损失忽略不计。

DE 段共接 12 根分支管，总流量 $0.084 \times 12 = 1.008(m^3/min) = 60.48(m^3/h)$。该段

管路较短，采用同一管径。管径为 DN100 时，空气流速为 3m/s。查附录 3，摩擦损失为 0.1×9.8=0.98kPa/1000m。该段 4 个四通无气流转弯，局部阻力损失忽略，一个三通转弯，一个球阀，当量长度为 $55.5×(0.33+2)×0.1^{1.2}=8.16$(m)，本段长 6m，压力损失为 $0.98×(6+8.16)/1000=0.014$(kPa)。

EF 段共接 2 根支管，总流量 $0.97×2=1.94$（m^3/min）$=116.4$（m^3/h）。管径为 DN100 时，空气流速为 5m/s。查《排水工程》下册附录 3，摩擦损失为 $0.2×9.8=1.96$kPa/1000m。该段有 1 个四通无气流转弯，局部阻力损失忽略。本段长 9m，压力损失为 $1.96×9/1000=0.018$(kPa)。

FI 段共接 4 根支管，总流量 $0.97×4=3.88$（m^3/min）$=232.8$（m^3/h）。管径为 DN100 时，空气流速为 8m/s。摩擦损失为 $0.8×9.8=7.84$kPa/1000m。该段有 2 个 90° 弯头，一个球阀，当量长度为 $55.5×(0.5×2+2)×0.1^{1.2}=10.51$(m)，本段长 23.5m，压力损失为 $7.84×(23.5+10.51)/1000=0.267$(kPa)。

则供气管道沿程、局部阻力损失之和 $h_1+h_2=0.014+0.018+0.267=0.299$(kPa)

(3) 空气扩散装置安装深度 h_3 $h_3=3.7m$ H_2O 柱 $=36.28$kPa。

(4) 空气扩散装置阻力 h_4 本工程所选微孔曝气阻力为 4kPa。

(5) 压力余量 Δh 一般 $\Delta h=3\sim5$kPa，本工程取 5kPa。

(6) 鼓风机或空压机出口压力 P

$$P=h_1+h_2+h_3+h_4+\Delta h$$

则 $P=h_1+h_2+h_3+h_4+\Delta h=0.299+36.28+4+5=45.58$(kPa)

本工程所需空气量大、气压相对较小，选用鼓风机。

【例题 2-5】 MBR 法硝化工艺的设计计算

（一）已知条件

某乡镇住宅区污水站设计处理水量 $Q=500m^3$/d。采用 MBR 法工艺去除 BOD_5 及 NH_3-N，同时辅以化学法除磷及浊度。曝气池设计进水水质 $COD_{Cr}=350$mg/L，$BOD_5=200$mg/L，N_k（凯氏氮）$=40$mg/L，TP$=9$mg/L，TSS$=250$mg/L，VSS/TSS$=0.7$，碱度 $S_{ALK}=280$mg/L。平均水温夏季 $T=25℃$，冬季 $T=10℃$。处理出水供城市杂用，即设计出水水质为：$BOD_5\leqslant10$mg/L，NH_3-N$\leqslant10$mg/L，浊度 $\leqslant5$mg/L。计算 MBR 法处理系统构筑物。

（二）设计计算

《排水规范》没有 MBR 系统的专用设计参数，本工程根据《膜生物法污水处理工程技术规范》（HJ 2010—2011）及《膜生物反应器法污水处理工程技术规范》设计。

1. MBR 池体积

据《膜生物法污水处理工程技术规范》（HJ 2010—2011）6.3.3，本工程涉及硝化，反应池有效容积按《排水规范》第 7.6.16～7.6.19 条的有关规定设计。

$$V = \frac{Q(S_0 - S_e)Y_t\theta_{co}}{1000X}$$

$$S_e = S_{BOD} - 7.1bX_a SS_e$$

$$\theta_{co} = F \frac{1}{\mu}$$

$$\mu = 0.47 \frac{N_a}{K_n + N_a} e^{0.098(T-15)}$$

式中　V——曝气池有效容积，m^3；

　　　Q——曝气池设计流量，m^3/d，取 $500m^3/d$；

　　　S_0——进水 BOD_5 浓度，mg/L，取 $200mg/L$；

　　　S_e——生物反应池出水五日生化需氧量，mg/L，本工程按出水所含溶解性 BOD_5 浓度
　　　　　计算；

　　　b——微生物自身氧化率，d^{-1}，取值范围为 $0.05\sim0.1d^{-1}$，取 $0.06d^{-1}$；

　　　SS_e——活性污泥处理系统的处理水中的悬浮固体浓度，mg/L，根据《排放标准》，
　　　　　要求一级 A 出水 $SS\leqslant10mg/L$，取 $10mg/L$；

则 $S_e = S_{BOD} - 7.1bX_a SS_e = 10 - 7.1\times0.06\times0.3\times10 = 10 - 1.278 = 8.72(mg/L)$

　　　Y_t——污泥总产率系数，$kgMLSS/kgBOD_5$，$0.3\sim0.6$，本工程有硝化反应，
　　　　　取 0.3；

　　　θ_{co}——设计污泥泥龄，d；

　　　F——安全系数，城市污水可生化性好，为 $1.5\sim3.0$，本工程取 2.0；

　　　μ——硝化菌比生长速率，d^{-1}；

　　　N_a——生物反应池中氨氮浓度，mg/L，本工程取 $40mg/L$；

　　　K_n——硝化作用中氮的半速率常数，mg/L，K_n 的典型值为 $1.0mg/L$，本工程取
　　　　　$1.0mg/L$；

0.47——$15℃$时，硝化菌最大比生长速率，d^{-1}；

　　　T——设计温度，$℃$，取最不利温度 $10℃$；

　　　X_a——生物反应池内混合液悬浮固体平均浓度，$gMLSS/L$，根据《膜生物法污水
　　　　　处理工程技术规范》（HJ 2010—2011）表 2，取 $8gMLSS/L$。

则 $\mu = 0.47 \frac{N_a}{K_n + N_a} e^{0.098(T-15)} = 0.47\times\frac{40}{1+40}e^{0.098\times(10-15)} = \frac{0.47\times40}{41}\times e^{-0.49}$

$$= \frac{0.47\times40}{41}\times e^{-0.49} = 0.459\times0.613 = 0.28(d^{-1})$$

$$\theta_{co} = F \frac{1}{\mu} = 2\times\frac{1}{0.28} = 7.14(d)$$

根据《排水规范》表 6.6.18，θ_{co} 值应介于 $11\sim23$ 之间，取 $15d$，

则 $V = \dfrac{Q(S_0 - S_e)Y_t\theta_{co}}{1000X} = \dfrac{500 \times (200 - 8.72) \times 0.3 \times 15}{1000 \times 8} = \dfrac{500 \times 191.28 \times 0.3 \times 15}{1000 \times 8}$

$\qquad = 53.80(\text{m}^3)$

由于体积小，只设一组，为方便施工，反应池容积适当扩大。平面尺寸 3m×4.5m，有效水深取 4.5m，总有效容积 60.75m³，反应池水力停留时间

$$\text{HRT} = V/Q = 60.75/500 = 0.12(\text{d}) = 2.9(\text{h})$$

根据膜厂家技术手册，每个膜片的设计通量为 1.5m³/d，每个膜片宽度 0.60m，共需设计选用 500/1.5＝333.33 个膜片，取 350 个。每组 5 片，共 70 组。按池宽方向双排排列，每排 35 组。每相邻的 2 组膜片的中心距离为 80mm，放置膜片的区间占廊道长度 0.08×35＝2.8(m)，取 3m。膜组件总占地面积为 1.5×3＝4.5(m²)。

MBR 池平面布置见图 2-26，设二廊道，推流式曝气池，膜组件设在反应池末端。末端设混合液回流口，设水力推流器回流混合液。回流口设闸板，根据进水口混合液浓度调节闸板开启度控制回流量。

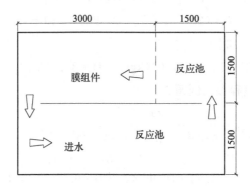

图 2-26　MBR 池平面布置

2. 碱度校核

计算过程参见例题 2-1。

$\text{ALK}_e = \text{ALK}_0 - 7.14(\text{TN}_0 - \text{NH}_e - N_w) + 0.1(S_0 - S_e)$

$\qquad = 280 - 7.14 \times (40 - 10 - 5.32) + 0.1 \times (200 - 8.72)$

$\qquad = 280 - 7.14 \times 24.68 + 0.1 \times 191.28$

$\qquad = 280 - 176.21 + 19.13 = 122.92(\text{mg/L})$

剩余碱度大于 100mg/L（以 $CaCO_3$ 计），可维持原污水的 pH 值。

3. 污泥回流比

本工程不需反硝化脱氮，不需要硝化液回流。但 MBR 的混合液是沿池长方向流动的，在池内存在污泥浓度梯度，这样势必会导致膜池末端的污泥浓度高于前端。因此，需要回流，避免前端膜通量明显高于后端的情况。根据《膜生物法污水处理工程技术规范》（HJ 2010—2011）6.3.3.6，污泥回流比为 100%～500%，本工程设计回流比取 200%。

4. 剩余污泥量

（1）按污泥产率系数、衰减系数及不可生物降解和惰性悬浮物计算　计算过程参见例题 2-1。

$$\Delta X = YQ(S_0 - S_e) - K_d V X_v + fQ(SS_0 - SS_e)$$
$$= 0.3 \times 500 \times (0.2 - 0.00872) - 0.0307 \times 60.75 \times 6 + 0.6 \times 500 \times (0.25 - 0.01)$$
$$= 150 \times 0.19128 - 0.0307 \times 60.75 \times 6 + 0.6 \times 500 \times 0.24$$
$$= 28.69 - 11.19 + 72 = 89.5(\text{kgSS/d})$$

（2）按污泥泥龄计算　计算过程参见例题 2-1。

$$\Delta X = \frac{VX}{\theta_c} = \frac{60.75 \times 6}{15} = 24.3(\text{kgSS/d})$$

本工程取 89.5kgSS/d。

5. 曝气设备

（1）设计需氧量　计算过程参见例题 2-1，$\Delta X_v = 0.75\Delta X = 0.75 \times 89.5 = 67.13(\text{kg/d})$。

$$O_2 = 0.001aQ(S_0 - S_e) - c\Delta X_v + b[0.001Q(N_k - N_{ke}) - 0.12\Delta X_v]$$
$$= 0.001 \times 1.47 \times 500 \times (200 - 8.72) - 1.42 \times 67.13 + 4.57 \times [0.001 \times 500 \times (40 - 10) - 0.12 \times 67.13]$$
$$= 140.59 - 95.32 + 31.74 = 77.01(\text{kgO}_2/\text{d}) = 3.21(\text{kgO}_2/\text{h})$$

（2）用气量　计算过程参见例题 2-1。

夏季标准需氧量 $O_{s(25)} = \dfrac{O_2 \times C_{s(20)}}{\alpha(\beta\rho C_{sb(25)} - C) \times 1.024^{(T-20)}}$

$$= \frac{3.21 \times 9.17}{0.85 \times (0.95 \times 0.910 \times 9.32 - 2) \times 1.024^{(25-20)}}$$

$$= \frac{29.44}{0.85 \times (8.06 - 2) \times 1.13} = 29.44/5.82 = 5.06(\text{kg/h})$$

冬季标准需氧量 $O_{s(10)} = \dfrac{O_2 \times C_{s(20)}}{\alpha[\beta\rho C_{sb(10)} - C] \times 1.024^{(T-20)}}$

$$= \frac{3.21 \times 9.17}{0.85 \times (0.95 \times 0.910 \times 12.58 - 2) \times 1.024^{(10-20)}}$$

$$= \frac{29.44}{0.85 \times (10.88 - 2) \times 0.79} = 29.44/5.96 = 4.94(\text{kg/h})$$

夏季空气用量 $G_{s(25)} = O_{s(25)}/(0.28E_A) = 5.06/(0.28 \times 20\%) = 90.36(\text{m}^3/\text{h})$
$$= 1.51(\text{m}^3/\text{min})$$

冬季空气用量 $G_{s(10)} = O_{s(10)}/(0.28E_A) = 4.95/(0.28 \times 20\%) = 88.39(\text{m}^3/\text{h})$
$$= 1.47(\text{m}^3/\text{min})$$

根据所选膜厂家的技术手册，MBR 膜系统用气量折算成气水比（膜生物反应池中清洗膜用的空气量和生化所需空气量与膜过滤产水的比）为（20∶1）～（30∶1）。按气水比 20∶1 计，总用气量为 $500 \times 20 = 10000(\text{m}^3/\text{d}) = 416.7(\text{m}^3/\text{h}) = 6.94(\text{m}^3/\text{min})$。则用于

清洗膜的空气量为 $6.94-1.47=5.47(\text{m}^3/\text{min})$。

（3）曝气器　膜片底部需设置曝气系统，主要功能是提供溶解氧及通过气体对膜丝进行擦洗。一般采用微孔曝气器或穿孔曝气器，本工程采用前者。曝气头在膜组件下布置，曝气头的中心距离池宽方向为 200mm，两边距池壁共 0.3m，池宽方向布置 6 排，池长方向间距 0.25m，池长方向布置 12 排，共计 $12\times6=72$（个）。每个曝气头供气量 $5.47/72=0.076(\text{m}^3/\text{min})=4.56(\text{m}^3/\text{h})$，小于厂家 $6\text{m}^3/\text{h}$ 的要求。

曝气池其余部分曝气头布置间距池宽方向 0.4m，布置 3 排，池长方向 0.45m，两廊道共 12 排，共计 $3\times12=36$（个），每个曝气头供气量 $1.47/36=0.041(\text{m}^3/\text{min})=2.45(\text{m}^3/\text{h})$，小于厂家 $6\text{m}^3/\text{h}$ 的要求。

（4）空气管道

① 空气管道布置见图 2-27。

② 供气管道沿程阻力损失 h_1、局部阻力损失 h_2。

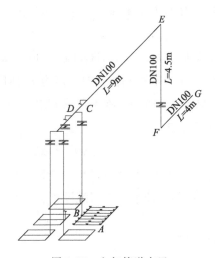

图 2-27　空气管道布置

本图为计算简图，示意鼓风机或空压机压力的计算过程，具体工程应根据施工图详图计算。

计算过程参见例题 2-1。本工程处理水量较小，总管设 1 根。经比较，ABCDEFG 管段为最不利管段。

$$P_{\text{管压}}=9.8(1.5+H)$$
$$=9.8\times(1.5+3.7)=9.8\times5.2=50.96(\text{kPa})$$

AB 段接 12 个曝气头，供气量为 $0.076\times12=0.912(\text{m}^3/\text{min})=54.72(\text{m}^3/\text{h})$。查《排水工程》下册附录 2，管径为 DN100 时，空气流速为 3m/s。查附录 3，摩擦损失为 $0.1\times9.8=0.98\text{kPa}/1000\text{m}$。该段 1 个弯头，6 个三通无气流转弯，1 个渐扩，5 个直流等径，1 个三通转弯，当量长度为 $55.5\times(0.5+1.98+0.2+3.63+1.33)\times0.1^{1.2}=26.75(\text{m})$，本段长 2.7m，压力损失为 $0.98\times(2.7+26.75)/1000=0.029(\text{kPa})$。

BCD 段共接 72 个曝气头，供气量为 $0.076\times72=5.47(\text{m}^3/\text{min})=328.32(\text{m}^3/\text{h})$。查《排水工程》下册附录 2，管径为 DN150 时，空气流速为 7m/s。查附录 3，摩擦损失

为 $0.15 \times 9.8 = 1.47 \text{kPa}/1000\text{m}$。该段 1 个弯头，1 个球阀，1 个三通转弯，当量长度为 $55.5 \times (2 + 0.5 + 1.33) \times 0.15^{1.2} = 21.82(\text{m})$，本段长 5m，压力损失为 $0.98 \times (5 + 21.82)/1000 = 0.026(\text{kPa})$。

DE 段新增 27 个供氧曝气头，新增气量 $0.041 \times 27 = 1.11(\text{m}^3/\text{min}) = 66.42(\text{m}^3/\text{h})$，总流量 $1.11 + 5.47 = 6.58(\text{m}^3/\text{min}) = 394.8(\text{m}^3/\text{h})$。管径为 DN150 时，空气流速为 8m/s。查附录 3，摩擦损失为 $0.4 \times 9.8 = 3.92 \text{kPa}/1000\text{m}$。该段 1 个三通无气流转弯，当量长度为 $55.5 \times 0.33 \times 0.15^{1.2} = 1.88(\text{m})$，本段长 0.5m，压力损失为 $1.96 \times (0.5 + 1.88)/1000 = 0.0047(\text{kPa})$。

$EFGH$ 段为总流量，$6.94\text{m}^3/\text{min} = 416.4\text{m}^3/\text{h}$。管径为 DN150 时，空气流速为 8m/s。查附录 3，摩擦损失为 $0.4 \times 9.8 = 3.92\text{kPa}/1000\text{m}$。该段 2 个三通气流转弯，1 个球阀，当量长度为 $55.5 \times (1.33 + 1) \times 0.15^{1.2} = 13.27(\text{m})$，本段长 14.5m，压力损失为 $1.96 \times (14.5 + 13.27)/1000 = 0.054(\text{kPa})$。

则供气管道沿程、局部阻力损失之和 $h_1 + h_2 = 0.029 + 0.026 + 0.0047 + 0.054 = 0.114(\text{kPa})$。

③ 空气扩散装置安装深度 h_3。$h_3 = 3.7 \text{mH}_2\text{O}$ 柱 $= 36.28\text{kPa}$。

④ 空气扩散装置阻力 h_4。本工程所选微孔曝气阻力为 4kPa。

⑤ 压力余量 Δh。一般 $\Delta h = 3 \sim 5\text{kPa}$，本工程取 5kPa。

⑥ 鼓风机或空压机出口压力 P

$$P = h_1 + h_2 + h_3 + h_4 + \Delta h$$

则 $P = h_1 + h_2 + h_3 + h_4 + \Delta h = 0.114 + 36.28 + 4 + 5 = 45.39(\text{kPa})$

本工程所需空气量大、气压相对较小，选用鼓风机。

【例题 2-6】 A^2O 工艺的设计计算

(一) 已知条件

某镇污水处理厂设计处理水量 $Q = 5000\text{m}^3/\text{d}$。生物反应池设计进水水质 $COD_{Cr} = 350\text{mg/L}$，$BOD_5 = 280\text{mg/L}$，$N_k$（凯氏氮）$= 40\text{mg/L}$，$TP = 9\text{mg/L}$，总 SS $= 160\text{mg/L}$，碱度 $S_{ALK} = 280\text{mg/L}$。平均水温夏季 $T = 25℃$，冬季 $T = 10℃$。处理出水要求达到一级 A 标准后回用，设计出水水质为：$BOD_5 \leqslant 10\text{mg/L}$，$TN \leqslant 15\text{mg/L}$，$NH_3\text{-}N \leqslant 5\text{mg/L}$，$TP \leqslant 0.5\text{mg/L}$，悬浮物 $\leqslant 10\text{mg/L}$。计算生物反应池体积。

(二) 设计计算

根据《排水规范》7.6.19 当采用 A^2O 工艺时，生物反应池的容积，宜按第 7.6.10 条、第 7.6.17 条和第 7.6.18 条的规定计算。无试验资料时，设计参数可采用经验数据或按表 7.6.19 的规定取值。

1. 好氧区容积

计算过程参见例题 2-1。

$$V_o = \frac{Q(S_0 - S_e)Y_t\theta_{co}}{1000X} = \frac{5000 \times (180 - 8.64) \times 0.3 \times 11}{1000 \times 2.5}$$

$$= \frac{5000 \times 171.36 \times 0.3 \times 11}{1000 \times 2.5} = 1130.98(m^3)$$

2. 缺氧区容积

$$V_n = \frac{0.001Q(N_k - N_{te}) - 0.12\Delta X_v}{K_{de}X}$$

$$\Delta X_v = yY_tQ(S_0 - S_e)/1000$$

$$K_{de(T)} = K_{de(20)} \times 1.08^{(T-20)}$$

式中　V_n——缺氧区容积，m^3；

　　　Q——缺氧区设计流量，m^3/d，取 5000m^3/d；

　　　N_k——生物反应池进水总凯氏氮浓度，mg/L，本工程为 40mg/L；

　　　N_{te}——生物反应池出水总氮浓度，mg/L，取 15mg/L；

　　　ΔX_v——排出生物反应池系统的微生物量，kgMLVSS/d；

　　　Y_t——污泥总产率系数，kgMLSS/kgBOD$_5$，宜根据试验资料确定。无试验资料时，系统有初次沉淀池时取 0.3，无初次沉淀池时取 0.6～1.0，本工程拟设初沉池，取 0.3；

　　　y——MLSS 中 MLVSS 所占比例，本工程取 0.75；

则 $\Delta X_v = yY_tQ(S_0 - S_e)/1000 = 0.75 \times 0.3 \times 5000 \times (280 - 8.64)/1000 = 305.28(kg/d)$

　　　K_{de}——脱氮速率，kgNO$_3$-N/(kgMLSS·d)，宜根据试验资料确定，无试验资料时，20℃的 K_{de} 值可采用 0.03～0.06kgNO$_3$-N/(kgMLSS·d)，按规范公式 (6.6.18-2) 进行温度修正，$K_{de(T)}$、$K_{de(20)}$ 分别为 T℃ 和 20℃时的脱氮速率，本工程 $K_{de(20)}$ 取 0.06kgNO$_3$-N/(kgMLSS·d)；

　　　T——设计温度，℃，取最不利温度 10℃。

则 $K_{de(10)} = K_{de(20)} \times 1.08^{(T-20)} = 0.06 \times 1.08^{(10-20)} = 0.0278[kgNO_3\text{-}N/(kgMLSS \cdot d)]$

则 $V_n = \frac{0.001Q(N_k - N_{te}) - 0.12\Delta X_v}{K_{de}X} = \frac{0.001 \times 5000 \times (40-15) - 0.12 \times 305.28}{0.0278 \times 2.5}$

$$= 1271.84(m^3)$$

3. 厌氧区容积

根据《排水规范》7.6.18，厌氧池的容积为

$$V_p = \frac{t_pQ}{24}$$

式中　V_p——厌氧池的容积，m^3；

　　　Q——厌氧池设计流量，m^3/d，取 5000m^3/d；

　　　t_p——厌氧池的水力停留时间，h，宜为 1～2h，本工程取 2h。

则

$$V_p = \frac{t_pQ}{24} = \frac{2 \times 5000}{24} = 416.67(m^3)$$

4. 碱度校核

计算过程参见例题 2-1。

$$ALK_e = ALK_0 - 7.14(TN_0 - NH_e - N_w) + 3.57(TN_0 - TN_e - N_w) + 0.1(S_0 - S_e)$$

$$= 280 - 7.14 \times (40 - 10 - 4.76) + 3.57(40 - 10 - 4.76) + 0.1 \times (180 - 8.72)$$

$$= 280 - 7.14 \times 25.24 + 0.1 \times 171.28 = 280 - 180.21 + 90.11 + 17.13 = 207.03(mg/L)$$

剩余碱度大于 100mg/L（以 $CaCO_3$ 计），可维持原污水的 pH 值。

5. 污泥回流比

计算过程参见例题 2-1。污泥回流比 $R = \dfrac{X}{X_R - X} \times 100\% = \dfrac{2500}{12000 - 2500} \times 100\% = 26\%$。

$$污泥回流量\ RQ = 26\% \times 5000 = 1300(m^3/d)$$

6. 混合液回流量

根据《排水规范》7.6.17-7，混合液回流量

$$Q_{Ri} = 1000V_n K_{de} X / (N_t - N_{ke}) - Q_R$$

式中　Q_{Ri}——混合液回流量，m^3/d；

N_t——生物反应池进水总氮浓度，mg/L，本工程按凯氏氮计，为 40mg/L；

N_{ke}——生物反应池出水总凯氏氮浓度，mg/L，本工程按凯氏氮计，为 5mg/L；

Q_R——回流污泥量，m^3/d。

则 $Q_{Ri} = 1000V_n K_{de} X / (N_t - N_{ke}) - Q_R = 1000 \times 1465.70 \times 0.0278 \times 2.5 / (40 - 5) - 1300$

$$= 2910.46 - 1300 = 1610.46(m^3/d)$$

7. 剩余污泥量

计算过程参见例题 2-1。

$$\Delta X = YQ(S_0 - S_e) - K_d V X_v + fQ(SS_0 - SS_e)$$

$$= 0.3 \times 5000 \times (0.180 - 0.00864) - 0.0307 \times 1130.98 \times 1.875 + 0.6 \times 5000 \times$$

$$(0.16 - 0.01)$$

$$= 1500 \times 0.171368 - 0.0307 \times 1130.98 \times 1.875 + 0.6 \times 5000 \times 0.15$$

$$= 257.04 - 65.10 + 450 = 641.94(kgSS/d)$$

8. 设计供气量

（1）设计需氧量　根据《排水规范》7.9.2，曝气池需氧量，根据去除的五日生化需氧量、氨氮的硝化等要求确定，宜按下列公式计算：

$$O_2 = 0.001aQ(S_0 - S_e) - c\Delta X_v + b[0.001Q(N_k - N_{ke}) - 0.12\Delta X_v] - 0.62b$$
$$[0.001Q(N_t - N_{ke} - N_{ne}) - 0.12\Delta X_v]$$

式中　O_2——生物反应池需氧量，kgO_2/d；

a——碳的氧当量，本工程含碳物质数量以 BOD_5 计，取 1.47；

c——常数，细菌细胞的氧当量，取 1.42；

b——常数，氧化每千克氨氮所需氧量，kgO_2/kgN，取 $4.57kgO_2/kgN$；

N_k——生物反应池进水总凯氏氮浓度，mg/L，本工程为 $40mg/L$；

N_{ke}——生物反应池出水总凯氏氮浓度，mg/L，本工程为 $5mg/L$；

N_t——生物反应池进水总氮浓度，mg/L，本工程按总凯氏氮计为 $40mg/L$；

N_{ne}——曝气池出水硝态氮浓度，mg/L，本工程按出水总氮与氨氮的差计，为 $10mg/L$；

ΔX_v——排出生物反应池系统的微生物量，kg/d。

$$\Delta X_v = 0.75\Delta X = 0.75 \times 641.85 = 481.39(kg/d)$$

则 $O_2 = 0.001aQ(S_0 - S_e) - c\Delta X_v + b[0.001Q(N_k - N_{ke}) - 0.12\Delta X_v] - 0.62b$
$[0.001Q(N_t - N_{ke} - N_{ne}) - 0.12\Delta X_v]$

$= 0.001 \times 1.47 \times 5000 \times (180 - 8.72) - 1.42 \times 481.39 + 4.57 \times [0.001 \times 5000 \times (40 - 10) - 0.12 \times 481.39] - 0.62 \times 4.57 \times [0.001 \times 5000 \times (40 - 5 - 10) - 0.12 \times 481.39]$

$= 1259.50 - 683.57 + 650.00 - 261.33 = 964.60(kgO_2/d) = 40.19(kgO_2/h)$

(2) 用气量　计算过程参见例题 2-1。

夏季 $O_s = \dfrac{O_2 \times C_{s(20)}}{\alpha[\beta\rho C_{sw(T)} - C] \times 1.024^{(T-20)}} = \dfrac{40.19 \times 9.17}{0.85 \times (0.95 \times 0.91 \times 8.4 - 2) \times 1.024^{(T-20)}}$

$= \dfrac{40.19 \times 9.17}{4.47253 \times 1.13} = 72.92(kgO_2/h)$

冬季 $O_s = \dfrac{O_2 \times C_{s(20)}}{\alpha[\beta\rho C_{sw(T)} - C] \times 1.024^{(T-20)}} = \dfrac{40.19 \times 9.17}{0.85 \times (0.95 \times 0.91 \times 11.33 - 2) \times 1.024^{(T-20)}}$

$= \dfrac{40.19 \times 9.17}{6.63 \times 0.79} = 70.36(kgO_2/h)$

按夏季最不利条件设计供氧量。

9. 曝气池水力停留时间

$HRT = 24(V_o + V_n + V_p)/Q = 24 \times (1159.20 + 1271.84 + 416.67)/5000 = 13.67(h)$，满足《排水规范》表 7.6.19 中水力停留时间 HRT 值应介于 $10\sim23h$ 的要求。其中厌氧池 2h，缺氧池 5.56h，好氧池 6.10h。

【例题 2-7】 氧化沟工艺脱氮除磷工艺的设计计算

(一) 已知条件

某镇污水处理厂设计处理水量 $Q = 50000m^3/d$。生物反应池设计进水水质为：$COD_{Cr} = 350mg/L$，$BOD_5 = 280mg/L$，N_k(凯氏氮)$= 40mg/L$，$TP = 9mg/L$，总 $SS = 160mg/L$，碱度 $S_{ALK} = 280mg/L$。平均水温夏季 $T = 25℃$，冬季 $T = 10℃$。处理出水要求达到一级 A 标准后回用，即 $BOD_5 \leqslant 10mg/L$，$TN \leqslant 15mg/L$，$NH_3\text{-}N \leqslant 5mg/L$，$TP \leqslant 0.5mg/L$，悬浮物 $\leqslant 10mg/L$，采用氧化沟工艺，计算生物反应池的体积。

(二) 设计计算

根据《排水规范》7.6.25，当采用氧化沟进行脱氮除磷时，宜符合第 7.6.16～7.6.19 条的有关规定。

1. 好氧区容积

计算过程参见例题 2-1。

$$V_o = \frac{Q(S_0-S_e)Y_t\theta_{co}}{1000X} = \frac{50000\times(180-8.64)\times0.3\times11}{1000\times2.5}$$

$$= \frac{5000\times171.36\times0.3\times11}{1000\times2.5} = 1130.976(m^3)$$

2. 碱度校核

计算过程参见例题 2-1。

$$ALK_e = ALK_0 - 7.14(TN_0-NH_e-N_w)+3.57(TN_0-TN_e-N_w)+0.1(S_0-S_e)$$

$$= 280-7.14\times(40-5-7.55)+3.57\times(40-15-7.55)+0.1\times(280-8.64)$$

$$= 280-7.14\times27.45+3.57\times17.45+0.1\times271.36 = 173.43(mg/L)$$

剩余碱度大于 100mg/L（以 $CaCO_3$ 计），可维持原污水的 pH 值。

3. 污泥回流比

计算过程参见例题 2-1。

$$R = \frac{X}{X_R-X}\times100\% = \frac{2500}{12000-2500}\times100\% = 26\%$$

根据《排水规范》表 7.6.24，回流比应为 75%～150%，取 100%。

4. 剩余污泥量

计算过程参见例题 2-1。

$$\Delta X = YQ(S_0-S_e)-K_dVX_v+fQ(SS_0-SS_e)$$

$$= 0.3\times50000\times(0.2-0.00864)-0.064\times28477.07\times1.875+0.6\times50000\times$$

$$(0.25-0.01)$$

$$= 2870.4-3417.25+7200 = 6653.15(kgSS/d)$$

5. 供气量

(1) 需氧量 计算过程参见例题 2-6。

$$\Delta X_v = 0.75\Delta X = 0.75\times7863.08 = 5897.31(kg/d)$$

$$O_2 = 0.001aQ(S_0-S_e)-c\Delta X_v+b[0.001Q(N_k-N_{ke})-0.12\Delta X_v]-0.62b$$
$$[0.001Q(N_t-N_{ke}-N_{ne})-0.12\Delta X_v]$$

$$= 0.001\times1.47\times50000\times(280-8.64)-1.42\times5897.31+4.57\times[0.001\times50000\times$$

$$(40-5)-0.12\times5897.31]-0.62\times4.57\times[0.001\times50000\times(40-5-10)-0.12\times$$

$$5897.31]$$

$$= 19944.96-8374.18+4763.42-1536.62$$

$$= 14797.58(kgO_2/d) = 616.57(kgO_2/h)$$

（2）用气量　计算过程参见例题 2-2。

$$夏季 O_{\mathrm{s}}=\frac{O_2\times C_{\mathrm{s}(20)}}{\alpha[\beta\rho C_{\mathrm{sw}(T)}-C]\times 1.024^{(T-20)}}=\frac{533.02\times 9.17}{0.85\times(0.95\times 0.91\times 7.74-2)\times 1.024^{(T-20)}}$$

$$=1089.59(\mathrm{kgO_2/h})$$

$$冬季 O_{\mathrm{s}}=\frac{O_2\times C_{\mathrm{s}(20)}}{\alpha[\beta\rho C_{\mathrm{sw}(T)}-C]\times 1.024^{(T-20)}}=\frac{533.02\times 9.17}{0.85\times(0.95\times 0.91\times 10.43-2)\times 1.024^{(T-20)}}$$

$$=1038.37(\mathrm{kgO_2/h})$$

按夏季最不利条件设计供氧量。

【例题 2-8】SBR 工艺脱氮除磷工艺的设计计算

(一) 已知条件

某镇污水处理厂设计处理水量 $Q=20000\mathrm{m}^3/\mathrm{d}$。生物反应池设计进水水质为：$\mathrm{COD_{Cr}}=350\mathrm{mg/L}$，$\mathrm{BOD_5}=280\mathrm{mg/L}$，$N_{\mathrm{k}}$（凯氏氮）$=40\mathrm{mg/L}$，TP$=9\mathrm{mg/L}$，总 SS$=160\mathrm{mg/L}$，碱度 $S_{\mathrm{ALK}}=280\mathrm{mg/L}$。平均水温夏季 $T=25℃$，冬季 $T=10℃$。处理出水要求达到一级 A 标准后回用，即 $\mathrm{BOD_5}\leqslant 10\mathrm{mg/L}$，$\mathrm{TN}\leqslant 15\mathrm{mg/L}$，$\mathrm{NH_3}$-N$\leqslant 5\mathrm{mg/L}$，TP$\leqslant 0.5\mathrm{mg/L}$，悬浮物$\leqslant 10\mathrm{mg/L}$，VSS/TSS$=0.75$。采用 SBR 工艺，计算生物反应池体积。

(二) 设计计算

根据《序批式活性污泥法污水处理工程技术规范》（HJ 577—2010）设计计算，本题中条目、公式、表格等序号未特别说明者均为该规范的序号。

1. 反应时间

计算过程参见例题 2-4，好氧反应时间。

$t_{\mathrm{R}}=24S_0 m/(1000L_{\mathrm{s}}X)=24\times 280\times 0.25/(1000\times 0.1\times 3)=5.6(\mathrm{h})$，本工程取 8h。

根据规范表 6，好氧水力停留时间占反应时间的比例为 75%～80%，按 80% 计，则总反应时间为 8/80%$=10$（h）；厌氧水力停留时间占总反应时间的 5%～10%，本工程取 10%，为 1h；缺氧水力停留时间占总反应时间的 10%～15%，本工程取 10%，为 1h。

根据规范 6.3.2.2，沉淀时间 t_{s} 取 1h；排水时间 t_{D} 宜为 1.0～1.5h，本工程取 1h。

反应池分 8 格，每格运行 2 个周期，每周期运行时间为 12h，根据规范 6.3.2.2，则每格每周期进水时间为 12/8$=1.5$（h）。

2. 反应池有效容积

根据规范 6.3.2，SBR 反应池容积为

$V=(24Q'S_0)/(1000XL_{\mathrm{s}}t_{\mathrm{R}})=(24\times 1250\times 280)/(1000\times 3\times 0.1\times 8)=3500(\mathrm{m}^3)$，取 3000m³。

3. 总水力停留时间

$24\times 3000\times 8/20000=28.8$（h），满足规范表 6 中 20～30h 的要求。

4. 碱度校核

计算过程参见例题 2-1。

$$\begin{aligned}
ALK_e &= ALK_0 - 7.14(TN_0 - NH_e - N_w) + 3.57(TN_0 - TN_e - N_w) + 0.1(S_0 - S_e) \\
&= 280 - 7.14 \times (40 - 5 - 7.55) + 3.57 \times (40 - 15 - 7.55) + 0.1 \times (280 - 8.64) \\
&= 280 - 7.14 \times 27.45 + 3.57 \times 17.45 + 0.1 \times 271.36 = 173.43 (mg/L)
\end{aligned}$$

剩余碱度大于 100mg/L（以 $CaCO_3$ 计），可维持原污水的 pH 值。

5. 剩余污泥量

计算过程参见例题 2-1。

$$\begin{aligned}
\Delta X &= YQ(S_0 - S_e) - K_d V X_v + fQ(SS_0 - SS_e) \\
&= 0.3 \times 20000 \times (0.28 - 0.00864) - 0.0307 \times 3500 \times 8 \times 2.25 + 0.6 \times 50000 \times \\
&\quad (0.25 - 0.01) \\
&= 1628.16 - 1934.1 + 7200 = 6894.06 (kgSS/d)
\end{aligned}$$

6. 供气量

(1) 需氧量　计算过程参见例题 2-1。

$$\begin{aligned}
O_2 &= 0.001aQ(S_0 - S_e) - c\Delta X_v + b[0.001Q(N_k - N_{ke}) - 0.12\Delta X_v] - 0.62b \\
&\quad [0.001Q(N_t - N_{ke} - N_{ne}) - 0.12\Delta X_v] \\
&= 0.001 \times 1.47 \times 20000 \times (280 - 8.64) - 1.42 \times 2574.06 + 4.57 \times [0.001 \times 20000 \times (40 - 5) - \\
&\quad 0.12 \times 2574.06] - 0.62 \times 4.57 \times [0.001 \times 20000 \times (40 - 5 - 10) - 0.12 \times 2574.06] \\
&= 7977.98 - 3655.17 + 1787.39 - 541.5 \\
&= 5568.7 (kgO_2/d) = 232.03 (kgO_2/h)
\end{aligned}$$

(2) 用气量　计算过程参见例题 2-1。

$$\text{夏季 } O_s = \frac{O_2 \times C_{s(20)}}{\alpha[\beta\rho C_{sw(T)} - C] \times 1.024^{(T-20)}} = \frac{248.34 \times 9.17}{0.85 \times (0.95 \times 0.91 \times 8.75 - 2) \times 1.024^{(T-20)}}$$
$$= 427.56 (kgO_2/h)$$

$$\text{冬季 } O_s = \frac{O_2 \times C_{s(20)}}{\alpha[\beta\rho C_{sw(T)} - C] \times 1.024^{(T-20)}} = \frac{248.34 \times 9.17}{0.85 \times (0.95 \times 0.91 \times 11.80 - 2) \times 1.024^{(T-20)}}$$
$$= 413.95 (kgO_2/h)$$

按夏季最不利条件设计供氧量。

【例题 2-9】 **MBR 法脱氮除磷工艺的设计计算**

(一) 已知条件

某镇污水处理厂设计处理水量 $Q = 500m^3/d$。生物反应池设计进水水质 $COD_{Cr} = 350mg/L$，$BOD_5 = 280mg/L$，N_k（凯氏氮）$= 40mg/L$，TP $= 9mg/L$，总 SS $= 160mg/L$，碱度 $S_{ALK} = 280mg/L$。夏季平均水温 $T = 25℃$，冬季平均水温 $T = 10℃$。处理出水要求达到一级 A 标准后回用，即 $BOD_5 \leqslant 10mg/L$，$TN \leqslant 15mg/L$，$NH_3\text{-}N \leqslant 5mg/L$，$TP \leqslant 0.5mg/L$，悬浮物 $\leqslant 10mg/L$，VSS/TSS $= 0.75$。采用 MBR 工艺，计算生物反应池体积。

（二）设计计算

本工程根据《膜生物法污水处理工程技术规范》（HJ 2010—2011）及《膜生物反应器法污水处理工程技术规范》设计。

1. MBR 池体积

根据《膜生物法污水处理工程技术规范》（HJ 2010—2011）6.3.3，本工程涉及硝化，反应池有效容积按《排水规范》第 7.6.16～7.6.19 条的有关规定设计。

（1）计算过程参见例题 2-5。

$$V_0 = \frac{Q(S_0 - S_e)Y_t\theta_{co}}{1000X} = \frac{500 \times (280 - 8.64) \times 0.3 \times 15}{1000 \times 8} = \frac{500 \times 271.36 \times 0.3 \times 15}{1000 \times 8}$$
$$= 76.32(\text{m}^3)$$

（2）计算过程参见例题 2-6。

$$V_n = \frac{0.001Q(N_k - N_{te}) - 0.12\Delta X_v}{K_{de}X} = \frac{0.001 \times 500 \times (40 - 15) - 0.12 \times 30.53}{0.0278 \times 8}$$
$$= 39.75(\text{m}^3)$$

（3）计算过程参见例题 2-6。

$$V_p = \frac{t_p Q}{24} = \frac{2 \times 500}{24} = 41.67(\text{m}^3)$$

根据膜厂家技术手册，每个膜片的设计通量为 $1.5\text{m}^3/\text{d}$，每个膜片宽度 0.60m，共需设计选用 500/1.5＝333.33 个膜片，取 350 个。每组 5 片，共 70 组。

生物反应池总体积 $V_0 + V_n + V_p = 76.32 + 39.75 + 41.67 = 157.74(\text{m}^3)$

2. 碱度校核

计算过程参见例题 2-1。

$$\text{ALK}_e = \text{ALK}_0 - 7.14(\text{TN}_0 - \text{NH}_e - N_w) + 0.1(S_0 - S_e)$$
$$= 280 - 7.14 \times (40 - 10 - 5.32) + 0.1 \times (200 - 8.72) = 280 - 7.14 \times 24.68 + 0.1 \times 17.45$$
$$= 122.91(\text{mg/L})$$

剩余碱度大于 100mg/L（以 $CaCO_3$ 计），可维持原污水的 pH 值。

3. 剩余污泥量

计算过程参见例题 2-1。

$$\Delta X = YQ(S_0 - S_e) - K_d V X_v + fQ(\text{SS}_0 - \text{SS}_e)$$
$$= 0.3 \times 500 \times (0.2 - 0.00872) - 0.0307 \times 157.73 \times 500 \times (0.25 - 0.01) + 0.6 \times 500 \times$$
$$(0.16 - 0.01)$$
$$= 40.70 - 29.05 + 45 = 56.65(\text{kgSS/d})$$

4. 污泥回流

根据《膜生物法污水处理工程技术规范》（HJ 2010—2011）6.3.3.6，污泥回流比取 100%。

$$Q_R = Q100\% = 500 \times 100\% = 500(\text{m}^3/\text{d})$$

5. 混合液回流

$$Q_{Ri}=1000V_nK_{de}X/(N_t-N_{ke})-Q_R$$

式中 Q_{Ri}——混合液回流量，m^3/d；

    Q_R——回流污泥量，m^3/d；

    N_{ke}——生物反应池出水总凯氏氮浓度，mg/L；

    N_t——生物反应池进水总氮浓度，mg/L。

则 $Q_{Ri}=1000\times39.75\times0.0278\times8/(40-5)-500=-247.42(m^3/d)\leqslant0$，说明污泥回流液中的硝酸盐反硝化脱氮可以保证达标了，不需要混合液回流。

6. 供气量

(1) 需氧量   计算过程参见例题 2-6。

$$O_2=0.001aQ(S_0-S_e)-c\Delta X_v+b[0.001Q(N_k-N_{ke})-0.12\Delta X_v]-0.62b$$
$$[0.001Q(N_t-N_{ke}-N_{ne})-0.12\Delta X_v]$$
$$=0.001\times1.47\times500\times(280-8.64)-1.42\times42.49+4.57\times[0.001\times500\times(40-10)$$
$$-0.12\times42.49]$$
$$=199.45-60.33+45.25=184.37(kgO_2/d)=7.68(kgO_2/h)$$

(2) 用气量   计算过程参见例题 2-1。

夏季标准需氧量 $O_{s(25)}=\dfrac{O_2\times C_{s(20)}}{\alpha[\beta\rho C_{sb(25)}-C]\times1.024^{(T-20)}}$

$$=\dfrac{6.68\times9.17}{0.85\times(0.95\times0.910\times8.75-2)\times1.024^{(25-20)}}$$
$$=11.50(kg/h)$$

则冬季标准需氧量 $O_{s(10)}=\dfrac{O_2\times C_{s(20)}}{\alpha[\beta\rho C_{sb(10)}-C]\times1.024^{(T-20)}}$

$$=\dfrac{6.68\times9.17}{0.85\times(0.95\times0.910\times11.80-2)\times1.024^{(10-20)}}$$
$$=11.14(kg/h)$$

则夏季空气用量 $G_{s(25)}=O_{s(25)}/(0.28E_A)=11.50/(0.28\times20\%)=205.36(m^3/h)$
$$=3.42(m^3/min)$$

冬季空气用量 $G_{s(10)}=O_{s(10)}/(0.28E_A)=11.14/(0.28\times20\%)=198.93(m^3/h)$
$$=3.32(m^3/min)$$

根据所选膜厂家的技术手册，MBR 膜系统用气量折算成气水比（膜生物反应池中清洗膜用的空气量和生化所需空气量与膜过滤产水的比）为（20∶1）～（30∶1）。按气水比 20∶1 计，总用气量为 $500\times20=10000(m^3/d)=416.7(m^3/h)=6.94(m^3/min)$。则用于清洗膜的空气量为 $6.94-3.42=3.52(m^3/min)$。

第三节 生物膜法脱氮除磷

生物膜法是利用附着生长于某些固体（填料）物表面的微生物（即生物膜）进行有机污水处理的方法。生物膜是由高度密集的好氧菌、厌氧菌、兼性菌、真菌、原生动物以及藻类等组成的生态系统，其附着的固体介质称为滤料或载体。生物膜自滤料向外可分为厌氧层、好氧层、附着水层、运动水层。污水流经填料时，填料表面的生物膜首先吸附附着水层有机物，由好氧层的好氧菌将其分解，再进入厌氧层进行厌氧分解，流动水层则将老化的生物膜冲掉以生长新的生物膜，如此往复以达到净化污水的目的。由于生物膜固着生长，不需要污泥回流即可保证生物反应池内足够的净化污染物所需的生物量，且其浓度大于活性污泥法，因而与活性污泥法相比具有生物池体积小、水力停留时间短、处理效率高、抗冲击负荷能力强的优点。常用的生物膜法污水处理工艺有生物滤池、生物接触氧化、生物转盘等工艺。

一、设计概述

① 生物膜法适用于中小规模污水处理。生物膜法处理污水可单独应用，也可与其他污水处理工艺组合应用。

② 污水进行生物膜法处理前，宜先经沉淀处理。当进水水质或水量波动大时，应设调节池。

③ 生物膜法的处理构筑物应根据当地气温和环境等条件，采取防冻、防臭和灭蝇等措施。

④ 生物接触氧化池

a. 应根据进水水质和处理程度确定采用一段式或二段式，平面形状宜为矩形，有效水深宜为 3～5m。池数不宜少于两个，每池可分为两室。

b. 填料可采用全池布置（底部进水、进气）、两侧布置（中心进气、底部进水）或单侧布置（侧部进气、上部进水），填料应分层安装。

c. 宜根据填料的布置形式布置曝气装置。底部全池曝气时，气水比宜为 8∶1。

d. 进水应防止短流，出水宜采用堰式出水，生物接触氧化池底部应设置排泥和放空设施。

e. 五日生化需氧量容积负荷，宜根据试验资料确定，无试验资料时，碳氧化宜为 $2.0\sim5.0\mathrm{kgBOD_5/(m^3 \cdot d)}$，碳氧化/硝化宜为 $0.2\sim2.0\mathrm{kgBOD_5/(m^3 \cdot d)}$。

⑤ 曝气生物滤池

a. 池型可采用上向流或下向流进水方式。

b. 池前应设沉砂池、初次沉淀池或混凝沉淀池、除油池等预处理设施，也可设置水解调节池，进水悬浮固体浓度不宜大于 60mg/L。

c. 根据处理程度不同可分为碳氧化、硝化、后置反硝化或前置反硝化等。碳氧化、硝化和反硝化可在单级曝气生物滤池内完成，也可在多级曝气生物滤池内完成。

d. 池体高度宜为 5~7m。

e. 宜采用滤头布水布气系统。宜分别设置反冲洗供气和曝气充氧系统。曝气装置可采用单孔膜空气扩散器或穿孔管曝气器。曝气器可设在承托层或滤料层中。

f. 宜选用机械强度和化学稳定性好的卵石作承托层，并按一定级配布置。滤料应具有强度大、不易磨损、孔隙率高、比表面积大、化学物理稳定性好、易挂膜、生物附着性强、密度小、耐冲洗和不易堵塞的性质，宜选用球形轻质多孔陶粒或塑料球形颗粒。

g. 反冲洗宜采用气水联合反冲洗，通过长柄滤头实现。反冲洗空气强度宜为 10~15L/(m^2·s)，反冲洗水强度不应超过 8L/(m^2·s)。

h. 池后可不设二次沉淀池。在碳氧化阶段，曝气生物滤池的污泥产率系数可为 0.75kgVSS/kgBOD$_5$。

i. 容积负荷宜根据试验资料确定，无试验资料时，曝气生物滤池的五日生化需氧量容积负荷宜为 3~6kgBOD$_5$/(m^3·d)，硝化容积负荷（以 NH_3-N 计）宜为 0.3~0.8kgNH_3-N/(m^3·d)，反硝化容积负荷（以 NO_3^--N 计）宜为 0.8~4.0kgNO_3^--N/(m^3·d)。

⑥ 生物转盘

a. 处理工艺流程宜为初次沉淀池、生物转盘、二次沉淀池。根据污水水量、水质和处理程度等，生物转盘可采用单轴单级式、单轴多级式或多轴多级式布置形式。

b. 盘体材料应质轻、高强度、耐腐蚀、抗老化、易挂膜、比表面积大以及方便安装、养护和运输。

c. 反应槽断面形状应呈半圆形。盘片外缘与槽壁的净距不宜小于 150mm；盘片净距进水端宜为 25~35mm，出水端宜为 10~20mm。盘片在槽内的浸没深度不应小于盘片直径的 35%，转轴中心高度应高出水位 150mm 以上。转盘转速宜为 2.0~4.0r/min，盘体外缘线速度宜为 15~19m/min。

d. 转轴强度和挠度必须满足盘体自重和运行过程中附加荷重的要求。

e. 设计负荷宜根据试验资料确定，无试验资料时，五日生化需氧量表面有机负荷，以盘片面积计，宜为 0.005~0.020kgBOD$_5$/(m^2·d)，首级转盘不宜超过 0.03~0.04kgBOD$_5$/(m^2·d)；表面水力负荷以盘片面积计，宜为 0.04~0.20m^3/(m^2·d)。

⑦ 生物滤池

a. 平面形状宜采用圆形或矩形。

b. 填料应质坚、耐腐蚀、高强度、比表面积大、空隙率高，适合就地取材，宜采用碎石、卵石、炉渣、焦炭等无机滤料。用作填料的塑料制品应抗老化，比表面积大，宜为

$100\sim200m^2/m^3$；空隙率高，宜为$80\%\sim90\%$。

c. 底部空间的高度不应小于0.6m，沿滤池池壁四周下部应设置自然通风孔，其总面积不应小于池表面积的1%。

d. 布水装置可采用固定布水器或旋转布水器。

e. 池底应设$1\%\sim2\%$的坡度坡向集水沟，集水沟以$0.5\%\sim2\%$的坡度坡向总排水沟，并有冲洗底部排水渠的措施。

f. 低负荷生物滤池采用碎石类填料时，滤池下层填料粒径宜为$60\sim100mm$，厚0.2m；上层填料粒径宜为$30\sim50mm$，厚$1.3\sim1.8m$。处理城镇污水时，正常气温下，水力负荷以滤池面积计，宜为$1\sim3m^3/(m^2\cdot d)$；五日生化需氧量容积负荷以填料体积计，宜为$0.15\sim0.3kgBOD_5/(m^3\cdot d)$。

g. 高负荷生物滤池宜采用碎石或塑料制品作填料，当采用碎石类填料时，滤池下层填料粒径宜为$70\sim100mm$，厚0.2m；上层填料粒径宜为$40\sim70mm$，厚度不宜大于1.8m。

h. 高负荷生物滤池处理城镇污水时，正常气温下，水力负荷以滤池面积计，宜为$10\sim36m^3/(m^2\cdot d)$；五日生化需氧量容积负荷以填料体积计，宜大于$1.8kgBOD_5/(m^3\cdot d)$。

⑧ 塔式生物滤池

a. 直径宜为$1\sim3.5m$，直径与高度之比宜为（1∶6）～（1∶8）；填料层厚度宜根据试验资料确定，宜为$8\sim12m$。

b. 填料应采用轻质材料。填料应分层，每层高度不宜大于2m，并应便于安装和养护。滤池宜采用自然通风方式。

c. 进水的五日生化需氧量值应控制在500mg/L以下，否则处理出水应回流。水力负荷和五日生化需氧量容积负荷应根据试验资料确定。无试验资料时，水力负荷宜为$80\sim200m^3/(m^2\cdot d)$，五日生化需氧量容积负荷宜为$1.0\sim3.0kgBOD_5/(m^3\cdot d)$。

二、计算例题

【例题 2-10】 生物接触氧化法硝化工艺的设计计算

(一) 已知条件

某乡镇住宅区污水处理厂设计处理水量$Q=10000m^3/d$。采用生物接触氧化法工艺去除BOD_5及NH_3-N，同时辅以化学法除磷及浊度。曝气池设计进水水质：$COD_{Cr}=350mg/L$，$BOD_5=200mg/L$，N_k（凯氏氮）$=40mg/L$，$TP=9mg/L$，$TSS=250mg/L$，碱度$S_{ALK}=280mg/L$。平均水温夏季$T=25℃$，冬季$T=10℃$。处理出水供城市杂用，即设计出水水质为：$BOD_5\leqslant10mg/L$，NH_3-N$\leqslant10mg/L$，浊度$\leqslant5mg/L$。计算生物接触氧化法处理系统构筑物。

(二) 设计计算

1. 生物接触氧化池

根据《排水规范》7.8.10，生物接触氧化池的五日生化需氧量容积负荷，宜根据试验资料确定，无试验资料时，碳氧化宜为 $2.0 \sim 5.0 \mathrm{kgBOD_5/(m^3 \cdot d)}$，碳氧化/硝化宜为 $0.2 \sim 2.0 \mathrm{kgBOD_5/(m^3 \cdot d)}$。本工程涉及硝化，取 $1.0 \mathrm{kgBOD_5/(m^3 \cdot d)}$。

根据《生物接触氧化法污水处理工程技术规范》（HJ 2009—2011）6.4.1.3，有效容积

$$V = \frac{Q(S_0 - S_e)}{M_c \eta_1 \times 1000} + \frac{Q(N_{IKN} - N_{EKN})}{M_N \eta_2 \times 1000}$$

式中　V——生物接触氧化池有效容积，$\mathrm{m^3}$；

　　Q——生物接触氧化池设计流量，$\mathrm{m^3/d}$，取 $10000\mathrm{m^3/d}$；

　　S_0——进水 BOD_5 浓度，$\mathrm{mg/L}$，取 $200\mathrm{mg/L}$；

　　S_e——出水 BOD_5 浓度，$\mathrm{mg/L}$，根据《排放标准》，要求一级 A 出水 $SS \leqslant 10\mathrm{mg/L}$，取 $10\mathrm{mg/L}$；

　　M_c——接触氧化池填料去除有机污染物的五日生化需氧量容积负荷，$\mathrm{kgBOD_5/(m^3}$ 填料 $\cdot d)$，根据《生物接触氧化法污水处理工程技术规范》（HJ 2009—2011）6.4.2.2 表 4，取 $1.0\mathrm{kgBOD_5/(m^3}$ 填料 $\cdot d)$；

　　η_1——接触氧化池碳氧化部分填料的填充比，%，采用悬挂填料，根据《生物接触氧化法污水处理工程技术规范》（HJ 2009—2011）6.4.2.2 表 4，取 70%；

　　M_N——接触氧化池硝化容积负荷，$\mathrm{kgTKN/(m^3}$ 填料 $\cdot d)$，根据《生物接触氧化法污水处理工程技术规范》（HJ 2009—2011）6.4.2.2 表 4，取 $0.8\mathrm{kgTKN/(m^3}$ 填料 $\cdot d)$；

　N_{IKN}——接触氧化池进水凯氏氮，$\mathrm{mg/L}$，本工程为 $40\mathrm{mg/L}$；

　N_{EKN}——接触氧化池出水凯氏氮，$\mathrm{mg/L}$，本工程为 $10\mathrm{mg/L}$；

　　η_2——接触氧化池硝化部分填料的填充比，%，采用悬挂填料，根据《生物接触氧化法污水处理工程技术规范》（HJ 2009—2011）6.4.2.2 表 4，取 70%。

则 $V = \dfrac{Q(S_0 - S_e)}{M_c \times \eta_1 \times 1000} + \dfrac{Q(N_{IKN} - N_{EKN})}{M_N \times \eta_2 \times 1000} = \dfrac{10000 \times (200 - 10)}{1.0 \times 70\% \times 1000} + \dfrac{10000 \times (40 - 10)}{0.8 \times 70\% \times 1000}$

$= 2714.29 + 535.71 = 3250 (\mathrm{m^3})$

根据《排水规范》6.4.3，长宽比宜取 $(2:1) \sim (1:1)$，有效水深宜取 $3 \sim 6\mathrm{m}$，超高不宜小于 $0.5\mathrm{m}$。采用悬挂式填料时，曝气区高宜采用 $1.0 \sim 1.5\mathrm{m}$，填料层高宜取 $2.5 \sim 3.5\mathrm{m}$，稳水层高宜取 $0.4 \sim 0.5\mathrm{m}$。

设两组，有效水深取 $4.5\mathrm{m}$，超高 $0.5\mathrm{m}$。每组曝气区高 $1.0\mathrm{m}$，填料层高宜取 $3.5\mathrm{m}$，稳水层 $0.5\mathrm{m}$，总高 $5\mathrm{m}$。每组平面面积 $3250/(4.5 \times 2) = 361.11(\mathrm{m^2})$，每组平面尺寸 $30\mathrm{m} \times 12\mathrm{m}$。总有效容积为 $1620\mathrm{m^3}$，反应池水力停留时间 $1620 \times 2 \times 24/10000 = 7.8(\mathrm{h})$，满足《生物接触氧化法污水处理工程技术规范》（HJ 2009—2011）6.4.2.2 表 4，水力停留时间为 $4 \sim 16\mathrm{h}$ 的要求。分二级，根据 6.4.2.3，第一级占总水力停留时间的 $55\% \sim 60\%$，取 60%。第一级接触氧化池平面尺寸 $18\mathrm{m} \times 12\mathrm{m}$，第二级接触氧化池平面尺寸 $12\mathrm{m} \times 12\mathrm{m}$。

2. 沉淀池

根据《生物接触氧化法污水处理工程技术规范》（HJ 2009—2011）6.7.1，沉淀池表面负荷宜取常规活性污泥法沉淀池设计值的70%～80%。

根据《排水规范》7.5.14，表面负荷为2.0～4.0m³/(m²·h)，一、二级沉淀池均取2.0m³/(m²·h)。每组一、二级沉淀池表面积10000/(2×24×2.0)＝104.17(m²)。

一、二级沉淀池平面尺寸12m×9m，分二格，每格6m×9m。

根据《排水规范》7.5.15，沉淀池超高取0.3m，斜管（板）区上部水深0.8m，斜管孔径80mm，斜管（板）斜长1.0m，斜管（板）水平倾角60°，则垂直高度0.866m。斜管（板）区底部缓冲层高度1m，污泥斗高度4m。沉淀池总高0.3＋0.8＋0.866＋1＋4＝6.966(m)。为便于沉淀池排泥，每格沉淀池单独布置。

每格沉淀池共设8个污泥斗，每个污泥斗的容积为

$$V_{单斗}＝\frac{1}{3}h_{泥斗}(f_1＋f_2＋\sqrt{f_1 f_2})$$

式中　f_1——污泥斗上口面积，m²，3×6＝18m²；

　　　f_2——污泥斗下口面积，m²，1.381×1.381＝1.91m²；

　　$h_{泥斗}$——污泥斗高度，m，污泥斗为方斗，倾角α＝60°，[(6−1.381)/2]tan60°＝4m。

则$V_{单斗}＝\frac{1}{3}×4×(18＋1.91＋\sqrt{18×1.91})＝34.36(m³)$，一、二级沉淀池泥斗容积均为178m³。

根据《排水规范》7.5.6，确定排泥管管径DN200，排泥口与沉淀池水面高差2.366m>0.9m，满足《室外排水设计标准》（GB 50014—2021）7.5.7的要求。

生物接触氧化池与沉淀池平面图及剖面图见图2-28、图2-29。

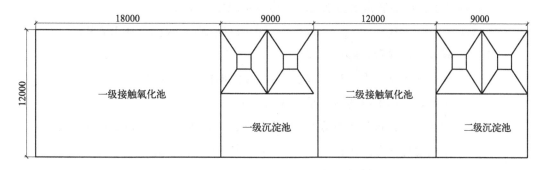

图2-28　生物接触氧化池与沉淀池平面图

3. 剩余污泥量

根据《生物接触氧化法设计规程》（CECS128：2001）3.3.6，生物接触氧化产生的泥量可按去除每公斤BOD$_5$产生0.35～0.4kg干污泥计算。

$$\Delta X＝YQ(S_0－S_e)＋fQ(SS_0－SS_e)$$

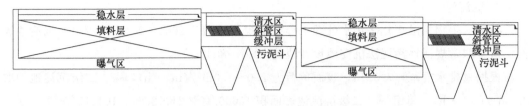

图 2-29　生物接触氧化池与沉淀池剖面图

式中　ΔX——剩余污泥量，kgSS/d；

　　　Y——污泥产率系数，kgVSS/kgBOD$_5$，本工程取 0.4；

　　　Q——设计平均日污水量，m^3/d；

　　　S_0——生物反应池进水五日生化需氧量，kg/m^3，本工程为 0.2kg/m^3；

　　　S_e——生物反应池出水五日生化需氧量，kg/m^3，本工程为 0.01kg/m^3；

　　　SS$_0$——生物反应池进水悬浮物浓度，kg/m^3，本工程为 0.25kg/m^3；

　　　f——进水悬浮物中无机部分，本工程取 0.6kg/kgSS；

　　　SS$_e$——生物反应池出水悬浮物浓度，kg/m^3，本工程为 0.01kg/m^3。

$$\Delta X = YQ(S_0 - S_e) + fQ(SS_0 - SS_e) = 0.4 \times 10000 \times (0.2 - 0.01) + 0.6 \times 10000 \times (0.25 - 0.01)$$
$$= 760 + 1440 = 2200 (\text{kgSS/d})$$

《生物接触氧化法设计规程》（CECS128：2001）推荐污泥含水率 p 为 96%～98%，本例含水率取 97%。

$$Q_s = 0.001 \Delta X / (1 - p) = 0.001 \times 2200 \times / (1 - 0.97) = 73.33 (\text{m}^3/\text{d})$$

根据《室外排水设计标准》（GB 50014—2021）7.5.5，生物膜法处理后的二次沉淀池污泥区容积宜按 4h 的污泥量计算。178(m^3)＞73.33×4/24＝12.22(m^3)，满足要求。

4. 接触氧化池需气量

(1) 根据《生物接触氧化池污水处理工程技术规范》6.5：

$$O_2 = 0.001aQ(S_0 - S_e) - c\Delta X_v + b[0.001Q(N_k - N_{ke}) - 0.12\Delta X_v]$$

式中　O_2——曝气池需氧量，kgO$_2$/d；

　　　a——碳的氧当量，本工程含碳物质数量以 BOD$_5$ 计，取 1.47；

　　　c——常数，细菌细胞的氧当量，取 1.42；

　　　b——常数，氧化每公斤氨氮所需氧量，kgO$_2$/kgN，取 4.57kgO$_2$/kgN；

　　　N_k——曝气池进水总凯氏氮浓度，mg/L，本工程为 40mg/L；

　　　N_{ke}——曝气池出水总凯氏氮浓度，mg/L，本工程为 10mg/L；

　　　ΔX_v——排出生物反应池系统的微生物量，kg/d。

$$\Delta X_v = 0.75 \Delta X = 0.75 \times 2200 = 1650 (\text{kg/d})$$

则 $O_2 = 0.001aQ(S_0 - S_e) - c\Delta X_v + b[0.001Q(N_k - N_{ke}) - 0.12\Delta X_v] = 0.001 \times 1.47 \times 10000 \times (200 - 10) - 1.42 \times 1650 + 4.57 \times [0.001 \times 10000 \times (40 - 10) - 0.12 \times 1650] = 2793 - 2343 + 466.14 = 916.14(\text{kgO}_2/\text{d}) = 38.17(\text{kgO}_2/\text{h})$

（2）用气量　计算过程参见例题 2-1。

夏季标准需氧量 $O_{s(25)} = \dfrac{O_2 \times C_{s(20)}}{\alpha[\beta\rho C_{sb(25)} - C] \times 1.024^{(T-20)}}$

$$= \dfrac{38.17 \times 9.17}{0.85 \times (0.95 \times 0.910 \times 9.24 - 2) \times 1.024^{(25-20)}}$$

$$= \dfrac{350.02}{0.85 \times (7.99 - 2) \times 1.13} = 350.02/5.75 = 60.87(\text{kg/h})$$

则冬季标准需氧量 $O_{s(10)} = \dfrac{O_2 \times C_{s(20)}}{\alpha[\beta\rho C_{sb(10)} - C] \times 1.024^{(T-20)}}$

$$= \dfrac{38.17 \times 9.17}{0.85 \times (0.95 \times 0.910 \times 12.46 - 2) \times 1.024^{(10-20)}}$$

$$= \dfrac{350.02}{0.85 \times (10.77 - 2) \times 0.79} = 350.02/5.89 = 59.43(\text{kg/h})$$

则夏季空气用量 $G_{s(25)} = O_{s(25)}/(0.28E_A) = 5.06/(0.28 \times 20\%) = 1086.97(\text{m}^3/\text{h})$

$$= 18.12(\text{m}^3/\text{min})$$

冬季空气用量 $G_{s(10)} = O_{s(10)}/(0.28E_A) = 4.95/(0.28 \times 20\%) = 1061.25(\text{m}^3/\text{h})$

$$= 17.69(\text{m}^3/\text{min})$$

【例题 2-11】 曝气生物滤池硝化工艺的设计计算

（一）已知条件

某乡镇住宅区污水处理厂设计处理水量 $Q = 5000\text{m}^3/\text{d}$。采用曝气生物滤池工艺去除 BOD_5 及 $NH_3\text{-N}$。曝气池设计进水水质：$COD_{Cr} = 250\text{mg/L}$，$BOD_5 = 150\text{mg/L}$，$N_k$（凯氏氮）$= 30\text{mg/L}$，$TP = 9\text{mg/L}$，$TSS = 250\text{mg/L}$，碱度 $S_{ALK} = 280\text{mg/L}$。夏季平均水温 $T = 25\text{℃}$，冬季平均水温 $T = 10\text{℃}$。处理出水城市杂用，即设计出水水质为 $BOD_5 \leqslant 10\text{mg/L}$，$NH_3\text{-N} \leqslant 10\text{mg/L}$，浊度 $\leqslant 5\text{mg/L}$。计算曝气生物滤池处理系统构筑物。

（二）设计计算

1. 曝气生物滤池体积

根据《排水规范》7.8.21，曝气生物滤池的容积负荷宜根据试验资料确定，无试验资料时，曝气生物滤池的五日生化需氧量容积负荷宜为 $3\sim6\text{kgBOD}_5/(\text{m}^3 \cdot \text{d})$，硝化容积负荷（以 $NH_3\text{-N}$ 计）宜为 $0.3\sim0.8\text{kgNH}_3\text{-N}/(\text{m}^3 \cdot \text{d})$，反硝化容积负荷（以 $NO_3\text{-N}$ 计）宜为 $0.8\sim4.0\text{kgNO}_3\text{-N}/(\text{m}^3 \cdot \text{d})$。本工程涉及硝化，容积负荷（以 $NH_3\text{-N}$ 计）取 $0.5\text{kgNH}_3\text{-N}/(\text{m}^3 \cdot \text{d})$。

根据《曝气生物滤池工程技术规程》4.5.8 和 4.5.13，碳氧化曝气生物滤池的容积

$$W_{碳} = Q\Delta C_{BOD_5}/(1000q_{BOD_5})$$

式中 $W_{碳}$——碳氧化部分滤料的总体积，m^3；

    ΔC_{BOD_5}——进、出滤池的 BOD_5 浓度差，mg/L；

    q_{BOD_5}——BOD_5 容积负荷，$kgBOD_5/(m^3 \cdot d)$，根据《曝气生物滤池工程技术规程》表 4.4.1，碳氧化部分为 $2.5 \sim 6.0 kgBOD_5/(m^3 \cdot d)$，本工程取 $3kgBOD_5/(m^3 \cdot d)$。

则 $W_{碳}=Q\Delta C_{BOD_5}/(1000q_{BOD_5})=5000\times(150-10)/(1000\times3)=233.33(m^3)$

硝化曝气生物滤池的容积

$$W_{硝}=Q\Delta C_{TKN}/(1000q_{NH_3\text{-}N})$$

式中 $W_{硝}$——硝化部分滤料的总体积，m^3；

    ΔC_{TKN}——进、出滤池 $NH_3\text{-}N$ 的浓度差，mg/L；

    $q_{NH_3\text{-}N}$——硝化负荷，$kgNH_3\text{-}N/(m^3 \cdot d)$，根据《曝气生物滤池工程技术规程》表 4.4.1，硝化部分为 $0.6 \sim 1.0 kgNH_3\text{-}N/(m^3 \cdot d)$，本工程取 $0.6kgNH_3\text{-}N/(m^3 \cdot d)$。

则 $W_{硝}=Q\Delta C_{TKN}/(1000q_{NH_3\text{-}N})=5000\times(30-10)/(1000\times0.6)=166.67(m^3)$

2. 曝气生物滤池的面积

根据《曝气生物滤池工程技术规程》4.1.7，陶粒滤料装填高度 h_3 为 $2.5 \sim 4.5m$，取 3m。则碳氧化部分的面积为 $A_{碳}=W_{碳}/h_3=233.33/3=77.78(m^2)$，硝化部分的面积为 $A_{硝}=W_{硝}/h_3=166.67/3=55.56(m^2)$。

每格滤池尺寸为 3m×3m，碳氧化部分设 8 格、硝化部分设 4 格，分 2 组，每组碳氧化、硝化部分分别为 4 格、2 格。满足《曝气生物滤池工程技术规程》4.1.2，每级滤池不得少于 2 格，单格滤池面积不得大于 $100m^2$ 的要求。

根据《曝气生物滤池工程技术规程》4.5.8，曝气生物滤池应按容积负荷计算，按水力停留时间校核。其碳氧化部分空床水力停留时间 $t=3\times3\times3\times8\times60\times24/5000=62.21$ (min)，满足表 4.1.1 中 $40\sim60$min 的范围要求。硝化部分空床水力停留时间 $t=3\times3\times3\times4\times60\times24/5000=31.11$(min)；满足表 4.1.1 中 $30\sim45$min 的范围要求。

3. 曝气生物滤池的高度

过滤池超高 h_1 为 0.4m，填料淹没高度 h_2 为 0.9m，承托层高 h_4 为 0.3m，配水区高 h_5 为 1.5m，滤池总高 $H=h_1+h_2+h_3+h_4+h_5=0.4+0.9+3+0.3+1.5=6.1(m)$。

4. 碱度

根据《曝气生物滤池工程技术规程》4.5.15，硝化过程消耗碱度

$$S_{ALK1}=7.14(NH_0-NH_e)=7.14\times(30-10)=142.8(mg/L)$$

忽略碳化过程和同化过程对碱度的影响，出水剩余碱度：

$$S_{ALKe}=S_{ALK0}-S_{ALK1}=280-142.8=137.2(mg/L)>100(mg/L)$$

5. 需氧量

根据《曝气生物滤池工程技术规程》4.5.15，去除单位质量 BOD_5 的需氧量为

$$\Delta R_0 = 0.82\Delta C_{BOD_5}/T_{BOD_5} + 0.28SS_i/T_{BOD_5} = 0.82\times(150-10)/150 + 0.28\times250/150$$
$$= 0.765 + 0.467 = 1.232(kgO_2/d)$$

每日去除 BOD_5 的需氧量为

$$R_0 = Q\times\Delta C_{BOD_5}\times\Delta R_0/1000 = 5000\times(150-10)\times1.232/1000 = 862.4(kgO_2/d)$$

每日氨氮硝化的需氧量为

$$R_N = Q\times4.57\times\Delta C_{TKN}/1000 = 5000\times4.57\times(40-10)/1000 = 685.5(kgO_2/d)$$

总需氧量为 $R = R_0 + R_N = 862.4 + 685.5 = 1547.9(kgO_2/d) = 64.50(kgO_2/h)$

根据《曝气生物滤池工程技术规程》4.5.16，曝气生物滤池供气量 $G_s = R_s/(0.3E_A)$。

计算过程参见例题 2-1。

夏季标准需氧量

$$O_{s(25)} = \frac{R_0\times C_{s(20)}}{\alpha[\beta\rho C_{sb(25)} - C]\times1.024^{(T-20)}}$$
$$= \frac{64.50\times9.17}{0.85\times(0.95\times0.910\times9.24-2)\times1.024^{(25-20)}}$$
$$= 103.23(kg/h)$$

则冬季标准需氧量

$$O_{s(10)} = \frac{O_2\times C_{s(20)}}{\alpha[\beta\rho C_{sb(10)} - C]\times1.024^{(T-20)}}$$
$$= \frac{64.50\times9.17}{0.85\times(0.95\times0.910\times12.46-2)\times1.024^{(10-20)}}$$
$$= 100.54(kg/h)$$

则夏季空气用量 $G_{s(25)} = O_{s(25)}/(0.28E_A) = 103.23/(0.28\times20\%) = 1843.34(m^3/h)$
$$= 30.72(m^3/min)$$

冬季空气用量 $G_{s(10)} = O_{s(10)}/(0.28E_A) = 4.95/(0.28\times20\%) = 1795.44(m^3/h)$
$$= 29.92(m^3/min)$$

6. 产泥量估算

曝气生物滤池湿污泥产量与反冲洗强度及反冲洗频率有关，即湿污泥量为反冲洗水量。

$$W_{泥} = YQ(S_0 - S_e)/1000 = 0.75\times5000\times(100-10)/1000 = 337.5(kg/d)$$

7. 反冲洗

根据《曝气生物滤池工程技术规程》4.5.4，陶粒滤料曝气生物滤池反冲洗系统的设置与计算可按《上向流滤池设计规程》（CECS50：2016）的有关规定执行。具体设计步骤参见本书深度处理部分滤池反冲洗系统设计。

根据《曝气生物滤池工程技术规程》4.1.5，曝气生物滤池工艺曝气与反冲洗用气设备、管路宜分开设置。

【例题 2-12】复合生物反应器工艺的设计计算

(一) 已知条件

某乡镇住宅区污水处理厂设计处理水量 $Q=15000\text{m}^3/\text{d}$。采用复合生物反应器工艺去除 BOD_5 及 $\text{NH}_3\text{-N}$。复合生物反应器设计进水水质：$\text{COD}_{\text{Cr}}=250\text{mg/L}$，$\text{BOD}_5=150\text{mg/L}$，$N_k$（凯氏氮）$=30\text{mg/L}$，$\text{TP}=9\text{mg/L}$，$\text{TSS}=250\text{mg/L}$，碱度 $S_{\text{ALK}}=280\text{mg/L}$。平均水温夏季 $T=25℃$，冬季 $T=10℃$。处理出水城市杂用，即设计出水水质为：$\text{BOD}_5\leqslant10\text{mg/L}$，$\text{NH}_3\text{-N}\leqslant10\text{mg/L}$，浊度$\leqslant5\text{mg/L}$。计算复合生物反应器处理系统构筑物。

(二) 设计计算

1. 估算反应器生物浓度

(1) 悬浮态混合液污泥浓度 $X_1=3500\text{mg/L}$，其中有效生物按 50% 计算，$X_{1\text{V}}=1750\text{mg/L}$。

(2) 采用弹性填料，填料填充率为 60%，规格为 120mm（填料串直径）×0.35mm（塑料丝直径），比表面积为 $380\text{m}^2/\text{m}^3$，单位串数为 77 串/m^3，挂膜后生物膜总质量为 380kg/m^3，含水率为 98%。附着态生物折算生物浓度为 $X_2=380×(1-0.98)×0.6×1000=4560$（mg/L）。

有效生物 $X_{2\text{V}}$ 按 60% 计算 $\qquad X_{2\text{V}}=3907×0.6=2344$（mg/L）

反应器内污泥浓度合计 $\qquad X=X_1+X_2=3500+4560=8060$（mg/L）

$$X_\text{V}=X_{1\text{V}}+X_{2\text{V}}=1750+2344=4094\text{（mg/L）}$$

悬浮态有效生物所占比例 $\qquad K_1=X_{1\text{V}}/X_\text{V}=1750/4094=0.43$

附着态有效生物所占比例 $\qquad K_2=X_{2\text{V}}/X_\text{V}=2344/4094=0.57$

2. 剩余污泥产量

剩余污泥量由三部分组成：①附着态生物污泥产量；②悬浮态生物污泥产量；③非生物污泥产量。附着态生物污泥产量和悬浮态生物污泥产量与两种状态生物对 BOD_5 削减量的贡献值有关，而贡献值与两种状态生物所占比例成正比。

(1) 悬浮态生物污泥量

$$\Delta X_1=\frac{K_1 Q Y_1 (S_0-S_e)}{1000(1+K_d\theta_c)}=\frac{0.43×15000×0.6×(180-6.4)}{1000×(1+0.05×8)}=479.9\text{（kg/d）}$$

式中　Y_1——悬浮态生物产率系数，$Y_1=0.6$；

$\qquad\theta_c$——悬浮态生物污泥龄，d，考虑到生物除磷的需要，$\theta_c=8\text{d}$；

$\qquad S_0$——进水溶解性 BOD_5 浓度，mg/L，$S_0=180\text{mg/L}$；

$\qquad S_e$——出水溶解性 BOD_5 浓度，mg/L，参照例 2-1 的计算，$S_e=6.4\text{mg/L}$。

（2）附着态生物污泥产量

$$\Delta X_2 = \frac{K_2 Q Y_2 (S_0 - S_e)}{1000} = \frac{0.57 \times 15000 \times 0.35 \times (180 - 6.4)}{1000} = 519.5 \text{(kg/d)}$$

式中　Y_2——附着态生物表观产率系数，根据经验，$Y_2 = 0.35$。

（3）非生物污泥量

$$\Delta X_3 = \frac{Y_3 Q X_0}{1000} = \frac{0.5 \times 15000 \times 150}{1000} = 1125 \text{(kg/d)}$$

式中　X_0——进水 SS 浓度，mg/L；

　　　Y_3——进水悬浮物的污泥产率系数。根据经验，进水悬浮物中约 50% 可以被生物降解，剩余 50% 转化为非生物污泥，所以 $Y_3 = 0.5$。

（4）总剩余污泥

$$\Delta X = \Delta X_1 + \Delta X_2 + \Delta X_3 = 479.9 + 519.5 + 1125 = 2124.4 \text{(kg/d)}$$

3. 生物反应池

好氧池考虑除磷的需要，污泥龄 θ_c 取 8d。根据污泥龄的定义，好氧池容积为

$$V_3 = 1000 \frac{\theta_c \Delta X_1}{X_{1V}} = 1000 \times \frac{8 \times 479.9}{1750} = 2194 \text{(m}^3\text{)}$$

好氧池水力停留时间为

$$\text{HRT}_O = 24 \frac{V_0}{Q} = 24 \times \frac{2194}{15000} = 3.5 \text{(h)}$$

好氧池填料填充率取 60%，填料用量 $M_2 = 2194 \times 0.6 = 1316.4 \text{(m}^3\text{)}$

按两种状态生物共同作用计算，好氧池填料 BOD_5 负荷为

$$P_0 = \frac{K_2 Q S_0}{1000 M_0} = \frac{0.57 \times 15000 \times 180}{1000 \times 1316.4} = 1.17 [\text{kgBOD}_5 / (\text{m}^3 \cdot \text{d})]$$

GB 50014—2021 第 7.8.10 条推荐的接触氧化工艺同时碳化和硝化时填料 BOD_5 负荷参数为 $0.2 \sim 2.0 \text{kgBOD}_5 / (\text{m}^3 \cdot \text{d})$，据此可以判定本例好氧池也可以满足硝化需要。

4. 总停留时间

生物反应器总水力停留时间为

$$\text{HRT} = \text{HRT}_{A1} + \text{HRT}_{A2} + \text{HRT}_O = 1.5 + 2.55 + 3.5 = 7.55 \text{(h)}$$

计算表明，复合生物反应器比常规活性污泥法 A^2/O 工艺的生物池容积缩小约 50%。

5. 出水总磷

附着态生物剩余污泥中不含聚磷菌，按生物膜分子构成（$C_{60}H_{87}O_{23}N_{12}P$）分析，其含磷量可按 2.3% 计。悬浮态剩余生物污泥泥龄较短，含磷量较高，可按 6% 计。原污水 TP 中约 50% 为颗粒状磷，其中 20% 可以直接沉淀。因此，二沉池出水 TP 浓度为

$$P_e = P_0 - \frac{1000(0.06 \Delta X_1 + 0.02 \Delta X_2)}{Q} - 0.2 P_0$$

$$=4.5-\frac{1000\times(0.06\times479.9+0.023\times519.5)}{15000}-0.1\times4.5=1.33(\text{mg/L})$$

按全部剩余污泥量计算，污泥含磷量为

$$X_\text{P}=\frac{Q(P_0-P_\text{e})}{1000\Delta X}\times100\%=\frac{15000\times(4.5-1.33)}{1000\times2124.4}\times100\%=2.2\%$$

污泥含磷量符合一般工程实际运行数据。

其他计算从略。

第三章
混凝设施

　　城市污水经过污水处理厂一级物化处理、二级生物处理去除水中的悬浮物、有机物并脱氮除磷后，还不能满足回用要求，需要进一步经过混凝、沉淀、过滤、化学氧化或膜处理等工艺处理，去除水中残存的有机污染物、SS、色度、臭味和矿化物等。根据最终出水排放地点和使用目的不同，各工艺可以单独或者组合使用。

　　水的混凝是指水中杂质微粒和混凝剂进行混合、絮凝形成较大絮凝体（即矾花、绒粒或絮状物）的过程，是近代水质净化处理的首要环节。由于污水深度处理对象是城市污水厂二级或三级处理的出水，所含的物质与饮用水水源地的水源水水质不同。饮用水水源地的水中主要含有泥砂等无机物，而污水处理厂出水中的污染物主要是残存有机物、SS、色度、嗅味和矿化物等，因而其混凝处理过程与给水处理的混凝过程有所不同。例如：由于污水中生物微粒的存在，这些物质本身有亲和力，混凝药剂之间的亲和力也很强。因而投加药剂后，絮凝过程可在相对较短的时间内完成。由于对污水处理混凝过程尚缺乏可以直接引用的数据，通常采用实际污水水样在实验室做烧杯试验，对混凝剂及投加量进行初步筛选确定。在有条件的情况下，一般还应对初步确定的结果进行扩大的连续试验，以求取得可靠的设计数据。

　　混凝剂的投加分干投法与湿投法两种。干投法是指将固体混凝剂破碎成粉体之后直接向水中定量投加，其流程通常为药剂输送—粉碎—提升—计量—加药混合。其优点是占地面积少、投配设备无腐蚀问题。由于投加前不溶解，混凝剂受到污染变质的可能性小。但投加后溶解效果差，对混凝剂的粒度要求较高，投配量控制较难。因此，对机械设备要求较高，而且劳动条件也较差，故这种方法现在使用较少。

　　湿投法是指将混凝剂溶解、配制成一定浓度的溶液后向待处理的水中定量投加的方法。湿投法易于与水充分混合，适用于包括固态、黏稠状和乳状混凝剂在内的多种混凝剂的投加，投加量便于控制，运行方便。缺点则是设备易腐蚀，占地面积大。

我国目前多采用湿投法，其工艺流程如图 3-1 所示。

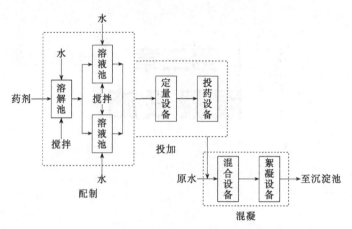

图 3-1 湿投法工艺流程

第一节 混凝剂的配制投加

一、设计概述

1. 溶解池

① 由于待处理水水质成分复杂，水质波动大，污水深度处理中药剂种类的选择及最佳投药量的确定，目前尚不能用统一公式计算。因此一般药剂的选用应通过实验确定，也可参考其他类似污水厂深度处理工艺的运行数据。

② 在药剂湿投法系统中，首先把固体（块状或粒状）药剂置入溶解池中，并注水溶化。为增加溶解速度及保持均匀的浓度，一般选用水力、机械或压缩空气等搅拌、稀释方式。用压缩空气搅拌调制药剂时，在靠近溶解池底处应设置格栅，用以放置块状药剂。格栅下部空间装设穿孔空气管，加药时可通入压缩空气进行搅拌，以加速药剂的溶解。穿孔空气管应能防腐，可采用塑料管或加筋橡胶软管等。

③ 溶解池的容积常按溶液池容积的 0.2～0.3 倍计算。液体投加混凝剂时，溶解次数应根据混凝剂投加量和配制条件等因素确定，每日不宜超过 3 次。混凝剂投配的溶液浓度，可采用 5%～20%（按固体质量计算）。

④ 与混凝剂和助凝剂接触的池内壁、设备、管道和地坪，应根据混凝剂或助凝剂性质采取相应的防腐措施。

⑤ 混凝剂投加量较大时，为便于投置药剂宜设机械运输设备。溶解池的设置高度一

般以在地坪面以下或半地下为宜，池顶宜高出地面1m左右，以减轻劳动强度，改善操作条件。

⑥ 溶解池的底坡不小于0.02，池底应有直径不小于100mm的排渣管，池壁需设超高，防止搅拌溶液时溢出。

⑦ 混凝剂投加量较小时，溶解池可兼作投药池，投药池应设备用池。

⑧ 混凝剂的固定储备量，应按当地供应、运输等条件确定，宜按最大投加量的7~15d计算。其周转储备量应根据当地具体条件确定。

⑨ 计算固体混凝剂和石灰贮藏仓库面积时，其堆放高度：当采用混凝剂时可为1.5~2.0m；当采用石灰时可为1.5m。当采用机械搬运设备时，堆放高度可适当增加。

⑩ 储存量一般按最大投剂量期间1~2个月的用量计算，并应根据药剂供应情况和运输条件等因素适当增减。药剂堆放高度一般为1.5m，有吊运设备时可适当增加。仓库内应设有磅秤，尽可能考虑汽车运输方便，并留有1.5m宽的过道。应有良好的通风条件，并应防止受潮。

⑪ 溶解池一般采用钢筋混凝土池体，若其容量较小，可用耐酸陶土缸做溶解池。当投药量较小时，亦可在溶液池上部设置淋溶斗以代替溶解池。

2. 溶液池

根据溶液池液面高低，一般有重力投加和压力投加两种方式，其优缺点比较见表3-1。

表3-1 混凝剂湿投法投加方式优缺点比较

投加方式		作用原理	优缺点	适用情况
重力投加		建造高位溶液池,利用重力作用将药液投入水内	优点:操作较简单,投加安全可靠 缺点:必须建造高位溶液池,增加药间层高	适用于中、小型水厂 考虑到输液管线的沿程水头损失,输液管线不宜过长
压力投加	水射器	利用高压水在水射器喷嘴处形成的负压将药液吸入并将药液射入压力水管	优点:设备简单,使用方便,不受溶液高程所限 缺点:效率较低,如溶液浓度不当,可能引起堵塞	各种水厂规模均可适用
	加药泵	泵在药液池内直接吸取药液,加入压力管内	优点:可以定量投加,不受压力管压力所限 缺点:价格较贵,泵易引起堵塞,养护麻烦	适用于大、中型水厂

① 溶液池一般以高架式设置，以便能依靠重力投加药剂。池周围应有工作台，池底坡度不小于0.02，底部应设置放空管。必要时设溢流装置。

② 混凝剂的投加溶液浓度一般采用5%~15%（按商品固体重量计）。通常每日调制2~6次，人工调制时则不多于3次。

③ 溶液池的数量一般不少于两个，以便交替使用，保证连续投药。

④ 用压缩空气搅拌调制药剂时，在靠近溶解池底处应设置格栅，用以放置块状药剂。格栅下部空间装设穿孔空气管，加药时可通入压缩空气进行搅拌，以加速药剂的溶解。

⑤ 溶解池的空气供给强度为 $8\sim10L/(s \cdot m^2)$，溶液池则为 $3\sim5L/(s \cdot m^2)$。空气管内空气流速为 $10\sim15m/s$，孔眼处空气流速为 $20\sim30m/s$。穿孔管孔眼直径一般为 $3\sim4mm$，支管间距为 $400\sim500mm$。

⑥ 穿孔空气管应能防腐，可采用塑料管或加筋橡胶软管等。

3. 投药设备

溶液投药器分两种基本类型，即定量式与比量式。前者多用于水量较恒定的处理系统，如转子流量计、电磁流量计、苗嘴、计量泵等，应根据具体情况选用。后者多用于水量变化的处理系统，如压力式孔板计量投药器能根据来水量的变化相应地自动改变投药量。

① 采用苗嘴计量仅适用于人工控制，其他设备既可人工控制，也可自动控制。

② 水射器用于抽吸真空、投加药液、提升和输送液体。加注式水射器多用于向泵后的压力管道投药。水射器的进水压力一般采用 2.4516×10^5Pa。虽然水射器效率较低（15%～30%），但设备简单，使用方便，工作可靠。水射器的构造形式和计算方法均有多种。水射器投药工艺系统如图 3-2 所示。

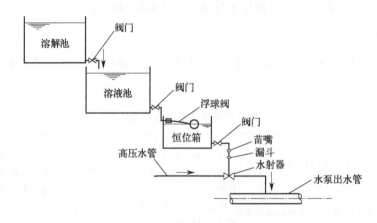

图 3-2　水射器投药工艺系统

③ 根据水射器效率实验得出以下经验数据。

a. 喷嘴和喉管进口之间的距离 $l=0.5d_2$（d_2 为喉管直径）时，效率最高。

b. 喉管长度 l_2 以等于 6 倍喉管直径为宜（即 $l_2=6d_2$），在制作有困难时，可减至不小于 4 倍喉管直径。

c. 喉管进口角度 α 采用 120°比 60°效果略好，喉管与外壳连接切忌突出。

d. 扩散角度 θ 为 2°45′～5°，以 5°较好。

e. 抽提液体的进水方向夹角 β 和位置，以锐角 45°～60°为好，夹角线与喷嘴喉管轴线交点宜在喷嘴之前。

f. 喷嘴收缩角度 γ 可为 10°～30°。

g. 加工粗糙度及喷嘴和喉管中心线应一致，它与水射器效率有极大关系。

h. 水射器安装时，应严防漏气，并应水平安装，不可将喷口向下。水射器见图 3-3。

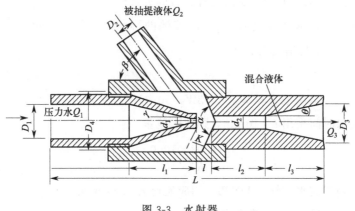

图 3-3 水射器

④ 压力式孔板计量投药器如图 3-4 所示。药液从药液槽进入加药罐，加药罐设置两个以交替使用。由于孔板在原水进水管中造成压力差，所以药液能自加药罐流至输水管孔板压力降低处，自动加入。压力式孔板计量投药器的计算，主要在于确定加药罐容量和原水输水管上的孔板直径。

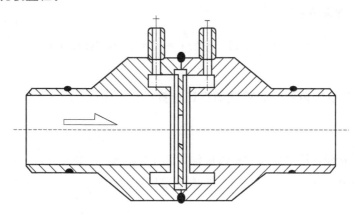

图 3-4 压力式孔板计量投药器

二、计算例题

【例题 3-1】药剂溶解池和溶液池的设计计算

(一) 已知条件

污水厂三级处理出水水量 $Q=36000\text{m}^3/\text{d}=1500\text{m}^3/\text{h}$。混凝剂为硫酸亚铁，助凝剂为液态氯（即亚铁氯化法）。根据试验数据混凝剂的最大投加量 $a=30\text{mg/L}$（按 FeSO_4 计），药溶液的浓度 $b=15\%$（按商品质量计），混凝剂每日配制次数 $n=2$ 次。

(二) 设计计算

1. 溶液池

溶液池容积 $W_1=\dfrac{aQ\times24\times100}{bn\times1000\times1000}=\dfrac{aQ}{417bn}=\dfrac{30\times1500}{417\times15\times2}=3.6(\text{m}^3)$，取 1.7m^3。

（注意：在代入上式计算时，b 值为百分数的分数值）。

溶液池设置 2 个，每个容积为 W_1。溶液池的形状采用矩形，尺寸为长×宽×高＝$3 \times 2 \times 0.8 (m^3)$。其中包括超高 0.2m。

2. 溶解池

$$溶解池容积 W_2 = 0.3 W_1 = 0.3 \times 3.6 = 1.08 (m^3)$$

溶解池的放水时间采用 $t = 10 min$，则放水流量

$$q_0 = \frac{W_2}{60t} = \frac{1.08 \times 1000}{60 \times 10} = 1.8 (L/s)$$

查水力计算表得放水管管径 DN20，相应流速为 2.24m/s。

溶解池底部设管径 DN100 的排渣管 1 根。

3. 投药管

$$投药管流量 q = \frac{W_1 \times 2 \times 1000}{24 \times 60 \times 60} = \frac{1.8 \times 2 \times 1000}{24 \times 60 \times 60} = 0.042 (L/s)$$

查水力计算表得投药管管径 DN10，相应流速为 0.54m/s。

4. 亚铁氯化的加氯量 [Cl]

$$[Cl] = \left[\frac{a}{8} + (1.5 \sim 2) \right] = \frac{30}{8} + 2 = 5.8 (mg/L)$$

【例题 3-2】 压缩空气搅拌调制药液的设计计算

(一) 已知条件

污水厂深度处理药池平面尺寸：溶解池为 $2.4 \times 1.5 m^2$；溶液池为 $2.4 \times 4.5 m^2$。空气供给强度：溶解池采用 $8L/(s \cdot m^2)$；溶液池采用 $5L/(s \cdot m^2)$。空气管的长度为 20m，其上共有 90°弯头 6 个。

(二) 设计计算

1. 需用空气量

$$Q = nFq$$

式中　n——药池个数，个，一般溶解池应设 2 个；

　　　F——药池平面面积，m^2；

　　　q——空气供给强度，$L/(s \cdot m^2)$。

溶解池需用空气量 $Q' = 2 \times (2.4 \times 1.5) \times 8 = 57.6 (L/s)$

溶液池需用空气量 $Q'' = 2.4 \times 4.5 \times 5 = 54 (L/s)$

则总需用空气量 $Q = Q' + Q'' = 57.6 + 54 = 111.6 (L/s) = 6.70 (m^3/min)$

2. 选配机组

选用 D2221-10/5000 型鼓风机 2 台（1 台工作，1 台备用），其风量为 $10m^3/min$，风压（静压）为 $4.9032 \times 10^4 Pa$（$5000 mmH_2O$）；配用电机功率 17kW，转数 1460r/min。

3. 空气管流速

$$v=\frac{Q}{0.785\times60(p+1)d^2}=\frac{Q}{47.1(p+1)d^2}\ (\mathrm{m/s})$$

式中　Q——供给空气量，$\mathrm{m^3/min}$；

　　　p——鼓风机压力，Pa；

　　　d——空气管管径，m，此处选用 DN100。

则 $v=\dfrac{10}{47.1\times(0.5+1)\times0.1^2}=14.15(\mathrm{m/s})$。

此值在空气管流速规定范围（10～15m/s）之内。

4. 空气管的压力损失

$$沿程压力损失\ h_1=1.2258\times10^6\beta\frac{G^2l}{\rho d^5}(\mathrm{Pa})$$

$$局部压力损失\ h_2=6.1780\times v^2\sum\xi(\mathrm{Pa})$$

$$G=60\rho Q$$

式中　l——空气管长度，m；

　　　G——管内空气质量流量，kg/h；

　　　ρ——空气密度（表 3-2），$\mathrm{kg/m^3}$；

　　　Q——供给空气量，$\mathrm{m^3/min}$；

　　　β——阻力系数，见表 3-3；

　　　d——空气管直径，mm；

　　　ξ——局部损失阻力系数；

　　　v——空气管流速，m/s。

表 3-2　空气密度

压 力 /Pa	温　　度/℃							
	−30	−20	−10	0	+10	+20	+30	+40
9.8065×10^4	1.406	1.350	1.299	1.251	1.207	1.166	1.128	1.058
1.9613×10^5	2.812	2.701	2.589	2.583	2.414	2.332	2.555	2.115
3.9226×10^5	5.624	5.402	5.196	5.006	4.829	4.604	4.510	4.232
5.8839×10^5	8.436	8.102	7.794	7.509	7.244	6.996	6.765	6.346
7.8452×10^5	11.25	10.80	10.39	10.01	9.658	9.328	9.020	8.464
9.8065×10^5	14.06	13.50	12.99	12.51	12.07	11.66	11.28	10.58

注：干空气密度以 $\mathrm{kg/m^3}$ 计。

当温度为 0℃、压力为 $9.8\times10^4+4.9\times10^4=1.47\times10^5(\mathrm{Pa})$ 时，由表 3-2 查知空气密度 $\rho=1.251$，则 $G=60\times1.251\times10=750.6(\mathrm{kg/h})$。

据此查表 3-3 得 $\beta=1.10$。

则 $h_1 = 1.2258 \times 10^6 \times 1.10 \times \dfrac{750.6^2 \times 20}{1.251 \times 100^5} = 1.21 \times 10^3$（Pa）。

6 个 90°弯头的局部阻力系数 $\sum \xi = 6\xi = 6 \times 0.9 = 5.4$。

则 $h_2 = 6.1780 \times 14.15^2 \times 5.4 = 6.68 \times 10^3$（Pa）。

故得空气管中总的压力损失为

$$h = h_1 + h_2 = 1.21 \times 10^3 + 6.68 \times 10^3 = 7.89 \times 10^3 \text{（Pa）}$$

表 3-3　根据 G 值确定的阻力系数

$G/(\text{kg/h})$	β	$G/(\text{kg/h})$	β
10	2.03	400	1.18
15	1.92	650	1.10
25	1.78	1000	1.03
40	1.68	1500	0.97
65	1.54	2500	0.90
100	1.45	4000	0.84
150	1.36	6500	0.78
250	1.26		

5. 空气分配管的孔眼数

孔眼直径采用 $d_0 = 4\text{mm}$。

单孔面积 $f = \dfrac{\pi}{4} d_0^2 = 0.785 \times 0.004^2 = 12.56 \times 10^{-6}$（$\text{m}^2$）。

孔眼流速采用 $v_0 = 20\text{m/s}$。

所需孔眼总数 $N = \dfrac{Q}{60 f v_0} = \dfrac{10}{60 \times 12.56 \times 10^{-6} \times 20} \approx 663$（个）。

压缩空气调制药液的溶解池见图 3-5。

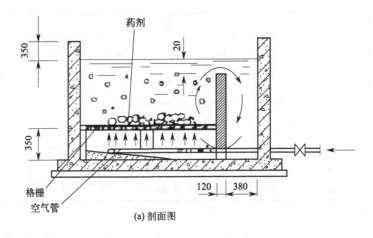

(a) 剖面图

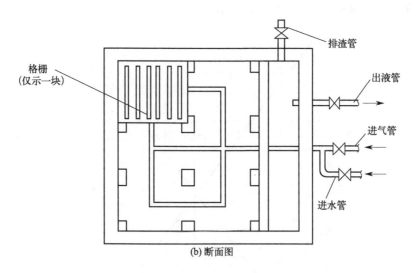

(b)断面图

图 3-5　压缩空气调制药液的溶解池

【例题 3-3】 投药水射器的计算

(一) 已知条件

污水厂三级处理出水加药流量为 0.20L/s；压力喷射水进水压力 $H_1 = 2.4516 \times 10^5$ Pa；水射器出口压力（考虑了管道等损失）要求 $H_d = 9.8065 \times 10^4$ Pa；被抽提药液吸入口压力（考虑了管道等损失）$H_s = 0.3 \sim 0.5$m 正水头，为安全起见，以 $H_s = 0$ 计。

(二) 设计计算

1. 计算压头比

$$N = \frac{H_d - H_s}{H_1 - H_d}$$

式中　H_1——压力喷射水进水压力，m；

H_d——混合液送出压力（包括管道损失），m；

H_s——被抽提液体的抽吸压力（包括管道损失），m，注意正负值。

则 $N = \dfrac{10 - 0}{25 - 10} = 0.667$

2. 据 N 值求截面比 R 及掺和系数

$$R = \frac{F_1}{F_2}, \quad M = \frac{Q_2}{Q_1}$$

式中　F_1——喷嘴截面，m^2；

F_2——喉管截面，m^2；

Q_1——喷嘴工作水流量，m^3/s；

Q_2——吸入水流量，m^3/s。

据 N 值，查图 3-6 得 $R=0.46$，$M=0.44$。

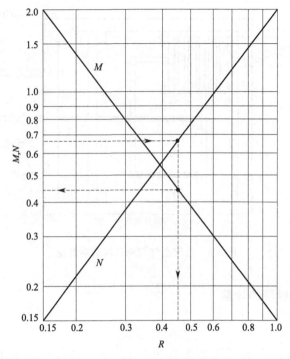

图 3-6 最高效率（30%）时 R、M 与 N 的关系曲线

3. 根据 M 值计算喷嘴

（1）喷嘴工作水流量

$$Q_1=\frac{Q_2}{M}=\frac{0.20}{0.44}=0.46(\text{L/s})$$

（2）喷口断面面积

$$A_1=\frac{10Q_1}{C\sqrt{2gH_1}}$$

式中　C——喷口出流系数，$C=0.9\sim0.95$，此处采用 0.9。

则 $A_1=\dfrac{10Q_1}{C\sqrt{2gH_1}}=\dfrac{10\times0.46}{0.9\sqrt{2\times9.81\times25}}=0.23(\text{cm}^2)$

（3）喷口直径

$$d_1=\sqrt{\frac{4A_1}{\pi}}=\sqrt{\frac{4\times0.228}{3.14}}=0.54(\text{cm})$$

采用 $d_1=0.55\text{cm}$，则相应喷口断面 $A_1'=0.24\text{cm}^3$。

（4）喷口流速

$$v_1'=\frac{10Q_1}{A_1'}=\frac{10\times0.455}{0.24}=19(\text{m/s})$$

（5）喷嘴收缩段长度

$$l_1' = \frac{D_1 - d_1}{2\tan\gamma}$$

式中 D_1 ——喷射水的进水管直径，cm，一般按流速 $v_1 \leqslant 1\text{m/s}$ 选用，此处采用 $D_1 = 3.0\text{cm}$；

γ ——喷嘴收缩段的收缩角，(°)；一般为 $10° \sim 30°$，此处采用 $\gamma = 20°$。

则 $l_1' = \dfrac{3.0 - 0.55}{2\tan 20°} = \dfrac{2.45}{2 \times 0.364} = 3.37(\text{cm})$

（6）喷嘴直线段长度

$$l_1'' = 0.7 d_1 = 0.7 \times 0.55 = 0.39(\text{cm})$$

（7）喷嘴总长度

$$l_1 = l_1' + l_1'' = 3.37 + 0.39 = 3.76(\text{cm})$$

4. 根据 R 值计算喉管

（1）喉管断面

$$A_2 = \frac{A_1}{R} = \frac{0.228}{0.46} = 0.50(\text{cm}^2)$$

（2）喉管直径

$$d_2 = \frac{d_1}{\sqrt{R}} = \frac{0.55}{\sqrt{0.46}} = 0.81(\text{cm})$$

（3）喉管长度

$$l_2 = 6 d_2 = 6 \times 0.81 = 4.86(\text{cm})$$

（4）喉管进口扩散角

$$\alpha = 120°$$

（5）喉管流速 v_2'

$$v_2' = \frac{10(Q_1 + Q_2)}{A_2} = \frac{10 \times (0.455 + 0.20)}{0.495} = 13.2(\text{m/s})$$

5. 计算扩散管长度

$$l_3 = \frac{D_3 - d_2}{2\tan\theta}$$

式中 D_3 ——水射器混合水出水管管径，cm，采用 $D_3 = D_1$；

θ ——扩散管扩散角度，一般为 $5° \sim 10°$，此处采用 $\theta = 5°$。

则 $l_3 = \dfrac{3.0 - 0.81}{2\tan 5°} = 12.5(\text{cm})$

6. 喷嘴和喉管进口的间距

$$l = 0.5 d_2 = 0.5 \times 0.81 = 0.41(\text{cm})$$

【例题 3-4】 药剂仓库的计算

（一）已知条件

污水厂深度处理投加混凝剂为精制硫酸铝，每袋质量 40kg，每袋体积为 $0.5 \times 0.4 \times$

$0.2(m^3)$。投药量为 $30g/m^3$，水厂设计水量为 $800m^3/h$。药剂堆放高度为 $1.5m$，药剂储存期 $30d$。

(二) 设计计算

1. 硫酸铝袋数

$$N = \frac{Q \times 24uT}{1000W} = 0.024 \frac{QuT}{W}$$

式中　Q——水厂设计水量，m^3/h；

u——投药量，mg/L；

T——药剂储存期，d；

W——每袋药剂重量，kg。

$$N = 0.024 \times \frac{800 \times 30 \times 30}{40} = 432（袋）$$

2. 有效堆放面积

$$A = \frac{NV}{H(1-e)}$$

式中　H——药剂堆放高度，m；

V——每袋药剂体积，m^3；

e——堆放孔隙率，袋堆时 $e = 20\%$。

$$A = \frac{432 \times 0.5 \times 0.4 \times 0.2}{1.5 \times (1-0.2)} = 14.4（m^2）$$

第二节　混合设施

混合的主要作用是让药剂迅速而均匀地扩散到水中，使其水解产物与原水中的胶体微粒充分作用完成胶体脱稳，以便进一步进行去除。按现代观点，脱稳过程需时很短，理论上只要数秒钟。在实际设计中，一般不超过 $2min$。

对混合的基本要求是快速与均匀。快速是因混凝剂在原水中的水解及发生聚合絮凝的速度很快，需尽量造成急速的扰动，以形成大量氢氧化物胶体，而避免生成较大的绒粒。均匀是为了使混凝剂在尽量短的时间里与原水混合均匀，以充分发挥每一粒药剂的作用，并使水中的全部悬浮杂质微粒都能受到药剂的作用。对于高分子絮凝剂，一般只要求混合均匀，不要求快速、强烈的搅拌。

混合设备的种类很多，但基本类型主要是机械和水力两种。前者搅拌强度不受水量变化的影响，但需要相对复杂的设备，能耗较高。后者设备简单，但搅拌强度受水量的影响较大。表 3-4 列出混合设备的类型及特点。我国常采用的混合方式为水泵混合、管式静态混合器混合和机械混合。

表 3-4　混合设备的类型及特点

型　式		性　能　特　点	适　用　条　件
水泵混合		优点:(1)设备简单 　　　(2)混合充分,效果较好 　　　(3)节省动力 缺点:(1)距离太长不宜用,混合时间一般不大于30s 　　　(2)吸水管较多时,投药设备要增加,安装管理较麻烦	适用于各种水量 泵房距絮凝池应小于120m
管式 混合	管道 混合	优点:(1)设备简单,占地少 　　　(2)水头损失较小 缺点:(1)当流量减小时,可能在管中产生沉淀 　　　(2)效果较差	适用流量变化不大的管道及各种水量的处理厂。投药点至末端出口应不小于50倍管道直径
	管式 混合器	优点:(1)混合均匀、快速、效果好 　　　(2)构造简单、安装方便 缺点:(1)水头损失较大 　　　(2)当流量过小时混合效果下降	
混合池 混合	多孔隔 板混 合槽	优点:混合效果较好 缺点:(1)水头损失较大 　　　(2)当流量变化时,影响混合效果(可调整淹没孔口数目以适应流量的变化)	适用于中小型水处理厂
	分流 隔板 混合槽	优点:混合效果较好 缺点:(1)水头损失较大 　　　(2)占地面积较大	适用于大中型水处理厂
	桨板式 机械混 合槽	优点:(1)混合效果较好,受水量变化影响较小 　　　(2)水头损失较小 缺点:(1)需耗动能,一般每立方米设备容量需要0.175kW 　　　(2)管理维护较复杂	适用于各种水量的水处理厂

一、设计概述

① 混合设备的设计应根据所采用的混凝剂品种,使药剂与水进行恰当的急剧、充分混合。

② 混合方式的选择应考虑处理水量的变化,可采用机械混合或水力混合。

③ 管式混合器

a. 采用管式混合时,药剂加入水厂进水管中,投药管道内的沿程与局部水头损失之和不应小于 0.3~0.4m,否则应装设孔板或文氏管式混合器。通过混合器的局部水头损失不小于 0.3~0.4m,管道内流速为 0.8~1.0m/s,采用的孔板 $\dfrac{d_1}{d_2}=0.7\sim0.8$($d_1$ 为装孔板的进水管直径;d_2 为孔板的孔径)。

b. 为了提高混合效果,可采用目前广泛使用的管式静态混合器或扩散混合器。

c. 管式静态混合器是按要求在混合器内设置若干固定混合单元,每一混合单元由若干固定叶片按一定角度交叉组成。当加入药剂的水通过混合器时,将被单元体分割多次,同时发生分流、交流和涡漩，以达到混合效果。静态混合器有多种形式，如图 3-7 为其中一种的构造图示。管式静态混合器的口径与输水管道相配合，分流板的级数一般可取 3 级。

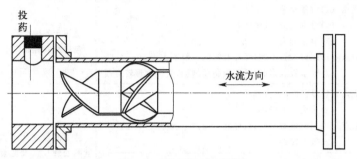

图 3-7　管式静态混合器

d. 扩散混合器的构造如图 3-8 所示，锥形帽夹角 90°，锥形帽顺水流方向的投影面积为进水管总面积的 1/4，孔板的孔面积为进水管总面积的 3/4。孔板流速 1.0～1.5m/s，混合时间为 2～3s，水流通过混合器的水头损失为 0.3～0.4m，混合器节管长度不小于 500mm。

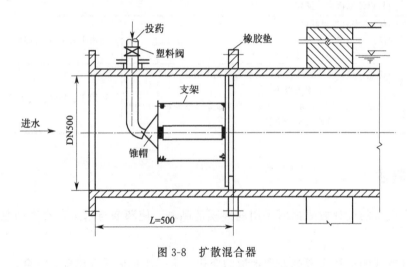

图 3-8　扩散混合器

④ 机械搅拌混合池

a. 池形为圆形或方形，可以采用单格，也可以多格串联。

b. 机械混合的搅拌器可以是桨板式、螺旋桨式或透平式。桨板式采用较多，适用于容积较小的混合池（一般在 $2m^3$ 以下），其余可用于容积较大混合池。混合时间控制在 10～30s 以内，最大不超过 2min，桨板外缘线速度为 1.5～3m/s。

c. 混合池内一般设带两叶的平板搅拌器。当 H（有效水深）：D（混合池直径）≤1.2～1.3 时，搅拌器设一层；当 H：D≥1.2～1.3 时，搅拌器可设两层；当 H：D 的比例很大时，可多设几层，相邻两层桨板采用 90°交叉安装，间距为 (1.0～1.5)D_0（搅拌器直径）。

d. 搅拌器离池底 $(0.5\sim0.75)D_0$，搅拌器直径 $D_0=\left(\dfrac{1}{3}\sim\dfrac{2}{3}\right)D$，搅拌器宽度 $B=(0.1\sim0.25)D$。

二、计算例题

【例题 3-5】管式混合器的计算

(一) 已知条件

污水厂三级处理出水水量 $Q=20000\text{m}^3/\text{d}$，再生水厂进水管投药口至絮凝池的距离为 50m，进水管采用两条，管径 DN400。

(二) 设计计算

1. 进水管流速

每根管流量 $q=\dfrac{20000}{2\times24}=417(\text{m}^3/\text{h})$，DN400，查水力计算表，$v=0.92\text{m/s}$，$i=0.311$。

2. 混合管段的水头损失

$$h=il=\frac{3.11}{1000}\times50=0.156(\text{m})<0.3\sim0.4\text{m}$$

说明仅靠进水管内流不能达到充分混合的要求。故需在进水管内装设管道混合器，采用孔板（或文氏管）混合器。

3. 孔板的孔径

$$\frac{d_2}{d_1}=0.75，则 d_2=0.75d_1=0.75\times400=300(\text{mm})$$

4. 孔板处流速

$$v'=v\left(\frac{d_1}{d_2}\right)^2=0.92\left(\frac{400}{300}\right)^2=0.92\times1.78=1.64(\text{m/s})$$

5. 孔板的水头损失

$$h'=\xi\frac{v'^2}{2g}=2.66\times\frac{1.64^2}{2\times9.81}=0.365(\text{m})$$

式中 ξ——孔板局部阻力系数，据 $\dfrac{d_2}{d_1}=0.75$，查表 3-5 得 $\xi=2.66$。

表 3-5 孔板局部阻力系数 ξ 值

d_2/d_1	0.60	0.65	0.70	0.75	0.80
ξ	11.30	7.35	4.37	2.66	1.55

如采用扩散混合器，进水直径为 400mm，锥帽直径为 200mm，孔板孔径为 340mm。如用管式静态混合器，其规格为 DN400。

【例题 3-6】 桨板式机械混合池的计算

(一) 已知条件

污水厂三级处理出水水量 $Q = 9600 m^3/d = 400 m^3/h$，池数 $n = 2$ 个。

(二) 设计计算

1. 池体尺寸

(1) 混合池容积　采用混合时间 $T = 1min$，则

$$W = \frac{QT}{60n} = \frac{400 \times 1}{60 \times 2} = 3.33(m^3)$$

(2) 混合池高度　混合池直径 D 取 1.3m，则有效水深 H' 为

$$H' = \frac{4W}{\pi D^2} = \frac{4 \times 3.33}{1.3^2 \pi} = 2.51(m)，取 2.5m。$$

超高取 $\Delta H = 0.3m$，则池总高度 $H = H' + \Delta H = 2.5 + 0.3 = 2.8(m)$。

混合池池壁设 4 块固定挡板，每块宽度 $b = 0.1D = 0.13m$，其上、下缘高静止液面和池底皆为 0.3m，挡板长 $h = 2.5 - 0.3 \times 2 = 1.9(m)$。

2. 搅拌设备的计算

(1) 搅拌器尺寸及位置　搅拌器直径 $D_0 = 0.7m$（约 $D/2$），搅拌器叶片数 $Z = 2$，搅拌器层数 $e = 3$，搅拌器宽度 $B = 0.136m$，搅拌器距池底高度采用 0.45m，搅拌器层间距采用 0.85m，混合池布置见图 3-9。

(2) 垂直轴转速

$$n_0 = \frac{60v}{\pi D_0}$$

式中　D_0——搅拌器直径，m，约为 $1/2D$，取 0.7m；

v——搅拌器外缘线速度，m/s，为 1.5～3m/s，取 3m/s。

则 $n_0 = \frac{60v}{\pi D_0} = \frac{60 \times 3}{3.14 \times 0.7} = 81.9 \approx 82(r/min)$

(3) 旋转角速度

$$\omega = \frac{2v}{D_0} = \frac{2 \times 3}{0.7} = 8.57(rad/s)$$

(4) 转动时消耗功率

$$N_2 = C \frac{\rho \omega^3 ZeBR_0^4}{408g}$$

式中　C——阻力系数，$C = 0.2～0.5$，采用 0.3；

ρ——水的密度，kg/m^3，取 $1000kg/m^3$；

Z——搅拌器叶数，取 $Z = 2$；

e——搅拌器层数，取 $e = 2$；

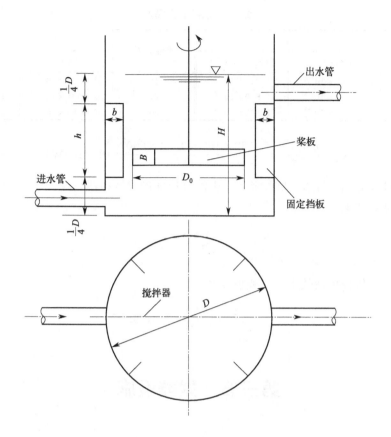

图 3-9　桨板式机械混合池布置

B——搅拌器宽度，m，取 $B=0.136\text{m}$；

R_0——搅拌器的半径，m；

g——重力加速度，9.81m/s^2。

$$R=\frac{D_0}{2}=\frac{0.7}{2}=0.35(\text{m})$$

$$N_2=C\frac{\rho\omega^3 ZeBR_0^4}{408g}$$

$$=0.5\times\frac{1000\times8.57^3\times2\times3\times0.136\times0.35^4}{408\times9.81}=0.96(\text{kW})$$

（5）所需轴功率

$$N_1=\frac{\mu WG^2}{102}$$

式中　μ——水的动力黏度，$\text{kg}\cdot\text{s/m}^2$，本工程 t 按 15℃ 计，查表 3-6，μ 为 $1.162\times10^{-4}\text{kg}\cdot\text{s/m}^2$；

G——速度，应为 $500\sim1000\text{s}^{-1}$，本工程取 500s^{-1}。

表 3-6　水的动力黏度

水温 t/℃	μ		水温 t/℃	μ	
	(Pa·s)	[(kg·s)/m²]		(Pa·s)	[(kg·s)/m²]
0	1.7887×10^{-3}	1.814×10^{-4}	15	1.1395×10^{-3}	1.162×10^{-4}
5	1.5190×10^{-3}	1.549×10^{-4}	20	1.0091×10^{-3}	1.029×10^{-4}
10	1.3092×10^{-3}	1.335×10^{-4}	30	0.8089×10^{-3}	0.825×10^{-4}

$$N_1=\frac{\mu WG^2}{102}=\frac{1.162\times10^4\times3.33\times500^2}{102}=0.95(\text{kW})$$

满足要求（如 N_1 与 N_2 相差很大，则需改用推进式搅拌器）。

（6）电动机功率

$$N_3=\frac{N_2}{\sum\eta_\text{n}}$$

式中　$\sum\eta_\text{n}$——机械传动效率，一般取 0.85。

$$N_3=\frac{N_2}{\sum\eta_\text{n}}=\frac{0.96}{0.85}=1.13(\text{kW})$$

第三节　絮凝设施

　　絮凝的主要作用是创造适当的水力条件，使药剂与水混合后在一定时间内凝聚成具有良好物理性能的絮凝体，并具有足够大的粒度（0.6～1.0mm）、密度和强度（不易破碎），为杂质颗粒在沉淀澄清阶段迅速沉降分离创造良好的条件。絮凝设施要求有一定的水力停留时间和适当的搅拌强度，以使小絮体能相互碰撞，生成大的絮体，但搅拌强度不能过大，否则会使生成的大絮体破碎，因此搅拌强度应逐渐减小。絮凝池的一般类型及特点见表 3-7。

表 3-7　絮凝池的类型及特点

型式		性能特点	适用条件
隔板式絮凝池	往复式	优点:(1)絮凝效果好 　　　(2)构造简单,施工方便 缺点:(1)容积较大 　　　(2)水头损失较大 　　　(3)转折处矾花易破碎	(1)水量大于 30000m³/d 的水处理厂 (2)水量变动小者
	回转式	优点:(1)絮凝效果好 　　　(2)水头损失小 　　　(3)构造简单,管理方便 缺点:(1)出水流量不易分配均匀 　　　(2)出口处易积泥	(1)水量大于 30000m³/d 的水处理厂 (2)水量变动小者 (3)改建和扩建旧池时更适用

型式	性能特点	适用条件
旋流式絮凝池	优点：(1)容积小 (2)水头损失较小 缺点：(1)池子较深 (2)地下水位高处施工较困难 (3)絮凝效果较差	一般用于中小型水处理厂
涡流式絮凝池	优点：(1)絮凝时间短 (2)容积小 (3)造价较低 缺点：(1)池子较深 (2)锥底施工较困难 (3)絮凝效果较差	水量小于 30000m³/d 的水处理厂
自旋式微涡流絮凝池	优点：(1)絮体沉降性能好 (2)可防止设备表面积泥 (3)模块化组装，布置灵活 缺点：(1)需配合竖井或廊道的形状进行采购安装 (2)设备参数需根据现场情况进行调整	大小水量均适用，能适应水量变动
折板式絮凝池	优点：(1)絮凝效果好 (2)絮凝时间短 (3)容积较小 缺点：(1)构造较隔板絮凝池复杂 (2)造价较高	流量变化较小的中小型水处理厂
网格、栅条絮凝池	优点：(1)絮凝效果好 (2)水头损失小 (3)絮凝时间短 缺点：末端池底易积泥	(1)单池处理水量以 10000～25000m³/d 为宜，处理水量大时可采用两组或多组并联运行 (2)适用于新建，也可用于旧池改造
机械絮凝池	优点：(1)絮凝效果好 (2)水头损失小 (3)可适应水质、水量的变化 缺点：需机械设备和经常维修	大小水量均适用，并能适应水量变动较大者

一、设计概述

① 絮凝设施的主要设计参数为搅拌强度和絮凝时间，絮凝效果用 GT 值来表征，G 为絮凝池内水流的速度梯度

$$G = \sqrt{\frac{\rho h}{6 \times 10^4 \mu T}}$$

式中　μ——水的绝对黏滞度（表 3-8），Pa·s；

　　　ρ——水的密度，1000kg/m³；

　　　h——絮凝池的总水头损失，Pa；

　　　T——絮凝时间，min，一般为 10～30min。

表 3-8　水的绝对黏滞度

水温 t/℃	μ/(Pa·s)	水温 t/℃	μ/(Pa·s)
0	1.7887×10^{-3}	15	1.1395×10^{-3}
5	1.5190×10^{-3}	20	1.0091×10^{-3}
10	1.3092×10^{-3}	30	0.8089×10^{-3}

根据生产运行经验，$T=10\sim30\text{min}$，流速采用 $0.2\sim0.6\text{m/s}$ 时，G 值在 $20\sim60\text{s}^{-1}$ 之间，GT 值应在 $10^4\sim10^5$ 之间为宜（T 的单位为 s）。

② 絮凝池宜与沉淀池合建，这样布置紧凑，可节省造价。如果采用管渠连接不仅增加造价，而且由于管道流速大而易使已结大的凝絮体破碎。

③ 絮凝池型式的选择和絮凝时间的采用，应根据原水水质情况和相似条件下的运行经验或通过试验确定。

④ 隔板絮凝池

a. 采用隔板絮凝池时，池数一般不少于 2 个，絮凝时间宜为 20～30min。

b. 隔板式絮凝池根据隔板的设置情况，分为往复式和回转式（回字形）两种。为了节省占地面积，可在垂直方向上设置成双层或多层隔板絮凝池。例如，往复回转式双层隔板絮凝池。

c. 絮凝池廊道的流速，应按由大到小渐变进行设计，起端流速宜为 0.5～0.6m/s，末端流速宜为 0.2～0.3m/s。

d. 池内流速可按变速设计分为几挡，每一挡由一个或几个隔板廊道组成，通常用改变廊道的宽度或变更池底高度的方法来达到变流速的要求。

e. 隔板间净距宜大于 0.5m，小型池子在采用活动隔板时适当减小。

f. 进水管口应设挡水装置，避免水流直冲隔板。隔板转弯处的过水断面面积，应为廊道断面面积的 1.2～1.5 倍。

g. 絮凝池保护高 0.3m。池底排泥口的坡度一般为 0.02～0.03，排泥管直径不应小于 150mm。

⑤ 旋流絮凝池

a. 利用进口较高的流速，使水体产生旋流运动来完成絮凝过程，根据絮凝级数不同，可分成单级旋流絮凝池和多级旋流絮凝池。

b. 单级旋流絮凝池多为圆筒形池子。水流由喷嘴在池底（或上部）沿切线方向射入池内，一边旋转一边上升（或下降），流速逐渐减小。这种絮凝池构造简单，容积小，便于布置，过去中小型水厂常采用，但因絮凝效果不很理想，故现在常与竖流式沉淀池配合使用，而较少与平流式沉淀池配合使用。

c. 采用旋流式絮凝池时，池数一般不少于 2 个，絮凝时间采用 8～15min，池内水深与直径之比 $H:D=10:9$，喷嘴出口流速一般为 2～3m/s，池出口流速多采用 0.3～0.4m/s，池内水头损失（不包括喷嘴和出口处）一般为 0.1～0.2m。

⑥ 多级旋流絮凝池

a. 多级旋流絮凝池最常用的是穿孔旋流絮凝池，穿孔旋流絮凝池由若干方格组成，分格数一般不小于 6 个。各格之间的隔墙上沿池壁开孔，孔口位置采用上下左右变换布置的方式，以避免水流短路，提高容积利用率。

b. 该种絮凝池各格室的平面常呈方形，为了易于形成旋流，池格平面方形均填倒角。孔口采用矩形断面，池内积泥采用底部锥斗重力排除。

c. 絮凝池孔口流速，应按由大到小的渐变流速计，起端流速一般宜为 0.6～1.0m/s，末端流速一般宜为 0.2～0.3m/s。

d. 絮凝时间一般按 15～25min 设计。多级旋流式絮凝池体积小，絮凝效果好，适用于小型水厂。

e. 絮凝池相邻两格室隔墙上的孔口流速可按下式计算：

$$v=v_1+v_2-v_2\sqrt{1+\left(\frac{v_1^2}{v_2^2}-1\right)\frac{t'}{T}}$$

式中　v_1——絮凝池的进口流速，m/s，为 1.5m/s 左右；

　　　v_2——絮凝池的出口流速，m/s，为 0.1m/s 左右；

　　　T——絮凝池的总絮凝时间，min；

　　　t'——絮凝池各格室絮凝的时间，min。

f. 絮凝池的沿程水头损失一般忽略不计，其局部水头损失（包括进水管出口及孔口）按下式计算：

$$h=\xi\frac{v^2}{2g}$$

式中　v——进水管出口或孔口流速，m/s；

　　　ξ——局部阻力系数，进水管出口 $\xi=1.0$，孔口处 $\xi=1.06$；

　　　g——重力加速度 9.81m/s²。

⑦ 折板絮凝池

a. 折板絮凝池是在隔板絮凝池基础上发展起来的，折板絮凝池通常采用竖流式，折板的形式一般有平板、折板和波纹板。

b. 折板按照波峰和波谷相对安装或平行安装又可分成同波折板和异波折板。按水流在折板间上下流动的间隙数可分为单通道和多通道。单通道是水流沿着每一对折板间的通道上下流动，如图 3-10 所示。

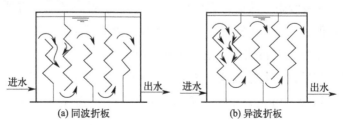

图 3-10　单通道折板絮凝池剖面示意

多通道是将絮凝分成若干个格子，在每一格子内放置若干折板，水流在每一格内平行并沿着格子依次上下流动，如图 3-11 所示。

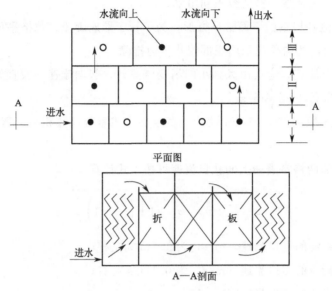

图 3-11　多通道折板絮凝池示意

c. 为使絮凝体逐步成长而避免破碎，无论在单通道或多通道内可采用前段异波式、中段同波式、后段平板式的组合形式。

d. 采用折板絮凝池，絮凝时间为 6～15min，一般将絮凝过程按照流速分成 3 段或更多，第 1 段流速为 0.25～0.35m/s，第 2 段流速为 0.15～0.25m/s，第 3 段流速 0.1～0.15m/s。同一段内，折板间距相同，流速相同。

e. 折板可采用钢丝网水泥板或塑料板等拼装，折角 θ 一般为 90°～120°。折板宽度采用 0.5m，折板长度为 0.8～1.0m。

f. 絮凝池内的速度梯度 G 由进口至出口逐渐减小，一般起端至末端的 G 值变化范围为 100～15s^{-1} 以内，且 $GT \geqslant 2 \times 10^4$。

⑧ 涡流式絮凝池

a. 平面形状一般为圆形（也可用方形或矩形），其下部为锥体、上部为柱体。水从底部进入向上扩散流动时，流速逐渐减小，形成涡流，这种水流状态很适合绒粒的生长。另外，由于池子上部已聚集了较大的絮凝体，当水流自下而上流动通过它们时，那些尚未被吸附的细小颗粒就易被吸附，从而起到接触凝聚的作用。故涡流式絮凝池絮凝效果好，水流停留时间短，容积小、便于布置，这些都是隔板絮凝池所无法比拟的。

b. 涡流式絮凝池常与竖流式沉淀池或澄清池配合使用。

c. 单建涡流式絮凝池，其池数至少 2 个，絮凝时间采用 5～10min。

d. 底部入口处流速采用 0.7m/s，上部圆柱部分的上升流速按 4～5m/s 计算。底部锥角采用 30°～45°。

e. 出水可用圆周集水槽、淹没式漏斗或淹没式穿孔管，其中流速采用 0.3～0.4m/s。

池中每米工作高度的水头损失（从进水口至出水口）为 0.02～0.05m。保护高度采用 0.2～0.3m。

f. 圆柱部分的高度，可按其直径的 1/2 计算。

⑨ 自旋式微涡流絮凝池

a. 自旋式微涡流絮凝装置是由若干个断面为圆形、中空结构的涡街组件絮凝环所组成。涡街组件絮凝环是用机械挤压一次成型的乙丙共聚型材质穿杆限位联结而成。由 4 个涡街组件絮凝环组成的自旋式微涡流絮凝装置三维图如图 3-12 所示。

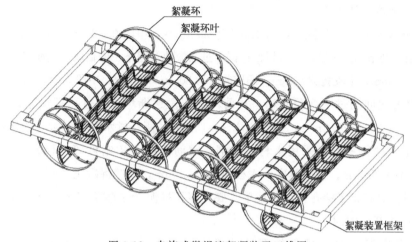

图 3-12　自旋式微涡流絮凝装置三维图

b. 自旋式微涡流絮凝装置可安装在廊道或竖井中。当水流经过自旋式絮凝装置时，利用进水的自身能量使水流方向多频次折转，形成多个速度方向的微单元。这些微单元流束在廊道或竖井中推流前进时互相作用，形成紊动的涡流。这种高频谱涡旋动力学条件有利于水中微小颗粒的接触、吸附和逐渐成长，较好地完成水中悬浮物凝聚作用的进行。

c. 该种絮凝池可划分为若干廊道，相邻的数个廊道可组成一个级。

自旋式微涡流絮凝池一般不少于 2 个。絮凝时间 12～18min。

沿池宽方向竖直布置多组絮凝环装置，每根絮凝环直径 $\phi 200$mm，长度为 l_x，旋转效率为 75%，单根絮凝环面积为 $0.2 \times 75\% \times l_x$，单组阻水面积为 $0.2 \times 75\% \times b_n \times a$（$b_n$ 为廊道宽度，a 为竖向布置根数）。

各级絮凝廊道内流速：一级 0.15～0.22m/s，二级 0.11～0.17m/s，三级 0.08～0.11m/s。

各级水流过设备流速：一级 0.30～0.45m/s，二级 0.15～0.30m/s，三级 0.1～0.15m/s。

各级廊道水流的速度梯度：一级 60～110s^{-1}，二级 40～60s^{-1}，三级 15～40s^{-1}。

⑩ 栅条、网格絮凝池

a. 在絮凝池内水平放置栅条或网格形成栅条、网格絮凝池。

b. 栅条、网格絮凝池一般布置成多个竖井回流式，各竖井之间的隔墙上，上下交错开孔，当水流通过竖井内安装的若干层栅条或网格时，产生缩放作用，形成漩涡，造成颗粒碰撞。

c. 栅条、网格絮凝池的设计一般分为三段，流速及流速梯度 G 值逐段降低。相应各段采用的构件，前段为密栅或密网，中段为疏栅或疏网，末段不安装栅或网。

d. 絮凝时间一般为 10～15min，其中前段和中段 3～5min，末段 4～5min。

e. 水流在竖井的流速，前段和中段 0.12～0.14m/s，末段 0.1～0.12m/s。

f. 絮凝池的分格数按絮凝时间计算，各竖井的大小，按竖向流速确定。

g. 栅条或网格的层数，前段总数宜在 16 层以上，中段在 8 层以上，上下两层间距为 60～70cm，末段一般可不放。

h. 过栅流速或过网孔流速，前段 0.25～0.3m/s，中段 0.22～0.25m/s。

i. 栅条、网格的过水缝隙，应根据过栅、过网流速及栅条、网格所占面积确定。一般栅条前段缝隙为 50mm，中段缝隙 80mm；网格前段为 80mm×80mm，中段为 100mm×100mm。

j. 各竖井之间的过水孔洞面积，从前段向末段逐渐增大。过孔洞流速，前段 0.2～0.3m/s，中段 0.15～0.2m/s，末段 0.1～0.15m/s。所有过水孔须经常处于淹没状态。

k. 栅条、网格材料可采用木材、扁钢、钢筋混凝土预制件等。板条宽度：栅条为 50mm，网格为 80mm。板条厚度：木板条 20～25mm，钢筋混凝土预制件 30～70mm。

l. 排泥：池底布置穿孔排泥管或单斗底。穿孔排泥管的直径 150～200mm，长度小于 5m，并采用快开排泥阀。

m. 速度梯度 G 值：栅条絮凝池前段 70～100s^{-1}，中段 40～60s^{-1}，末段 10～20s^{-1}；网格絮凝池前段 70～100s^{-1}，中段 40～50s^{-1}，末段 10～20s^{-1}。

⑪ 机械絮凝池

a. 机械絮凝池系利用装在水下转动的叶轮进行搅拌的絮凝池。按叶轮轴的安放方向，可分为水平（卧）轴式和垂直（立）轴式两种类型。叶轮的转数可根据水量和水质情况进行调节，水头损失比其他池型小。

b. 机械絮凝池一般不少于 2 个，絮凝时间为 15～20min。

c. 搅拌器常设 3～4 挡，搅拌叶轮中心应设于池水深处。每排搅拌叶轮上的桨板总面积为水流截面积的 10%～20%，不宜超过 25%，每块桨板的宽度为 10～30cm。

d. 水平轴式的每个叶轮的桨板数目为 4～6 块，桨板长度不大于叶轮直径的 75%。叶轮直径应比絮凝池水深小 0.3m，叶轮边缘与池子侧壁间距不大于 0.25m。

e. 叶轮半径中心点的线速度宜自第一挡的 0.5m/s 逐渐变小至末挡的 0.2m/s。各排搅拌叶轮的转速沿顺水流方向逐渐减小，即第一排转速最大，以后各排逐渐减小。

f. 絮凝池深度应根据水厂高程系统布置确定，一般为 3～4m。搅拌装置（轴、叶轮等）应进行防腐处理。轴承与轴架宜设于池外（水位以上），以避免池中泥砂进入导致严重磨损或折断。

g. 池内宜设防止水体短流的设施。

二、计算例题

【例题 3-7】 廊道式水力旋流网格絮凝池的计算

(一) 已知条件

设计水量 $Q=50000\text{m}^3/\text{d}$。絮凝池数量 $n=1$ 座,分为 2 组。絮凝时间不小于 15min。

(二) 设计计算

1. 絮凝池单池水量

水厂自用水率取 10%,絮凝池的单池水量 q 为

$$q=\frac{Q(1+a)}{dsm}=\frac{50000\times(1+10\%)}{24\times3600\times2}=\frac{50000\times(1+0.1)}{86400\times2}=0.318(\text{m}^3/\text{s})$$

式中　Q——设计水量,m^3/d;

$\quad\quad a$——水厂自用水率,取 10%;

$\quad\quad d$——每天小时数,h;

$\quad\quad s$——每小时的秒数,s;

$\quad\quad m$——絮凝池组数,组。

2. 絮凝池基本参数

(1) 设计坡度　廊道内设置水力旋流网格絮凝设备。采用廊道起端水深 $h_\text{起}=1.90\text{m}$,末端水深 $h_\text{末}=2.40\text{m}$。为配合沉淀池平面布置,单组絮凝池宽度采用 $B=11.00\text{m}$。沿絮凝池长度设 12 段廊道,每段廊道长度值 C 等于絮凝池宽度 B,则单组絮凝池中廊道总长度为 $B\times12=11\times12=132(\text{m})$,则池底设计坡度 i 为

$$i=\frac{h_\text{末}-h_\text{起}}{11\times12}=\frac{2.4-1.9}{132}=0.38\%$$

(2) 廊道水深

① 廊道末端水深 $H_\text{n末}$。廊道起端水深 $H_\text{n起}=H_\text{n-1末}$;廊道末端水深 $H_\text{n末}=H_\text{n起}+Bi$。

例如,已知絮凝池中第 1 段廊道起端水深 $h_\text{1起}=1.90\text{m}$,其廊道长度为 $C=B=11.00\text{m}$,则第一廊道末端水深 $H_\text{n末}$ 为

$$H_\text{n末}=H_\text{n起}+Bi=1.9+\left(\frac{11.00\times0.38}{100}\right)=1.94(\text{m})$$

② 廊道平均水深 H_n

$$H_\text{n}=\frac{H_\text{n起}+H_\text{n末}}{2}$$

例如,絮凝池第 1 段廊道平均水深 H_1

$$H_1=\frac{H_\text{1起}+H_\text{1末}}{2}=\frac{1.90+1.94}{2}=1.92(\text{m})$$

(3) 廊道宽度 b_n 和流速 v_n

$$b_n = \frac{q}{v_n H_n}$$

例如，第 1 段廊道宽度 b_1

$$b_1 = \frac{q}{v_1 H_1} = \frac{0.318}{v_1 \times 1.92} = \frac{0.166}{v_1}$$

为满足絮凝池内水流速度，各级廊道的流速应按照《排水规范》中的规定选用。取第 1 段廊道设计流速 $v_1' = 0.22 \mathrm{m/s}$，则得计算宽度 $b_1' = 0.75 \mathrm{m}$，实际廊道采用宽度 $b_1 = 0.80 \mathrm{m}$。实际流速 v_n

$$v_n = \frac{q}{b_n H_n}$$

则第 1 段廊道的实际流速 v_1

$$v_1 = \frac{q}{b_1 H_1} = \frac{0.318}{0.80 \times 1.92} = 0.207 \, (\mathrm{m/s})$$

（4）停留时间 各段廊道停留时间 T_n

$$T_n = \frac{B}{v_n}$$

第 1 段廊道停留时间 T_1

$$T_1 = \frac{B}{v_1} = \frac{11.0}{0.207} = 53.14 \, (\mathrm{s})$$

用以上方法计算，将絮凝池其余廊道的宽度、流速及停留时间列入表 3-9 中。

表 3-9 廊道的宽度、流速和停留时间

廊道序号	设计流速 /(m/s)	宽度/m 计算值	宽度/m 采用值	实际流速 /(m/s)	停留时间 /s
1	$v_1' = 0.22$	$b_1' = 0.75$	$b_1 = 0.80$	$v_1 = 0.207$	53
2	$v_2' = 0.20$	$b_2' = 0.81$	$b_2 = 0.80$	$v_2 = 0.203$	54
3	$v_3' = 0.18$	$b_3' = 0.88$	$b_3 = 0.85$	$v_3 = 0.187$	59
4	$v_4' = 0.17$	$b_4' = 0.91$	$b_4 = 0.85$	$v_4 = 0.182$	60
5	$v_5' = 0.15$	$b_5' = 1.02$	$b_5 = 1.00$	$v_5 = 0.152$	72
6	$v_6' = 0.14$	$b_6' = 1.07$	$b_6 = 1.00$	$v_6 = 0.149$	74
7	$v_7' = 0.12$	$b_7' = 1.22$	$b_7 = 1.10$	$v_7 = 0.133$	83
8	$v_8' = 0.10$	$b_8' = 1.44$	$b_8 = 1.10$	$v_8 = 0.131$	84
9	$v_9' = 0.10$	$b_9' = 1.41$	$b_9 = 1.30$	$v_9 = 0.108$	102
10	$v_{10}' = 0.09$	$b_{10}' = 1.54$	$b_{10} = 1.30$	$v_{10} = 0.106$	104
11	$v_{11}' = 0.09$	$b_{11}' = 1.51$	$b_{11} = 1.60$	$v_{11} = 0.085$	129
12	$v_{12}' = 0.09$	$b_{12}' = 1.57$	$b_{12} = 1.70$	$v_{12} = 0.079$	140
合计			13.4		1014

以上为未安装水力旋流网格絮凝装置时，往复式隔板絮凝池的水力设计计算。总絮凝时间 $T_总 = 1014 \div 60 = 16.90 \, (\mathrm{min})$，满足絮凝时间在 15～18min 之间的要求，所以絮凝池廊道预设分为 12 格设计是合理的，廊道式水力施流网格絮凝池平面布置见图 3-13。

（5）池长 L 考虑絮凝池隔墙厚度为 0.2m。

$$L = \sum b_n + (n-1) \times 0.2 = (b_1 + b_2 + b_3 + b_4 + b_5 + b_6 + b_7 + b_8 + b_9 + b_{10} + b_{11} + b_{12})$$

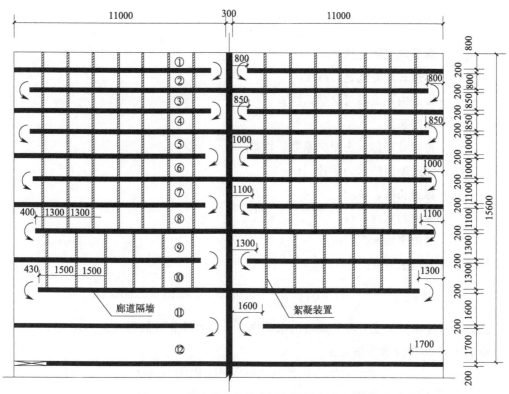

图 3-13　廊道式水力旋流网格絮凝池平面布置

$+11 \times 0.2 = 13.4 + 2.2 = 15.6 (\mathrm{m})$

（6）絮凝池的总高度 H

$$H = H_1 + H_2 = 2.4 + 0.3 = 2.7 (\mathrm{m})$$

式中　H_1——絮凝池末端水深，m，设计值为 2.4m；

　　　H_2——超高，m，采用 0.3m。

（7）廊道转弯宽度　每段廊道末端转弯处的宽度与该廊道宽相同（表 3-9）。

3. 弯道处流速 $v_{n弯}$

将以上所得各廊道的设计宽度、实际流速、平均水深、弯道宽度等数据列入表 3-10 中。

$$v_{n弯} = \frac{q}{b_n H_{n末}}$$

第 1 段廊道的弯道处流速

$$v_{1弯} = \frac{q}{b_1 H_{1末}} = \frac{0.318}{0.80 \times 1.94} = 0.20 (\mathrm{m/s})$$

用同样方法，可算出其他各廊道转弯处的流速，并将计算数值列入表 3-10 中。

4. 水头损失 $h_{n廊道}$

$$h_{n廊道} = \frac{v_n^2}{C_n^2 R_n} l_n + S_n \xi \frac{v_{n弯}^2}{2g}$$

$$R_n = \frac{b_n h}{b_n + 2h}$$

$$C_n = \frac{1}{n} R^{\frac{1}{6}}$$

式中　v_n——廊道内实际流速，m/s；

　　　$v_{n弯}$——廊道转弯处流速，m/s；

　　　S_n——廊道内水流转弯次数，次；

　　　C_n——流速系数；

　　　ξ——转弯处局部水头损失系数，取 3；

　　　R_n——廊道断面的水力半径，m；

　　　l_n——廊道长度，m；

　　　b_n——廊道的宽度，m；

　　　h——廊道平均水深，m。

则第 1 段廊道水头损失

$$h_{1廊道} = \frac{v_1^2}{C_1^2 R_1} l_1 + S_1 \xi \frac{v_{1弯}^2}{2g} = 0.0003 + 0.0061 = 0.0064 (\text{m})$$

同理，可算出其他设备各段廊道的水头损失，并将计算数值列入表 3-10 中。

由表 3-10 可得总水头损失 h

$$h = \sum h_n = 0.0017 + 0.0400 = 0.0417 (\text{m})$$

5. 各级廊道的水力参数

絮凝池共设 12 段廊道，每 4 段廊道为一级，共分为 3 级。以第 1 级絮凝廊道计算为例，其他各级算法类同，过程省略，只给出结果。计算结果列入表 3-9。

(1) 各级反应时间 $T_{n级}$

$$T_{1级} = T_1 + T_2 + T_3 + T_4$$
$$T_{2级} = T_5 + T_6 + T_7 + T_8$$
$$T_{3级} = T_9 + T_{10} + T_{11} + T_{12}$$

则第 1 级停留时间（数据见表 3-10）

$$T_{1级} = T_1 + T_2 + T_3 + T_4 = 53 + 54 + 59 + 60 = 226 (\text{s})$$

(2) 各级的速度梯度　设第 1 级速度梯度 $G_{1级} = 90 \text{s}^{-1}$，第 2 级速度梯度 $G_{2级} = 50 \text{s}^{-1}$，第 3 级级速度梯度 $G_{3级} = 16 \text{s}^{-1}$。

(3) 各级总水头损失 $h_{n级}$　根据速度梯度公式 $G_n = \sqrt{\frac{\rho h_{n级}}{\mu T_{n级}}}$，可得 $h_{n级} = \frac{G^2 \mu T_{n级}}{\rho}$。

16℃时，$\mu = 1.162 \times 10^{-4}$，则第 1 级总水头损失

$$h_{1级} = \frac{G_1^2 \mu T_{1级}}{\rho} = \frac{90^2 \times 1.162 \times 10^{-4} \times 226}{1000} = 0.2127 (\text{m})$$

(4) 各级设备水头损失 $h_{n级设}$

$$h_{n级设} = h_{n级} - h_{n廊道}$$

第 1 级设备的水头损失（数值见表 3-10 和表 3-11）

$$h_{1级设} = h_{1级} - h_{1廊道} = 0.2127 - 0.0233 = 0.1894 (\text{m})$$

表 3-10 廊道水力计算

絮凝级数	廊道段数	设计宽度/m	实际流速/(m/s)	起端水深/m	末端水深/m	平均水深/m	弯道宽度/m	弯道处流速/m	沿程水头损失/m	局部水头损失/m	总水头损失/m	停留时间/s
第1级	第1段	0.80	0.207	1.90	1.94	1.92	0.80	0.20	0.0003	0.0061	0.0064	53
	第2段	0.80	0.203	1.94	1.98	1.96	0.80	0.20	0.0003	0.0061	0.0064	54
	第3段	0.85	0.187	1.98	2.03	2.00	0.85	0.18	0.0003	0.0050	0.0053	59
	第4段	0.85	0.182	2.03	2.07	2.05	0.85	0.18	0.0002	0.0050	0.0052	60
	合计								0.0011	0.0222	0.0233	226
第2级	第5段	1.00	0.152	2.07	2.11	2.09	1.00	0.15	0.0001	0.0034	0.0035	72
	第6段	1.00	0.149	2.11	2.15	2.13	1.00	0.15	0.0001	0.0034	0.0035	74
	第7段	1.10	0.133	2.15	2.19	2.17	1.10	0.13	0.0001	0.0026	0.0027	83
	第8段	1.10	0.131	2.19	2.23	2.21	1.10	0.13	0.0001	0.0026	0.0027	84
	合计								0.0004	0.0120	0.0124	313
第3级	第9段	1.30	0.108	2.23	2.28	2.25	1.30	0.11	0.0001	0.0019	0.0020	102
	第10段	1.30	0.106	2.28	2.32	2.30	1.30	0.11	0.0001	0.0019	0.0020	104
	第11段	1.60	0.085	2.32	2.36	2.34	1.60	0.08	0.0000	0.0010	0.0010	129
	第12段	1.70	0.079	2.36	2.40	2.38	1.70	0.08	0.0000	0.0010	0.0010	140
	合计								0.0002	0.0058	0.060	475
总计									0.0017	0.0400	0.0417	1014

表 3-11 各级廊道的水力参数

参数项	计算公式和结果	单位
各级反应时间 $T_{n级}$	$T_{n级} = \sum_{1}^{n} T$	
第 1 级反应时间 $T_{1级}$	226	s
第 2 级反应时间 $T_{2级}$	312	s
第 3 级反应时间 $T_{3级}$	475	s
各级速度梯度 G	设定值	
第 1 级速度梯度 G_1	90	s^{-1}
第 2 级速度梯度 G_2	50	s^{-1}
第 3 级速度梯度 G_3	16	s^{-1}
各级水头损失 $h_{n级}$	$h_{n级} = \dfrac{G^2 \mu T_{n级}}{\rho}$	
第 1 级水头损失 $h_{1级}$	0.2127	m
第 2 级水头损失 $h_{2级}$	0.0838	m
第 3 级水头损失 $h_{3级}$	0.0141	m
各级设备水头损失 $h_{n级设}$	$h_{n级设} = h_{n级} - h_{n廊道}$	
第 1 级设备水头损失 $h_{1级设}$	0.1894	m
第 2 级设备水头损失 $h_{2级设}$	0.0714	m
第 3 级设备水头损失 $h_{3级设}$	0.0081	m

6. 絮凝设备的配置

水力旋流网格絮凝设备有 3 种规格，见表 3-12。

表 3-12 水力旋流网格絮凝设备规格

型号	规格	水力旋流网格开孔比 β
水力旋流网格Ⅰ型	JXL-22	0.5
水力旋流网格Ⅱ型	JXL-17	0.6
水力旋流网格Ⅲ型	JXL-12	0.75

絮凝装置放置在絮凝池各级廊道中，通过放置密度来配置各级的流速和水头损失，达到各级廊道中网格设备层数的确定。

（1）廊道过水断面 第 1 段廊道过水断面面积 S_1

$$S_1 = b_1 H_1 = 0.8 \times 1.92 = 1.54 (m^2)$$

第 1 级廊道选用水力旋流网格Ⅰ型絮凝设备，其开孔比为 0.5。第 1 段廊道有效过水

面积 $S_{1水}$

$$S_{1水}=S_1\beta=1.54\times0.5=0.77(\text{m}^2)$$

（2）水流过絮凝设备流速 $v_{n设}$　第 1 段过设备流速 $v_{1设}$ 为

$$v_{1设}=\frac{Q}{S_{1水}}=\frac{0.318}{0.77}=0.4130(\text{m/s})$$

同理，其他各段过设备流速的计算与之类同，计算结果见表 3-13。

表 3-13　絮凝装置配置计算

絮凝级数	廊道段数	断面面积 S_n/m^2	水力旋流网格絮凝装置开孔比 β	过水面积 $S_{1水}/\text{m}^2$	实际过设备流速 $v_{n设}/(\text{m/s})$	过单层设备水头损失 h_{nc}/m	每段层数 $n_层$
第 1 级	第 1 段	1.54	0.50	0.77	0.4130	0.0087	
	第 2 段	1.57	0.50	0.79	0.4025	0.0083	
	第 3 段	1.70	0.50	0.85	0.3741	0.0071	7
	第 4 段	1.74	0.50	0.87	0.3655	0.0068	
	小计					0.0309	
第 2 级	第 5 段	2.09	0.60	1.25	0.2544	0.0033	
	第 6 段	2.13	0.60	1.28	0.2484	0.0031	
	第 7 段	2.39	0.60	1.43	0.2224	0.0025	7
	第 8 段	2.43	0.60	1.46	0.2178	0.0024	
	小计					0.0113	
第 3 级	第 9 段	2.93	0.75	2.20	0.1439	0.0011	
	第 10 段	2.98	0.75	2.24	0.1420	0.0010	
	第 11 段	3.74	0.75	2.81	0.1132	0.0007	3
	第 12 段	4.05	0.75	3.04	0.1046	0.0006	
	小计					0.0034	

（3）廊道中絮凝设备水头损失　第 1 段廊道的单层设备水头损失（$\xi_设$ 取值为 1.0）

$$h_{1c}=\xi_设\frac{v_{1设}^2}{2g}=1\times\frac{0.4130^2}{2\times9.81}=0.0087(\text{m})$$

同理，第 2～4 段廊道单层设备水头损失分别为

$$h_{2c}=\xi_设\frac{v_{2设}^2}{2g}=1\times\frac{0.4025^2}{2\times9.81}=0.0083(\text{m})$$

$$h_{3c}=\xi_设\frac{v_{3设}^2}{2g}=1\times\frac{0.3741^2}{2\times9.81}=0.0071(\text{m})$$

$$h_{4c}=\xi_设\frac{v_{3设}^2}{2g}=1\times\frac{0.3655^2}{2\times9.81}=0.0068(\text{m})$$

（4）廊道中单层设备的水头损失

第 1 级为

$$H_{1j}=h_{1c}+h_{2c}+h_{3c}+h_{4c}$$

$$=0.0087+0.0083+0.0071+0.0068=0.0309(\mathrm{m})$$

（5）各级中设备放置层数

$$n_{层}=\frac{h_{n设}}{H_{nj}}$$

则第 1 级设备层数　　$n_{1层}=\dfrac{h_{1级设}}{H_{1j}}=\dfrac{0.1894}{0.0309}=6.13$，取 7。

所以第 1 级设备层数为 7 层。其他级别的有关计算与之类同，过程省略只给出结果，絮凝装置配置计算结果见表 3-13。

由表 3-13 可知，絮凝池中第 1～3 级廊道中，应安装水力旋流网格的层数，分别是 7、7、3。为保护矾花不受破坏，第 3 级最后 2 段廊道不放置絮凝装置，将该级计算的 12 层絮凝装置均匀放置在第 3 级的前 2 段廊道中。所选水力旋流网格絮凝装置在各级廊道中的平面布置示意见图 3-13。

7. GT 值

水温 $t=16℃$，查得 $\mu=1.162\times10^{-4}(\mathrm{kg\cdot s})/\mathrm{m}^2$。

由表 3-10 和表 3-13 得出总水头损失 h

$$h=h_{廊道}+h_{设备}=0.0417+0.0309\times7+0.0113\times7+0.0034\times3=0.3473(\mathrm{m})$$

$$G=\sqrt{\frac{\rho h}{60\mu T}}=\sqrt{\frac{1000\times0.3473}{60\times1.162\times10^{-4}\times(1014\div60)}}=54.29(\mathrm{s}^{-1})$$

$$GT=54.29\times1014=55050.06$$

此 GT 值在 $10^4\sim10^5$ 范围内。

【例题 3-8】 栅条絮凝池的设计计算

（一）已知条件

污水处理厂三级处理出水水量 $Q=52500\mathrm{m}^3/\mathrm{d}$。

（二）设计计算

絮凝池分为两组，絮凝时间 T 取 12min，絮凝池分为 3 段。前段放密栅条，过栅流速为 0.25m/s，竖井平均流速为 0.12m/s；中段放疏栅条，过栅流速为 0.22m/s，竖井平均流速为 0.12m/s；末段不放栅条，竖井平均流速为 0.12m/s。竖井的过孔流速，前段 0.3～0.2m/s，中段 0.2～0.15m/s，末段 0.1～0.14m/s。

1. 每组絮凝池的设计水量

$$Q=\frac{52500}{2}=26250(\mathrm{m}^3/\mathrm{d})=1093.75(\mathrm{m}^3/\mathrm{h})=0.304(\mathrm{m}^3/\mathrm{s})$$

2. 絮凝池的容积

$$W=\frac{QT}{60}=\frac{1093.75\times12}{60}=218.75(\mathrm{m}^3)$$

3. 絮凝池的平面面积

为与沉淀池配合，絮凝池的池深为 4.4m。

$$A = \frac{V}{H} = \frac{218.75}{4.4} = 49.72 (\text{m}^2)$$

4. 絮凝池单个竖井的平面面积

$$f = \frac{Q}{V_{\#}} = \frac{0.304}{0.12} = 2.53 (\text{m}^2)$$

取竖井的长 $l = 1.6$m，宽 $b = 1.6$m，单个竖井的实际平面面积 $f_{\text{实}} = 1.6 \times 1.6 = 2.56 (\text{m}^2)$。

5. 竖井的个数

$n = \dfrac{A}{f} = \dfrac{49.72}{2.56} = 19.42$（个），取 $n = 20$ 个。

6. 竖井内栅条的布置

选用栅条材料为钢筋混凝土，断面为矩形，厚度为 50mm，宽度为 50mm，预制拼装。

（1）前段放置密栅条后

竖井过水面积 $A_{1水} = \dfrac{Q}{v_{1栅}} = \dfrac{0.304}{0.25} = 1.216 (\text{m}^2)$。

竖井中栅条面积 $A_{1栅} = 2.56 - 1.22 = 1.34 (\text{m}^2)$。

单栅过水断面面积 $a_{1栅} = 1.6 \times 0.05 = 0.08 (\text{m}^2)$。

所需栅条数 $M_1 = \dfrac{A_{1栅}}{a_{1栅}} = \dfrac{1.34}{0.08} = 16.75$（根），取 $M_1 = 17$ 根。

两边靠池壁各放置栅条 1 根，中间排列放置 15 根，过水缝隙数为 16 个，则平均过水缝宽 $S_1 = (1600 - 17 \times 50)/16 = 46.88 (\text{mm})$。

实际过栅流速 $v_{1栅} = \dfrac{0.304}{16 \times 1.6 \times 0.047} = 0.253 (\text{m/s})$。

（2）中段设置疏栅条后

竖井过水面积 $A_{2水} = \dfrac{Q}{v_{2栅}} = \dfrac{0.304}{0.22} = 1.38 (\text{m}^2)$。

竖井中栅条面积 $A_{2栅} = 2.56 - 1.38 = 1.18 (\text{m}^2)$。

单栅过水断面积 $a_{2栅} = 1.6 \times 0.05 = 0.08 (\text{m}^2)$。

所需栅条数 $M_2 = \dfrac{A_{2栅}}{a_{2栅}} = \dfrac{1.18}{0.08} = 14.75$（根），取 $M_2 = 15$ 根。

两边靠池壁放置栅条各 1 根，中间排列放置 13 根，过水缝隙为 14 个，则平均过水缝宽 $S_2 = (1600 - 15 \times 50)/14 = 60.71 (\text{mm})$。

实际过栅流速 $v_{2栅} = \dfrac{0.304}{14 \times 0.061 \times 1.6} = 0.222 (\text{m/s})$。

7. 絮凝池的总高

絮凝池的有效水深为 4.4m，取超高 0.3m，池底设泥斗及快开排泥阀排泥，泥斗深度 0.60m，池的总高 $H = 4.4 + 0.3 + 0.60 = 5.3 (\text{m})$。

8. 絮凝池的长、宽

栅条絮凝池的计算简图如图 3-14 所示。图中各格右上角的数字为水流依次流过竖井的编号顺序（如箭头所示）。"上""下"表示竖井隔墙的开孔位置，上孔上缘在最高水位以下，下孔下缘与排泥槽齐平。Ⅰ、Ⅱ、Ⅲ表示每个竖井中的网格层数。单竖井的池壁厚为 200mm。

絮凝池的长为 9200mm，宽为 7400mm（包括结构尺寸）。

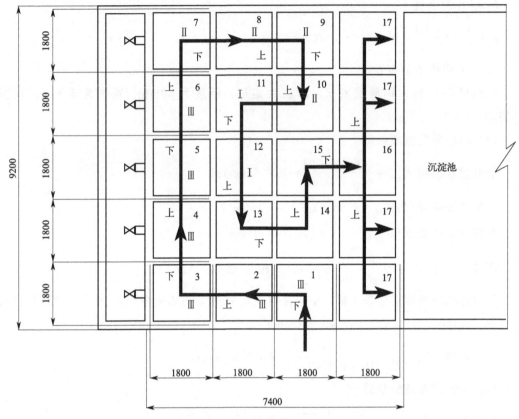

图 3-14　栅条絮凝池的计算简图

9. 竖井隔墙孔洞尺寸

$$竖井隔墙孔洞的过水面积 = \frac{流量}{过孔流速}$$

如 $1^{\#}$ 竖井的孔洞面积 $= \dfrac{0.304}{0.3} = 1.013(m^2)$。

取孔的宽为 1.56m，高为 0.65m，其余各竖井隔墙孔洞尺寸见表 3-14。

表 3-14　竖井隔墙孔洞尺寸

竖井编号	1	2	3	4	5	6	7
孔洞高×宽/m×m	0.65×1.56	0.65×1.56	0.73×1.56	0.81×1.56	0.89×1.56	0.98×1.56	1.03×1.56
竖井编号	8	9	10	11	12	13	14
孔洞高×宽/m×m	1.03×1.56	1.1×1.56	1.17×1.56	1.24×1.56	1.3×1.56	1.39×1.56	1.57×1.56
竖井编号	15	16	17				
孔洞高×宽/m×m	1.75×1.56	0.97×1.56	0.48×1.56				

10. 水头损失 h

$$h = \sum h_1 + \sum h_2 = \sum \xi_1 \frac{v_1^2}{2g} + \sum \xi_2 \frac{v_2^2}{2g}$$

式中　h——总水头损失，m；

h_1——每层网格、栅条的水头损失，m；

h_2——每个孔洞的水头损失，m；

ξ_1——栅条、网格阻力系数，前段取 1.0，中段取 0.9；

ξ_2——孔洞阻力系数，可取 3.0；

v_1——竖井过栅过网流速，m/s；

v_2——各段孔洞流速，m/s。

第一段计算数据如下。

① 竖井数 6 个，单个竖井栅条层数 3 层，共计 18 层。

② $\xi_1 = 1.0$。

③ 过栅流速 $v_{1栅} = 0.253\text{m/s}$。

④ 竖井隔墙 6 个孔洞。

⑤ $\xi_2 = 3.0$。

⑥ 过孔流速：$v_{1孔} = 0.3\text{m/s}$，$v_{2孔} = 0.3\text{m/s}$，$v_{3孔} = 0.27\text{m/s}$。

　　　　　　　$v_{4孔} = 0.24\text{m/s}$，$v_{5孔} = 0.22\text{m/s}$，$v_{6孔} = 0.2\text{m/s}$。

$$h = \sum h_1 + \sum h_2 = \sum \xi_1 \frac{v_1^2}{2g} + \sum \xi_2 \frac{v_2^2}{2g}$$

$$= 18 \times 1.0 \times \frac{0.253^2}{2 \times 9.81} + \frac{3}{2 \times 9.81} \times (0.3^2 + 0.3^2 + 0.27^2 + 0.24^2 + 0.22^2 + 0.2^2)$$

$$= 0.059 + 0.061 = 0.12(\text{m})$$

第 2 段计算数据如下。

① 竖井数 6 个，4 个竖井内设置 2 层栅条，2 个竖井内设置 1 层栅条，共计 10 层。

② $\xi_1 = 0.9$。

③ 过栅流速 $v_{2栅} = 0.224\text{m/s}$。

④ 竖井隔墙 6 个孔洞。

⑤ $\xi_2 = 3.0$。

⑥ 过孔流速：$v_{1孔} = 0.19\text{m/s}$，$v_{2孔} = 0.19\text{m/s}$，$v_{3孔} = 0.18\text{m/s}$。

　　　　　　　$v_{4孔} = 0.17\text{m/s}$，$v_{5孔} = 0.16\text{m/s}$，$v_{6孔} = 0.15\text{m/s}$。

$$h = \sum h_1 + \sum h_2 = \sum \xi_1 \frac{v_1^2}{2g} + \sum \xi_2 \frac{v_2^2}{2g}$$

$$= 10 \times 0.9 \times \frac{0.224^2}{2 \times 9.81} + \frac{3}{2 \times 9.81} \times (0.19^2 + 0.19^2 + 0.18^2 + 0.17^2 + 0.16^2 + 0.15^2)$$

$$= 0.023 + 0.028 = 0.051(\text{m})$$

第 3 段计算数据如下。

① 水流通过的孔数为 5。

② 过孔流速：$v_{1孔}=0.14\text{m/s}$，$v_{2孔}=0.12\text{m/s}$，$v_{3孔}=0.11\text{m/s}$，

$v_{4孔}=0.1\text{m/s}$，$v_{5孔}=0.1\text{m/s}$。

③ $\xi_2=3.0$

$$h=\sum h_2=\sum \xi_2 \frac{v_2^2}{2g}=\frac{3}{2\times9.8}\times(0.14^2+0.12^2+0.11^2+0.1^2+0.1^2)=0.01(\text{m})$$

11. 各段的停留时间

第 1 段 $t_1=\dfrac{V_1}{Q}=\dfrac{1.6\times1.6\times4.4\times6}{0.304}=222.316(\text{s})=3.71(\text{min})$

第 2 段 $t_2=\dfrac{V_2}{Q}=\dfrac{1.6\times1.6\times4.4\times6}{0.304}=222.316(\text{s})=3.7(\text{min})$

第 3 段 $t_3=\dfrac{V_3}{Q}=\dfrac{1.6\times1.6\times4.4\times8}{0.304}=296.42(\text{s})=4.94(\text{min})$

总计停留时间 $t=3.71+3.7+4.94=12.35(\text{min})$

12. G 值

$$G=\sqrt{\frac{\rho h}{60\mu T}}$$

当 $T=20℃$ 时，$\mu=1.029\times10^{-4}(\text{kg}\cdot\text{s})/\text{m}^2$

$$\overline{G}=\sqrt{\frac{\rho \sum h}{60\mu t}}=\sqrt{\frac{1000\times0.181}{60\times1.029\times10^{-4}\times12.35}}=48.7(\text{s}^{-1})$$

$$\overline{G}T=48.7\times741.052=36089.23$$

此 GT 值在 $10^4\sim10^5$ 范围内，说明设计合理。

【例题 3-9】 网格絮凝池的设计计算

（一）已知条件

污水处理厂三级处理出水水量 $Q=105000\text{m}^3/\text{d}$。

（二）设计计算

絮凝池分为 4 组，絮凝时间 T 取 10min，竖井内流速前和中段 $0.12\sim0.14\text{m/s}$，末段 $0.1\sim0.14\text{m/s}$。

1. 每组絮凝池的设计水量

$$Q=\frac{105000}{4}=26250(\text{m}^3/\text{d})=1093.75(\text{m}^3/\text{h})=0.304(\text{m}^3/\text{s})$$

2. 絮凝池的容积

$$W = \frac{QT}{60} = \frac{1093.75 \times 10}{60} = 182.4(\text{m}^3)$$

3. 絮凝池的平面面积

为与沉淀池配合，絮凝池的池深为 3m。

$$A = \frac{V}{H} = \frac{182.4}{3} = 60.8(\text{m}^2)$$

4. 单格面积

$$f = \frac{Q}{V_{井}} = \frac{0.304}{0.12} = 2.53(\text{m}^2)$$

取竖井的长 $l = 1.817\text{m}$，宽 $b = 1.4\text{m}$，单个竖井的实际平面面积 $f_{实} = 1.817 \times 1.4 = 2.54(\text{m}^2)$

5. 竖井的个数

$$n = \frac{A}{f} = \frac{60.8}{2.54} = 24(\text{格})$$

每行分 6 格，每组布置 4 行。网格絮凝池平面布置见图 3-15。

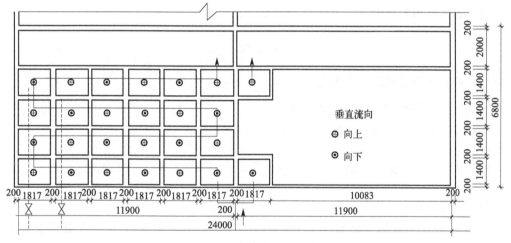

图 3-15　网格絮凝池平面布置

6. 实际絮凝时间

$$t = \frac{24 \times 1.817 \times 1.4 \times 3.0}{0.304} = 602.5(\text{s}) = 10.04(\text{min})$$

7. 絮凝池高度

絮凝池有效水深 3.0m，超高取 0.4m，泥斗深度取 0.6m，则池的总高为 4.0m。

8. 过水孔洞和网格

过水孔洞流速从前向后分 4 挡递减，每行取 1 个流速，进口为 0.3m/s，出口为 0.1m/s。计算过程参见例题 3-8。各行墙上孔洞尺寸分别为 0.7m×1.4m、0.9m×1.4m、1.4m×1.4m、2.1m×1.4m。

前 3 行均安装网格，第 1 行每格安装 3 层，网格尺寸为 50mm×50mm；第 2 行每格安装 2 层，网格尺寸为 80mm×80mm；第 3 行每格安装 1 层，网格尺寸为 100mm× 100mm；第 4 行不安装网格。

9. 水头损失

（1）网格水头损失

$$h_1 = \sum \xi_1 \frac{v_1^2}{2g}$$

式中　h_1——每层网格、栅条的水头损失，m；

　　　ξ_1——栅条、网格阻力系数，前段取 1.0，中段取 0.9；

　　　v_1——竖井过栅、过网流速，m/s，为 0.25m/s。

则第 1 行每层网格水头损失 $h_1 = \sum \xi_1 \frac{v_1^2}{2g} = 1.0 \times \frac{0.25^2}{2 \times 9.8} = 0.0032$（m）。

第 1 行内通过网格的总水头损失 $\sum h_1 = 3 \times 6 \times 0.0032 = 0.0576$（m）。

同理可得第 2 行、第 3 行总水头损失分别为 0.025m 和 0.007m。网格总水头损失为 0.09m。

（2）过水洞水头损失

$$h_2 = \sum \xi_2 \frac{v_2^2}{2g}$$

式中　h_2——每个孔洞的水头损失，m；

　　　ξ_2——孔洞阻力系数，可取 3.0；

　　　v_2——各段孔洞流速，m/s，为 0.3m/s。

则第 1 行单格过洞水头损失 $h_2 = \sum \xi_2 \frac{v_2^2}{2g} = 3.0 \times \frac{0.3^2}{2 \times 9.81} = 0.014$（m）。

第 1 行过洞总水头损失 $\sum h_2 = 6 \times 0.014 = 0.084$（m）。

第 2~4 各行过水洞总水头损失为 0.049m、0.004m、0.0002m，过水洞总水头损失为 0.14m。

（3）絮凝池总水头损失

$$h = \sum h_1 + \sum h_2 = 0.09 + 0.14 = 0.23 \text{（m）}$$

10. GT 值

$$G = \sqrt{\frac{\rho h}{60 \mu T}}$$

当 $T = 20℃$ 时，$\mu = 1.029 \times 10^{-4} \text{kg} \cdot \text{s/m}^2$

$$\bar{G} = \sqrt{\frac{\rho \sum h}{60 \mu t}} = \sqrt{\frac{1000 \times 0.23}{60 \times 1.029 \times 10^{-4} \times 10.04}} = 60.9 \text{（s}^{-1}\text{）}$$

$$\bar{G}T = 60.9 \times 60 \times 10.04 = 36686$$

此 GT 值在 $10^4 \sim 10^5$ 范围内，说明设计合理。

【例题 3-10】 水平轴式等径叶轮机械絮凝池的设计计算

(一) 已知条件

污水处理厂三级处理出水水量 $Q=48000\mathrm{m}^3/\mathrm{d}=2000\mathrm{m}^3/\mathrm{h}$。

(二) 设计计算

1. 池体

(1) 每池容积

$$W=\frac{QT}{60n}$$

式中　Q——流量，m^3/h，本工程为 $2000\mathrm{m}^3/\mathrm{h}$;

　　　T——絮凝时间，$\min$，本工程为 $15\min$;

　　　n——池数，本工程为 2。

则 $W=\dfrac{QT}{60n}=\dfrac{2000\times 15}{60\times 2}=250(\mathrm{m}^3)$。

(2) 池长　池内平均水深采用 $H=3.6\mathrm{m}$，搅拌器的排数采用 $Z=3$。

则 $L=\alpha ZH=1.3\times 3\times 3.6=14(\mathrm{m})$

系数 $\alpha=1.0\sim 1.5$，本工程 $\alpha=1.3$。

(3) 池宽

$$B=\frac{W}{LH}=\frac{250}{14\times 3.6}=5.0(\mathrm{m})$$

2. 搅拌设备

(1) 叶轮直径　叶轮旋转时，应不露出水面，也不触及池底。

取叶轮边缘与水面及池底间净空 $\Delta H=0.15\mathrm{m}$，则 $D=H-2\Delta H=3.6-2\times 0.15=3.3(\mathrm{m})$。

(2) 叶轮的桨板尺寸

桨板长度取 $l=2.0\mathrm{m}$ $(l/D=2.0/3.3=0.61<75\%)$。桨板宽度取 $b=0.20\mathrm{m}$。

(3) 每个叶轮上设置桨板数　$y=4$ 块。

(4) 每个搅拌轴上装设叶轮个数　第一排轴装 2 个叶轮，共 8 块桨板；第二排轴装 1 个叶轮，共 4 块桨板；第三排轴装 2 个叶轮，共 8 块桨板。

(5) 每排搅拌器上桨板总面积与絮凝池过水断面积之比

$$\frac{8bl}{BH}=\frac{8\times 0.2\times 2}{5\times 3.6}=17.8\%<25\%$$

(6) 搅拌器转数

$$n_0=\frac{60v}{\pi D_0}$$

式中　v——叶轮边缘的线速度，$\mathrm{m/s}$，本工程第一排叶轮 $v_1=0.5\mathrm{m/s}$，第二排叶轮 $v_2=$ $0.35\mathrm{m/s}$，第三排叶轮 $v_3=0.2\mathrm{m/s}$;

　　　D_0——叶轮上桨板中心点的旋转直径，m，本工程 $D_0=2.9-0.2=2.7(\mathrm{m})$。

则第一排搅拌器转数 $n_{01} = \dfrac{60 v_1}{\pi D_0} = \dfrac{60 \times 0.5}{3.14 \times 3.1} = 3.08 (\text{r/min})$

第二排搅拌器转数 $n_{02} = \dfrac{60 v_2}{\pi D_0} = \dfrac{60 \times 0.35}{3.14 \times 3.1} = 2.16 (\text{r/min})$

第三排搅拌器转数 $n_{03} = \dfrac{60 v_3}{\pi D_0} = \dfrac{60 \times 0.2}{3.14 \times 3.1} = 1.24 (\text{r/min})$

（7）叶轮旋转的角速度

$$\omega = \frac{2v}{D_0}$$

则 $\omega_1 = \dfrac{2 v_1}{D_0} = \dfrac{2 \times 0.5}{3.1} = 0.323 (\text{rad/s})$

$\omega_2 = \dfrac{2 v_2}{D_0} = \dfrac{2 \times 0.35}{3.1} = 0.226 (\text{rad/s})$

$\omega_3 = \dfrac{2 v_3}{D_0} = \dfrac{2 \times 0.2}{3.1} = 0.129 (\text{rad/s})$

（8）每个叶轮旋转时克服水的阻力所消耗的功率

$$N_0 = \frac{ykl\omega^3}{408}(r_2^4 - r_1^4)$$

$$k = \frac{\psi \rho}{2g}$$

式中　y——每个叶轮上的桨板数目，个，本工程 $y = 4$；

$\quad l$——桨板长度，m，本工程 $l = 1.5\text{m}$；

$\quad r_2$——叶轮半径，m，本工程 $r_2 = \dfrac{1}{2}D = \dfrac{1}{2} \times 3.3 = 1.65 (\text{m})$；

$\quad r_1$——叶轮半径与桨板宽度之差，m，本工程 $r_1 = r_2 - b = 1.65 - 0.20 = 1.45 (\text{m})$；

$\quad \omega$——叶轮旋转的角速度，rad/s；

$\quad k$——系数；

$\quad \rho$——水的密度，1000kg/m^3；

$\quad \psi$——阻力系数，根据桨板宽度与长度之比 $\left(\dfrac{b}{l}\right)$ 确定，见表 3-15，本工程桨板宽长

$\quad\quad$ 比 $\dfrac{b}{l} = \dfrac{0.2}{2.0} = 0.1 < 1$，故 $\psi = 1.10$。

则 $k = \dfrac{1.10 \times 1000}{2 \times 9.81} = 56.1$

各排轴上每个叶轮的功率 N_0

第一排 $N_{01} = \dfrac{4 \times 56.1 \times 2.0}{408} \times (1.65^4 - 1.45^4)\omega_1^3 = 6.229\omega_1^3 = 6.229 \times 0.323^3 = 0.210 (\text{kW})$

第二排 $N_{02} = 6.229\omega_2^3 = 6.229 \times 0.226^3 = 0.072 (\text{kW})$

第三排 $N_{03} = 6.229\omega_3^3 = 6.229 \times 0.129^3 = 0.013 (\text{kW})$

表 3-15　阻力系数 ψ

$\dfrac{b}{l}$	<1	$1\sim2$	$2.5\sim4$	$4.5\sim10$	$10.5\sim18$	>18
ψ	1.10	1.15	1.19	1.29	1.40	2.00

（9）转动每个叶轮所需电动机功率 N

$$N=\frac{N_0}{\eta_1\eta_2}$$

式中　η_1——搅拌器机械总效率，采用 0.75；

　　　η_2——传动效率，为 $0.6\sim0.95$，采用 0.8。

则各排轴上转动每个叶轮所需电动机功率 N 为

第一排　$N_1=\dfrac{N_{01}}{0.75\times0.8}=\dfrac{0.210}{0.75\times0.8}=0.35(\mathrm{kW})$

第二排　$N_2=\dfrac{N_{02}}{\eta_1\eta_2}=\dfrac{0.072}{0.75\times0.8}\approx0.12(\mathrm{kW})$

第三排　$N_3=\dfrac{N_{03}}{\eta_1\eta_2}=\dfrac{0.013}{0.75\times0.8}=0.02(\mathrm{kW})$

（10）每排搅拌轴所需电动机功率

第一排　$N_1'=2N_1=2\times0.35=0.7(\mathrm{kW})$

第二排　$N_2'=1N_2=1\times0.12=0.12(\mathrm{kW})$

第三排　$N_3'=2N_3=2\times0.02=0.04(\mathrm{kW})$

3. GT 值

絮凝池的平均速度梯度 G

$$G=\sqrt{\frac{10^3P}{\mu}}$$

式中　P——单位时间、单位体积液体所消耗的功，即外加于水的输入功率，$\mathrm{kW/m^3}$；

　　　μ——水的绝对黏度，$\mathrm{Pa\cdot s}$，本工程水温 $t=15℃$，$\mu=1.1395\times10^{-3}\mathrm{Pa\cdot s}$。

$$P=\frac{N_0}{W}=\frac{2N_{01}+N_{02}+2N_{03}}{W}$$

$$=\frac{2\times0.210+0.072+2\times0.013}{250}=0.002(\mathrm{kW/m^3})$$

$$G=\sqrt{\frac{10^3\times0.002}{1.1395\times10^{-3}}}=41.89(\mathrm{s^{-1}})$$

$$GT=41.89\times15\times60=37701$$

此 GT 值在 $10^4\sim10^5$ 范围内，说明设计合理。计算简图见图 3-16。

【例题 3-11】垂直轴式等径叶轮机械絮凝池的设计计算

（一）已知条件

污水处理厂三级处理出水水量 $Q=12000\mathrm{m^3/d}=500\mathrm{m^3/h}$。

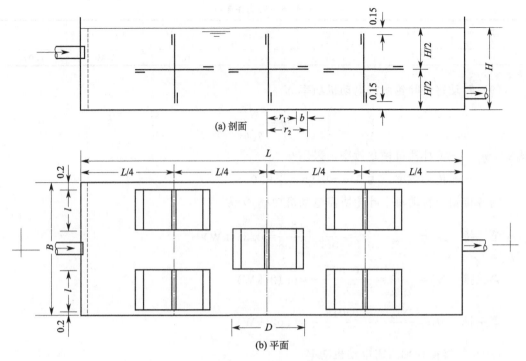

图 3-16　水平轴式等径叶轮机械絮凝池计算简图

（二）设计计算

1. 单池容积

池数 $n=2$，絮凝时间采用 $T=15\text{min}$，则 $W=\dfrac{QT}{60}=\dfrac{500\times15}{60\times2}=63(\text{m}^3)$。

2. 池平面尺寸

为便于安装叶轮，并根据沉淀池尺寸，絮凝池的分格数采用 $n=3$。每格内装设搅拌叶轮一个。各格之间设有过水孔的垂直隔墙导流，孔口位置采取上下交错方式排列，以使水流分布均匀，见图 3-17。

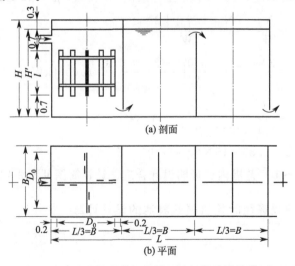

图 3-17　水平轴式等径叶轮机械絮凝池计算简图

絮凝池各格的平面尺寸为 $2.4\text{m}\times2.4\text{m}$。

絮凝池宽度 $B=2.4\text{m}$，长度 $L=2.4\times3=7.2(\text{m})$。

3. 池高

$$有效水深\ H'=W/(Bl')=62.5/(2.4\times7.2)=3.6(\text{m})$$

池超高取 $\Delta H=0.3\text{m}$，则絮凝池总高为

$$H=H'+\Delta H=3.6+0.3=3.9(\text{m})$$

4. 搅拌设备（图 3-18）

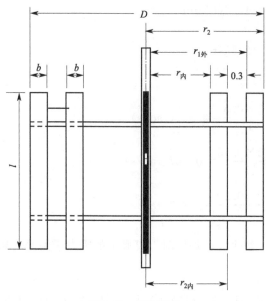

图 3-18　搅拌设备

（1）叶轮的构造参数　叶轮直径取 $D_0=2\text{m}$。

桨板长度取 $l=1.4\text{m}$（$l/D=1.4/2=0.7<0.75$）。

桨板宽度取 $b=0.10\text{m}$。

每个叶轮上的桨板数 $y=8$ 块，叶轮内外侧各 4 块。内外两桨板间净距 $S=0.3\text{m}$。

旋转桨板面积与絮凝池过水断面面积之比为 $\dfrac{8bl}{BH}=\dfrac{8\times0.1\times1.4}{2.4\times3.6}=13.0\%<25\%$

4 块固定挡板宽×高为 $0.2\text{m}\times1.2\text{m}$。其面积与絮凝池过水断面面积之比为 $\dfrac{4\times0.2\times1.2}{2.4\times3.6}=$

$11.1\%<25\%$。

桨板总面积与过水断面面积之比为 $13.0\%+11.1\%=24.1\%$，小于 25% 的要求。

$$叶轮半径\ r_{2外}=\frac{D}{2}=\frac{2}{2}=1(\text{m})$$

见图 3-18，由叶轮半径与桨板宽度之差可计算得到如下数据：$r_{2内}=0.6\text{m}$，$r_{1外}=$
0.9m，$r_{1内}=0.5\text{m}$。

(2) 叶轮转数　各格叶轮桨板中心点旋转直径 D_0 为

$$D_0 = 2(r_{1外} - S/2) = 2 \times (0.9 - 0.3/2) = 1.5(\text{m})$$

各格叶轮半径中心点的线速度采用

$$v_1 = 0.5\text{m/s}, \quad v_2 = 0.35\text{m/s}, \quad v_3 = 0.3\text{m/s}$$

$$n_0 = \frac{60v}{\pi D_0} = \frac{60v}{3.14 \times 2} = 9.55v(\text{r/min})$$

则 $n_{01} = \dfrac{60 \times 0.5}{3.14 \times 1.5} = 6.37(\text{r/min})$

$$n_{02} = \frac{60 \times 0.35}{3.14 \times 1.5} = 4.46(\text{r/min})$$

$$n_{03} = \frac{60 \times 0.20}{3.14 \times 1.5} = 2.55(\text{r/min})$$

(3) 叶轮旋转的角速度

第一格 $\omega_1 = \dfrac{2v_1}{D_0} = \dfrac{2 \times 0.5}{1.5} = 0.667(\text{rad/s})$

第二格 $\omega_2 = \dfrac{2v_2}{D_0} = \dfrac{2 \times 0.35}{1.5} = 0.467(\text{rad/s})$

第三格 $\omega_3 = \dfrac{2v_3}{D_0} = \dfrac{2 \times 0.20}{2} = 0.267(\text{rad/s})$

(4) 叶轮功率 N_0　每个叶轮旋转时，克服水的阻力所消耗的功率 $N_0 = \dfrac{ykl}{408}(r_2^4 - r_1^4)\omega^3$（式中符号意义同前）。

由 $b/l = 0.1/1.4 = 0.07 < 1$，得 $\psi = 1.10$，则系数 $k = \psi\rho/(2g) = 1.10 \times 1000/(2 \times 9.81) = 56.1$。

第一格外侧桨板

$$N_{01外} = \frac{ykl}{408}(r_{2外}^4 - r_{1外}^4)\omega_1^3 = \frac{4 \times 56.1 \times 1.4}{408}(1^4 - 0.9^4) \times 0.667^3 = 0.079(\text{kW})$$

第一格内侧桨板

$$N_{01内} = \frac{ykl}{408}(r_{2内}^4 - r_{1内}^4)\omega_1^3 = \frac{4 \times 56.1 \times 1.4}{408}(0.6^4 - 0.5^4) \times 0.667^3 = 0.015(\text{kW})$$

第二格外侧桨板

$$N_{02外} = \frac{ykl}{408}(r_{2外}^4 - r_{1外}^4)\omega_2^3 = \frac{4 \times 56.1 \times 1.4}{408}(1^4 - 0.9^4) \times 0.467^3 = 0.027(\text{kW})$$

第二格内侧桨板

$$N_{02内} = \frac{ykl}{408}(r_{2内}^4 - r_{1内}^4)\omega_2^3 = \frac{4 \times 56.1 \times 1.4}{408}(0.6^4 - 0.5^4) \times 0.467^3 = 0.005(\text{kW})$$

第三格外侧桨板

$$N_{03外} = \frac{ykl}{408}(r_{2外}^4 - r_{1外}^4)\omega_3^3 = \frac{4 \times 56 \times 1.4}{408}(1^4 - 0.9^4) \times 0.267^3 = 0.005(\text{kW})$$

第三格内侧桨板

$$N_{03内} = \frac{ykl}{408}(r_{2内}^4 - r_{1内}^4)\omega_3^3 = \frac{4 \times 56 \times 1.5}{408}(0.6^4 - 0.5^4) \times 0.267^3 = 0.001(\text{kW})$$

第一格叶轮 $N_{01} = N_{01外} + N_{01内} = 0.079 + 0.015 = 0.094(\text{kW})$

第二格叶轮 $N_{02} = N_{02外} + N_{02内} = 0.027 + 0.005 = 0.032(\text{kW})$

第三格叶轮 $N_{03} = N_{03外} + N_{03内} = 0.005 + 0.001 = 0.006(\text{kW})$

（5）所需电动机功率 N　设三格的搅拌叶轮合用一台电动机，则絮凝池所耗总功率为

$$N_0 = N_{01} + N_{02} + N_{03} = 0.094 + 0.032 + 0.006 = 0.132(\text{kW})$$

搅拌器机械总效率 $\eta_1 = 0.8$，传动效率 $\eta_2 = 0.75$，则电动机所需功率为

$$N = \frac{N_0}{\eta_1 \eta_2} = \frac{0.132}{0.75 \times 0.8} = 0.22(\text{kW})$$

5. GT 值

水温 $t = 20℃$，则 $\mu = 1.0091 \times 10^{-3}\text{Pa·s}$。

每格絮凝池的有效容积为 $V = \frac{W}{3} = \frac{63}{3} = 21(\text{m}^3)$

则各格的速度梯度为

第一格 $G_1 = \sqrt{\dfrac{10^3 N_{01}}{\mu V}} = \sqrt{\dfrac{10^3 \times 0.094}{1.0091 \times 10^{-3} \times 21}} = 66.60(\text{s}^{-1})$

第二格 $G_2 = \sqrt{\dfrac{10^3 N_{02}}{\mu V}} = \sqrt{\dfrac{10^3 \times 0.032}{1.0091 \times 10^{-3} \times 21}} = 38.86(\text{s}^{-1})$

第三格 $G_3 = \sqrt{\dfrac{10^3 N_{03}}{\mu V}} = \sqrt{\dfrac{10^3 \times 0.006}{1.0091 \times 10^{-3} \times 21}} = 16.83(\text{s}^{-1})$

絮凝池平均速度梯度为

$$G = \sqrt{\frac{10^3 N_0}{\mu W}} = \sqrt{\frac{10^3 \times 0.132}{1.0091 \times 10^{-3} \times 63}} = 45.57(\text{s}^{-1})$$

则 $GT = 45.57 \times 15 \times 60 = 41013$。

此 GT 值在 $10^4 \sim 10^5$ 范围内，说明设计合理。

【例题 3-12】 自旋式微涡流絮凝池的计算

（一）已知条件

设计水量 $Q = 80000\text{m}^3/\text{d}$，采用 2 座廊道自旋式微涡流絮凝池，为减少单个布置的深度，将絮凝段分段布置。原水为低温低浊水，絮凝时间不小于 15min。自旋式微涡流装置直径 0.15m，前段廊道流速控制为 0.2m/s 左右，末段流速不大于 0.08m/s。

（二）设计计算

1. 单池水量 q

$$q = \frac{Q}{dsm} = \frac{80000}{24 \times 3600 \times 2} = \frac{80000}{86400 \times 2} = 0.463 (\text{m}^3/\text{s})$$

式中 Q——设计水量，m^3/d；

       d——每天小时数，h；

       s——每小时的秒数，s；

       m——絮凝池组数，组。

2. 絮凝池

（1）设计坡度   廊道起端水深 $H_{起} = 1.80\text{m}$，末端水深 $H_{末} = 2.85\text{m}$，为配合沉淀池平面布置，絮凝池宽度取 $B = 15.3\text{m}$，沿絮凝池长设 9 段廊道，廊道总长度

$$L_{总} = 9 \times 15.3 = 137.7 (\text{m})$$

则廊道池底设计坡度 i

$$i = \frac{H_{末} - H_{起}}{L_{总}} = \frac{2.85 - 1.8}{137.7} = 0.76\%$$

（2）第 n 段廊道末端水深 $H_{n末}$ 廊道起端水深 $H_{n起} = H_{n-1末}$，廊道末端水深 $H_{n末} = H_{n起} + Bi$，第 1 段廊道末端水深

$$H_{n末} = H_{n起} + Bi = 1.8 + \left(\frac{15.30 \times 0.76}{100} \right) = 1.92 (\text{m})$$

（3）平均水深 H_n

$$H_n = \frac{H_{n起} + H_{n末}}{2}$$

第 1 段廊道的平均水深 H_1

$$H_1 = \frac{H_{1起} + H_{1末}}{2} = \frac{1.8 + 1.92}{2} = 1.86 (\text{m})$$

（4）廊道宽度 b_n 和流速 v_n

$$b_n = \frac{q}{v_n H_n}$$

絮凝池第 1 段廊道宽度 b_1

$$b_1 = \frac{q}{v_1' H_1} = \frac{0.463}{v_1' \times 1.86}$$

式中，各段廊道中的流速大小应按《排水规范》中规定的级别类型选取。该絮凝池共设 9 段廊道，分为 3 级，每级由相邻 3 段廊道组成。

取第 1 段廊道流速 $v_1' = 0.23\text{m/s}$，则 $b_1' = 1.08\text{m}$，取 $b_1 = 1.1\text{m}$。实际流速 v_1

$$v_1 = \frac{q}{b_n H_n} = \frac{0.463}{1.1 \times 1.86} = 0.226 (\text{m/s})$$

（5）停留时间 T_n

$$T_n = \frac{B}{v_n}$$

第 1 段廊道停留时间

$$T_1 = \frac{B}{v_1} = \frac{15.3}{0.226} = 67.6991(\mathrm{s}),取 68\mathrm{s}。$$

采取同样的方法，将其余廊道的宽度、流速及停留时间算出，并列入表 3-16 中。

表 3-16　廊道的宽度、流速和停留时间

廊道序号	设计流速 /(m/s)	廊道宽度/m		实际流速 /(m/s)	停留时间 /s
		计算值	采用值		
1	$v_1' = 0.230$	$b_1' = 1.08$	$b_1 = 1.10$	$v_1 = 0.226$	$T_1 = 68$
2	$v_2' = 0.220$	$b_2' = 1.07$	$b_2 = 1.10$	$v_2 = 0.213$	$T_2 = 72$
3	$v_3' = 0.160$	$b_3' = 1.38$	$b_3 = 1.40$	$v_3 = 0.158$	$T_3 = 97$
4	$v_4' = 0.150$	$b_4' = 1.40$	$b_4 = 1.40$	$v_4 = 0.150$	$T_4 = 102$
5	$v_5' = 0.120$	$b_5' = 1.66$	$b_5 = 1.70$	$v_5 = 0.117$	$T_5 = 131$
6	$v_6' = 0.112$	$b_6' = 1.69$	$b_6 = 1.70$	$v_6 = 0.112$	$T_6 = 137$
7	$v_7' = 0.103$	$b_7' = 1.76$	$b_7 = 1.8$	$v_7 = 0.101$	$T_7 = 152$
8	$v_8' = 0.097$	$b_8' = 1.78$	$b_8 = 1.8$	$v_8 = 0.096$	$T_8 = 159$
9	$v_9' = 0.088$	$b_9' = 1.88$	$b_9 = 1.9$	$v_9 = 0.087$	$T_9 = 175$
合计			13.9		1093

絮凝池总絮凝时间 $T_{总} = 1093\mathrm{s} = 18.22\mathrm{min}$，在 15~20min 之间，所以廊道设计 9 段是合理的。

（6）池长 L

廊道隔墙厚度取 0.20m。

$$L = \sum b_n + 0.20 \times (n-1) = 13.9 + 1.6 = 15.50(\mathrm{m})$$

（7）池深 H

$$H = H_1 + H_2 = 2.85 + 0.30 = 3.15(\mathrm{m})$$

式中　H_1——池深，m，取 2.85m；

　　　H_2——超高，m，取 0.3m。

絮凝池廊道布置见图 3-19。

3. 水头损失

（1）弯道处流速 $v_{n弯}$

$$v_{n弯} = \frac{q}{b_n H_{n末}}$$

则第 1 段廊道的弯道处流速

$$v_{1弯} = \frac{q}{b_1 H_{1末}} = \frac{0.463}{1.1 \times 1.92} = 0.22(\mathrm{m/s})$$

（2）廊道内水头损失 h_n　下面仅以第 1 段廊道为例计算，并将各级廊道的水力计算结果列入表 3-17。

各段廊道水头损失 h_n

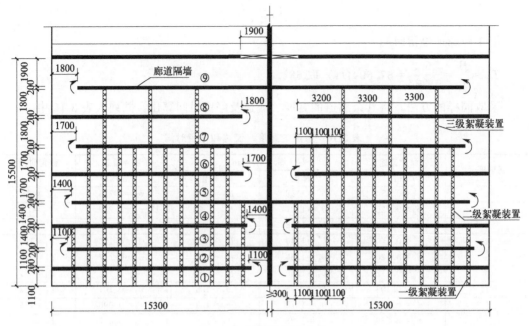

图 3-19 絮凝池廊道布置

$$h_n = \frac{v_n^2}{C_n^2 R_n} l_n + S_n \xi \frac{v_{n弯}^2}{2g}$$

$$R_n = \frac{b_n H_n}{b_n + 2H_n}$$

$$C_n = \frac{1}{n} R^{1/6}$$

式中 v_n——廊道的实际流速，m/s；

       $v_{n弯}$——廊道转弯处流速，m/s；

       S_n——廊道内水流转弯次数；

       C_n——流速系数；

       ξ——转弯处局部水头损失系数，取 3；

       R_n——廊道断面的水力半径，m；

       H_n——廊道的水深，m；

       l_n——廊道长度，m；

       b_n——廊道的宽度，m。

廊道第 1 段水头损失

$$h_{廊道1} = \frac{v_1^2}{C_1^2 R_1} l_1 + S_1 \xi \frac{v_{1弯}^2}{2g} = 0.0004 + 0.0074 = 0.0078(\text{m})$$

由表 3-17 可得，第 1 级廊道总水头损失

$$h_{廊道总1} = \sum h_{廊道n} = 0.0186(\text{m})$$

4. 絮凝装置配置

表 3-17　廊道水力计算

絮凝级数 ($T_{n级}$)	廊道编号	设计宽度 /m	实际流速 /(m/s)	起端水深 /m	末端水深 /m	平均水深 /m	弯道宽取值 /m	弯道处流速 /(m/s)	沿程水头损失 /m	局部水头损失 /m	总水头损失 /m	停留时间 /s
第 1 级	1	1.1	0.226	1.80	1.92	1.86	1.1	0.220	0.0004	0.0074	0.0078	68
	2	1.1	0.213	1.92	2.03	1.98	1.1	0.207	0.0004	0.0066	0.0070	72
	3	1.4	0.158	2.03	2.15	2.09	1.4	0.154	0.0002	0.0036	0.0038	97
	小计								0.0010	0.0176	0.0186 ($h_{廊道1}$)	237
第 2 级	4	1.4	0.150	2.15	2.27	2.21	1.4	0.146	0.0001	0.0033	0.0034	102
	5	1.7	0.117	2.27	2.38	2.33	1.7	0.114	0.0001	0.0020	0.0021	131
	6	1.7	0.112	2.38	2.50	2.44	1.7	0.109	0.0001	0.0018	0.0019	137
	小计								0.0003	0.0071	0.0074 ($h_{廊道2}$)	370
第 3 级	7	1.8	0.101	2.50	2.62	2.56	1.8	0.088	0.00000	0.0012	0.0015	152
	8	1.8	0.096	2.62	2.73	2.68	1.8	0.085	0.00000	0.0011	0.0014	159
	9	1.9	0.087	2.73	2.85	2.79	1.9	0.077	0.0000	0.0009	0.0011	175
	小计								0.0000	0.0032	0.0040 ($h_{廊道3}$)	486
总计									0.0013	0.0279	0.0300	1093

自旋式微涡流絮凝池共 9 段廊道分 3 级，1～3 廊道为第 1 级，4～6 廊道为第 2 级，7～9 廊道为第 3 级。

设第 1 级速度梯度 $G_{1级}=100\text{s}^{-1}$，第 2 级速度梯度 $G_{2级}=50\text{s}^{-1}$，第 3 级 $G_{3级}=13\text{s}^{-1}$。下面诸项计算均以第 1 级计算为例，其他级计算方法与之类同，计算结果列入表 3-18 中。

(1) 各级反应时间 $T_{n级}$　第 1 级反应时间
$$T_{1级}=T_1+T_2+T_3=68+72+97=237(\text{s})$$

(2) 各级的总水头损失　速度梯度公式
$$G_n=\sqrt{\frac{\rho h_{n级}}{\mu T_n}}$$

16℃时，$\mu=1.162\times10^{-4}$。

则第 1 级总水头损失
$$h_{1级}=\frac{G_1^2\mu T_{1级}}{\rho}=\frac{100^2\times1.162\times10^{-4}\times237}{1000}=0.2754(\text{m})$$

(3) 各级的设备水头损失 $h_{n级设}$
$$h_{n级设}=h_{n级}-h_{n廊道}$$

则第 1 级设备的水头损失
$$h_{1级设}=h_{1级}-h_{1廊道}=0.2754-0.0186=0.2578(\text{m})$$

(4) 单层过设备水头损失 $h_{n层设}$　絮凝装置放置在廊道中，通过放置密度来配置各级流速。过设备单层水头损失计算公式为
$$h_{层设}=\xi_设\frac{v_设^2}{2g}$$

其中设备的局部阻力系数 $\xi_设$ 取值为 1.0。

第 1 段廊道内设备面积 $S_{1设}$
$$S_{1设}=b_1 d_环 \eta\times6=1.1\times0.2\times75\%\times6=0.99(\text{m}^2)$$

第 1 段廊道断面面积 $S_{1断}$
$$S_{1断}=H_1 b_1=1.86\times1.1=2.05(\text{m}^2)$$

过水面积 $S_{1过}$
$$S_{1过}=S_{1断}-S_{1设}=2.05-0.99=1.06(\text{m}^2)$$

实际过设备流速 $v_{1设}$
$$v_{1设}=\frac{Q}{S_{1过}}=\frac{0.463}{1.06}=0.4368(\text{m/s})$$

则廊道 1 的单层设备水头损失
$$h_{1层设}=\xi_设\frac{v_{1设}^2}{2g}=1\times\frac{0.4368^2}{2\times9.81}=0.0098(\text{m})$$

同理可得廊道 2 的单层设备水头损失
$$h_{2层设}=\xi_设\frac{v_{2设}^2}{2g}=1\times\frac{0.3890^2}{2\times9.81}=0.0078(\text{m})$$

表 3-18　絮凝装置配置

级数	廊道编号	廊道流速 /(m/s)	廊道断面面积 /m²	过水面积 /m²	设备面积 /m²	每层絮凝环个数/个	实际过设备流速 /(m/s)	过设备水头损失 /m	每段絮凝设备层数/层	设备总水头损失 /m
第1级	第1段	0.226	2.05	1.06	0.99	6	0.4368	0.0098	12	0.258
	第2段	0.213	2.18	1.19	0.99	6	0.3890	0.0078		
	第3段	0.158	2.93	1.67	1.26	6	0.2772	0.0039		
	小计							0.0215		
第2级	第4段	0.150	3.09	1.62	1.47	7	0.2858	0.0042	10	0.085
	第5段	0.117	3.95	2.17	1.79	7	0.2133	0.0023		
	第6段	0.112	4.15	2.36	1.79	7	0.1920	0.0020		
	小计							0.0085		
第3级	第7段	0.101	4.60	2.98	1.62	6	0.1551	0.0012	2	0.0062
	第8段	0.096	4.82	3.20	1.62	6	0.1449	0.0011		
	第9段	0.087	5.30	3.59	1.71	6	0.1288	0.0008		
	小计							0.0031		
总计										0.3492

廊道 3 的单层设备水头损失

$$h_{3层设} = \xi_设 \frac{v_{3设}^2}{2g} = 1 \times \frac{0.2772^2}{2 \times 9.81} = 0.0039 (\text{m})$$

第 1 级廊道的单层设备总水头损失 $h_{单层}$

$$h_{单层} = h_{1层设} + h_{2层设} + h_{3层设} = 0.0098 + 0.0078 + 0.0039 = 0.0215 (\text{m})$$

（5）每段廊道中絮凝设备层数 $N_{n层}$　例如第 1 级廊道

$$N_{1层} = \frac{h_{1级设}}{h_{单层}} = \frac{0.2578}{0.0215} = 11.99 \text{，取} n = 12。$$

按照同样的方法计算，其他各级过水面积、过设备流速、过设备水头损失及设备的设置层数，见表 3-18。

（6）每层絮凝装置的絮凝环个数　絮凝装置放置在廊道中，通过放置密度来配置各级流速，每层絮凝装置放置的个数通常以流速试算来确定，第 1 级过絮凝装置控制流速 0.45m/s 以内，最后一级过絮凝装置控制流速在 0.1～0.15m/s 之间，各廊道之间的流速宜均匀递减。廊道尺寸见表 3-17，第 1 段廊道宽度 1.1m，平均水深 1.86m。廊道断面面积

$$S_{1廊道} = H_1 b_1 = 1.86 \times 1.1 = 2.05 (\text{m}^2)$$

按照水流过絮凝设备流速控制在 0.45m/s 以内计算，第 1 段廊道内设备面积

$$S_{1设} = b_1 d_环 \eta \times 6 = 1.1 \times 0.2 \times 75\% \times 6 = 0.99 (\text{m}^2)$$

廊道过水面积　　$S_{1水} = S_{1廊道} - S_{1设} = 2.05 - 0.99 = 1.06 (\text{m}^2)$

过设备流速

$$V_{1设} = \frac{q}{S_{1水}} = \frac{0.463}{1.06} = 0.44 (\text{m/s})$$

按照第 1 段廊道絮凝设备每层放置个数的计算方法，第 1 级廊道每层絮凝装置放置 6 个絮凝环，第 2 级放置 7 个絮凝环，第 3 级放置 6 个絮凝环。

第 1 段廊道中，絮凝装置的布置见图 3-20 和图 3-21。

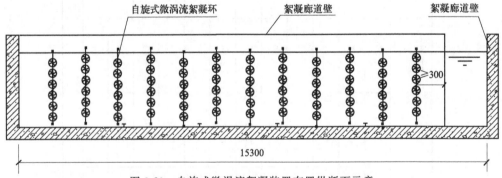

图 3-20　自旋式微涡流絮凝装置布置纵断面示意

由表 3-18 可知，絮凝池中第 1～3 级廊道中，应安装自旋式微涡流絮凝装置的层数分别是 12、10 和 2。为保护絮凝效果，第 3 级的第 9 段廊道内不设絮凝装置，但将其 2 层絮凝装置均分在第 7 段、第 8 段廊道中（即第 7 段、第 8 段廊道中各设 3 层絮凝装置）。

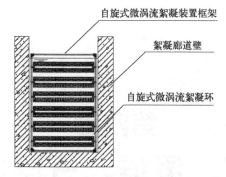

自旋式微涡流絮凝装置框架
絮凝廊道壁
自旋式微涡流絮凝环

图 3-21　自旋式微涡流絮凝装置布置横断面示意

5. GT 值

水温 $t = 16℃$，$\mu = 1.162 \times 10^{-4} (\mathrm{kg} \cdot \mathrm{s})/\mathrm{m}^2$，则

$$G = \sqrt{\frac{\rho \sum h}{60 \mu T}} = \sqrt{\frac{1000 \times (0.3492 + 0.03)}{60 \times 1.162 \times 10^{-4} \times 18.22}} = 54.64 (s^{-1})$$

$$GT = 54.64 \times 1093 = 59721.52$$

此 GT 值在 $10^4 \sim 10^5$ 范围内。

第四章
沉淀、澄清、气浮设施

第一节 沉 淀 池

在重力作用下，将密度大于水的悬浮物从水中分离出去的现象称为沉淀。颗粒在沉淀过程中，形状、尺寸、质量以及沉速都随沉淀过程发生变化。根据水中杂质颗粒本身的性状及其所处外界条件的不同，沉淀可分如下几种。

① 按水流状态，分为静水沉淀与动水沉淀。

② 按投加混凝药剂与否，分为自然沉淀与混凝沉淀。

③ 按颗粒受力状态及所处水力学等边界条件，分为自由沉淀与拥挤沉淀。

④ 按颗粒本身的物理化学性状，分为团聚稳定颗粒沉淀与团聚不稳定颗粒沉淀。

另外，当水中悬浮颗粒细小，粒度较均匀，含量又很大（大于 5000mg/L）时，将发生浓缩现象，即在沉淀过程中出现一个清水和浑水的交界面（浑液面），交界面的下降过程也就是沉淀的进行过程。所以，浓缩是沉淀的特殊形式，同时属于拥挤沉淀类型。

沉淀池是应用沉淀作用去除水中悬浮物的一种构筑物。沉淀池在水处理中使用较多。按照水在池中的流动方向和线路，沉淀池分为平流式（卧式）、竖流式（立式）、辐流式（辐射式或径流式）、斜流式（如斜管、斜板沉淀池）等类型。此外，还有多层多格平流式沉淀池，中途取水或逆坡度斜底平流式沉淀池等。近年来，高密度沉淀池的应用也逐渐增多。

沉淀池型式的选择应根据所处理的水质、水量、处理厂平面和高程布置的要求，并结合絮凝池结构型式等因素确定。常见各种沉淀池的性能特点及适用条件见表4-1。

表 4-1 沉淀池型式比较

型式	性 能 特 点	适 用 条 件
平流式	优点：(1)可就地取材,造价低 (2)操作管理方便,施工较简单 (3)适应性强,潜力大,处理效果稳定 (4)带有机械排泥设备时,排泥效果好 缺点：(1)不采用机械排泥装置时,排泥较困难 (2)机械排泥设备,维护较复杂 (3)占地面积较大	一般用于大中型水处理厂
竖流式	优点：(1)排泥较方便 (2)一般与絮凝池合建,不需另建絮凝池 (3)占地面积较小 缺点：(1)上升流速受颗粒下沉速度所限,出水量小,一般沉淀效果较差 (2)施工较平流式困难	(1)一般用于小型水处理厂 (2)常用于地下水位较低时
辐流式	优点：(1)沉淀效果好 (2)有机械排泥装置时,排泥效果好 缺点：(1)基建投资及经常费用大 (2)刮泥机维护管理较复杂,金属耗量大 (3)施工较平流式困难	一般用于大中型水处理厂
斜管(板)式	优点：(1)沉淀效率高 (2)池体小,占地少 缺点：(1)斜管(板)耗用材料多,且价格较高 (2)排泥较困难	适用于旧沉淀池的扩建、改建和挖潜
水平管沉淀池	优点：(1)沉淀效率高 (2)池体占地面积小 (3)原水浊度适应性强 缺点：布水系统、集水系统和排泥系统等设施需细化配套设计	适用于各种旧沉淀池改造

沉淀池池体由进口区、沉淀区、出口区及泥渣区四部分组成。沉淀池的设计计算主要应确定沉淀区和泥渣区的容积及几何尺寸,计算和布置进、出口及排泥设施等。

一、设计概述

① 选择沉淀池或澄清池类型时,应根据原水水质、设计生产能力、处理后水质要求,并考虑原水水温变化、制水均匀程度以及是否连续运转等因素,结合当地条件通过技术经济比较确定。

② 沉淀池和澄清池的个数或能够单独排空的分格数不宜少于 2 个。

③ 设计沉淀池和澄清池时应考虑均匀配水和集水。

④ 沉淀池积泥区和澄清池沉泥浓缩室（斗）的容积,应根据进出水的悬浮物含量、处理水量、加药量、排泥周期和浓度等因素通过计算确定。

⑤ 当沉淀池和澄清池规模较大或排泥次数较多时,宜采用机械化和自动化排泥装置。

⑥ 澄清池絮凝区应设取样装置。

⑦ 平流沉淀池。

a. 池体平面为矩形，进出口分别设在池子的两端。进口一般采用淹没进水孔，水由进水渠通过均匀分布的进水孔流入池体，进水孔后设有挡板，使水流均匀地分布在整个池宽的横断面；出口多采用溢流堰，以保证沉淀后的澄清水沿池宽均匀地流入出水渠。

b. 水流部分是池的主体，池宽和池深要保证水流沿池的过水断面布水均匀，依设计流速缓慢而稳定地流过。

c. 平流沉淀池的沉淀时间应根据原水水质和沉淀后的水质要求，通过实验或参照相似地区的沉淀资料确定，宜为 1.5~3h。

d. 平流沉淀池水平流速混凝沉淀一般为 10~25mm/s，自然沉淀一般不超过 3mm/s。水流应避免过多转折。

e. 平流沉淀池的有效水深，可采用 3~3.5m。沉淀池的每格宽度（或导流墙间距）宜为 3~8m，最大不超过 15m，长度与宽度之比不得小于 4，长度与深度之比不得小于 10。超高一般为 0.3~0.5m。

f. 平流沉淀池宜采用穿孔墙配水和溢流堰集水，溢流率不宜超过 300m³/(m·d)。

g. 池数或分格数一般不少于 2 个。

h. 池子进水端用穿孔花墙配水时，花墙距进水端池壁的距离应不小于 1~2m。在沉泥面以上 0.3~0.5m 处至池底部分的花墙不设孔眼（当原水悬浮物含量高时，不宜设穿孔花墙）。

i. 防冻可利用冰盖（适用于斜坡式池子）或加盖板（应有人孔、取样孔），有条件时可利用废热防冻。

j. 泄空时间一般不超过 6h。放空管直径可按下式计算：

$$d = \sqrt{\frac{0.7BLH^{0.5}}{t}}$$

式中　B——池宽，m；

　　　L——池长，m；

　　　H——池内平均长度，m；

　　　t——泄空时间，s。

k. 沉淀池的水力条件用佛罗德数 Fr 复核控制。一般 Fr 控制在 $1×10^{-4}$~$1×10^{-5}$ 之间。

$$Fr = \frac{v^2}{Rg}$$

$$R = \frac{w}{\rho} = \frac{BH}{2H+B}$$

式中　v——池内平均水平流速，cm/s；

　　　w——水流断面积，cm²；

　　　g——重力加速度，cm/s²；

　　　R——水力半径，cm；

　　　ρ——湿周，cm；

B——池宽，cm；

H——池内有效水深，cm。

平流式混凝沉淀池沉淀区主要几何尺寸（长、宽、高）的计算方法有以下几种。

（a）按沉淀时间和水平流速计算（此法目前多用）。

（b）按悬浮物在静水中的沉降速度及悬浮物去除百分率计算。

（c）除利用颗粒沉降速度原理外，还引入颗粒上升紊速这一修正数值计算。上升紊速

$$w = 4n \frac{v}{H^{0.2}}$$

式中　v——池内平均水平速度，mm/s；

H——池内水深，m；

n——池底及池壁的粗糙系数，当池体为混凝土结构时为 0.012～0.013。

（d）按过流率［或称面积复核，即单位时间内每平方米池子所通过的水量，其单位常用 $m^3/(d \cdot m^2)$ 表示］计算。一般过流率为 30～50$m^3/(d \cdot m^2)$。

1. 污泥区及污泥斗。

（a）存泥区的构造形式，与采用的排泥方法及原水悬浮物含量等有关。污泥斗用来积聚沉淀下来的污泥，多设在池前部的池底以下，斗底有排泥管，定期排泥。有泥斗的沉淀池，利用静水压力经常排泥，可减小池的贮泥容积，但由于沉泥压实后不易彻底排除，故还要定期放空后，进入池内用高压水人工清洗。近年来，也有在池底装穿孔排泥管靠重力排泥的，但仍需结合人工定期清洗。机械排泥方法，可以保证池子在正常工作情况下连续排泥。它依靠机械刮泥并集中起来，由水力输送连续排走。沉淀池的排泥方法有两类：一是人工定期排泥；二是机械自动连续排泥。几种常见的排泥方法的特点及适用条件汇列于表 4-2 中。

表 4-2　几种排泥方法比较

排泥方法	优　缺　点	适　用　条　件
人工排泥	优点：(1)池底结构简单,不需其他设备 (2)造价低 缺点：(1)劳动强度大,排泥历时长 (2)耗水量大 (3)排泥时需停水	(1)原水终年很清,每年排泥次数不多 (2)一般用于小型水厂 (3)池数不少于两个,交替使用
多斗底重力排泥	优点：(1)劳动强度较小,排泥历时较短 (2)耗水量比人工排泥少 (3)排泥时可不停水 缺点：(1)池底结构复杂,施工较困难 (2)排泥不彻底	(1)原水浑浊度不高 (2)每年排泥次数不多 (3)地下水位较低 (4)一般用于中小型水厂
穿孔管排泥	优点：(1)劳动强度较小,排泥历时较短 (2)耗水量少 (3)排泥时可不停水 (4)池底结构较简单 缺点：(1)孔眼易堵塞,排泥效果不稳定 (2)检修不便 (3)原水浑浊度较高时排泥效果差	(1)原水浑浊度适应范围较广 (2)每年排泥次数较多 (3)地下水位较高 (4)新建或改建的水厂多采用

排泥方法		优 缺 点	适 用 条 件
机械排泥	吸泥机	优点:(1)排泥效果好 (2)可连续排泥 (3)池底结构较简单 (4)劳动强度小,操作方便 缺点:(1)耗用金属材料多 (2)设备较多	(1)原水浑浊度较高 (2)每年排泥次数较多 (3)地下水位较高 (4)一般用于大中型水厂平流式沉淀池
	刮泥机	优点:(1)排泥彻底,效果好 (2)可连续排泥 (3)劳动强度小,操作方便 缺点:(1)耗用金属材料及设备多 (2)池底结构要配备刮板装置,结构较复杂	(1)原水浑浊度较高 (2)每年排泥次数较多 (3)一般用于大中型水厂辐流式沉淀池及加速澄清池
	吸泥船	优点:(1)排泥效果好 (2)可连续排泥 (3)操作方便 缺点:(1)操作管理人员多,维护较复杂 (2)设备较多	(1)原水浑浊度高,含沙量大 (2)一般用于大型水厂预沉淀池中

采用吸泥机排泥时,池底为平坡;采用人工停池排泥时,纵坡一般为 0.02,横坡一般为 0.05。

(b)人工排泥时,沉淀池存泥区作成斗形底,斗形底的布置形式与原水悬浮物性质及含量有关,即与积泥数量、积泥位置及沉泥的流动性等有关。

(c)人工排泥时,当原水悬浮物含量不大且允许定期停水排泥时,可用单斗底排泥。若悬浮物含量较高时,可采用多斗底沉淀池排泥。由于泥渣大部分分布在池的前半部,故一般在池长的范围内布置几排小斗。小斗接近正方形,斗底斜壁与水平夹角视地下水位高低而定,以前采用 30°~45°,现要求不小于 55°,避免侧壁积泥,保证排泥通畅。泥斗底部装排泥阀,泥斗小将增加管道与阀门的数量,但有利于排泥;泥斗大则池底加深,并对排泥不利。所以,泥斗的边长可根据技术经济比较决定。除在池前部布置小泥斗外,其余部分设大泥斗。泥斗底部设有排泥管,管径一般为 200~300mm,过小易堵塞,且排泥不畅。这样平时可经常排小泥斗积泥,隔较长时间再排大斗积泥。

(d)在沉淀池底部设置穿孔管,靠静水头作用重力排泥,具有排泥不停池、管理方便、结构简单等优点,适用于原水浑浊度不大的中小型沉淀池,而对大型沉淀池,排泥效果不很理想,主要问题是孔眼易堵塞,排泥作用距离不大。故往往需加设辅助冲洗设备,这样管理较复杂。

(e)穿孔管的布置形式一般分两种,当积泥曲线较陡,大部分泥渣沉积在池前时,常采用纵向布置;当池子较宽,无积泥曲线资料时,可采用横向布置。

(f)根据平流式沉淀池的积泥分布规律(沿水流方向逐渐减少),穿孔管排泥按沿程变流量(非均匀流)配孔。计算主要是确定穿孔管直径、条数、孔数、孔距及水头损失等。穿孔排泥管的计算方法有数种,以下为其中一种计算方法的设计要点。

ⅰ.穿孔沿沉淀池宽度方向布置,一般设置在平流式沉淀池的前半部,即沿池长 1/3~1/2 处设置。积泥按穿孔管长度方向均匀分布计算。

ⅱ. 穿孔管全长采用同一管径，一般为 150～300mm。为防止穿孔管淤塞，穿孔管管径不得小于 150mm。

ⅲ. 穿孔管末端流速一般采用 1.8～2.5m/s。

ⅳ. 穿孔管中心间距与孔眼的布置、孔眼作用水头及池底结构形式等因素有关。一般平底池子可采用 1.5～2m，斗底池子可采用 2～3m。

ⅴ. 穿孔管孔眼直径可采用 20～35mm。孔眼间距与沉泥含水率及孔眼流速有关，一般采用 0.2～0.8m。孔眼多在穿孔管垂线下侧成两行交错排列。平底池子时，两行孔眼可采用 45°或 60°夹角；斗底池子宜用 90°。全管孔眼按同一孔径开孔。

ⅵ. 孔眼流速一般为 2.5～4m/s。

ⅶ. 配孔比（即孔眼总面积与穿孔管截面积之比）一般采用 0.3～0.8。

ⅷ. 排泥周期与原水水质、泥渣粒径、排出泥浆的含水率及允许积泥深度有关。当原水浊度低时，一般每日至少排放 1 次，以避免沉积积实而不易排出。

ⅸ. 排泥时间一般采用 5～30min，可按下式计算：

$$t = \frac{1000V}{60q}$$

式中　V——每根穿孔管在一个排泥周期内的排泥量，m^3；

　　　q——单位时间排泥量，L/s。

ⅹ. 穿孔管的区段长度 L_Y 一般采用 2～4m，首、尾两端的区段长度为 $L_Y/2$，即 1～2m。穿孔管的计算段长度为 L_1、L_2、L_3、L_4，使其关系为 $L_2 = 2L_1$、$L_3 = 3L_1$，…，$L_n = nL_1$（图 4-1）。

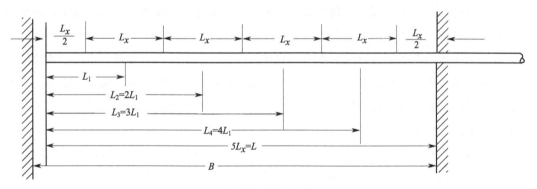

图 4-1　穿孔管计算段长度划分示意

⑧ 辐流式沉淀池

a. 辐流式沉淀池是一种池较浅的圆形构筑物，原水由中心引入，再沿池半径方向以辐射形式流至环形周边集水槽而溢出。辐流式和竖流式沉淀池都为圆形，但几何参数 D/H 值（D 为池子直径；H 为池子有效水深）不同，前者不小于 3.5～6；后者 D/H 不大于 1.5～2。这样就构成了不同的水流条件和池型类别。

b. 辐流式沉淀池一般用于大、中型水厂高浊度水的预沉或一级沉淀。当原水悬浮物含量不高时采用自然沉淀方式；当原水悬浮物含量高时采用混凝沉淀方式。城市污水深度处理一般采用混凝沉淀。表面负荷为 $0.4\sim0.5\text{m}^3/(\text{h}\cdot\text{m}^2)$，总停留时间 $2\sim6\text{h}$。辐流式沉淀池的直径一般为 $6\sim60\text{m}$，最大可达 100m。池周水深 $1.5\sim3.0\text{m}$，池底坡向中心，坡度不小于 5%。辐流式沉淀池超高 $0.5\sim0.8\text{m}$，刮泥机转速 $15\sim53\text{min}/$周，外缘线速度 $3.5\sim6\text{m}/\text{min}$。

c. 池底沉淀物由周边传动的刮泥桁架，带动池底部的刮泥板，将积泥刮到池中央的积泥坑中。借助于池内水的静压力通过设在池底廊道内的排泥管排走。

d. 辐流式沉淀池的沉淀面积可按浑液面沉速计算和浓缩池计算。浑液面沉速法为根据静水沉淀时浑液面的自然沉速方法求定。而辐流式沉淀池处理高悬浮物浓度原水时，在池子的深处进行的是浓缩过程。因此可按浓缩池的原理设计沉淀池的面积。

e. 辐流式沉淀物的设计计算，要确定池的面积、直径、深度、容积、进出水装置、排泥设施等。

⑨ 斜板或斜管沉淀池

a. 斜板（管）沉淀池是一种在沉淀池内装有许多间隔较小的平行倾斜板，或直径较小的平行倾斜管的沉淀池。斜板（管）沉淀池按进水方向的不同可分为三种类型。

b. 横向流斜板沉淀池的水从斜板侧面平行于板面流入，并沿水平方向流动，而沉泥由底部滑出，水和泥呈垂直方向运动。这种沉淀池也称侧向流、平向流及平流式斜板沉淀池。

c. 上向流斜板（管）沉淀池的水从斜板（管）底部流入，沿板（管）壁向上流动，上部出水，泥渣由底部滑出。这种沉淀池也叫上流式，又因为水和沉泥运动方向是相反的，故也叫逆向流斜板（管）沉淀池。此种形式，我国目前用得最多，尤其是斜管沉淀池。斜板（管）多采用后倾式以利于均匀配水。为排泥方便，倾角采用 $50°\sim60°$，倾角与材料有关。目前上向流倾角一般为 $60°$。

斜板和斜管的水流断面形式国内常用的有平行板、正六边形、方形、矩形、波纹网眼形等，国外尚有山形、圆底形等。斜板与斜管沉淀池具有沉淀效率高、池子容积小、占地面积小等优点，但必须注意确保絮凝效果和解决好排泥等问题。管径一般为 $25\sim35\text{mm}$。板距一般采用 $50\sim150\text{mm}$。

斜板（管）长一般为 1.0m。考虑到池子不宜过深，以及安装支承的方便起见，斜板（管）区不宜过高。塑料与纸质六边形蜂窝斜管有效系数（或利用系数）$\varphi=0.92\sim0.95$；石棉水泥板 $\varphi=0.79\sim0.86$。

当采用 V 形槽穿孔管或排泥斗时，斜板（管）底到 V 形槽顶的配水区高度不小于 $1.2\sim1.5\text{m}$；当采用机械刮泥时，斜板（管）底到池底的高度以不小于 1.5m 为宜，以便检修。另外，为便于检修，应在斜板（管）区或池壁边设置人孔或检修廊。

清水区深度一般为 $0.8\sim1.0\text{m}$，集水系统的设计与一般澄清池相同。穿孔管的进水孔径一般为 $\varphi25$，孔距 $100\sim250\text{mm}$，管中距在 $1.1\sim1.5\text{m}$ 之间。溢流槽有堰口集水槽和淹没孔集水槽，孔口上淹没深度为 $5\sim10\text{cm}$。在设计集水总槽时，应考虑出水量超负荷的可能性，一般至少按设计流量的 1.5 倍计算。

普通斜板沉淀池的雷诺数 Re 一般为几百到一千，基本上属层流区。斜管沉淀池的雷诺数往往在 200 以下，甚至低于 100。在斜板沉淀池中，当斜板倾角为 60°，板间斜距为 P，水温为 20℃（$v=0.01\text{cm}^2/\text{s}$）时，斜板雷诺数曲线见图 4-2。

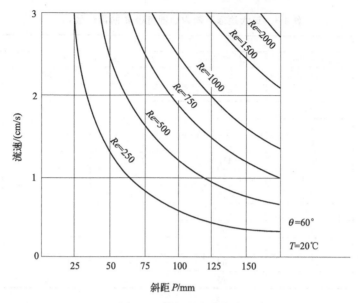

图 4-2　斜板雷诺数曲线

斜板沉淀池的佛汝德数一般为 $10^{-4} \sim 10^{-3}$。斜管沉淀池由于湿周大，水力半径较斜板沉淀池小，因此佛汝德数更大。当斜板斜距为 P，水温为 20℃（$v=0.01\text{cm}^2/\text{s}$），倾角为 $\theta=60°$时，斜板佛汝德数曲线见图 4-3。

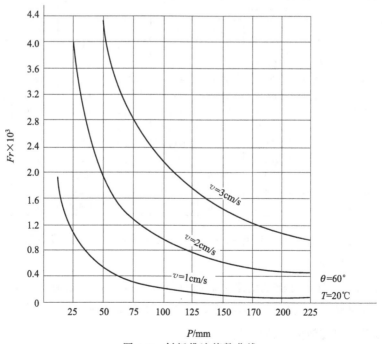

图 4-3　斜板佛汝德数曲线

在设计斜板、斜管沉淀池时一般只进行雷诺数的复核，而对佛汝德数往往不予核算。

对正六边形断面斜管，当其内切圆直径 $d=2.5\sim5.0\mathrm{cm}$，管内平均流速 $v_0=3\sim10\mathrm{mm/s}$，水温 $t=20℃$（$v=0.01\mathrm{cm^2/s}$）时，其雷诺数列于表 4-3 内，以供选用。

表 4-3　正六边形不同内切圆直径 d 的雷诺数 Re

v_0 /(mm/s)	Re				
	$d=2.5\mathrm{cm}$	$d=3.0\mathrm{cm}$	$d=3.5\mathrm{cm}$	$d=4.0\mathrm{cm}$	$d=5.0\mathrm{cm}$
3.0	18.8	22.5	26.3	30	37.5
3.5	22	26.3	30.7	35	43.7
4.0	25	30	35	40	50
4.5	28	34	39.5	45	56.2
5.0	31	37.8	43.7	50	62.5
5.5	34.2	41.3	48.2	55	68.7
6.0	37.6	45	52.5	60	75
6.5	40.2	49	57	65	81.2
7.0	44	52.5	61.5	70	87.5
7.5	47	56.2	65.7	75	93.5
8.0	50	60	70	80	100
9.0	56	68	79	90	112.5
10.0	62	75	81.5	100	125

矩形断面斜板（管）沉淀装置，当其板距 $d=2.5\sim5.0\mathrm{cm}$，板间隔条间距 $W=20.30\mathrm{cm}$，水温为 20℃（$v=0.01\mathrm{cm^2/s}$）时，其雷诺数见表 4-4。

表 4-4　矩形断面不同板距 d 的雷诺数 Re

管内平均流速 v_0/(mm/s)	板间隔条间/cm									
	$W=20\mathrm{cm}$					$W=30\mathrm{cm}$				
	2.5	3.0	3.5	4.0	5.0	2.5	3.0	3.5	4.0	5.0
3.0	33.3	39.0	44.7	50.0	60.0	34.5	41.0	47.0	53.0	64.5
3.5	39.0	45.5	52.0	58.5	70.0	40.5	47.5	54.5	62.0	75.0
4.0	44.5	52.0	59.5	67.0	80.0	46.0	54.3	62.5	70.5	86.0
4.5	50.0	58.5	67.0	75.0	90.0	52.0	61.0	70.5	79.5	97.0
5.0	55.5	65.0	74.5	83.5	100.0	57.5	68.0	78.0	88.0	108.0
5.5	61.1	71.5	82.0	92.0	110.0	63.5	75.0	86.0	97.0	118.0
6.0	66.6	78.0	89.5	100.0	120.0	69.0	81.5	94.0	106.0	129.0
7.0	78.0	91.0	104.0	117.0	140.0	81.0	95.0	109.0	124.0	150.0
8.0	89.0	104.0	119.0	134.0	160.0	92.0	108.5	125.0	141.0	172.0
9.0	100.0	117.0	134.0	150.0	180.0	104.0	122.0	141.0	159.0	194.0
10.0	110.0	130.0	149.0	167.0	200.0	115.0	136.0	157.0	177.0	215.0

斜管沉淀区表面水力负荷一般可采用 $9.0\sim11.0\mathrm{m^3/(m^2\cdot h)}$ 或按普通沉淀池的设计表面水力负荷的 2 倍计。

d. 下向流斜板（管）沉淀池的水从斜板（管）的顶部入口处流入，沿板（管）壁向下流动，水和泥呈同一方向运动，因此也叫下流式或同向流斜板（管）沉淀池。兰美拉分离器是下向流斜板沉淀池的一种形式。

另外，若按斜板（管）设置的层数，又可分为单层和多层斜板（管）沉淀池。单层斜板（管）沉淀池用得较多。

e. 关于斜板、斜管沉淀池的水力计算方法，可分为三种类型——分离粒径法、特性参数法和加速沉降法，见表4-5。这三种计算方式的区别，在于对管内流速和颗粒沉降的假定不同。

表 4-5 斜板、斜管沉淀池的水力计算方法及公式

流向	断面形式	分离粒径法	特性参数法	加速沉降法
上向流	圆管		$s=\dfrac{u_0}{v_0}\left(\dfrac{l}{d}\cos\theta+\sin\theta\right)=\dfrac{4}{3}$	$l=\dfrac{16}{15}v_0\sqrt{\dfrac{2d}{a\cos\theta}}-d\tan\theta$
	平行板	$d_p^2=K\dfrac{Q}{A_f+A}$ 或 $Q=\varphi u_0(A_f+A)$	$s=\dfrac{u_0}{v_0}\left(\dfrac{l}{d}\cos\theta+\sin\theta\right)=1$	$l=\dfrac{4}{5}v_0\sqrt{\dfrac{2d}{a\cos\theta}}-d\tan\theta$
	正多边形		$s=\dfrac{u_0}{v_0}\left(\dfrac{l}{d}\cos\theta+\sin\theta\right)=\dfrac{4}{3}$	
	浅层明槽		$s=\dfrac{u_0}{v_0}\left(\dfrac{l}{H}\cos\theta+\sin\theta\right)=1$	
	方形暗渠		$s=\dfrac{u_0}{v_0}\left(\dfrac{l}{d}\cos\theta+\sin\theta\right)=\dfrac{11}{8}$	
下向流	平行板	$d_p^2=K\dfrac{Q}{A_f-A}$ 或 $Q=\varphi u_0(A_f-A)$	$s=\dfrac{u_0}{v_0}\left(\dfrac{l}{d}\cos\theta-\sin\theta\right)=1$	$l=\dfrac{4}{5}v_0\sqrt{\dfrac{2d}{a\cos\theta}}+d\tan\theta$
	圆管			$l=\dfrac{16}{15}v_0\sqrt{\dfrac{2d}{a\cos\theta}}+d\tan\theta$
横向流	平行板	$d_p^2=K\dfrac{Q}{A_f}$ 或 $Q=\varphi u_0 A_f$	$s=\dfrac{u_0}{v_0}\times\dfrac{l}{d}\cos\theta=1$	$l=v_{大}\sqrt{\dfrac{2d}{a\cos\theta}}$

注：d_p—分离颗粒的粒径；K—系数，由实验求得；φ—沉淀池有效系数；Q—池的进水流量；A_f—斜板总投影面积；A—斜板区表面积；u_0—颗粒临界沉降速度；s—特性参数；v_0—板（管）内平均流速；l—斜板（管）长度；θ—斜板（管）倾角；a—颗粒的沉降加速度；$v_{大}$—管内纵向最大流速；d—相邻斜板的垂直距离或斜管管径。

以上三种计算方法中，分离粒径法是斜板计算的一种方式，它不考虑流速分布的情况，因此计算比较简略，实质上是特性参数公式的一种特定形式。特性参数法虽考虑了板（管）内顺水流方向的流速分布情况，但也未考虑凝聚颗粒的沉降情况。加速沉降法虽考虑了凝聚颗粒的加速沉降因素，但却未考虑颗粒的起始沉降问题，同时目前尚缺少验证。另外，三种计算方法均未考虑垂直水流的横向断面上的流速问题，而且均仅从纵向断面上的最大沉距来考虑问题。因此，斜板斜管沉淀池的水力计算方法尚需进一步完善。

计算公式在理论上即使合理，而对一些基本参数（如颗粒沉降速度 u_0、颗粒沉降加速度等）选取不当，也会引起很大出入，因此在设计中应参考实际经验而采取较为安全和笼统的数据。经实践比较，采用特性参数公式偏于安全，亦较利于水质变化的条件。

f. 斜板（管）沉淀池的设计计算主要在于确定池体尺寸，计算斜板（管）装置，校核运行参数（停留时间、上升流速、雷诺数等），确定排泥设备及进水与出水系统等。

g. 侧向流斜板沉淀池的设计颗粒沉降速度、液面负荷宜通过试验或参照相似条件下

的运行经验确定，设计颗粒沉降速度可采用 $0.16 \sim 0.3$mm/s，液面负荷可采用 $6.0 \sim$ 12m³/(m²·h)。斜板板距宜采用 $80 \sim 100$mm。斜板倾斜角度宜采用 $60°$。单层斜板板长不宜大于 1.0m。

单片侧向流倒 V 形斜板由呈一定夹角 θ 的两块长方形单板组成（图 4-4）。

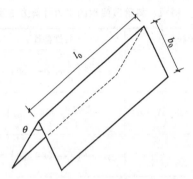

图 4-4 倒 V 形斜板单片构造示意

侧向流倒 V 形斜板沉淀装置则由多个倒 V 形斜板单片在垂直方向上按相等间距排列叠加固定组成（图 4-5），其中上下相邻两个倒 V 形斜板之间即为水流断面通道，相邻两列该装置之间的间距 b_2 自上而下形成排泥通道。

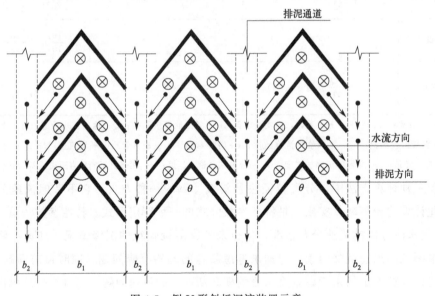

图 4-5 倒 V 形斜板沉淀装置示意

其工艺原理主要包括：当絮凝后的原水以水平方向沿板面流入该装置后，基于浅层沉淀原理，原水中的泥渣颗粒易沉降在斜板面上，然后再沿斜板面与水流呈垂直方向下滑入斜板下边沿的垂直排泥通道（其前后两面是封闭的），最后汇集于池底排泥系统排出。沉淀后的清水从该沉淀装置的末端集中收集引出。主要参数如下。

（a）侧向流倒 V 形斜板沉淀池单池设计规模不宜大于 50000m³/d。原水浊度应小于 1000NTU。

（b）沉淀池水深为 3～5m，超高为 0.3～0.5m，单池宽度不宜超过 20m。

（c）排泥通道宽度 b_2 为 0.02～0.04m；相邻两斜板间的竖向间距为 0.04～0.1m。

（d）每组倒 V 形斜板装置的宽度 b_1 由其顶角 θ 决定，考虑能使沉泥自然下滑，一般 θ 采用 60°。斜板的单板尺寸一般为：长度 $l_0 = 0.99$m，宽度 $b_0 = 0.25$m，厚度 1.5～1.9mm。

（e）颗粒沉速 μ_0 应根据试验选取或参照相似条件下的水厂经验数据，无试验资料时可在 0.12～0.25mm/s 范围选取，用于污水深度处理或微污染水源水给水处理时宜取下限值。

（f）沉淀池的水平流速 v_0 为 6～25mm/s。

（g）进水稳流花墙的过孔流速为 0.07～0.09m/s；出水稳流花墙过孔流速为 0.20～0.30m/s。配水花墙最下层孔洞孔底宜与倒 V 形斜板底部标高一致，最上层孔洞孔顶宜低于设计水位 0.20～0.40m。出水花墙最下层孔洞宜高于倒 V 形斜板底部 0.20～0.40m，最上层孔洞顶部宜低于设计水面 0.10m。

（h）进水稳流区的长度宜为 1.0～2.0m。安装刮泥机时，还要考虑刮泥机安装空间，此时进水稳流区的长度不小于 1.3m。出水稳流区长度为 1.5～3.0m，沉淀池水深较大时，取上限。

（i）侧向流倒 V 形斜板沉淀装置的水头损失一般在 0.15～0.30m。沉淀池过水断面有效系数 η 取 0.7～0.9。

h. 排泥设施在斜板（管）沉淀池中占有十分重要的地位。国内目前常用的排泥设施有三类。

（a）机械排泥。运行过程可自动控制，管理操作简单。可采用平底池以降低池高，减少土建费用，但制作维修困难。它适用于大型斜板（管）沉淀池。机械排泥按机械构造可分为桁架式、牵引式、中心悬挂式；按排泥方式可分为吸泥机和刮泥机等。上述机械排泥类型在我国各地均有采用。

（b）穿孔管排泥。设备简单，排泥方便，但容易堵塞，需严格管理。它适用于中小水量、面积小、管长不大的斜板（管）沉淀池。

（c）多斗式排泥。容易控制和管理且不易堵塞，但斗深增加了池子的高度，使土建造价加大。它适用于中小型斜板（管）沉淀池。

⑩ 水平管沉淀池

水平管沉淀池是一种在沉淀池内装有水平管沉淀分离装置及配套布水系统、集水系统和排泥系统的一种高效沉淀池。其中核心的水平管沉淀分离装置见图 4-6，由若干组水平放置的水平管和与水平面成 60°的滑泥道组成，将竖直的过水断面分割成沉降距离相等的水平管和滑泥道。

水平管单管的横断面为菱形，管底一侧设有排泥口（图 4-7）。

原水（或混合絮凝后的原水）水平流过水平管时，水中颗粒物絮体垂直下沉，降落到沉淀管斜边后下滑，通过排泥口进入滑泥道，最终沉积物在水流方向上两端封闭的滑泥道

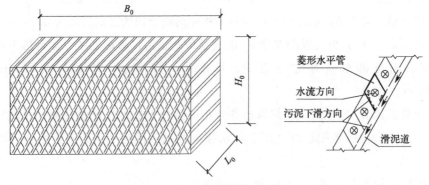

图 4-6 水平管沉淀分离装置构造

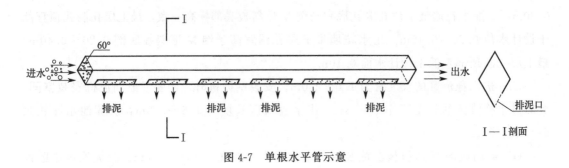

图 4-7 单根水平管示意

中，下滑至沉淀池底部的污泥区。这样从构造上解决了水平管水平放置排泥的重大难题，并且在不改变沉淀池中水流方向的情况下实现了水与絮凝物分离，即水走水道、泥走泥道。该装置应用哈真"浅层沉淀理论"缩短了悬浮物的沉降距离，避免了悬浮物堵塞管道和跑矾现象的发生。

水平管沉淀池具有沉淀效率高、池体占地面积小、处理能力高、原水浊度适应性强、出水浊度稳定等优点。水平管沉淀池因沉淀效率高需注意布水系统、集水系统和排泥系统等配套设施的合理布置。可采取并联或串联的组装形式，降低沉淀池的深度，节省基建投资，减少占地面积。

2. 主要参数

① 水平管沉淀分离装置的过水断面应为矩形，由若干根菱形管组成，高度为 0.5～3.5m，常采用 1.0～3.0m。菱形管的当量直径 D 为 30～80mm。水平管长度在 1.0～4.0m 之间为宜，常采用 2.0m。

② 水平管沉淀池水流方向为侧向流，处理能力与水平管过水断面有关，过水断面负荷范围为 10～40$m^3/(m^2 \cdot h)$，处理低温低浊原水时，宜采用低负荷值。

③ 颗粒沉降速度 μ 应根据水中颗粒的物理性质试验测得，在无试验资料时可参照已建类似沉淀设备的运行资料确定。一般混合反应后 μ 为 0.3～0.6mm/s。

④ 有效过水面积系数 η 为 50%～76%，过水断面由过水菱形水平管和不过水滑泥道组成，有效过水面积系数为实际过水断面面积与总断面面积的比值。

⑤ 水平管沉淀分离装置下部的集泥区高度应根据污泥量、污泥浓度和排泥方式确定，一般为 1.0～2.0m。

⑥ 水平管沉淀分离装置顶部应高于运行水位 0～50mm；沉淀区超高采用 300mm。

⑦ 水平管沉淀池长度宜为 3～8m，单组沉淀池宽度不宜超过 30m。

⑧ 水平管沉淀池进出水系统应使池子进出水均匀，布水区长度为 0.5～3m，集水区长度为 0.5～3m。

⑨ 采用斗式重力排泥时，泥斗坡度宜为 45°～60°。

⑩ 水平管沉淀分离装置的材质可采用不锈钢或复合材料。

⑪ 高密度沉淀池

a. 高密度沉淀池（Densadeg）是法国得利满公司以外部泥渣循环回流为主要特征的一项沉淀澄清专利技术。即用浓缩后的具有活性的污泥作为催化剂，借助高浓度优质絮体群的作用，大大改善和提高絮凝和沉淀效果而得名。其工艺构造原理参见图 4-8。

该工艺是在传统的斜管式混凝沉淀池的基础上，充分利用加速混合原理、接触絮凝原理和浅池沉淀原理，把机械混合凝聚、机械强化絮凝、斜管沉淀分离三个过程进行优化组合，从而获得优良的沉淀性能。

高密度澄清池系统通常包括高密池上游带有混凝剂投加的快速搅拌池、带有聚合物投加和污泥回流功能的反应池、配备斜管模块的沉淀池、配备刮泥机的污泥浓缩池、澄清水的集水槽及水渠、污泥回流和排放系统、带有泥位检测的控制系统、存放从高密度澄清池底部排出的污泥的污泥池。如果后续工艺中包括滤池，还应设置带有后混凝剂投加点的快速混合池。

b. 布水配水要均匀、平稳。在池内应合理设置配水设施和挡板，使各部分布水均匀，水流平稳有序。特别是絮凝区与沉淀区之间的过渡衔接段设计，在构造上要设法保持水流以缓慢平稳的层流状态过渡，以使絮凝后的水流均匀稳定地进入沉淀区。例如，加大过渡段的过水断面，或采用下向流斜管（板）布水等。

c. 沉淀池斜管区下部的池容空间为布水预沉和污泥浓缩区，即沉淀分两个阶段进行：首先是在斜管下部巨大容积内进行的深层拥挤沉淀（大部分污泥絮体在此得以下沉去除），而后为斜管中的"浅池"沉淀（去除剩余的絮体绒粒）。其中，拥挤沉淀区的分离过程应是沉淀池几何尺寸计算的基础。

d. 沉淀区下部池体应按污泥浓缩池合理设计，以提高污泥的浓缩效果。浓缩区可以分为两层：上层用于提供回流污泥；下层用于污泥浓缩外排。

e. 絮凝搅拌机械设备工况的调节是池内水力条件调节的关键。该设备一般可按设计水量的 8～10 倍配置提升能力，并采用变频装置调整转速以改变池体水力条件，适应原水水质和水量的变化。污泥回流泵的能力可按照设计水量的 10％配置，采用变频调速电机，根据水量，水质条件调节回流量。

f. 严格调控浓缩区污泥的排放时机和持续时间，使污泥面处在合理的位置上，以保证出水浊度和污泥浓缩效果，污泥浓缩机的外缘线速度一般为 20～30mm/s。

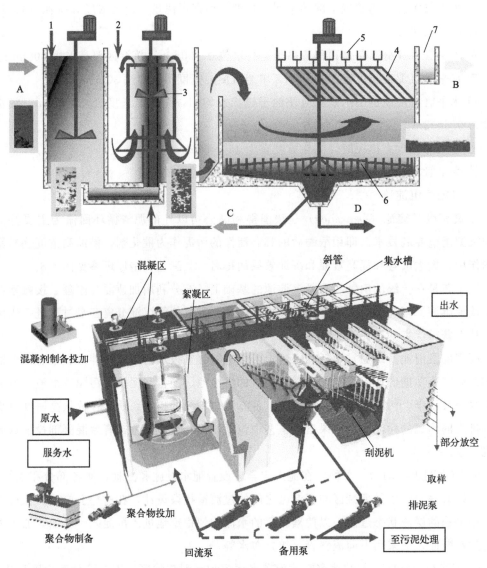

图 4-8　高密度沉淀池工艺构造原理

1—混凝剂投加；2—絮凝剂投加；3—反应池；4—斜管；5—澄清水槽；6—栅形刮泥机；7—出水渠；

A—原水进水；B—澄清水出水；C—污泥回流；D—污泥排放

⑫ 加砂高速沉淀池

a. 加砂高速沉淀池是法国威立雅水务公司在 20 世纪 90 年代初研发的 Actiflo® 微砂絮凝高效沉淀池的简称。它是将絮凝和沉淀看作一个整体的工艺紧凑型沉淀池，通过使用微砂帮助絮团形成，而且絮凝采用机械搅拌方式（图 4-9）。特点是在混合池内投加混凝剂，在絮凝池内投加絮凝剂和石英砂微粒，以形成优势的接触絮凝面积，提高矾花絮体的密度、粒度和浓度，加速水中杂质与水的分离速度，达到高效沉淀分离。它的上升流速为 40～100m/h，效率为常规沉淀池的 10 倍。

加砂高速沉淀池常用的沉淀区池型是斜管高密度沉淀池。显然，其配套沉淀池也可以

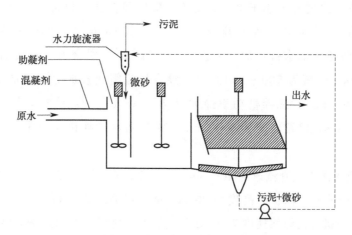

图 4-9　加砂高速沉淀池示意

是水平管沉淀池等，但其沉泥的浓缩和收集等应有改造才行。

　　在加砂高速沉淀池工艺中，需设置微砂投加装置和砂泥分离回收装置。补充微砂投加方式采用干式重力投加。分离回收装置类似水力旋流除砂器，微砂污泥的混合物从切线方向进入分离器，在较高的剪切力和离心力的作用下，促使泥砂分离，砂从分离器的下口回流至池中循环使用，泥则从分流器上口排出。

　　b. 微砂投加量。应根据原水水质和水温决定。例如当浊度为 3NTU，水温低于 5℃ 时，投加量可为 $2g/m^3$。其污泥排放浓度由进水的浊度和回流率确定，可根据实际需要调节控制，排泥含固率为 0.4%～2%。由水力旋流器溢流损失的微砂量最大不超过 $2g/m^3$，一般小于 $1g/m^3$，可定期定量补充损失的这部分砂量。

　　循环率是指回流至水力旋流器的含微砂的污泥量与总进水量的比值，一般为 3%～6%。可由每个沉淀池配套的循环泵（1～2 台）根据进水量大小决定。显然，循环率提高可以较好地处理进水的高峰浊度。

　　投加微砂的粒径一般在 80～120μm 之间，也可投加其他大密度、小级配材质的微粒，例如磁性材料微粒等，但一定要使其物理化学性质是不溶的、无毒的和坚硬的。

　　c. 应用概况。采用加砂高速沉淀池工艺的净水厂，国外已有 500 多座，规模为 $80×10^4～700×10^4 m^3/d$，例如马来西亚 Selangor 供水厂（$100×10^4 m^3/d$），其沉淀池上升流速为 50m/h，原水浊度波动范围较大（50～200NTU），而沉淀池出水浊度＜5NTU，投加混凝剂为硫酸铝（25～40mg/L），助凝剂为阴离子聚合物（0.1～0.3mg/L）。目前，国内已建成运行的有上海临江水厂扩建工程一期 $20×10^4 m^3/d$（2006 年），进水浊度 20～45NTU，出水浊度 1.0～2.0NTU；北京水源九厂改造工程处理水量共计 $68×10^4 m^3/d$，进出水浊度分别为 1.6～2.2NTU 和＜0.8NTU；新疆克拉玛依第五净水厂（水源为额尔齐斯河引水工程三坪水库）规模为 $20×10^4 m^3/d$ 等。

　　d. 技术参数。微砂粒径为 90～100μm 石英砂，其含硅量＞95%，均匀系数 $\dfrac{d_{60}}{d_{10}}$

＜1.7；池内微砂浓度应不小于 $2500\mathrm{mg/L}$；微砂回流比（循环率）为 $3\%\sim6\%$，视原水中 TSS 的数值确定，回流比＝ $3\%+(\mathrm{TSS}/1000)\times7\%$；排泥水含固率为 $0.4\%\sim2\%$，即随排泥水排掉的微砂损失率＜ $3\mathrm{g/m^3}$；混合池（只投加混凝剂）停留时间为 $1\sim2\mathrm{min}$，G 值为 $500\sim1000\mathrm{s^{-1}}$；混合导流筒或投加池（投加助凝剂和微砂）流速为 $0.05\sim0.1\mathrm{m/s}$，搅拌机功率最大可达 $70\mathrm{W/m^3}$，$G=250\mathrm{s^{-1}}$；絮凝池内流速为 $0.01\sim0.05\mathrm{m/s}$，停留时间为 $6\sim8\mathrm{min}$，变频调速搅拌机功率最大可达 $70\mathrm{W/m^3}$，$G=150\mathrm{s^{-1}}$。

斜管沉淀池的清水上升流速为 $40\sim60\mathrm{m/h}$；沉淀区斜管长度 1.0m，直径 40mm，倾角 $60°$；沉淀区内的清水保护区高度为 90cm，配水区高度为 250cm，污泥浓缩区高度为 200cm，底部刮泥机外边缘线速度为 $0.1\mathrm{m/s}$；砂水分离器选型以达到 80%顶流量（污泥量）和 20%底流量（微砂量）的分配比例为佳。

二、计算例题

【例题 4-1】 按面积负荷计算平流式沉淀池

（一）已知条件

污水厂二级生物强化处理出水量 $Q=10080\mathrm{m^3/d}=420\mathrm{m^3/h}$，经混凝、沉淀、过滤处理后回用。设计计算平流式沉淀池。

（二）设计计算

表面负荷 $u_0'=1.5\mathrm{m^3/(m^2 \cdot h)}$，沉淀时间 $T=2.5\mathrm{h}$，池内平均水平流速 $v=9\mathrm{mm/s}$，原水悬浮物浓度 $c_1=30\mathrm{mg/L}$，出水悬浮物含量 $c_2=10\mathrm{mg/L}$。

1. 池容积

$$W=QT=420\times2.5=1050(\mathrm{m^3})$$

2. 池平面积

$$F=\frac{Q}{u_0'}=\frac{420}{1.5}=280(\mathrm{m^2})$$

3. 池深

$$H=\frac{W}{F}=\frac{1050}{280}=3.75(\mathrm{m})$$

4. 池长

$L=3.6vT=3.6\times9\times2.5=34.9(\mathrm{m})$，取 37m。

5. 池宽

$B=\frac{F}{L}=\frac{280}{37}=7.57(\mathrm{m})$，取 8m。

6. 校核长宽比

$$\frac{L}{B} = \frac{37}{8} = 4.625 > 4$$

7. 校核长深比

$$\frac{L}{H} = \frac{37}{3.75} \approx 10$$

8. 水力条件复核

水力半径 R

$$R = \frac{BH}{2H+B} = \frac{8 \times 3.75}{2 \times 3.75+8} = \frac{30}{15.5} = 1.94(\text{m})$$

佛汝德数 Fr

$$Fr = \frac{v^2}{Rg} = \frac{0.9^2}{194 \times 9.81} = 0.42 \times 10^{-5}$$

该 Fr 值稍小于 $10^{-5} \sim 10^{-4}$。

【例题 4-2】机械排泥平流式沉淀池的设计计算

(一) 已知条件

污水厂二级生物强化处理出水量 $Q = 24000\text{m}^3/\text{d} = 1000\text{m}^3/\text{h}$，经混凝、沉淀、过滤处理后回用。设计计算平流式沉淀池并对机械排泥装置选型。

(二) 设计计算

超高 $H_1 = 0.2\text{m}$，沉淀池有效水深取 $H_2 = 3.0\text{m}$，缓冲层 $H_3 = 1.0\text{m}$。

1. 池长

池内平均水流速度采用 $v = 6\text{mm/s}$，悬浮颗粒沉降速度 $u = 0.5\text{mm/s}$，系数 $\alpha = 1.5$，则池长

$$L = \alpha \frac{v}{u} H_2 = 1.5 \times \frac{6}{0.5} \times 3 = 54(\text{m}) \qquad \frac{L}{H_2} = \frac{54}{3} = 18$$

2. 池宽

$$B = \frac{Q}{3.6 H_2 v} = \frac{1000}{3.6 \times 3 \times 6} = 15.4(\text{m})，池分两格，则每格宽度 b = \frac{B}{2} = \frac{15.4}{2} = 7.7(\text{m})。$$

3. 存泥部分容积

沉淀池两次排泥期间的工作时间为 $T = 2\text{d}$（利用斗底排泥管），沉淀污泥的含水率按 $p = 98\%$ 考虑，所需存泥部分的容积

$$W = \frac{24QT(c-m)}{N(1-p) \times 10^6} = \frac{24 \times 1000 \times 2 \times (300-10)}{2 \times 0.02 \times 10^6} = 348(\text{m}^3)$$

式中　N——沉淀池个数，此处 $N = 2$；

　　　p——沉淀污泥的含水率，本工程为化学沉淀污泥，按 98% 考虑。

4. 缓冲层

所选机械刮泥机刮泥板高度 1.2m，缓冲层高 H_3 取 0.5m。

5. 池底高差

底坡取 0.02，则池底高差 $H_4 = (54-2) \times 0.02 = 1.04(\text{m})$。

6. 污泥区

池首端设泥斗 1 个，当地地下水水位较高，泥斗深度按 2m 设计。设横向梯形断面排泥槽，顶宽 3m，侧壁倾角 60°，则底宽 0.691m。积泥量 $(2+0.691) \times 2 \times 7.7/2 = 20.72(\text{m}^3)$。

据经验，75% 的沉淀物沉积在沉淀池的前半部，污泥区厚度

$$H_5 = \frac{0.75W}{0.5Lb} = \frac{0.75 \times (348-20.72)}{0.5 \times 54 \times 7.7} = 1.18(\text{m})$$

7. 排泥槽

排泥槽高 H_6 取 2m。

8. 池首端水深

$H = H_1 + H_2 + H_3 + H_4 + H_5 + H_6 = 0.3+3+0.5+1.04+1.18+2 = 8.02(\text{m})$

每格选用某厂家 WLH7-10 行车式提耙刮泥机 1 台，适用池宽范围 7~10m，池深 3~8m。驱动功率 0.75kW，行走速度 1m/min。

设备运行时，刮泥耙板落于池底，在传动装置的驱动下以一定的速度从池子一端（本工程为沉淀池末端）将污泥区的沉淀污泥刮到集泥槽中（本工程为沉淀池首端）。此时，刮泥耙板升起于污泥区以上，退回到沉淀池末端，完成一个刮泥行程。沉淀池计算简图见图 4-10。

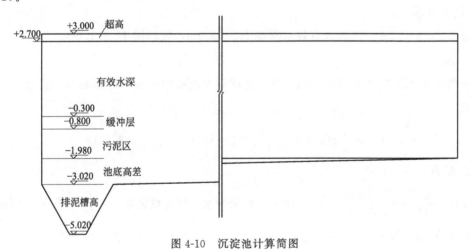

图 4-10　沉淀池计算简图

【例题 4-3】 辐流式沉淀池的设计计算

(一) 已知条件

污水厂二级生物强化处理出水量 $Q = 43200\text{m}^3/\text{d} = 1800\text{m}^3/\text{h}$，经混凝、沉淀、过滤处理后回用。设计计算辐流式沉淀池。

(二) 设计计算

图 4-11 为辐流式沉淀池计算图。

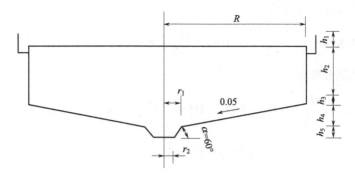

图 4-11 辐流式沉淀池计算图

1. 沉淀部分水面面积

$$F = \frac{Q}{nq}$$

式中　Q——处理水量，m^3/h；

　　　n——沉淀池个数，个，本工程 $n=2$ 个；

　　　q——表面负荷，$m^3/(m^2 \cdot h)$，本工程取 $2m^3/(m^2 \cdot h)$。

则 $F = Q/(nq) = 1800/(2 \times 2) = 450(m^2)$。

2. 沉淀池直径

$$D = \sqrt{\frac{4F}{\pi}} = \sqrt{\frac{4 \times 450}{3.14}} = 23.9(m)，取 24m。$$

3. 有效水深 h_2

$$h_2 = q't$$

式中　t——沉淀时间，h，本工程取 $t=1.5h$。

$$h_2 = q't = 2 \times 1.5 = 3(m)$$

4. 污泥斗容积

（1）污泥量　沉淀池两次排泥期间的工作时间为 $T=2d$（利用斗底排泥管），沉淀污泥的含水率按 $p=98\%$ 考虑，所需存泥部分的容积

$$W = \frac{24QT(c-m)}{N(1-p) \times 10^6} = \frac{24 \times 1800 \times 2 \times (30-10)}{2 \times 0.02 \times 10^6} = 43.2(m^3)$$

式中　N——沉淀池个数，此处 $N=2$；

　　　p——沉淀污泥的含水率，本工程为化学沉淀污泥，按 98% 考虑。

（2）污泥斗容积　池底的径向坡度为 0.05，污泥斗底部直径 $D_2=1.5m$，上部直径 $D_1=3.0m$，倾角 $60°$，则污泥斗高度

$$h_4' = \frac{D_1 - D_2}{2} \times \tan 60° = \frac{3.0 - 1.5}{2} \times \tan 60° = 1.3(m)$$

污泥斗容积

$$V_{泥1} = \pi h_4'(D_1^2 + D_1 D_2 + D_2^2)/12 = \pi \times 1.3 \times (3^2 + 3 \times 1.5 + 1.5^2)/12 = 5.36 \ (m^3)$$

（3）圆锥形池体部分容积

圆锥形池体高度 $h_4'' = \dfrac{D-D_1}{2} \times 0.05 = \dfrac{24-3}{2} \times 0.05 = 0.53(\text{m})$。

圆锥形池体部分容积

$$V_{\text{泥}2} = \frac{\pi h_4''}{12} \times (D^2 + DD_1 + D_1^2) = \frac{\pi \times 0.53}{12} \times (24^2 + 24 \times 3 + 3^2)$$

$$= \frac{\pi \times 0.53}{12} \times 657 = 91.11(\text{m}^3)$$

$V_{\text{泥}1} + V_{\text{泥}2} = 5.36 + 91.11 = 96.47(\text{m}^3) > 43.2(\text{m}^3)$，满足要求。

5. 沉淀池总高度

超高 h_1 取 0.4m，缓冲层高 $h_3 = 0.5\text{m}$，污泥区部分高度 $h_4 = h_4' + h_4'' = 1.3 + 0.53 = 1.83(\text{m})$。

沉淀池总高 $H = h_1 + h_2 + h_3 + h_4 = 0.3 + 3 + 0.5 + 1.83 = 5.63(\text{m}^3)$。

沉淀池周边高 $H = h_1 + h_2 + h_3 + h_4 = 0.3 + 3 + 0.5 = 3.8(\text{m}^3)$。

6. 径深比校核

$D/h_2 = 24/3 = 8$，径深比大于 6，小于 12，符合要求。

本工程池径较大，采用某厂 zbg20-28 周边传动刮泥机，适用于池径 20～28m，池深 3.5m，周边线速度 0～2m/min，驱动功率 0.37kW。上部同时带有浮渣（或浮沫）刮集系统。

【例题 4-4】 上向流斜管沉淀池的设计计算

（一）已知条件

污水厂二级生物强化处理出水量 $Q = 16500\text{m}^3/\text{d} = 687.5\text{m}^3/\text{h} = 0.191\text{m}^3/\text{s}$，经混凝、沉淀、过滤处理后回用。沉淀处理单元采用上向流斜管沉淀池，液面上升流速 $v = 2.5\text{mm/s}$，颗粒沉降速度 $u_0 = 0.3\text{mm/s}$。设计计算上向流斜管沉淀池。

（二）设计计算

采用蜂窝六边形塑料斜管，板厚 0.4mm，管的内切圆直径 $d = 25\text{mm}$，斜管倾角 $\theta = 60°$，斜管长 $L = 1000\text{mm}$。沉淀池的有效系数 $\varphi = 0.92$。

1. 清水区净面积

$$A' = \frac{Q}{v} = \frac{0.191}{0.0025} = 76.4(\text{m}^2)$$

2. 斜管部分的面积

$$A = \frac{A'}{\varphi} = \frac{76.4}{0.92} = 83.0(\text{m}^2)$$

斜管部分平面尺寸（宽×长）采用 $B'L' = 7 \times 12(\text{m}^2)$。

3. 进水方式

沉淀池进水由边长 L' 为 12m 的一侧流入，该边长度与絮凝池宽度相同。

4. 管内流速

$$v_0 = \frac{v}{\sin\theta} = \frac{2.5}{\sin 60°} = \frac{2.5}{0.866} = 2.89 \, (\text{mm/s})$$

考虑到水量波动，采用 $v_0 = 5 \, \text{mm/s}$。

5. 复核雷诺数

根据管内流速 $v_0 = 3 \, \text{mm/s}$ 和管径 $d = 25 \, \text{mm}$，查表 4-3 得雷诺数 $Re = 18.8$。

6. 管内沉淀时间

$$T = L/v_0 = 1000/3 = 333 \, (\text{s}) = 5.56 \, (\text{min})$$

7. 池高

斜板区高度 $H_1 = L\sin\theta = 1 \times 0.866 \approx 0.9 \, (\text{m})$，超高采用 0.3m，清水区高度采用 1.0m，配水区高度（按泥槽顶计）采用 1.3m，排泥槽高度采用 0.8m。则有效池深 $H' = 0.9 + 1.0 + 1.3 = 3.2 \, (\text{m})$，池子总高 $H = H' + 0.8 + 0.3 = 3.2 + 0.8 + 0.3 = 4.3 \, (\text{m})$。

8. 进口配水

进口采用穿孔墙配水，穿孔流速 0.1m/s。

9. 集水系统

采用淹没孔集水槽，共 8 个。集水槽间距为 1.5m。

10. 排泥系统

采用穿孔管排泥，V 形槽边与水平成 45°角，共设 8 个槽，槽高 80cm，排泥管上装快开闸门。

上向流斜管沉淀池的布置见图 4-12。

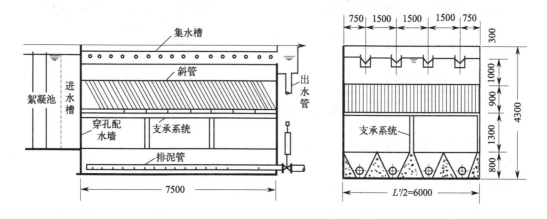

图 4-12　上向流斜管沉淀池的布置

【例题 4-5】 高密度沉淀池的设计计算

（一）已知条件

污水厂二级生物强化处理出水量 $Q = 120000 \, \text{m}^3/\text{d} = 5000 \, \text{m}^3/\text{h}$，经混凝、沉淀、过滤

处理后回用。沉淀处理单元采用高密度沉淀池，设计计算高密度沉淀池。

(二) 设计计算

采用蜂窝六边形塑料斜管，板厚 0.4mm，管的内切圆直径 $d=25$mm，斜管倾角 $\theta=60°$，斜管长 $L=1000$mm。沉淀池的有效系数 $\varphi=0.92$。

1. 沉淀池

(1) 沉淀区　表面负荷 q 取 16m³/(m²·h)，斜管结构所占面积按 4% 计，沉淀区面积

$$F_1 = 1.04 \frac{Q_D}{q} = 1.04 \times \frac{0.452}{16} \times 3600 = 105.8 (\text{m}^2)$$

沉淀区平面布置见图 4-13。其中斜管区分为两部分，中间为出水渠。斜管区平面尺寸取值 11m×9.6m，中间出水渠宽度为 1.0m，出水渠壁厚度为 0.2m，沉淀区长度 $L_1=12.4$m。

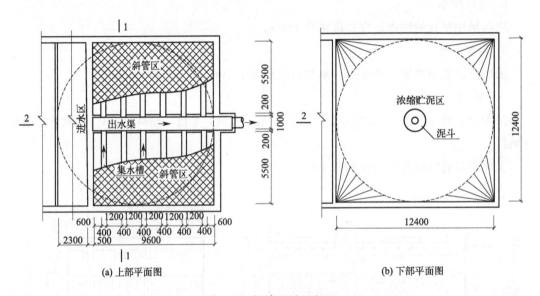

图 4-13　沉淀区平面布置

(2) 进水区　进水区宽度 $B_1 = 12.4 - 9.6 - 0.5 = 2.3$(m)。

进水区流速 $v_j = \dfrac{Q_D}{B_1 L_1} = \dfrac{0.452}{2.3 \times 12.4} = 0.0158$(m/s)。

(3) 集水槽　采用小矩形出水堰，堰壁高度 $P=0.28$m，堰宽 $b=0.05$m。沉淀池布置集水槽 12 个，单个集水槽水量 $q'=0.452/12=0.038$(m³/s)。

每个集水槽设矩形堰 44 个，总矩形堰个数 $n=528$。每个小矩形堰流量 $q=0.452/528=0.00086$(m³/s)。

矩形堰有侧壁收缩，流量系数 $m=0.43$，堰上水头

$$H' = \left(\frac{q}{mb\sqrt{2g}} \right)^{1.5} = \left(\frac{0.00086}{0.43 \times 0.05 \times \sqrt{2 \times 9.8}} \right)^{1.5} = 0.00088(\text{m})$$

单个集水槽宽取值 $b'=0.4m$，则末端临界水深为

$$h_k = \left(\frac{q'^2}{gb'^2}\right)^{1/3} = \left(\frac{0.038^2}{9.8\times 0.4^2}\right)^{1/3} = 0.097(m)$$

集水槽起端水深 $h=1.73h_k=1.73\times 0.097=0.17(m)$。

集水槽水头损失 $\Delta h=h-h_k=0.17-0.097=0.073(m)$。

集水槽水位跌落 0.1m，槽深 0.4m。

(4) 池体高度　超高 $H_1=0.4m$，斜管沉淀池清水区高度 $H_2=1.0m$，斜管倾角 $60°$，斜管长度 0.75m，则斜管区高度 $H_3=0.75\times \sin 60°=0.65(m)$。

斜管沉淀池布水区高度 $H_4=1.5m$；污泥回流比 R_1 按设计流量的 2% 计，污泥浓缩时间 t_n 取 8h，污泥浓缩区高度 $H_5=\dfrac{R_1 Q_D t_n}{F_1}=\dfrac{0.02\times 0.452\times 8\times 3600}{105.8}=2.46\approx 2.5(m)$。

贮泥区高度 $H_6=0.95m$，则沉淀池总高

$$H=H_1+H_2+H_3+H_4+H_5+H_6=0.4+1.0+0.65+1.5+2.5+0.95=7.0(m)$$

(5) 出水渠　出水渠宽 $B_0=1.0m$，末端流量 $Q_D=0.452m^3/s$，末端临界水深

$$h_k = \left(\frac{Q_D^2}{gB_0^2}\right)^{1/3} = \left(\frac{0.452^2}{9.8\times 1.0^2}\right)^{1/3} = 0.275(m)$$

出水渠起端水深 $h_0=1.73h_k=1.73\times 0.275=0.476(m)$。

出水渠上缘与池顶平，水位低于清水区 0.2m，最大水深 0.5m，渠高 $H_C=H_1+0.2+0.5=0.4+0.2+0.5=1.1(m)$。沉淀区剖面布置见图 4-14。

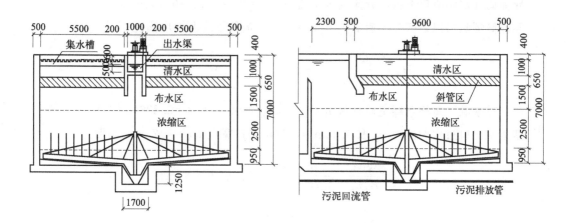

图 4-14　沉淀区剖面布置

2. 絮凝区

絮凝区导流筒内流速控制在 $0.5\sim 0.6m/s$，导流筒外流速控制在 $0.1\sim 0.3m/s$，出口区流速控制在 $0.05\sim 0.1m/s$。

(1) 絮凝室　絮凝区水深 $H_7=6m$，反应时间 t_2 取 10min，絮凝室面积为

$$F_2 = \frac{Q_D t_2}{H_7} = \frac{0.452 \times 10 \times 60}{6} = 45.2 (\text{m}^2)$$

絮凝室分为 2 格，并联工作，每格均为正方形，边长为

$$L_2 = B_2 = \sqrt{F_2/2} = \sqrt{45.2/2} = 4.75(\text{m})$$

（2）导流筒　絮凝回流比（R_2）取 10，导流筒内流量为

$$Q_n = \frac{1}{2}(R_2+1)Q_D = \frac{1}{2} \times (10+1) \times 0.452 = 2.486(\text{m}^3/\text{s})$$

导流筒内流速 v_1 取 0.5m/s，导流筒直径 $D_1 = \sqrt{\frac{4Q_1}{\pi v_1}} = \sqrt{\frac{4 \times 2.486}{0.5 \times 3.14}} = 2.52 \approx 2.5(\text{m})$。

导流筒下部喇叭口高度 $H_8 = 0.7$m，角度为 60°，导流筒下缘直径

$$D_2 = D_1 + 2H_8 \tan 60° = 2.5 + 2 \times 0.7 \times 0.577 = 3.31 \approx 3.3(\text{m})$$

导流筒上缘以上部分流速 $v_2 = 0.25$m/s，导流筒上缘距水面高度

$$H_9 = \frac{Q_n}{v_5 \pi D_2} = \frac{2.486}{0.25 \times 3.14 \times 2.5} = 1.27 \approx 3(\text{m})$$

导流筒外部喇叭口以上部分面积 $F_{w1} = B_2^2 - \frac{\pi D_1^2}{4} = 4.75^2 - \frac{3.14 \times 2.6^2}{4} = 17.65(\text{m}^2)$

导流筒外部喇叭口以上部分流速 $v_3 = Q_n/F_{w1} = 2.486/17.65 = 0.141(\text{m/s})$

导流筒外部喇叭口下缘部分面积 $F_{w2} = B_2^2 - \frac{\pi D_2^2}{4} = 4.75^2 - \frac{3.14 \times 3.3^2}{4} = 14(\text{m}^2)$

导流筒外部喇叭口下缘部分流速 $v_4 = Q_n/F_{w2} = 2.486/14 = 0.18(\text{m/s})$

导流筒喇叭口以下部分流速 $v_5 = 0.15$m/s，导流筒下缘距池底高度

$$H_8 = \frac{Q_n}{v_4 \pi D_2} = \frac{2.486}{0.15 \times 3.14 \times 3.3} \approx 1.6(\text{m})$$

（3）过水洞　每格絮凝室设计流量 $Q_{DG} = Q_D/2 = 0.452/2 = 0.226(\text{m}^3/\text{s})$。

絮凝室出口过水洞流速 v_6 取 0.06m/s，过水洞口宽度 $B_3 = 4.75$m，高度

$$H_{10} = \frac{Q_{DG}}{B_3 v_6} = \frac{0.226}{4.75 \times 0.06} = 0.793 \approx 0.8(\text{m})$$

过水洞水头损失　$h = \xi \frac{v_6^2}{2g} = 1.06 \times \frac{0.06^2}{2 \times 9.81} = 0.00019(\text{m})$

（4）出口区　出口区长度 L_2 为 4.75m，出口区上升流速 $v_7 = 0.06$m/s，出口区宽度

$$B_3 = \frac{Q_{DG}}{L_2 v_7} = \frac{0.226}{4.75 \times 0.06} = 0.793 \approx 0.8(\text{m})$$

出口区停留时间　$t_3 = \frac{L_2 B_3 H_7}{60 Q_{DG}} = \frac{4.75 \times 0.8 \times 6}{60 \times 0.226} = 1.68(\text{min})$

（5）出水堰高度　为配水均匀，出口区到沉淀区设一个淹没堰。过堰流速 v_8 取

0.05m/s，堰上水深

$$H_{11}=\frac{Q_{DG}}{L_2 v_8}=\frac{0.226}{4.75\times0.05}=0.95(m)$$

（6）搅拌机　搅拌机提升水量 $Q_T=Q_n=2.486m^3/s$，提升扬程 H_T 0.15m，搅拌轴功率

$$N_{絮}=\frac{Q_T H_T \gamma}{102\eta}=\frac{2.486\times0.15\times1000}{102\times0.75}=4.86(kW)$$

式中　γ——水的密度，kg/m^3，$\gamma=1000kg/m^3$。

据此，选用某品牌絮凝搅拌机，主要技术参数：桨叶直径 1.4m，转速 53.4r/min，排液量 $2.62m^3/s$，电机功率 5.5kW。

（7）絮凝区 GT 值　絮凝区总停留时间 $T=10+1.68=11.68(min)=700.8(s)$。

水温按 10℃，动力黏度 $\mu=1.305\times10^{-3}Pa\cdot s$，絮凝区 GT 值

$$GT=\sqrt{\frac{1000N_{絮}T}{\mu Q_{DG}}}=\sqrt{\frac{1000\times4.86\times700.8}{1.305\times10^{-3}\times0.226}}=1.074\times10^5>1\times10^5$$

3. 混合区

（1）混合池尺寸　混合池长 $L_3=2.9m$，宽 $B_4=1.9m$，水深 $H_{12}=6.2m$。

（2）停留时间

$$t_1=\frac{L_3 B_4 H_{12}}{Q_T}=\frac{2.9\times1.9\times6.2}{0.452}=75.6(s)=1.26(min)$$

（3）搅拌机功率　混合室 G 取 $500s^{-1}$，搅拌机轴功率

$$N_{混}=\frac{\mu Q_D t_1 G^2}{1000}=\frac{1.305\times10^{-3}\times0.452\times75.6\times500^2}{1000}=11.15(kW)$$

（4）水力计算　出水总管长度 $L_4=1.8m$，直径 $D_3=0.8m$，流速

$$v_9=\frac{4Q_D}{\pi D_3^2}=\frac{4\times0.452}{3.14\times0.8^2}=0.9(m/s)$$

出水总管沿程水头损失

$$h_{11}=0.000912\frac{v_9^2}{D_3^{1.3}}\left(1+\frac{0.867}{v_9}\right)^{0.3}L_4=0.00912\times\frac{0.9^2}{0.8^{1.3}}\times\left(1+\frac{0.867}{0.9}\right)^{0.3}\times1.8=0.0022(m)$$

出水总管局部水头损失

$$h_{12}=(\xi_1+\xi_2)\frac{v_9^2}{2g}=(0.5+3.0)\times\frac{0.9^2}{2\times9.81}=0.145(m)$$

式中　ξ_1——出水总管入口系数；

　　　ξ_2——出水总管三通系数。

混合池出水支管 $L_5=7.4m$，直径 $D_4=0.7m$，流速为

$$v_{10}=\frac{4Q_n}{\pi D_4^2}=\frac{4\times0.226}{3.14\times0.7^2}=0.59(m/s)$$

出水支管沿程水头损失为

$$h_{21}=0.000912\frac{v_{10}^2}{D_4^{1.3}}\Big(1+\frac{0.867}{v_{10}}\Big)^{0.3}L_5=0.00912\times\frac{0.59^2}{0.7^{1.3}}\times\Big(1+\frac{0.867}{0.59}\Big)^{0.3}\times7.4$$

$$=0.0049(m)$$

出水支管局部水头损失 $h_{22}=(\xi_3+\xi_4)\dfrac{v_{10}^2}{2g}=(1.02+1.0)\times\dfrac{0.59^2}{2\times9.81}=0.036(m)$

出水管总水头损失为

$$h=h_1+h_{11}+h_{12}+h_{21}+h_{22}=0.0022+0.145+0.0049+0.036=0.188(m)$$

絮凝区及混合区布置见图 4-15。

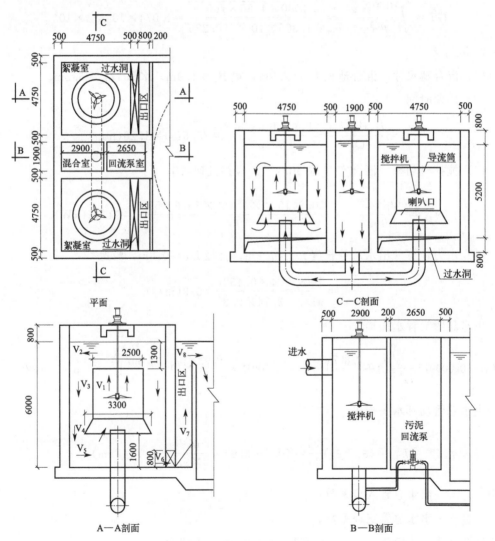

图 4-15 絮凝区及混合区布置

【例题 4-6】 侧向流倒 V 形斜板沉淀池的设计计算

(一)已知条件

设计规模 $Q=100000 \mathrm{m}^3/\mathrm{d}$，原水浊度 500NTU，池深不大于 5m。自用水系数 10%。

(二)设计计算

(1) 设计水量　采用双组布置，单组水量

$$q=\frac{1.1Q}{2\times24\times3600}=0.637(\mathrm{m}^3/\mathrm{s})$$

(2) 沉淀池高度 H　设计采用集泥区高度 $H_1=0.8\mathrm{m}$，结合工艺高程控制图选取有效水深 $H_2=3.62\mathrm{m}$，超高 $H_3=0.4\mathrm{m}$。

$$H=H_1+H_2+H_3=0.8+3.62+0.4=4.82(\mathrm{m})$$

(3) 沉淀池宽度 B　设计采用过水断面有效利用系数 $\eta=0.75$，水平流速 $v_0=12.0\mathrm{mm/s}$。

$$B=\frac{1000q}{\eta v_0 H_2}=\frac{1000\times0.637}{0.75\times12\times3.62}=19.55(\mathrm{m})，取 20.00\mathrm{m}。$$

(4) 斜板区长度 L_3　沉速 $u_0=0.16\mathrm{mm/s}$，取 2 块倒 V 形斜板竖直间距 $h=0.07\mathrm{m}$。斜板计算长度

$$l=\frac{hv_0}{u_0}=\frac{0.07\times12.0}{0.16}=5.25(\mathrm{m})，取 6.0\mathrm{m}。$$

采用单板长度为 $l_0=1.0\mathrm{m}$ 斜板，斜板布置 6 行，即 $m=6$，为考虑检修和安装，每 2 行布置成 1 个单元，共布置 3 个单元，即倒 V 形斜板沉淀单元之间的空隙个数 $n=3-1=2$，检修间距 $l_1=1.0\mathrm{m}$。沉淀池中布置斜板区的长度

$$L_3=ml_0+nl_1=6\times1.0+2\times1.0=8.0(\mathrm{m})$$

(5) 沉淀池长度 L　取进水过渡区长度 $L_1=1.5\mathrm{m}$，进水稳流区长度 $L_2=1.5\mathrm{m}$，出水稳流区长度 $L_4=2.0\mathrm{m}$，出水区长度 $L_5=1.5\mathrm{m}$。沉淀池长度

$$L=L_1+L_2+L_3+L_4+L_5=1.5+1.5+8.0+2.0+1.5=14.5(\mathrm{m})$$

(6) 进出水管径　管道流速控制在 $v\leqslant1.0\mathrm{m/s}$，管道面积

$$S_{管}=\frac{q}{v}=\frac{0.637}{1.0}=0.637(\mathrm{m}^2)$$

进出水管道直径

$$D=\left(\frac{4S}{\pi}\right)^{0.5}=\left(\frac{4\times0.637}{3.14}\right)^{0.5}=0.9(\mathrm{m})$$

(7) 进水整流墙　进水整流墙过孔流速取 $v_{进孔}=0.08\mathrm{m/s}$，进水整流孔总面积

$$S_{进z}=\frac{q}{v_{进孔}}=\frac{0.637}{0.08}=7.96(\mathrm{m}^2)$$

采用 $D_{进孔}=100\mathrm{mm}$ 进水整流孔，单孔面积

$$S_{进d}=\frac{\pi D^2_{进孔}}{4}=\frac{3.14\times0.1^2}{4}=0.00785(\text{m}^2)$$

进水整流墙孔数 $n_{进}$

$$n_{进}=\frac{S_{进z}}{S_{进d}}=\frac{7.96}{0.00785}=1014(\text{个})$$

（8）出水整流墙　取出水整流墙过孔流速 $v_{进孔}=0.3\text{m/s}$，出水整流孔总面积

$$S_{出z}=\frac{q}{v_{出孔}}=\frac{0.637}{0.3}=2.12(\text{m}^2)$$

采用 $D_{出孔}=50\text{mm}$ 出水整流孔，单孔面积

$$S_{出d}=\frac{\pi D^2_{出孔}}{4}=\frac{3.14\times0.05^2}{4}=0.00196(\text{m}^2)$$

出水整流墙孔数 $n_{出}$

$$n_{出}=\frac{S_{出z}}{S_{出d}}=\frac{2.12}{0.00196}=1082(\text{个})$$

（9）倒 V 形斜板块数　当侧向流倒 V 形斜板的角度 $\theta=60°$，倒 V 形斜板的板宽 0.25m 时，则其底边 $b_1=250\text{mm}$。沉淀池超过 10m 宽度，应设中间隔墙，分隔后沉淀池单宽为 B'。

$$B'=\frac{B}{2}=\frac{20}{2}=10(\text{m})$$

排泥通道宽度取 $b_2=0.03\text{m}$，则安装倒 V 形侧向流斜板组数 n 为

$$n=\frac{B'-b_2}{b_1+b_2}=\frac{10-0.03}{0.25+0.03}=\frac{9.97}{0.28}=35.6(\text{组})，\text{取 36 组}。$$

侧向流倒 V 形斜板的竖向间距为 0.07m，有效水深 $H_2=3.62\text{m}$，布置行数为 $m=6$。斜板厚度为 1.5～1.9mm，略去不计时，则每组倒 V 形斜板的块数

$$n_{板}=\frac{H_2}{0.07}=\frac{3.62}{0.07}=51.7(\text{块})，\text{取 52 块}。$$

则两组沉淀池的倒 V 形斜板总数量为

$$N_{板总}=n_{板}nm\times2\times2=52\times36\times6\times2\times2=44928(\text{块})$$

（10）沉淀池的水头损失　沉淀池的水头损失包括进水整流墙过孔损失 $h_{进孔}$，斜板沿程损失 h_f，出水整流墙过孔水头损失 $h_{出孔}$

$$h_{进孔}=\xi_{进孔}\frac{v^2_{进孔}}{2g}=1\times\frac{0.08^2}{2\times9.81}=0.0003(\text{m})$$

$$h_{出孔}=\xi_{出孔}\frac{v^2_{出孔}}{2g}=1\times\frac{0.3^2}{2\times9.81}=0.0046(\text{m})$$

斜板水力半径 $R=\dfrac{A}{\chi}=\dfrac{2\times0.25\times0.07}{0.25\times4}=0.35(\text{m})$

雷诺数 $Re=\dfrac{vR}{\nu}=\dfrac{0.012\times0.035}{1.01\times10^{-6}}=415.84$

沿程阻力系数 $\lambda = \dfrac{64}{Re} = \dfrac{64}{415.84} = 0.1539$

沿程阻力损失 $h_f = \dfrac{\lambda l}{4R} \times \dfrac{v^2}{2g} = \dfrac{0.1539 \times 6 \times 0.012^2}{4 \times 415.84 \times 2 \times 9.8} = 4.85 \times 10^{-5}$

沉淀池总水头损失

$$h = h_{\text{进孔}} + h_f + h_{\text{出孔}} = 0.0003 + 0.0045 + 0.0000485 = 0.00048(\text{m})$$

（11）斜板装置的板面清洁　采用横扫式侧向流斜板除泥装置，该装置为 PLC 智能控制，可自动定时运行，通常运行时错开用水高峰时段，此时池中水平流速较低，对沉后水水质影响较小。侧向流倒 V 形斜板沉淀池工艺平面布置见图 4-16。

（12）池底排泥系统的设计计算和说明　本沉淀池采用机械辅助排泥系统，通过刮泥机将泥刮至排泥槽，再由管道和靠静水压力排出池外。

【例题 4-7】 水平管沉淀池的设计计算

（一）已知条件

设计供水量 $Q_0 = 20000\,\text{m}^3/\text{d}$，水厂的自用水量占 5%，按一组水平管沉淀池进行设计，颗粒沉降速度 $\mu = 0.4\,\text{mm/s}$，过水断面负荷 $q' = 28\,\text{m}^3/(\text{m}^2 \cdot \text{h})$，即过水断面流速 $v' = 7.8\,\text{mm/s}$。采用不锈钢水平管沉淀分离装置，其高度 H_0 为 2.5m，菱形水平管边长为 35mm。

（二）设计计算

（1）设计水量

$$Q = Q_0 \times 1.05 = 20000 \times 1.05 = 21000(\text{m}^3/\text{d}) = 875(\text{m}^3/\text{h})$$

（2）沉淀分离装置过水断面面积 A_0

$$A_0 = \dfrac{Q}{q'} = \dfrac{875}{28} = 31.25(\text{m}^2)$$

（3）沉淀分离装置宽度 B_0

$$B_0 = \dfrac{A_0}{H_0} = \dfrac{31.25}{2.5} = 12.5(\text{m})，取 13\text{m}。$$

则有效过水断面负荷

$$q'' = \dfrac{Q}{B_0 H_0 \eta} = \dfrac{875}{13 \times 2.5 \times 0.76} = 35.4\,\text{m}^3/(\text{m}^2 \cdot \text{h})$$

即有效过水断面流速 $v'' = 9.8\,\text{mm/s}$。

（4）沉淀池长度 L　过渡段长度 $L_{\text{过}}$ 采用 1.5m，布水区长度 L_1 采用 3.0m，水平管沉淀分离装置长度 L_0 采用 2.0m，集水区长度 L_2 采用 3.0m。总长度

$$L = L_{\text{过}} + L_1 + L_0 + L_2 = 1.5 + 3.0 + 2.0 + 3.0 = 9.5(\text{m})$$

（5）沉淀池池体高度 H　超高 H_1 采用 0.3m，沉淀分离装置高度 H_0 采用 2.5m，集泥区高度 H_2 采用 1.5m，泥斗高度 H_3 采用 0.7m。池子总高

$$H = H_0 + H_1 + H_2 + H_3 = 2.5 + 0.3 + 1.5 + 0.7 = 5.0(\text{m})$$

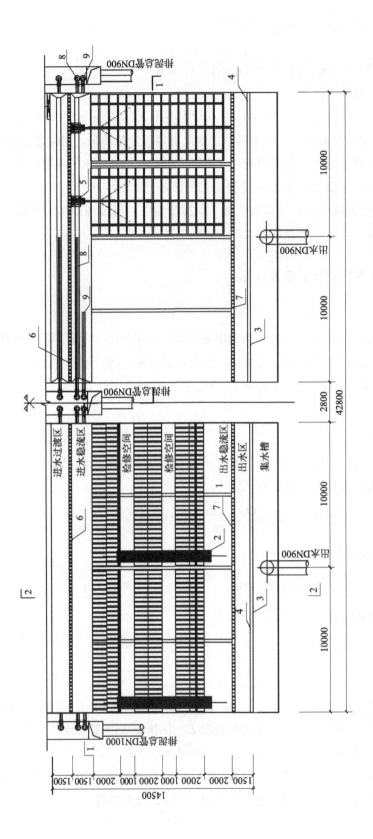

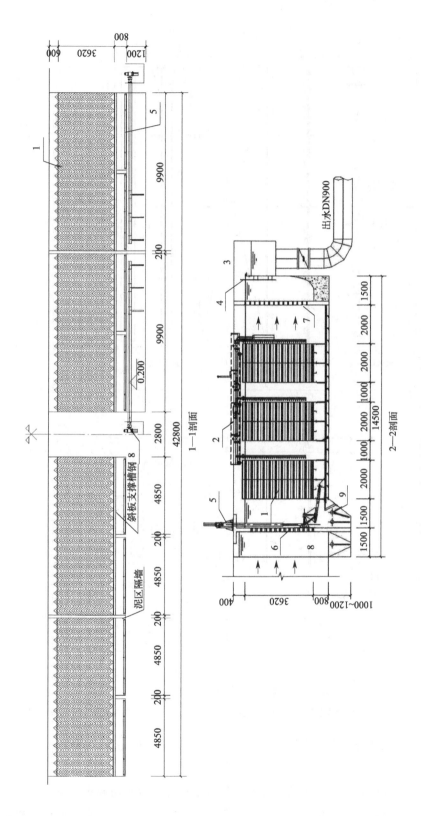

图 4-16 侧向流倒 V 形斜板沉淀池工艺平面布置

1—水平流泥水分离斜板；2—斜板表面清洁装置；3—可调节堰板；4—导流板；5—液压往复式刮泥机；6—进水稳流花墙；7—出水稳流花墙；8—长排泥管；9—短排泥管

水平管沉淀池的布置见图 4-17。

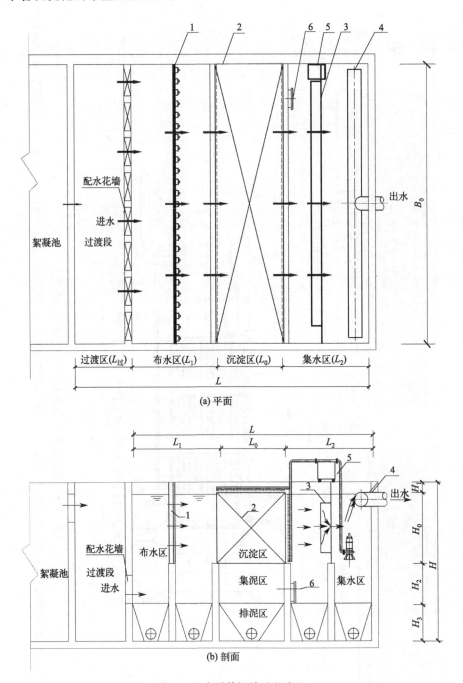

图 4-17　水平管沉淀池的布置

1—布水装置；2—水平管沉淀分离装置；3—集水装置；4—集水管；5—自动冲洗装置；6—检修人孔

（6）布水区的布水装置　由若干栅条板构成，间距为 10～200mm，采取 100mm，过水流速应小于 0.1m/s。

（7）集水区的集水装置　由集水箱和集水板等设施组成，集水箱和集水板应安装在水平管沉淀分离装置出水断面上，集水管应安装在集水区上部。集水箱及集水管过孔流速应小于 0.1m/s。

(8) 复核颗粒沉降需要的管长 颗粒沉降需要时间 $t=\dfrac{L'}{v}=\dfrac{h}{\mu}=\dfrac{62}{0.4}=155(\text{s})$

其中 h 为菱形水平管长对角线长度。颗粒沉降需要长度

$$L'=v''t=9.8\times155=1519(\text{mm})$$

采用水平管沉淀分离装置的管长为 2000mm＞1519mm，可满足颗粒沉降时需要的管长。

(9) 复核管内雷诺数

$$Re=\dfrac{RV_0}{\nu}$$

水力半径 $R=\dfrac{A}{4d}=\dfrac{35\times30}{4\times35}=7.5(\text{mm})=0.75(\text{cm})$。

水平管内实际流速 $V_0=v''=9.8(\text{mm/s})=0.98(\text{cm/s})$。

运动黏度 $\nu=0.01\text{cm}^2/\text{s}$(当 $t=20℃$ 时)。

$Re=\dfrac{0.75\times0.98}{0.01}=73.5<500$，水流状态为层流，满足水流状态要求。

(10) 排泥系统设计 水平管沉淀池排泥系统分为 3 个部分。

① 布水区。设置排泥渠，采用穿孔排泥管排泥，管径 DN250。

② 沉淀分离区。在沉淀分离装置下面设置排泥渠，管径 DN250。

③ 集水区。与布水区排泥系统相类似，采用穿孔管重力排泥，管径 DN250。

④ 安装快开排泥阀门。根据水质情况，定时自动或手动排泥。

(11) 沉淀池自动冲洗系统设计 冲洗系统采用自动冲洗装置，冲洗过程不影响供水。自动冲洗装置主要分为动力和冲洗两分部。动力分部通过电动机驱使设备沿铺设的轨道往复运动，冲洗分部是利用水泵压力通过喷头在垂直方向和水平方向全方位冲洗水平管沉淀分离装置。冲洗分部架设在动力分部上，通过控制柜控制，节省人力物力。

自动冲洗系统的运行速度宜为 0.1～1m/min；冲洗流量为 10～100m³/h，冲洗扬程为 10～100m。冲洗周期为 10～48h，宜设定在夜间用水低峰时间。

【例题 4-8】 加砂高速沉淀池的设计计算

(一) 已知条件

单组设计水量 $Q_D=39000(\text{m}^3/\text{d})=1625(\text{m}^3/\text{h})=0.452(\text{m}^3/\text{s})$，原水浊度为 5～15NTU，冬季水温 0～5℃。

(二) 设计计算

加砂高速沉淀池的工艺平面布置见图 4-18。

1. 混合池

在混合池内只投加混凝剂。

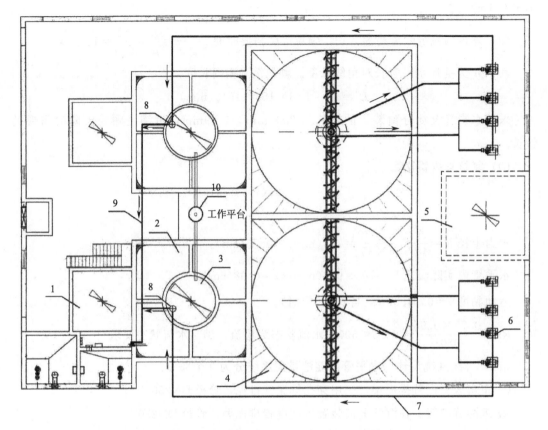

图 4-18　加砂高速沉淀池工艺平面布置

1—混合池；2—絮凝池；3—混合导流筒；4—高密度沉淀池；5—后混凝池（预留）；

6—微砂污泥循环泵；7—微砂污泥循环管道；8—水力旋流分离器；9—水力旋流器溢流管道；

10—储砂斗、螺旋投加及计量设备

(1) 混合池容积 W　采用混合时间 $t_1 = 2\text{min}$

$$W = \frac{Q_D t}{60n} = \frac{1625 \times 2}{60 \times 1} = 54.17(\text{m}^3)$$

(2) 混合池　平面采用正方形，边长 $B = 3.0\text{m}$，有效水深 H_1

$$H_1 = \frac{W}{B^2} = \frac{54.17}{3^2} = 6.02(\text{m})$$

(3) 搅拌功率　混合池 G 取 500s^{-1}，水温按 5℃，水的动力黏度 $\mu = 1.518 \times 10^{-3}$ (Pa·s)，搅拌机轴功率

$$N_{混} = \frac{\mu Q_D t_1 G^2}{1000} = \frac{1.518 \times 10^{-3} \times 0.452 \times 2 \times 60 \times 500^2}{1000} = 20.58(\text{kW})$$

2. 絮凝池（熟化池）

絮凝池内设混合导流筒（投加区），以投加微砂及助凝剂和小絮体充分混合。

进入絮凝区的小絮体通过吸附、电性中和及相互间的架桥作用形成更大的絮体。

(1) 絮凝池尺寸　絮凝池水深 $H_2 = 6\text{m}$，反应时间 t_2 取 10min，絮凝池面积

$$F_2 = \frac{Q_D t_2}{H_2} = \frac{0.452 \times 10 \times 60}{6} = 45.2 (\text{m}^2)$$

絮凝池平面采用正方形，边长

$$B_2 = \sqrt{F_2} = \sqrt{45.2} = 6.72 (\text{m})，取 6.75\text{m}。$$

（2）混合导流筒（投加区）　混合导流筒采用圆形。微砂回流量取 4%，水力旋流分离器底流量取微砂回流量的 20%。混合导流筒内下降流速 v_1 取 0.06m/s，混合导流筒直径

$$D_1 = \sqrt{\frac{4Q_D(1+0.04 \times 0.2)}{v_1 \pi}} = \sqrt{\frac{4 \times 0.452 \times (1+0.04 \times 0.2)}{0.06 \times 3.14}} = 3.11(\text{m})，取 3.2\text{m}。$$

混合导流筒上缘以上部分流速 $v_2 = 0.06$m/s，混合导流筒上缘距水面高度

$$H_2 = \frac{Q_D(1+0.04 \times 0.2)}{v_2 \pi D_1} = \frac{0.452 \times 1.008}{0.06 \times 3.14 \times 3.2} = 0.756(\text{m})，取 0.76\text{m}。$$

混合导流筒下部分流速 $v_3 = 0.05$m/s，混合导流筒下缘距池底高度

$$H_3 = \frac{Q_D(1+0.04 \times 0.2)}{v_3 \pi D_1} = \frac{0.452 \times 1.008}{0.05 \times 3.14 \times 3.2} = 0.907(\text{m})，取 0.91\text{m}。$$

（3）絮凝区

① 絮凝区面积

$$F_w = B_2^2 - \frac{\pi D_1^2}{4} = 6.75^2 - \frac{3.14 \times 3.2^2}{4} = 37.52(\text{m}^2)$$

② 絮凝区流速（向上）

$$v_3 = \frac{Q_D(1+0.04 \times 0.2)}{F_w} = \frac{0.452 \times 1.008}{37.52} = 0.012(\text{m/s})$$

（4）出水口　絮凝池出口过水洞流速 v_4 取 0.05m/s，过水洞口宽度 $B_3 = 6.75$m 高度

$$H_3 = \frac{Q_D(1+0.04 \times 0.2)}{v_4 B_2} = \frac{0.452 \times 1.008}{0.05 \times 6.75} = 1.35(\text{m})$$

（5）搅拌功率　絮凝池 G 取 150s^{-1}，搅拌机轴功率

$$N_混 = \frac{\mu Q t_2 G^2}{1000} = \frac{1.518 \times 10^{-3} \times 0.452 \times 1.008 \times 10 \times 60 \times 150^2}{1000} = 9.34(\text{kW})$$

3. 沉淀池的计算

沉淀池采用高密度沉淀池的池型，表面负荷取 50$\text{m}^3/(\text{m}^2 \cdot \text{h})$。

4. 微砂回流系统

（1）循环泵流量　循环泵总流量取进水量的 4%，$Q_{微砂} = 1625 \times 0.04 = 65(\text{m}^3/\text{h})$。

（2）水力旋流分离器　水力旋流分离器的总处理量与循环泵总流量相同为 65m^3/h。

水力旋流分离器的选型一般根据设计处理量和设计极限截留颗粒直径，咨询相关设备生产厂家，然后按照设备厂家提供的设备结构尺寸，校核厂家提供设备的处理能力和极限截留颗粒直径是否满足需要，最后确定分离器台数（分离器台数应与循环泵台

数相匹配）。

5. 微砂补充投加系统

微砂补充投加系统有微砂真空上料设备、储砂斗、微砂投加螺杆、微砂计量螺杆等组成。

① 微砂真空上料设备根据储砂斗容积和上料时间，确定其上料能力后进行设备选型。

② 微砂投加螺杆和微砂计量螺杆根据微砂定期补充投加量和投加时间，确定投加能力后进行设备选型。

③ 储砂斗容积计算。微砂流失量取 $1g/m^3$，每天损失量为 $1 \times 39000/1000 = 39(kg)$，砂斗容量按 10 天储量计算。$90 \sim 100 \mu m$ 的石英砂堆积密度取 $1.5t/m^3$，10 天的容积

$$V_{砂} = \frac{10 \times 39}{1000 \times 1.5} = 0.26(m^3)$$

砂斗有效容积取 $0.3m^3$。

第二节　澄　清　池

澄清池是有泥渣参与工作的、在一个池子内完成水和药剂的混合、反应及所形成的絮凝体与水分离三个过程的净水构筑物。在澄清池中，沉泥被提升起来并使之处于均匀分布的悬浮状态，在池中形成高浓度的稳定活性泥渣层，原水通过活性泥渣层时，由于接触絮凝作用，原水中的悬浮物便被活性泥渣层截留，清水在澄清池上部排出。

澄清池中起截留分离杂质颗粒作用的介质是呈悬浮状的泥渣。该层悬浮物浓度在 $3 \sim 10g/L$。原水在澄清池中由下向上流动，泥渣层由于重力作用可在上升水流中处于动态平衡状态。当原水通过泥渣悬浮层时，利用接触絮凝原理，原水中的悬浮物便被泥渣悬浮层阻留下来，使水获得澄清。清水在澄清池上部被收集。

泥渣悬浮层上升流速与泥渣的体积、浓度有关，因此，正确选用上升流速，保持良好的泥渣悬浮层，是澄清池取得较好处理效果的基本条件。国内外在污水深度处理中采用澄清池较多，运行效果较好。

澄清池的种类很多，但从净化作用原理和特点上划分，可归纳为泥渣接触过滤型（或称悬浮泥渣型）澄清池和泥渣循环分离型（或称回流泥渣型）澄清池。在废水的处理中常用的澄清池有机械搅拌加速澄清池、水力循环澄清池、悬浮澄清池、脉冲澄清池等。国内已有的几种澄清池分类见图 4-19。

澄清池一般采用钢筋混凝土结构，但也有用砖石砌筑的，小水量者还有用钢板制成的。澄清池型式的选择，主要应根据原水水质、出水要求、生产规模、水厂布置、地形、地质以及排水条件等因素，进行技术经济比较后决定。表 4-6 列出了几种澄清池的性能特点及适用条件，供选型参考。

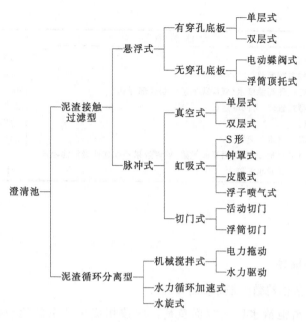

图 4-19 澄清池分类

表 4-6 澄清池的性能特点及适用条件

型　　式	性 能 特 点	适 用 条 件
机械搅拌加速澄清池	优点： (1)处理效率高,单位面积产水量较大 (2)适应性较强,处理效果较稳定 (3)采用机械刮泥设备后,对高浊度水(3000mg/L以上)处理也有一定适应性 缺点： (1)需要一套机械搅拌设备 (2)加工和安装要求精度高 (3)维修较麻烦	(1)进水悬浮物含量一般小于3000mg/L,短时间内允许达5000~10000mg/L (2)一般为圆形池子 (3)适用于大、中型水厂
水力循环澄清池	优点： (1)无机械搅拌设备 (2)构造简单 缺点： (1)投药量较大,要消耗较大的水头 (2)对水质、水量变化适应性较差	(1)进水悬浮物含量一般小于2000mg/L,短时间内允许达5000mg/L (2)一般为圆形池子 (3)适用于中、小型水厂
脉冲澄清池	优点： (1)虹吸式机械设备较为简单 (2)混合充分,布水较均匀 (3)池深较浅,便于布置,也适用于平流式沉淀池改造 缺点： (1)真空式需要一套真空设备,较为复杂 (2)虹吸式水头损失较大,周期较难控制 (3)操作管理要求较高	(1)进水悬浮物含量一般小于3000mg/L,短时间内允许达5000~10000mg/L (2)可建成圆形、矩形或方形池子 (3)适用于大、中、小型水厂

型　　式	性　能　特　点	适　用　条　件
悬浮澄清池(无穿孔底板)	优点: (1)构造较简单 (2)能处理高浊度水(双层式加悬浮层底部开孔) (3)型式较多,可间歇运行 缺点: (1)需设气水分离器 (2)对进水量、水温等因素较敏感,处理效果不如加速澄清池稳定 (3)双层式时池深较大	(1)进水悬浮物含量小于3000mg/L 时宜用单层式,在3000～10000mg/L 时宜用双层式 (2)可建成圆形或方形池子 (3)一般流量变化每小时不大于10%,水温变化每小时不大于1℃

一、设计概述

1. 机械搅拌澄清池

① 机械搅拌澄清池池数一般不少于 2 个。

② 机械搅拌澄清池清水区的液面负荷,应按相似条件下的运行经验确定,可采用 $2.9\sim3.6m^3/(m^2 \cdot h)$。

③ 水在机械搅拌澄清池中的总停留时间,可采用 1.2～1.5h。第二絮凝室中停留时间为 0.5～1.0min,导流室中停留时间为 2.5～5.0min(均按第二絮凝室提升水量计)。

④ 搅拌叶轮提升流量可为进水流量的 3～5 倍,叶轮直径可为第二絮凝室内径的70%～80%,并应设调整叶轮转速和开启度的装置。

⑤ 机械搅拌澄清池是否设置机械刮泥装置,应根据水池直径、底坡大小、进水悬浮物含量及其颗粒组成等因素确定。

⑥ 回流量与设计水量的比例为(3:1)～(5:1),即第二絮凝室提升水量一般为原水进水流量的 3～5 倍。

⑦ 第二絮凝室、第一絮凝室、分离室的容积比,一般采用 1:2:7。

⑧ 为使进水分配均匀,现多采用配水三角槽(缝隙或孔眼出流)。配水三角槽上应设排气管,以排除槽中积气。

⑨ 加药点一般设于原水进水管处或三角配水槽中。

⑩ 清水区高度为 1.5～2.0m,池下部圆台坡角一般为 45°左右。池底以大于 5% 的坡度坡向池中心排泥管口。当装有刮泥设备时,池底可做成弧底。

⑪ 集水方式宜用可调整的淹没孔环形集水槽,孔径 20～30mm。当单池出水量大于 400m^3/h 时,应另加辐射槽,其条数池径小于 6m 时用 4～6 条,直径为 6～10m 时用 6～8 条。

⑫ 根据池子大小设泥渣浓缩斗 1～3 个,小型池子可直接经池底放空管排泥。浓缩室总容积约为池子容积的 1%～4%。排泥周期一般为 0.5～1.0h,排泥历时为 5～60s。泥渣含水率为 97%～99%(按重量计),排泥耗水量占进水量的 2%～10%。池底坡向排泥管口。排泥管口处需加罩以求排泥均匀。排泥管内流速按不淤流速计算,其直径不小于 100mm。

⑬ 机械搅拌加速澄清池搅拌设备具有两部分功能。其一，通过装在提升叶轮下部的桨板完成原水与池内回流泥渣水的混合絮凝；其二，通过提升叶轮将絮凝后的水提升到第二絮凝室，再流至澄清区进行分离，清水被收集，泥渣水回流至第一絮凝室。

机械搅拌的叶轮直径一般按第二絮凝室内径的70%～80%设计。叶轮提升水头为0.05～0.10m。

搅拌设备一般采用无级变速电动机驱动，经三角皮带和涡轮的两级减速（或锥齿轮与正齿轮两级减速）与搅拌轴联接。电动机功率可根据计算确定，也可参照经验数据选用。电动机功率经验数值为5～7kW/(km^3·h)。搅拌设备的工艺计算，主要是确定提升叶轮和搅拌叶片（桨板）的尺寸以及电动机的功率。

⑭ 搅拌叶片总面积一般为第一絮凝室平均纵剖面积的10%～15%。叶片高度为第一絮凝室高度的$\frac{1}{3}\sim\frac{1}{2}$。叶片对称装设，一般为4～16片。

⑮ 溢流管直径可比进水管小一号。

⑯ 在进水管、第一及第二絮凝室、分离室、泥渣浓缩室、出水槽等处装设取样管。

⑰ 澄清池各处的设计流速列于表4-7，供选用。

表 4-7　机械搅拌加速澄清池的设计流速

编号	名　　称	单位	数　　值	编号	名　　称	单位	数　　值
1	进水管流速	m/s	0.8～1.2	8	导流室下降流速	mm/s	40～70
2	配水三角槽流速	m/s	0.5～1.0	9	导流室出口流速	mm/s	60
3	三角槽出流缝流速	m/s	0.5～1.0	10	泥渣回流缝流速	mm/s	100～200
4	搅拌叶片边缘线速度	m/s	0.33～1.0	11	分离区上升流速	mm/s	0.8～1.1
5	提升叶轮进口流速	m/s	0.5	12	集水槽孔眼流速	m/s	0.5～0.6
6	提升叶轮边缘线速度	m/s	0.5～1.5	13	出水总槽流速	m/s	0.4
7	第二絮凝室上升流速	mm/s	40～70				

2. 水力循环加速澄清池

① 在水力循环加速澄清池中，水的混合及泥渣的循环回流不是依靠机械进行搅拌和提升，而是利用水射器的作用，即利用进水管中水流的动力来完成的。所以，其最大特点是没有转动部件。

② 水力循环加速澄清池主要由进水水射器（喷嘴、喉管等）、絮凝室、分离室、排泥系统、出水系统等部分组成。其加药点视与泵房的距离可设在水泵吸水管或压水管上，也可设在靠近喷嘴的进水管上。当具有一定动能的加药后原水高速通过喷嘴进入喉管时，在喉管进口周围造成负压，并且吸入大量活性回流泥渣。由于喉管中水的快速流动，使水、药和泥渣得到充分混合。在喉管以后，水的流程和机械搅拌加速澄清池相似，即第一絮凝室→第二絮凝室→分离室→集水系统。

③ 水力循环加速澄清池适用于中小型水处理厂（水量一般在50～400m^3/h之间），进水悬浮物含量一般应小于2000mg/L。高程上很适宜与无阀滤池配套使用。

④ 水力循环澄清池清水区的液面负荷，应按相似条件下的运行经验确定，可采用 $2.5\sim3.2$ $m^3/(m^2 \cdot h)$。水在池内的总停留时间为 $1\sim1.5h$。

⑤ 水力循环澄清池导流筒（第二絮凝室）的有效高度可采用 $3\sim4m$，池子超高为 $0.3m$。

⑥ 水力循环澄清池的回流水量可为进水流量的 $2\sim4$ 倍。

⑦ 水力循环澄清池池底斜壁与水平面的夹角不宜小于 $45°$。

⑧ 喷嘴口离池底的距离，一般不大于 $0.6m$。喷嘴直径与喉管直径之比，一般采用 $(1:3)\sim(1:4)$。喷嘴口与喉管口的间距一般为喷嘴直径的 $1\sim2$ 倍。喷嘴水头损失一般为 $3\sim4m$。喉管瞬间混合时间一般为 $0.5\sim1s$。

⑨ 水在第一絮凝室中停留时间一般为 $5\sim30s$，水在第二絮凝室中停留时间为 $80\sim100s$。以上均按循环总水量计，且宜取大值，以保证絮凝效果。

⑩ 清水区高度一般为 $2\sim3m$。

⑪ 排泥耗水量一般为 5% 左右。为减少排泥耗水量，当单池处理水量小于 $150m^3/h$ 时，可设 1 个排泥斗。水量较大时可设 2 个排泥斗。当水量小于 $100m^3/h$ 时，可由池底放空管直接排泥。

⑫ 池底直径一般为 $1\sim1.5m$。为使池底不致沉积泥渣，靠近喷嘴处做成弧形池底比平池底好。

⑬ 分离区可装设斜板，以提高出水效果和降低药耗。

⑭ 池径较大时，宜在絮凝筒下部设置伞形罩，以避免第二絮凝室出水的回流短路。

⑮ 池子主要部位的设计流速见表 4-8。

表 4-8　水力循环加速澄清池的设计流速

序号	名　　称	单位	数值	备注
1	喷嘴流速	m/s	$6\sim9$	常用 $7\sim8$
2	喉管流速	m/s	$2\sim3$	
3	第一絮凝室出口流速	mm/s	$50\sim80$	
4	第二絮凝室进口流速	mm/s	$40\sim50$	
5	清水区上升流速	mm/s	$0.7\sim1.1$	低温低浊水宜取小值
6	进水管流速	m/s	$1\sim2$	

关于各种产水量的水力循环加速澄清池及其管道的参考尺寸（图 4-20），列于表 4-9 和表 4-10，以供参考。

表 4-9　水力循环加速澄清池参考尺寸　　　　　　　　单位：m

流量 /(m³/h)	d_0 /mm	d_1 /mm	d_2	d_3	D_0	D_1	D	h_1	h_2	h_3	h_4	h_5	H_1	H_2	H	α
50	50	180	1.10	1.75	0.70	3.30	4.50	0.40	1.30	3.00	0.5	3.00	3.40	1.90	5.30	45°
75	60	220	1.36	2.15	0.90	4.25	5.50	0.45	1.40	3.25	0.5	3.00	3.40	2.30	5.70	45°
100	70	250	1.60	2.50	1.00	4.66	6.40	0.45	1.50	3.50	0.5	3.00	3.40	2.70	6.10	45°
150	85	300	1.95	3.10	1.00	5.70	7.80	0.48	1.60	3.95	0.5	3.00	3.30	3.40	6.70	45°
200	100	350	2.23	3.52	1.20	6.55	9.00	0.55	1.65	3.75	0.5	3.00	3.37	3.28	6.65	40°
300	120	420	2.75	4.35	1.50	8.10	11.00	0.60	1.65	4.20	0.5	2.95	3.20	4.00	7.20	40°
400	140	500	3.30	5.00	1.50	9.30	12.70	0.60	1.70	4.80	0.5	2.95	3.20	4.70	7.90	40°

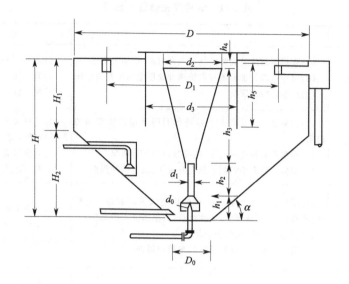

图 4-20　水力循环加速澄清池部位尺寸符号

表 4-10　水力循环加速澄清池管道直径参考尺寸　　　　　　　　　单位：m

流量/(m³/h)	进水管	出水管	排泥管	放空管	溢流管
50	100	100	—	150	100
75	150	150	—	150	150
100	150	150	100	150	150
150	200	200	100	150	200
200	250	250	100	150	250
300	300	300	150	200	300
400	300	300	150	200	300

3. 脉冲澄清池

① 脉冲澄清池属于泥渣接触过滤型澄清池，它的来水在脉冲发生器的作用下，有规律地间断进入池底配水区，从而使活性悬浮泥渣层有规律地上下运动，形成周期性的膨胀和收缩。利用水流脉冲的上升能量来促使矾花颗粒的接触、碰撞和凝聚，并使悬浮泥渣层的分布更趋均匀和稳定，对通过悬浮泥渣层的原水进行接触凝聚处理。

② 脉冲澄清池由上部产生脉冲水量的脉冲发生器和下部的澄清池体两大部分组成。脉冲发生器是脉冲澄清池的关键部件，种类较多，按其工作原理国内大致有三种类型，即真空式、虹吸式和切门式，这样便构成了与其相应的脉冲澄清池的名称和池型。表 4-11 介绍了几种主要的脉冲发生器的性能特点，供选用时参考。

③ 脉冲澄清池的进水悬浮物含量一般小于 1000g/L，短时期应不超过 3000g/L。

④ 脉冲周期一般为 30~40s，其冲水与放水时间的比例为(3:1)~(4:1)。

表 4-11　脉冲发生器性能比较

类别	名　称	特　点	优　缺　点
真空式	电动蝶阀式	(1)在蝶阀阀体及阀瓣间加橡皮密封圈,增加密封性 (2)可用电磁阀带齿条与齿轮啮合或用电动机控制启闭 (3)用电钟控制周期	(1)工作可靠,调节灵活 (2)真空设备复杂 (3)噪声较大
真空式	浮筒顶托式	(1)用真空室内水位控制浮筒的升降及顶托放气阀的启闭 (2)用水位电极传示信号,监视脉冲阀运行情况 (3)用抽气量大小控制水位上升时间,决定脉冲周期	(1)工作可靠,调节灵活,电气控制较蝶阀式简单 (2)真空设备复杂 (3)噪声较大
虹吸式	钟罩虹吸式	(1)随着进水室水位上升,钟罩内空气被压缩到一定程度,即被带走,形成真空,发生虹吸,大量水流入中央管 (2)在低水位区,设虹吸破坏管 (3)用虹吸发生与破坏的时间来控制周期	(1)构造简单 (2)水头损失较大 (3)调节较困难
虹吸式	S形虹吸式	(1)在进水室内装S形虹吸脉冲发生器。利用S形管内空气的被压缩及排走,造成虹吸 (2)周期由水位升降时间控制	(1)构造简单 (2)只适应小流量的池子,一般在 100m³/h 以下 (3)调节较困难
虹吸式	皮膜式	(1)在大小虹吸室进水管端装上大小皮膜。随着进水室内水位升降,使皮膜压缩或上抬,封口也随之启闭,发生虹吸作用 (2)周期由水位升降时间控制	(1)调节较灵活 (2)皮膜耐久性较差,必须定期调换 (3)配件较大,皮膜调换困难
切门式	活动切门式	(1)在中央进水管上装设环形切门。随着进水室内水位升降,利用水射器、升降脉冲阀,启闭切门 (2)用水位升降时间控制脉冲周期	(1)调节较灵活 (2)需要 2.94×10^5 Pa 的压力水,耗费一定动力 (3)脉冲阀加工较复杂
切门式	浮筒切门式	(1)利用浮筒的升降,启闭切门 (2)脉冲周期由水位升降时间控制	(1)构造简单,脉冲阀动作较灵活可靠,不耗动力 (2)调节不很灵活 (3)水箱内若积泥,发生器动作将失灵

　　⑤ 清水区的液面负荷应按相似条件下的运行经验确定,采用 $2.5 \sim 3.2 \text{m}^3/(\text{m}^2 \cdot \text{h})$。清水区的上升流速一般采用 $0.8 \sim 1.2 \text{mm/s}$,水在池中的总停留时间一般为 $1.0 \sim 1.5 \text{h}$。

　　⑥ 池子总高度一般为 $4 \sim 5 \text{m}$,其中悬浮层高度为 $1.5 \sim 2.0 \text{m}$,清水区高度为 $1.5 \sim 2.0 \text{m}$。

　　⑦ 脉冲澄清池应采用穿孔管配水,上设人字形稳流板,稳流板缝隙中的上升流速为 $50 \sim 80 \text{m/s}$。配水管上的人字形稳流板的夹角一般为 $60° \sim 90°$(常用 $90°$,含泥砂量较高者宜用 $60°$)。穿孔配水管的孔眼总面积一般为澄清池面积的 $0.4\% \sim 0.5\%$,孔眼直径 $d \geqslant 20 \text{mm}$。其最大孔口流速一般为 $2.5 \sim 3.0 \text{m/s}$(也有达 $3 \sim 5 \text{m/s}$)。配水管管底距池底 $0.2 \sim 0.5 \text{m}$。配水管的中心距为 $0.4 \sim 1.0 \text{m}$。虹吸式脉冲澄清池的配水总管应设排气装置。

⑧ 进水室的高度包括：超高 0.3～0.5m；高水位与低水位的水位差一般为 0.5～0.8m；低水位与澄清水面池的高差需通过水头损失计算确定，一般在 1.0m 以内。进水室的有效体积（即高、低水位间的容积）等于充水时间的进水量，有时为减小进水室尺寸，可按 60%～70% 的充水量计算，而其余部分可直接进入澄清池作为悬浮进水量。

⑨ 污泥浓缩室的面积一般为澄清池面积的 10%～25%，对于高浊地区，可考虑加大到 33%，同时宜采用自动排泥装置。

⑩ 钟罩式虹吸脉冲发生器有数种形式，图 4-21 所示即其中一种。其工作原理为：加过混凝剂的原水从进水管进入进水室，在进水管出口处装设挡板，以防止水流直接冲击钟罩，使钟罩四周水位较稳定。室内水位逐渐上升，钟罩内空气通过泄气管逸出。当水位超过中央管的管顶时，部分原水溢流入中央管，在溢流过程中将钟罩内的空气逐渐带走，形成虹吸。这时，进水室内的水迅速通过钟罩、中央管进入落水井至澄清池配水系统。被带入落水井的空气靠排气管排出。当进水室中水位下降至虹吸破坏管口（即低水位）时，因空气进入钟罩而使虹吸破坏，进水室的水位复又上升，如此循环不已。

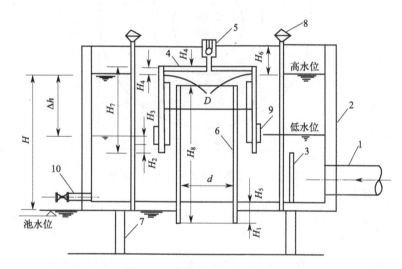

图 4-21　钟罩式虹吸脉冲发生器

1—进水管；2—进水室；3—挡板；4—钟罩；5—泄气管；6—中央管；
7—落水井；8—排气管；9—虹吸破坏管；10—放空管

二、计算例题

【例题 4-9】 机械搅拌澄清池池体部分的设计计算

（一）已知条件

污水厂二级生物强化处理出水量 $Q = 10080(\text{m}^3/\text{d}) = 420(\text{m}^3/\text{h}) = 0.1166(\text{m}^3/\text{s})$，经混凝、沉淀、过滤处理后回用。沉淀处理单元采用机械搅拌加速澄清池，设计计算机械搅拌加速澄清池。

(二) 设计计算

泥渣回流量按 4 倍设计流量计。

第二絮凝室提升流量 $Q_{提}=5Q=5\times 0.1166=0.583(\mathrm{m^3/s})$。水的总停留时间 $T=1.2\mathrm{h}$。

第二絮凝室及导流室内流速 $v_1=40\mathrm{mm/s}$（以 $Q_{提}$ 计）。第二絮凝室内水的停留时间 $t=0.6\mathrm{min}$。

分离室上升流速 $v_2=1\mathrm{mm/s}$。

1. 池的直径（图 4-22）

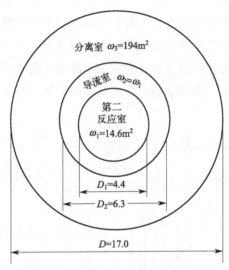

图 4-22 机械搅拌加速澄清池平面分区

（1）第二絮凝室

面积 $\omega_1=\dfrac{Q_{提}}{v_1}=\dfrac{0.583}{0.04}=14.6(\mathrm{m^2})$

估算第二絮凝室内导流板（12 块）所占面积为 $0.3\mathrm{m^2}$，则第二絮凝室直径

$$D_1=\sqrt{\frac{4(\omega_1+A_1)}{\pi}}=\sqrt{\frac{4\times(14.6+0.3)}{3.14}}=4.4(\mathrm{m})$$

壁厚取为 $0.05\mathrm{m}$，则第二絮凝室外径为 $D_1'=D_1+0.05\times 2=4.4+0.1=4.5(\mathrm{m})$。

（2）导流室　导流室内导流板截面积 $A_2=A_1=0.3(\mathrm{m^2})$。导流室面积 $\omega_2=\omega_1=14.6$ $(\mathrm{m^2})$。

导流室和第二絮凝室的总面积为

$$\Omega_1=\frac{\pi}{4}(D_1')^2+\omega_2+A_1=0.785\times 4.5^2+14.6+0.3=30.8(\mathrm{m^2})$$

直径　　　　　　$D_2=\sqrt{\dfrac{4\Omega_1}{\pi}}=\sqrt{\dfrac{4\times 30.8}{3.14}}=6.3(\mathrm{m})$

壁厚取为 $0.05\mathrm{m}$，则导流室外径为 $D_2'=D_2+0.05\times 2=6.3+0.1=6.4(\mathrm{m})$。

（3）分离室面积

$$\omega_3 = \frac{Q}{v_2} = \frac{0.1166}{0.6 \times 0.001} = 194 (\text{m}^2)$$

（4）第二絮凝室、导流室和分离室的总面积

$$\Omega_2 = \omega_3 + \frac{\pi}{4}(D_2')^2 = 194 + 0.785 \times 6.4^2 = 226.2 (\text{m}^2)$$

（5）澄清池直径

$$D = \sqrt{\frac{4\Omega_2}{\pi}} = \sqrt{\frac{4 \times 226.2}{3.14}} = 17.0 (\text{m})$$

2. 池的深度（图 4-23）

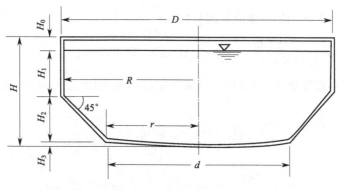

图 4-23　池深计算示意

（1）池的容积　有效容积 $V' = QT = 420 \times 1.2 = 504 (\text{m}^3)$。

考虑 5％的结构容积 $V = V'(1+0.05) = 504 \times 1.05 = 529.2 (\text{m}^3)$。

（2）直壁部分的体积　池超高取 $H_0 = 0.3\text{m}$，直壁部分水深 $H_1 = 1.7\text{m}$，则 $W_1 = \frac{\pi}{4}D^2 H_1 = 0.785 \times 17^2 \times 1.7 = 385.7 (\text{m}^3)$。

（3）池斜壁部分的体积

$$W_2 = V - W_1 = 529.2 - 385.7 = 143.5 (\text{m}^3)$$

（4）池斜壁部分的高度

由圆台体积公式　　　　　$$W_2 = (R^2 + rR + r^2)\frac{\pi}{3}H_2$$

式中　R——澄清池的半径，m，本工程为 8.5m；

　　　r——澄清池底部的半径，m。

$$r = R - H_2\tan 35° = R - H_2$$

代入上式得　$H_2^3 - 3RH_2^2 + 3R^2H_2 - \frac{3}{\pi}W_2 = 0$

则　　　　　$$H_2^3 - 3 \times 8.5 \times H_2^2 + 3 \times 8.5^2 \times H_2 - \frac{3}{3.14} \times 143.5 = 0$$

解得 $H_2 = 1.5\text{m}$。

(5) 池底部的高度　池底部直径 $d = D - 2H_2 = 17 - 2 \times 1.5 = 14\,(\text{m})$，池底坡度取 5%，则

$$H_3 = \frac{d}{2} \times 0.05 = \frac{14}{2} \times 0.05 = 0.35\,(\text{m})，取 H_3 = 0.35\text{m}。$$

(6) 澄清池总高度

$$H = H_0 + H_1 + H_2 + H_3 = 0.3 + 1.7 + 1.5 + 0.35 = 3.85\,(\text{m})$$

3. 絮凝室和分离室

(1) 第二絮凝室高度

$$H_4 = \frac{Q_{提}t}{\omega_1} = \frac{0.583 \times 0.6 \times 60}{14.6} = 1.44\,(\text{m})，取 1.45\text{m}。$$

(2) 导流室水面高出第二絮凝室出口的高度

$$H_5 = \frac{Q_{提}}{\pi D_1 v_1} = \frac{0.583}{3.14 \times 4.4 \times 0.04} = 1.04\,(\text{m})，取 1.05\text{m}。$$

(3) 导流室出口宽度（图 4-24）　导流室出口流速采用 $v_3 = 60\text{mm/s}$。导流室出口的平均直径

$$D_3 = \frac{D_1' + D_2}{2} = \frac{4.5 + 6.3}{2} = 5.4\,(\text{m})$$

则

$$B_1 = \frac{Q_{提}}{v_3 \pi D_3} = \frac{0.583}{0.06 \times 3.14 \times 5.4} = 0.57\,(\text{m})$$

出口的竖向高度　$B_1' = \dfrac{B_1}{\cos 45°} = 0.57 \times \sqrt{2} = 0.81\,(\text{m})，取 0.80\text{m}。$

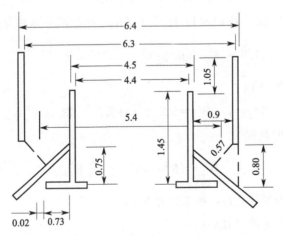

图 4-24　导流室出口计算示意

(4) 配水三角槽（图 4-25）　三角槽内流速取 $v_4 = 0.4\text{m/s}$。三角槽断面面积

$$\omega_4 = \frac{Q}{2v_4} = \frac{0.1166}{2 \times 0.4} = 0.146\,(\text{m}^2)$$

考虑今后水量的增加，三角槽断面选用：高 0.75m，底 0.75m。

三角槽的缝隙流速取 $v_4=0.4\text{m/s}$，则缝宽

$$B_2=\frac{Q}{v_5\pi\times4.36}=\frac{0.1166}{0.4\times3.14\times5.96}=0.016(\text{m})$$

取 2cm。式中 5.96＝4.5＋2×0.73，见图 4-25。

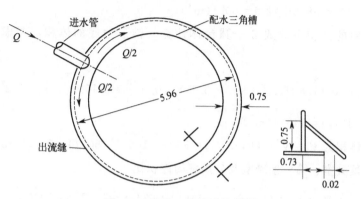

图 4-25　配水三角槽计算示意

（5）第一絮凝室　第一絮凝室上口直径（图 4-25）为 $D_4=D_1'+2\times0.75=4.5+1.5=6(\text{m})$。

第一絮凝室的高度（图 4-25）为

$$H_6=H_1+H_2-H_5-H_4=1.7+3.3-1.05-1.45=2.5(\text{m})$$

伞形板延长线与斜壁交点的直径（图 4-26）为

$$D_5=2\times\left(5.2+\frac{3.0+2.5-5.2}{2}\right)=10.7(\text{m})$$

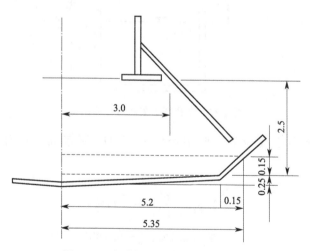

图 4-26　伞形板延长线参数计算示意

（6）回流缝　泥渣回流量 $Q''=4Q=4\times0.1166=0.466(\text{m}^3/\text{s})$

缝内流速取 $v_6=100\text{mm/s}$，缝宽 $B_2=\dfrac{Q''}{v_6\pi D_5}=\dfrac{0.466}{0.10\times3.14\times10.7}=0.14(\text{m})$，

取 0.15m。

(7) 各部分的体积　第二絮凝室（包括导流室在内）的体积

$$V_2 = \frac{\pi}{4}D_1^2(H_4+H_5)+\frac{\pi}{4}[D_2^2-(D_1')^2]H_4$$

$$= 0.785 \times 4.4^2 \times (1.45+1.05)+0.785 \times (6.3^2-4.5^2) \times 1.45$$

$$= 38.0+22.1 = 60.1(\text{m}^3)$$

第一絮凝室的体积可分成 2 个圆台体计算（锥形池底的体积，考虑可能积泥，不计入）

$$V_1 = \frac{\pi}{3} \times (2.5-0.15) \times (5.35^2+3.0^2+5.35 \times 3.0)+\frac{\pi}{3} \times 0.15 \times (5.35^2+5.2^2+5.35 \times 5.2)$$

$$= 132.0+131.1 = 145.1(\text{m}^3)$$

分离室的体积为 $V_3 = V'-(V_1+V_2) = 840-(145.1+60.1) = 634.8(\text{m}^3)$。

(8) 第二絮凝室、第一絮凝室及分离室的体积比

$$V_2 : V_1 : V_3 = 60.1 : 145.1 : 634.8 = 1 : 2.4 : 10.6$$

4. 进出水管（槽）

(1) 进水管　采用 DN400 铸铁管，其管内流速为 $v_7 = 0.93\text{m/s}$。

(2) 放空管和溢流管　采用 DN300 铸铁管。

(3) 出水槽　采用穿孔环形集水槽（图 4-27）。

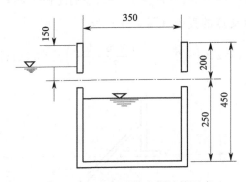

图 4-27　穿孔环形集水槽计算示意

① 环形集水槽中心线位置。取中心线直径 D_6 所包面积等于出水部分面积的 45%，则

$$45\% \omega_3 = \frac{\pi}{4}D_6^2-\frac{\pi}{4}(D_2')^2$$

$$0.45 \times 194 = 0.785D_6^2-0.785 \times 6.4^2$$

$$87.30 = 0.785D_6^2-32.15$$

则 $D_6 = \sqrt{\dfrac{119.45}{0.785}} = 12.3(\text{m})$，取 $D_6 = 13\text{m}$。

② 集水槽断面取水量超载系数为 1.5。集水槽流量为

$$Q_1 = \frac{1}{2}Q \times 1.5 = \frac{1}{2} \times 0.1166 \times 1.5 = 0.087(\text{m}^3/\text{s})$$

槽宽 $B_3 = 0.9Q_1^{0.4} = 0.9 \times 0.087^{0.4} = 0.34(\text{m})$，取 0.35m。

槽起点水深为 $0.75B_3 = 0.75 \times 0.35 = 0.26(\text{m})$。

槽终点水深为 $1.25B_3 = 1.25 \times 0.35 = 0.44(\text{m})$。

为安装方便，全槽采用槽宽 $B_3 = 0.3\text{m}$，槽高 $H_7 = 0.45\text{m}$。

③ 孔眼。集水槽孔口自由出流，设孔口前水位为 0.05m。则孔眼总面积为

$$\sum f_0 = \frac{Q_1}{\mu\sqrt{2gh}} = \frac{0.087}{0.62 \times \sqrt{2 \times 9.81 \times 0.05}} = 0.1433(\text{m}^2)$$

孔眼直径采用 25mm，则单孔面积 $f_0 = 4.91\text{cm}^2$。

孔眼总数 $n = \dfrac{\sum f_0}{f_0} = \dfrac{1417}{4.91} \approx 289(\text{个})$。

每槽两侧各设一排孔眼，位于槽顶下方 200mm 处。

孔距 $S = \dfrac{2\pi D_6}{n} = \dfrac{2 \times 3.14 \times 13.0}{289} = 0.28(\text{m})$，取 $S = 0.25\text{m}$。

④ 出水总槽。总槽流量 $Q_2 = 2Q_1 = 2 \times 0.087 = 0.174(\text{m}^3/\text{s})$。

槽中流速采用 $v_8 = 0.7\text{m/s}$，水深 $H_8 = 0.40\text{m}$。

则槽宽 $B_4 = \dfrac{Q_2}{v_8 H_8} = \dfrac{0.174}{0.7 \times 0.40} = 0.62(\text{m})$，取 0.65m。

5. 泥渣浓缩室

(1) 浓缩室容积　浓缩时间取 $T_1 = 15\text{min} = 0.25\text{h}$，浓缩室泥渣平均浓度取 $\delta = 2500\text{mg/L}$。

$$V_4 = \frac{Q(c-M)T_1}{\delta} = \frac{420 \times (30-5) \times 0.25}{2000} = 1.31(\text{m}^3)$$

浓缩斗采用 1 个，形状为正四棱台体，其尺寸采用上底为 1.5m×1.5m、下底为 0.4m×0.4m、棱台高 1.5m。

实际浓缩室体积 $V_4' = [1.5 \times 1.5 + 0.4 \times 0.4 + \sqrt{(1.5 \times 1.5) \times (0.4 \times 0.4)}] \times \dfrac{1.5}{3} = 1.51(\text{m}^3)$。

(2) 泥渣浓缩室的排泥管直径　浓缩室排泥管直径采用 DN100。

机械搅拌加速澄清池池体计算见图 4-28（图中尺寸均以 m 为单位）。

【例题 4-10】机械搅拌澄清池搅拌设备工艺设计计算

(一) 已知条件

设计流量 $Q = 10080(\text{m}^3/\text{d}) = 420(\text{m}^3/\text{h}) = 0.1166(\text{m}^3/\text{s})$，第二絮凝室内径 $D = 3.5\text{m}$，第一絮凝室深度 $H_1 = 2.22\text{m}$。

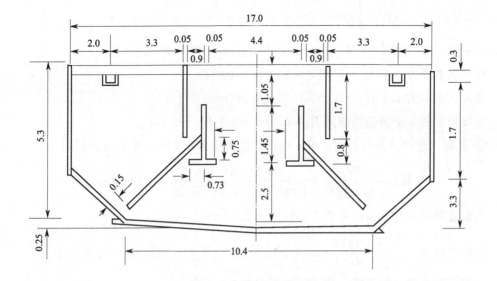

图 4-28　机械搅拌加速澄清池池体计算示意

（二）设计计算

第一絮凝室平均纵剖面积

$$F = 1/2 \times (3.0+10.7) \times (3.3-0.15)+1/2 \times (10.7+10.4) \times 0.15+1/2 \times 10.4 \times 0.25$$
$$= 24.5 (\mathrm{m}^2)$$

1. 提升叶轮

（1）叶轮外径　取叶轮外径为第二絮凝室内径的 70%，则 $d = 0.7D_2 = 0.7 \times 6.3 = 4.41(\mathrm{m})$，取 4.4m。

（2）叶轮转速　叶轮外缘的线速度采用 $v_1 = 1.5\mathrm{m/s}$，则 $n = \dfrac{60v_1}{\pi d} = \dfrac{60 \times 1.5}{3.14 \times 4.4} = 6.5$ (r/min)。

（3）叶轮的比转速　叶轮的提升水量取 $Q_{提} = 5Q = 5 \times 0.1166 = 0.583(\mathrm{m}^3/\mathrm{s})$。

叶轮的提升水头取 $H = 0.1\mathrm{m}$，则 $n_s = \dfrac{3.65n\sqrt{Q_{提}}}{H^{0.75}} = \dfrac{3.65 \times 6.5 \times \sqrt{0.583}}{0.1^{0.75}} = 102$。

（4）叶轮内径　由表 4-12 得，当 $n_s = 102$ 时，$d/d_0 = 2$，则 $d_0 = \dfrac{d}{2} = \dfrac{4.4}{2} = 2.2(\mathrm{m})$。

（5）叶轮出口宽度

$$B = \frac{60Q_{提}}{Kd^2n}$$

式中　$Q_{提}$——叶轮提升水量，m^3/s，本工程为 $0.583\mathrm{m}^3/\mathrm{s}$；

K——系数，取 3.0。

$$B = \frac{60 \times 0.583}{3.0 \times 4.4^2 \times 6.5} = 0.09 \approx 0.1(\mathrm{m})$$

表 4-12　比转速与叶轮内径

比转速 n_s	外径与内径比 $\dfrac{D_1}{D_2}$
50～100	3
100～200	2
200～350	1.4～1.8

2. 搅拌叶片

(1) 搅拌叶片组外缘直径　其外缘线速度采用 $v_2 = 1\text{m/s}$，则 $d_1 = \dfrac{60v_2}{\pi n} = \dfrac{60 \times 1}{3.14 \times 6.5} = 2.94(\text{m})$，取 3m。

(2) 叶片长度 L 和宽度　取第一絮凝室高度的 $\dfrac{1}{3}$ 为 L，即 $L = \dfrac{1}{3}H_4 = \dfrac{1}{3} \times 2.5 = 0.83(\text{m})$，取 $L = 0.8\text{m}$，叶片宽度 B 采用 0.2m。

(3) 搅拌叶片数　搅拌叶片和叶轮的提升叶片均装 8 片，按径向布置，见图 4-29。

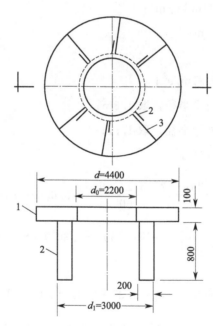

图 4-29　搅拌设备计算示意

1—提升叶轮；2—搅拌叶片；3—提升叶片

叶片总面积 $= 8 \times 0.2 \times 0.8 = 1.28(\text{m}^2)$。

叶片总面积占第一絮凝室平均纵剖面积的比例为 $1.28/24.5 = 5.22\%$，满足 $5\% \sim 8\%$ 的要求。

3. 电动机功率

电动机功率应按叶轮提升功率和叶片搅拌功率确定。

(1) 提升叶轮所消耗功率

$$N_1 = \frac{\rho Q_{\text{提}} H}{102\eta}$$

式中　ρ——水的容重，因含泥较多，故取 1100kg/m^3；

　　　η——叶轮效率，取 0.5；

　　　H——提升水头，m。按经验公式计算为

$$H = \left(\frac{nD_1}{87}\right)^2 = \left(\frac{6.5 \times 4.4}{87}\right)^2 = 0.11(\text{m})$$

则 $N_1 = \dfrac{1100 \times 0.583 \times 0.11}{102 \times 0.5} = 1.38(\text{kW})$。

（2）搅拌叶片所需功率

$$N_2 = C \frac{\rho \omega^3 L}{400g}(r_2^4 - r_1^4)Z$$

式中　C——系数，为 0.5；

　　　ρ——水的容重，取 1100kg/m^3；

　　　L——搅拌叶片长度，m；

　　　Z——搅拌叶片数；

　　　g——重力加速度，9.81m/s^2；

　　　r_1——搅拌叶片组的内缘半径，取 1.3m；

　　　r_2——搅拌叶片组的外缘半径，取 1.5m；

　　　ω——叶轮角速度，rad/s。

$$\omega = \frac{2\pi n}{60} = \frac{2 \times 3.14 \times 6.5}{60} = 0.68(\text{rad/s})$$

则 $N_2 = 0.5 \times \dfrac{1100 \times 0.68^3 \times 0.80}{400 \times 9.81} \times (1.50^4 - 1.30^4) \times 8 = 0.62(\text{kW})$。

（3）搅拌器轴功率

$$N = N_1 + N_2 = 1.38 + 0.62 = 2.00(\text{kW})$$

（4）电动机功率　传动效率 $\eta = 0.5 \sim 0.75$，取 0.5，则 $N' = \dfrac{N}{\eta} = \dfrac{2.00}{0.5} = 4.00(\text{kW})$。

选用电机功率为 4.5kW，减速机构采用三角皮带和蜗轮蜗杆。

【例题 4-11】 钟罩式脉冲澄清池池体的设计计算

（一）已知条件

污水厂二级生物强化处理出水量 $Q = 25200(\text{m}^3/\text{d}) = 1050(\text{m}^3/\text{h}) = 0.292(\text{m}^3/\text{s})$，经混凝、沉淀、过滤处理后回用。沉淀处理单元采用钟罩式脉冲澄清池，设计计算钟罩式脉冲澄清池。

（二）设计计算（图 4-30）

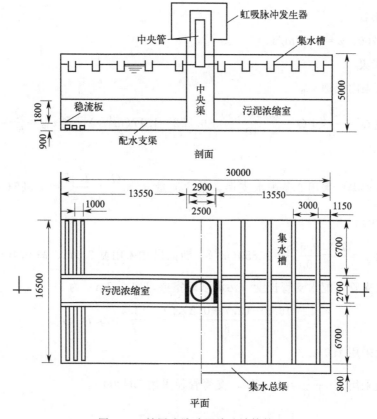

图 4-30　钟罩式脉冲澄清池计算简图

清水区上升流速 $v_1 = 0.6$ mm/s，泥渣浓缩室面积占澄清池面积的 15%，脉冲周期 $t = 40$s，其中进水时间 $t_1 = 30$s，放水时间 $t_2 = 10$s。稳流板缝隙流速 $v_缝 = 50$mm/s。

1. 澄清池面积

（1）清水区面积

$$F_1 = \frac{Q}{v_1} = \frac{0.292}{0.0006} = 487(\mathrm{m}^2)$$

（2）中央渠面积

采用 $F_2 = 2.5 \times 2.5 = 6.25(\mathrm{m}^2)$。

设渠壁厚度 0.2m，则中央渠总面积为 $F_2' = 2.9 \times 2.9 = 8.41(\mathrm{m}^2)$。

（3）池的平面面积

$F = F_1 + F_2' = 487 + 8.41 \approx 495(\mathrm{m}^2)$，池平面尺寸采用 30m×16.5m。

（4）污泥浓缩室面积

$$F_3 = F \times 15\% = 495 \times 15\% = 74.3(\mathrm{m}^2)$$

浓缩室总长 $30 - 2.9 = 27.1(\mathrm{m})$。

浓缩室长度 $L_1 = \dfrac{27.1}{2} = 13.55(\mathrm{m})$。

浓缩室宽度 $\frac{74.3}{13.55}=2.74(\mathrm{m})$，取 2.7m。

2. 进出水管

管径 DN700，$v=1.03\mathrm{m/s}$。

3. 配水管渠

(1) 中央渠内流速 $v_{中}$

脉冲流量 $Q'=\dfrac{Qt_1}{t_2}+Q=\dfrac{0.292\times30}{10}+0.292=1.17(\mathrm{m^3/s})$，则 $v_{中}=\dfrac{Q'}{F_2}=\dfrac{1.17}{6.25}=0.19$ $(\mathrm{m/s})$。

(2) 配水支渠 采用 2 条配水支渠，渠中流量 $q_0=\dfrac{Q'}{2}=\dfrac{1.17}{2}=0.585(\mathrm{m^3/s})$，渠中流速 $v=0.7\mathrm{m/s}$。

支渠断面 $f=\dfrac{q_0}{v}=\dfrac{0.585}{0.7}=0.853(\mathrm{m^2})$，断面尺寸采用宽 2.1m、高 0.40m。

(3) 配水支管 配水支管长度（污泥浓缩室壁厚取 0.2m）为

$$L_2=\frac{16.5-(2.7+0.2\times2)}{2}=\frac{13.4}{2}=6.7(\mathrm{m})$$

支管中距采用 1.0m。

支管条数采用 $2\times\dfrac{30}{1.0}=60$（条），支管管径采用 DN200。

支管中的脉冲流量 $q=\dfrac{1.17}{60}=0.02(\mathrm{m^3/s})$，支管在脉冲时的流速为 0.64m/s。

支管上孔眼总面积采用澄清池面积的 0.5%，即 $F_{孔}=0.005F=0.005\times495=2.5$ $(\mathrm{m^2})$。

孔眼直径采用 $d_1=30\mathrm{mm}$，孔眼面积 $f_{孔}=\dfrac{\pi}{4}d^2=0.785\times0.03^2=0.000707(\mathrm{m^2})$。

孔眼总数 $n=F_{孔}/f_{孔}=2.5/0.000707\approx3536$（个），每条支管的孔眼数为 $3536/60\approx59$（个）。

孔眼间距 $l=\dfrac{6.7}{59}=0.14(\mathrm{m})$，支管中心离池底距离采用 0.3m。

4. 稳流板

稳流板缝隙宽度 $b=\dfrac{Q'}{60L_2v_{缝}}=\dfrac{1.17}{60\times67\times0.05}=0.06(\mathrm{m})$。

采用人字形稳流板，顶角为 90°。

5. 集水槽

(1) 穿孔集水槽共 10 条，槽距 3.0m。

(2) 槽断面取水量超载系数为 1.5，集水槽流量 $Q_1=\dfrac{1.5Q}{10}=\dfrac{1.5\times0.292}{10}=0.0438(\mathrm{m^3/s})$。

槽宽 $B_3=0.9Q_1^{0.4}=0.9\times0.0438^{0.4}=0.285(\mathrm{m})$，取 0.3m。

槽起点水深为 $0.75B_3 = 0.75 \times 0.30 = 0.225$(m)。

槽终点水深为 $1.25B_3 = 1.25 \times 0.30 = 0.375$(m)。

为安装方便,全槽采用槽宽 $B_3 = 0.30$m、槽高 $H = 0.45$m。

(3) 孔眼 采用集水槽孔口自由出流,设孔口前水位为 0.05m,则孔眼总面积为

$$\Sigma f_0 = \frac{Q_1}{\mu \sqrt{2gh}} = \frac{0.0438}{0.62 \times \sqrt{2 \times 9.81 \times 0.05}} = 0.0713(\text{m}^2)$$

孔眼直径采用 25mm,则单孔面积 $f_0 = 4.91 \text{cm}^2$。

每槽孔眼总数 $n = \dfrac{\Sigma f_0}{f_0} = \dfrac{713}{4.91} \approx 145$(个)。

每槽两侧各设一排孔眼,位于槽顶下方 200mm 处。

孔距 $S = \dfrac{2 \times 16.5}{145} = 0.23$(m),采用 $S = 0.20$m。

(4) 出水总槽 总槽流量 $Q_2 = 10Q_1 = 10 \times 0.0438 = 0.438(\text{m}^3/\text{s})$,槽中流速采用 $v = 0.7$m/s,水深 $H = 0.80$m。

则槽宽 $B_4 = \dfrac{Q_2}{vH} = \dfrac{0.438}{0.7 \times 0.80} = 0.78$(m)。

集水总槽断面高 1.0m,宽 0.8m。

6. 澄清池高度

底部配水系统的高度(包括配水渠顶板厚度 0.15m)为 0.90m,悬浮层高度为 1.80m,清水层高度为 2.0m,超高为 0.30m。

则 $H = 0.90 + 1.80 + 2.00 + 0.30 = 5.00$(m)。

7. 穿孔排泥管

每个污泥浓缩室容积(图 4-31)

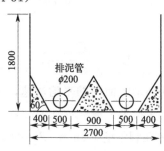

图 4-31 污泥浓缩室容积

$$W = 2.7 \times 13.55 \times 1.8 - 2 \times \frac{1}{2} \times 0.9 \times 0.9 \times \cos 30° \times 13.55 = 56.3(\text{m}^3)$$

排泥时间 $t_{排} = 5$min,排泥流量 $q = \dfrac{W}{t_{排}} = \dfrac{56.3}{5 \times 60} = 0.188(\text{m}^3/\text{s})$。

每个污泥浓缩室设 2 条穿孔管,穿孔排泥管的孔眼流速 2.5m/s,管径 DN200,孔眼流速 2.5m/s,则孔眼总面积 $\Omega = \dfrac{q}{2.5} = \dfrac{0.188}{2.5} = 0.0752(\text{m}^2)$。

孔径采用 $d=20mm$，则 $f_{孔}=\dfrac{\pi}{4}d^2=0.785\times0.02^2=0.000314(m^2)$。

每根排泥管上孔眼数 $N=\dfrac{\Omega}{2f_{孔}}=\dfrac{0.0752}{2\times0.000314}=120$（个）。

孔距 $S=\dfrac{2L_1}{N}=\dfrac{2\times13.55}{120}=0.23(m)$。

【例题 4-12】 钟罩式虹吸脉冲发生器的设计计算

（一）已知条件

污水厂二级生物强化处理出水量 $Q=25200(m^3/d)=1050(m^3/h)=0.292(m^3/s)$，经混凝、沉淀、过滤处理后回用。沉淀处理单元采用钟罩式脉冲澄清池，澄清池水位标高为 4.70m。设计计算钟罩式虹吸脉冲发生器。

（二）设计计算

取清水区上脉冲周期为 $t=40s$，其中充水时间 $t_1=30s$，放水时间 $t_2=10s$。

1. 脉冲平均放水流量

$$Q_P=\frac{Q_{t_1}}{t_2}+Q=\frac{0.292\times30}{10}+0.292=1.17(m^3/s)$$

2. 中央管直径

中央管内的平均流速 v_1 一般为 $2\sim2.5m/s$，采用 $v_1=2.5m/s$。

则
$$d=\sqrt{\frac{4Q_P}{\pi v_1}}=\sqrt{\frac{4\times1.17}{3.14\times2.5}}=0.77(m)$$

取 $d=800mm$，实际脉冲平均流速为 $v_1'=\dfrac{1.17}{0.785\times0.8^2}=2.33(m/s)$

3. 钟罩直径

$$D=\sqrt{\frac{4Q_P}{\pi v_2}+d_1^2}$$

式中　v_2——钟罩与中央管之间环形断面内的平均流速，m/s，一般采用 1m/s 左右，应尽量小，以减小水头损失，取 $v_2=0.8m/s$；

d_1——中央管外径，m，本工程管壁厚 8mm，$d_1=800+8\times2=816(mm)=0.816(m)$。

则
$$D=\sqrt{\frac{4\times1.17}{3.14\times0.8}+0.816^2}=1.59(m)$$

取 $D=1600mm$，实际流速为 0.79m/s。也可按经验公式计算，即 $D=2d=2\times800=1600$（mm）。

4. 钟罩设置高度

钟罩内顶面离中央管顶的高度

$$H_4=K\frac{d}{4}$$

式中 K——安全系数，一般为 $1.2 \sim 1.5$。因为虹吸放水时，钟罩顶部可能尚有部分空气随水排出，本工程取 $K = 1.5$。

则 $H_4 = 1.5 \times \dfrac{0.8}{4} = 0.30 (\text{m})$。

间隙的脉冲平均流速 $v_3 = \dfrac{Q_P}{\pi d H_4} = \dfrac{1.17}{3.14 \times 0.8 \times 0.30} = 1.55 (\text{m/s})$。

5. 进水室面积

脉冲水位 Δh（即进水室的高低水位差）一般为 $0.5 \sim 0.8 \text{m}$，取 $\Delta h = 0.6 \text{m}$。

则 $F = \dfrac{Q t_1}{\Delta h} + \dfrac{\pi d_1^2}{4} = \dfrac{0.292 \times 30}{0.6} + \dfrac{3.14 \times 0.816^2}{4} = 15.12 (\text{m}^2)$。

进水室的平面尺寸采用 $4\text{m} \times 4\text{m}$。

6. 进水室中高水位距澄清池水面的高度

$$H = C \sum h_i = C(h_1 + h_2 + h_3) (\text{m})$$

式中 C——水位修正系数（因脉冲最大流量不是出现在最高水位时，而是在钟罩内空气刚随水排完之时）。钟罩及截门式脉冲发生器一般可取 $C = 1.1 \sim 1.2$，若钟罩发生器排气不畅，C 值可提高到 $1.3 \sim 1.4$，本工程采用 $C = 1.2$；

$\sum h_i$——脉冲发生器及澄清池部分的总水头损失，m；

h_1——澄清池体（落水井、配水渠、稳流板、悬浮层等）水头损失，m，应包括池体内的局部和沿程损失，其值一般在 0.2m 左右，取 $h_1 = 0.3 \text{m}$；

h_2——配水管口水头损失，m，当孔口流速为 3m/s 左右时其相应 h_2 为 0.5m 左右；

h_3——脉冲发生器的水头损失，m，见图 4-32，由于其沿程水头损失很小，可忽略不计，只按其局部水头损失计算。

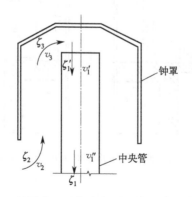

图 4-32　钟罩式虹吸脉冲发生器水头损失计算示意

$$h_3 = \alpha^2 \left(\zeta_1 \dfrac{v_1^2}{2g} + \zeta_2 \dfrac{v_2^2}{2g} + \zeta_3 \dfrac{v_3^2}{2g} \right) (\text{m})$$

式中 α——峰值系数，即脉冲最大流量与平均流量的比值，钟罩式脉冲发生器的 $\alpha = 1.25$；

v_1——中央管的脉冲平均流速，m/s，取 2.33m/s；

v_2——中央管与钟罩间隙的脉冲平均流速，m/s，取 0.79m/s；

v_3——钟罩内顶面与中央管顶之间的脉冲平均流速，m/s，一般为 2～2.5m/s，此处已算出为 1.55m/s；

ζ_1——中央管局部阻力系数，包括进口的 ζ_1' 和出口的 ζ_1''，$\zeta_1=\zeta_1'+\zeta_1''=1.0+0.7=1.7$；

ζ_2——钟罩和中央管间隙的局部阻力系数，$\zeta_2=1.0$；

ζ_3——钟罩局部阻力系数，$\zeta_3=1.0$。

则 $h_3=1.25^2\times\left(\dfrac{1.7\times2.33^2}{2\times9.81}+\dfrac{1\times0.79^2}{2\times9.81}+\dfrac{1.0\times1.55^2}{2\times9.81}\right)=0.98(\text{m})$

$H=1.2\times(0.3+0.5+0.98)=2.14(\text{m})$，取 2.1m。

7. 钟罩高度

$$H_7=\Delta h+H_2+H_3+\frac{1}{3}H_4(\text{m})$$

式中　H_2——钟罩底边保护高度，一般取 100mm；

　　　H_3——虹吸破坏管口的高度（图 4-33），一般为 50～100mm，取 100mm。

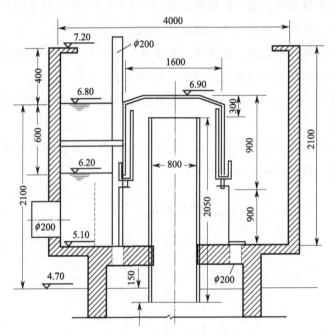

图 4-33　钟罩式虹吸脉冲发生器计算示意

则 $H_7=0.6+0.1+0.1+\dfrac{1}{3}\times0.3=0.9(\text{m})$。

8. 钟罩顶高出进水室高水位的高度（图 4-33）

钟罩顶距低水位之距为 $H_7'=H_7-(H_2+H_3)=0.9-(0.1+0.1)=0.70(\text{m})$。

$$H_9=H_7'-\Delta h=0.7-0.60=0.10(\text{m})$$

9. 中央管的高度（图 4-33）

中央管的下端插入澄清池水面以下的深度取 $H_1=150mm$。

$$H_8=H_1+H+H_9-H_4=0.15+2.10+0.1-0.3=2.05(m)$$

10. 进水室的高度（图 4-33）

进水室超高采用 $H_{10}=0.40m$，进水室内底面离澄清池水面之距取 $H_{11}=0.40m$，澄清池水面标高为 4.70m，进水室内底面标高为 $4.70+H_{11}=4.70+0.40=5.10(m)$，进水室顶的标高为 $4.70+H+H_{10}=4.70+2.10+0.40=7.20(m)$。

则 $H_{12}=7.20-5.10=2.10(m)$。

11. 进水管

采用管径 DN600，相应管内流速为 1.03m/s。

12. 其他

落水井排气管设 2 根（DN200），对角布置。进水室设置 DN200 放气管 1 根。

第三节 气 浮

对水中悬浮杂质的处理，除了沉淀（澄清）分离法，还有浮升分离法。后者的工艺特点是把空气通入被处理的水中，并使之以微小气泡形式析出而成为载体，从而使絮凝体黏附在载体气泡上，并随之浮升到水面，形成泡沫浮渣（气、水、颗粒三相混合体）从水中分离出去。

气浮法是载气浮升净水方法的简称，其处理构筑物称为气浮池（室）。气浮室一般分单室式和双室式两种。在单室式气浮装置中，液体的溶气和杂质的上浮同在一个室内发生；双室式气浮装置由入流和分离两部分组成，入流部分是产生气泡并黏附杂质微粒的，分离部分则供浮渣上浮分离，从而使水得到澄清。另外，还有多室式气浮装置。

（1）气浮法的分类 根据气泡产生方法不同，水处理的气浮法分为如下几种。

① 溶气气浮法（溶解空气气浮法）。该法在一定压力下使空气溶解于水并达到过饱和状态，而后再骤然减至常压，使溶于水的空气以微气泡形式从水中逸出，从而达到气浮作用。根据气泡析出于水时所处的压力情况，溶气气浮法又分压力溶气气浮法和溶气真空气浮法两种。

② 布气气浮法（分散空气气浮法）。该法利用机械剪切力将混合于水中的空气粉碎成细小气泡。例如涡凹气浮法、多相混溶气浮（也叫溶气泵气浮）、射流气浮、扩散板曝气气浮及叶轮气浮等皆属此类。

③ 电气浮法（电解凝聚气浮法）。该法在水中设置正负电极，当通上直流电后，一个电极（阴极）上即产生初生态微小气泡，同时，还产生电解混凝等效应。

④ 高效浅层气浮。溶气方式为加压射流，这类气浮在国内运用得也相当广泛，尤其在造纸行业，其他行业也有使用。

在以上气浮法中，用于水净化方面的压力溶气气浮法应用较多。这是由于随着压力的增大，空气在水中的溶解度也不断增加，气泡量足以满足气浮的需要，而且经骤然减压，释放出的气泡平稳、微细（初始粒度约 $80\mu m$）、密集度大。同时在操作过程中，气泡与水的接触时间还可人为加以控制。另外，此法工艺比较简单，造价较低，管理维修也较方便。因此，溶气气浮的净化效果较高，在水的净化处理中得到了较为广泛的应用。

（2）溶气气浮　压力溶气气浮装置的工艺流程如图 4-34 所示。水泵将原水加压（一般为 $1.96\times10^5\sim5.88\times10^5\,Pa$），送入密闭的压力溶气罐。与此同时，空气通过空压机加压后也一并压入溶气罐。在罐中气水在压力下充分接触湍动，使空气溶解于水中。溶气水通入气浮分离室，经过溶气释放器的骤然减压消能，促使气体以微气泡的形式稳定释出，并黏附于水中的杂质颗粒上，一起上浮至水面；浮渣由刮渣机或自流排入集渣槽。清水则由气浮池下部收集后出流。该流程是将原水全部加压溶气的，故称全溶气式。有时原水全部加压，经释放器的急剧消能，会破坏水中的絮体，使气浮净水效果变差。为了避免这种情况，并节省全部原水加压时所消耗的能量，原水可直接进入气浮池（或絮凝池），而仅以气浮池出水中的 5%～20% 的水进行回流加压溶气，这种形式称为部分回流式（图 4-35），目前应用较广泛。

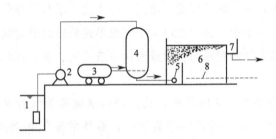

图 4-34　压力溶气气浮装置工艺流程
1—原水池；2—水泵；3—空压机；4—压力溶气罐；
5—溶气释放器；6—气浮分离室；7—集渣槽；8—集水管

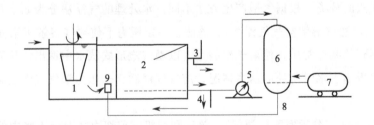

图 4-35　部分回流式压力溶气气浮装置工艺流程
1—絮凝池；2—气浮池；3—集渣槽；4—集水管；5—回流水泵；
6—溶气罐；7—空压机；8—溶气水管；9—溶气释放器

压力溶气气浮法的装置主要由以下三部分组成。

① 压力溶气系统。压力溶气系统包括供气设备和溶气罐。向水中通入空气的方式有水泵吸气式、射流溶气式及空压机供气式等。其中以空压机供气式最好，这是因为空气的溶解度很小，只需小功率的空压机即可；空压机供气稳定，可以保证水泵在高效率条件下工作。因而空压机溶气式对于提高溶气效率（一般无填料可达60%左右）、节约能量十分有利。

溶气罐的作用是让空气充分溶解于水，以便通过释放器送至气浮池。溶气罐的形式有隔套式、射流式、填料式、循环式等（图4-36），其中以填料式效果最好（其溶气效率比无填料者可提高30%左右）。

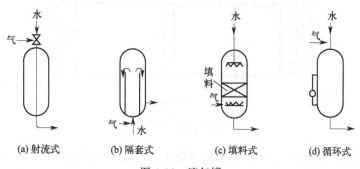

(a) 射流式　　　(b) 隔套式　　　(c) 填料式　　　(d) 循环式

图 4-36　溶气罐

② 溶气释放系统。压力溶气的释放是通过释放器进行的，它应能使溶入的空气完全释出，并使释出的气泡微细、稳定、均匀、密集，同时易与絮体黏附。释放器的需用数量，可根据所选释放器性能及溶气水的回流量来确定。每个释放器的工作半径为30cm。其安装方向以与主流水同方向效果较好。

③ 气浮分离系统。气浮分离系统包括气浮池和刮渣设备。气浮池在工艺形式上还可分为平流式与竖流式。浮渣可采用定期刮渣或溢渣。为了浓缩泥渣，不必过于频繁地排泥（一般2~4h一次）。对于大型气浮池宜采取刮渣机刮渣，但刮渣机行车速度及刮渣深度都必须根据浮渣的具体情况妥为控制，否则会造成落渣现象，恶化出水水质。

（3）布气气浮　随着机械制造工艺的进步，利用机械剪切力粉碎空气形成细小气泡布气的水平不断提高，所产生的气泡更加微细、均匀。分散空气气浮法就以其操作简单、处理效率高的特点得到越来越多的应用。根据机械剪切的设备不同，该法有多种形式，近年来在水处理中应用较多的有涡凹气浮法、溶气泵气浮法。

如图4-37所示，涡凹气浮设备主要包括气浮箱体、涡凹曝气机、链式刮泥系统、浮渣收集和排泄系统、溢流出水系统、电控系统、配药罐、贮药罐、玻璃转子流量计、回流管道、环形操作台、加药泵。设备工作时，通过电动机带动扩散盘内的叶轮高速旋转，在扩散盘内腔形成负压区，水从扩散盘下口进入扩散盘，水气在负压区混合后经叶轮增压，通过扩散盘上的斜孔射出，产生大量的小气泡。这些小气泡撞向扩散盘外的翼板，进一步细化为更加微小的气泡扩散到废水中。

（4）溶气泵气浮　溶气泵气浮法由溶气泵吸水口（进水口）将气浮池回流管的回流水（或清水）吸入，同时吸入空气。气、水两相在泵体内充分混合后成为溶气水，由出水口

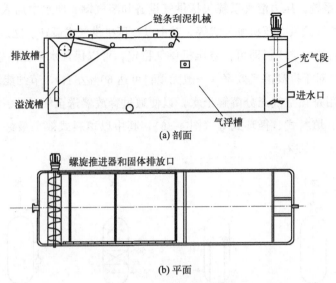

(a) 剖面

(b) 平面

图 4-37　涡凹气浮设备

压入气浮池接触区。由絮凝池出水管来的絮凝水首先进入气浮池底部的布水区，通过布水区顶部的布水格栅（或穿孔板）均匀进入接触区，在接触区内与涡流泵压入的溶气水接触，一同上浮进入气浮池分离区。形成的浮渣由刮渣机刮入浮渣槽，清水由浮渣槽下翻上，溢流到气浮池集水渠。通过集水渠内的出水管流入下一级水处理构筑物。溶气泵气浮系统见图 4-38。

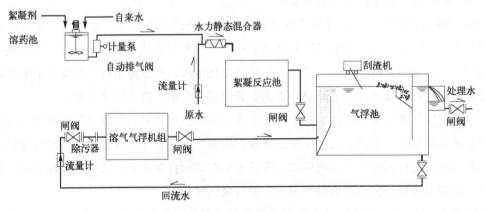

图 4-38　溶气泵气浮系统

气浮法的优点：a. 对原水凝聚要求低，絮凝时间可缩短（需 15～30min，甚至10min），池容积可缩小，混凝剂用量也可减少；b. 水在池中停留时间短（一般为 15min左右），池子容积小，占地少，造价低；c. 浮渣含水率低（一般为 90%～95%），水处理厂自用水量小，浮渣的体积比沉淀污泥少 2～10 倍，而且浮在表面，容易排除；d. 适宜于间歇操作，比一般澄清池方便；e. 出水澄清度高，可减轻滤池的处理负荷，延长过滤周期；f. 池体构造简单，建造费用低，更适用于对现有沉淀池的改造。

气浮法的缺点：a. 日常运转电耗比传统设备高；b. 浮渣滞留表面，易受风、雨的影响；c. 日常维修与管理的工作量增加。

一、设计概述

① 气浮池宜用于分离原水中密度较小的悬浮物质。

② 接触室上升流速可采用 $10\sim20\text{mm/s}$，分离室向下流速可采用 $1.5\sim2.0\text{mm/s}$，即分离室液面负荷为 $5.4\sim7.2\text{m}^3/(\text{m}^2 \cdot \text{h})$。

③ 气浮池的单格宽度不宜超过 10m，池长不宜超过 15m，有效水深可采用 $2.0\sim3.0\text{m}$。

④ 气浮池宜采用刮渣机排渣，刮渣机的行车速度不宜大于 5m/min。

⑤ 溶气气浮。

a. 溶气罐的压力及回流比应根据原水气浮试验情况或参照相似条件下的运行经验确定，溶气压力可采用 $0.2\sim0.4\text{MPa}$，回流比可采用 5%～10%。

b. 压力溶气罐的总高度可采用 3.0m，罐内需装填料，其高度宜为 $1.0\sim1.5\text{m}$，罐的截面水力负荷可采用 $5.4\sim7.2\text{m}^3/(\text{m}^2 \cdot \text{h})$。罐内水位应控制在一定范围内，最高不得超过配水莲蓬头以下 0.1m，最低不宜低于稳流板上 0.3m。其体积可按溶气时间 0.5～5min 计算（其最小体积，一般按 10% 的回流量、停留时间 1min 计算）。如果水泵离气浮池较远时，溶气时间在压力管路内往往就能得到满足，此时溶气罐亦可省略。

c. 溶气罐个数不少于 2 个，每个溶气罐应设安全阀。

d. 气浮池应设有排渣设施、水位调节器、排渣量调节器、沉泥排放管和放空管。

e. 采用定期排放浮渣，为防浮渣冻结，宜设在有采暖设备的房间内。采用连续排渣，平均温度为 3℃时，也应设在有采暖的房间内；平均温度为 3～6℃时，可布置在不设采暖设备的房间内；温度较高时，可布置在室外。房间应设通风设施，保证每小时换气 5 次。

刮板排渣机适用于任何尺寸的矩形气浮池（定期或连续排渣），但不适用于排除浓缩得很稠的浮渣。

⑥ 涡凹气浮由于不同设备生产厂家产品的性能参数不同，应根据设备厂家的性能参数确定。

⑦ 溶气泵由于不同设备生产厂家产品的性能参数不同，应根据设备厂家的性能参数确定。

二、计算例题

【例题 4-13】 平流式部分回流压力溶气气浮法的设计计算

（一）已知条件

污水厂二级生物强化处理出水量 $Q=55000\text{m}^3/\text{d}=2291.7\text{m}^3/\text{h}=0.637\text{m}^3/\text{s}$，经混凝、气浮、过滤处理后回用。气浮处理单元采用平流式部分回流压力溶气气浮池，设计计算部分回流压力溶气气浮池。

(二) 设计计算

取气浮区水平流速 $v=16\text{mm/s}$，接触池上升速度为 16mm/s，停留时间 70s。气浮分离速度 2mm/s。溶气罐过流密度 $I=150\text{m}^3/(\text{m}^2 \cdot \text{h})$，压力 $p=3.5\text{kgf/cm}^2=3.43\times10^5\text{Pa}$，分离室停留时间 $t=18\text{min}$。溶气水量回流比 $a=10\%$，原水温度 $t=0\sim22℃$。

1. 气浮池所需空气量

$$Q_\text{g}=QR'a_\text{e}\Phi$$

式中　Q_g——气浮池所需空气量，m^3/h；

$\qquad Q$——处理水量，m^3/h；

$\qquad R'$——回流比，%，本工程取 15%；

$\qquad a_\text{e}$——释气量，L/m^3，本工程取 60L/m^3；

$\qquad \Phi$——水温校正系数，为 $1.1\sim1.3$，本工程取 1.2。

则 $Q_\text{g}=QR'a_\text{e}\Phi=\dfrac{55000}{24}\times15\%\times60\times1.2=24750(\text{L/h})$。

2. 所需空压机额定气量

$$Q_\text{g}=\Phi'\frac{Q_\text{g}}{60\times1000}$$

式中　Φ'——安全系数，为 $1.2\sim1.5$，取 1.4。

则 $\qquad Q_\text{g}=\Phi'\dfrac{Q_\text{g}}{60\times1000}=1.4\times\dfrac{24750}{60\times1000}=0.578\ (\text{m}^3/\text{min})$

3. 加压溶气所需水量

$$Q_\text{p}=\frac{Q_\text{g}}{736\eta pK_\text{T}}$$

式中　p——选定的溶气压力，本工程为 $3.43\times10^5\text{Pa}$（3.5kgf/cm^2）；

$\qquad \eta$——溶气效率，%，本工程为 80%；

$\qquad K_\text{T}$——溶解度系数，本工程为 3.32×10^2。

选用 S150-50 型水泵 3 台，2 用 1 备。

实际回流比 $R'=Q_\text{p}/Q\times100\%=24\times361.7/55000\times100\%=0.158\times100\%=15.8\%$。

4. 压力溶气罐 (选 2 个)

$$D_\text{d}=\sqrt{\frac{4Q_\text{p}}{2\pi I}}$$

式中　I——溶气罐过流密度，$\text{m}^3/(\text{m}^2 \cdot \text{h})$，本工程取 $150\text{m}^3/(\text{m}^2 \cdot \text{h})$。

则 $D_\text{d}=\sqrt{\dfrac{4Q_\text{p}}{2\pi I}}=\sqrt{\dfrac{4\times361.7}{2\times3.14\times150}}=1.24(\text{m})$。

选用标准填料罐直径 $D_d = 1.2m$。

实际过流密度 $I = Q_p/F = \dfrac{361.7}{2 \times \dfrac{\pi}{4} \times 1.2^2} = 160[m^3/(m^2 \cdot h)]$。

5. 接触室的表面积

气浮池设 4 个，每池的接触室表面积

$$A_c = \frac{Q + Q_p}{4 \times V_c} = \frac{2291.7 + 361.7}{4 \times 0.016 \times 3600} = 11.52(m^2)$$

选池宽 $B_c = 8.1m$，则接触室长度 $L_c = A_c/B_c = 11.52/8.1 = 1.4(m)$

接触室出口断面高 $H_2 = L_c = 1.4(m)$

接触室气水接触水深 $H_c' = V_c t_c = 0.016 \times 60 = 0.96(m)$，取 $1.00m$。

接触室总水深 $H_c = H_c' + H_2 = 1.00 + 1.40 = 2.40(m)$。

6. 分离室表面积

$$A_c = \frac{Q + Q_p}{4 \times V_s} = \frac{2291.7 + 361.7}{4 \times 0.002 \times 3600} = 92.13(m^2)$$

选池宽 $B_s = 8.1m$，则分离室长度 $L_s = A_c/B_s = 92.13/8.1 = 11.37(m)$，取 $11.40m$。

分离室水深 $H_s = V_s t = 0.002 \times 60 \times 18 = 2.16(m)$。

7. 气浮池容积

$$W = A_c H_c + A_s H_s = 11.52 \times 2.4 + 92.13 \times 2.16 = 226.7(m^3)$$

8. 时间校核

接触室气水接触时间

$$t_c = \frac{H_c}{v_c} = \frac{1}{0.06} = 62(s)$$

符合要求。

气浮池总停留时间

$$T = \frac{60W}{(Q + Q_p)/4} = \frac{60 \times 226.7 \times 4}{2291.7 + 361.7} = 20(min)$$

9. 气浮池集水管

采用穿孔管，按公式的分配流量确定管径，并令孔眼水头损失 $h = 0.3m$，按公式 $v_0 = \sqrt{2gh}$ 计算出孔流速 v_0、孔眼尺寸和个数。

10. 释放器的选择与布置

根据 $p = 3.43 \times 10^5 Pa$ 时，单只出水量 $q = 5.54m^3/h$，则每池释放器个数为

$$N = \frac{Q_p}{4q} = \frac{361.7}{5.54 \times 4} = 16(只)$$

两排交错布置在接触室内。

【例题 4-14】涡凹气浮法的设计选型。

（一）已知条件

污水厂二级生物强化处理出水量 $Q=55000\text{m}^3/\text{d}=2291.7\text{m}^3/\text{h}=0.637\text{m}^3/\text{s}$，经混凝、气浮、过滤处理后回用。气浮处理单元采用涡凹气浮池，设计计算涡凹气浮池。

（二）设计计算

根据某设备厂家设备性能参数表（表 4-13），选 3 台 FQW-80 型涡凹气浮设备。每台设备处理流量 80m³/h，共计处理能力 240m³/h。每台设备长 7.5m，宽 2.25m，深2.0m。电机总功率 5.15kW。

表 4-13　某设备厂家涡凹气浮设备性能表

型　　号	流量/(m³/h)	池长/m	池宽/m	深度/m	总功率/kW
FQW-5	5	2.5	1.25	1.5	2.95
FQW-10	10	3.0	1.25	1.5	2.95
FQW-15	15	4.0	1.25	1.5	2.95
FQW-20	20	4.5	1.25	1.8	2.95
FQW-25	25	4.8	2.0	1.8	2.95
FQW-35	35	5.5	2.0	1.8	2.95
FQW-50	50	6.5	2.0	1.8	2.95
FQW-80	80	7.5	2.25	2.0	5.15
FQW-100	100	8.5	2.25	2.0	5.15
FQW-150	150	11.0	2.25	2.2	7.7
FQW-175	175	13.0	2.25	2.2	7.7
FQW-200	200	15.0	2.25	2.5	10.3
FQW-320	320	16.0	2.3	2.5	12.5
FQW-400	400	17.0	2.3	2.8	13.2
FQW-500	500	20	4.4	3.0	13.2

【例题 4-15】溶气泵气浮法的设计选型

（一）已知条件

污水厂二级生物强化处理处理出水水量 $Q=2400\text{m}^3/\text{d}=100\text{m}^3/\text{h}$，经混凝、气浮、过滤处理后回用。气浮处理单元采用溶气泵气浮池，设计计算溶气泵气浮池。

（二）设计计算

1. 气浮池总尺寸

气浮池设 2 组，每组回流比按 100％计，则每组计算流量应为 100m³/h。采用平流式矩形气浮池，有效水深 3m，因受占地限制，池宽（中到中）4.8m，池长（中到中）6m。气浮池净宽 4.56m，浮渣槽厚 0.3m。

2. 接触区尺寸

接触区下端水流上升流速取 20mm/s，上升区面积 $100/(20×3600×1000)＝1.38$ (m^2)，气浮池宽 4.56m，则上升区底部宽为 $1.38/4.56＝0.30(m)$，取 0.3m。

接触区上端上升流速取 5mm/s，上升区面积 $100/(5×3600×1000)＝5.56(m^2)$，气浮池宽 4.56m，则上升区顶部宽为 $5.56/4.56＝1.22(m)$，取 1.2m。

接触区上缘到浮渣槽上缘净距为 4.06m，则分离区的实际表面负荷率（包括回流量）为 $100/(4.06×4.56)＝5.4[m^3/(m^2·h)]$，分离区的水流向下流速为 $5.4/3600＝0.0015$ (m/s)，即 $v_{下}$ 1.5mm/s。

3. 分离区尺寸

分离区的总停留时间（计入回流量）为 $4.06×4.56×3/100＝0.56(h)＝33.32(min)$。

选用溶气泵气浮机组 1 套，处理能力 $100m^3/h$，见图 4-39。

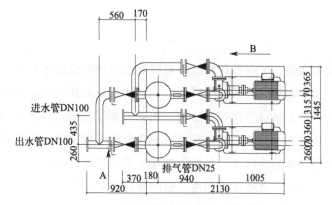

图 4-39　溶气泵气浮机组平面布置

第五章
过滤设施

应用石英砂或无烟煤、矿石等粒状滤料对待处理水进行快速过滤而达到截留水中悬浮固体和部分细菌、微生物等目的的池子叫滤池。过滤的目的在于去除水中呈分散悬浊状的无机质和有机质粒子，也包括各种浮游生物、细菌、滤过性病毒与漂浮油、乳化油等。污水回用时首先要求悬浮物含量少，否则将会沉积于管道或设备中，引起堵塞。因此，过滤技术在污水回用中得到普遍的应用，是保证处理水质不可缺少的关键过程，既可作为深度处理流程中间的一个单元，也可作为回用之前的最后把关步骤。

在污水深度处理中，过滤的作用可归纳如下。

① 进一步去除污水中的生物絮体和悬浮物，使出水浊度大幅度降低，出水变得透明。

② 进一步降低出水的有机物含量，对重金属、细菌、病毒也有很高的去除率。

③ 去除化学絮凝过程中产生的铁盐、铝盐、石灰等沉积物，去除水中的不溶性磷。

④ 在活性炭吸附和离子交换之前，作为预处理设施，可提高后续处理设施的安全性和处理效率。

⑤ 通过进一步去除污水中的污染物质，可减少后续的杀菌消毒费用。

污水经二级处理后的出水过滤效果见表 5-1。

表 5-1　二级处理后的出水过滤效果

滤池进水类型	无化学混凝	经化学混凝(经双层或多层滤池)		
	SS/(mg/L)	SS/(mg/L)	PO_4^{3-}/(mg/L)	浊度/NTU
高负荷生物滤池出水	10~20	0	0.1	0.1~0.4
二级生物滤池出水	6~15	0	0.1	0.1~0.4
接触氧化出水	6~15	0	0.1	0.1~0.4

滤池进水类型	无化学混凝	经化学混凝（经双层或多层滤池）		
	SS/(mg/L)	SS/(mg/L)	PO_4^{3-}/(mg/L)	浊度/NTU
普通活性污泥法出水	3～10	0	0.1	0.1～0.4
延时曝气法出水	1～5	0	0.1	0.1～0.4
好氧/兼性塘出水	10～50	0～30	0.1	

按滤速不同，滤池分类如图 5-1 所示。

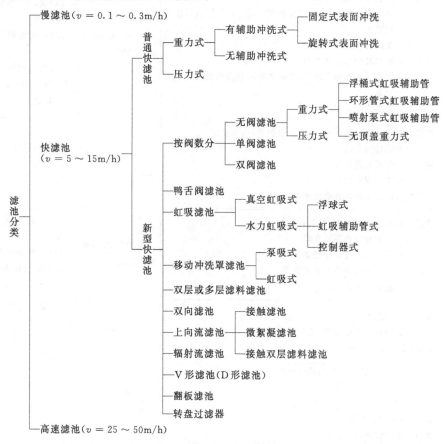

图 5-1　滤池分类

滤池的种类很多，但除了转盘过滤外，其过滤过程均基于砂床过滤原理进行，所不同的仅是滤料设置方法、进水方式、操作手段和冲洗设施等。因此，不同的滤池在设计计算时应满足对不同滤池通用的一般规定。滤池池型可根据具体条件，通过比较选用。几种常用滤池的特点及适用条件见表 5-2。

用于污水深度处理的滤池与给水处理的滤池池形没有太大的差异，在污水深度处理中可以参照给水处理的滤池设计参数进行选用。但由于其处理目的是去除生物处理出水中的悬浮物、溶解性有机物、磷等污染物质，以满足水环境标准，防止封闭式水域富营养化和污水再生利用的水质要求，又不能用常规的给水处理技术完全替代。深度处理滤池的设计参数主要根据目前国内外的深度处理滤池的实际运行情况和《城镇污水再生利用工程设计规范》（GB 50335—2016）以及有关资料的内容确定。

表 5-2 常用滤池的特点及适用条件

名称		性能特点	适用条件	
			进水浊度/NTU	规格
普通快滤池	单层滤料	优点:(1)运行管理可靠,有成熟的运行经验 (2)池深较浅 缺点:(1)阀件较多 (2)一般为大阻力冲洗,须设冲洗设备	一般不超过20	(1)大、中、小型水处理厂均可适用 (2)单池面积一般不大于100m²
	双层滤料	优点:(1)滤速较其他滤池高 (2)含污能力较大(为单层滤料的1.5~2.0倍),工作周期较长 (3)无烟煤作滤料易取得 缺点:(1)滤料粒径选择较严格 (2)冲洗时操作要求较高,常因煤粒不符合规格发生跑煤现象 (3)煤砂之间易积泥	一般不超过20,个别时间不超过50	(1)大、中、小型水处理厂均适用 (2)单池面积一般不大于100m² (3)用于改建旧厂普通快滤池(单层滤料)以提高出水量
接触双层滤料滤池		优点:(1)可一次净化原水,处理构筑物少,占地较少 (2)基建投资低 缺点:(1)加药管理复杂 (2)工作周期较短 其他缺点同双层滤料普通快滤池	一般不超过150	据目前运行经验,用于5000m³/d以下小水处理厂较合适
虹吸滤池		优点:(1)不需大型闸阀,可省阀井 (2)不需冲洗水泵或水箱 (3)易于实现自动化控制 缺点:(1)一般需设置抽真空的设备 (2)池深较大,结构较复杂	同单层滤料普通快滤池	(1)适用于大、中型水处理厂 (2)一般采用小阻力排水,每格池面积不宜大于25m²
无阀滤池	重力式	优点:(1)一般不设闸阀 (2)管理维护较简单,能自动冲洗 缺点:清砂较为不便	同普通快滤池	(1)适用于中、小型水处理厂 (2)单池面积一般不大于25m²
	压力式	优点:(1)可一次净化,单独成一小水厂 (2)可省去二级泵站 (3)可作小型、分散、临时性供水 缺点:清砂较为不便 其他缺点同接触双层滤池	同接触双层滤池	(1)适用于小型水处理厂 (2)单池面积一般不大于5m²
移动冲洗罩滤池	泵吸式	优点:(1)一般不设闸阀 (2)易于实现自动化控制,连续过滤 (3)构造简单,占地省,池深浅 (4)减速过滤 缺点:(1)管理、维修要求高 (2)施工精度要求高 (3)设备复杂,反洗罩易坏	一般不超过10,个别为15	(1)大、中型水处理厂均可适用 (2)单池面积一般不大于10m²
	虹吸式	优点:(1)一般不设闸阀 (2)不需冲洗水泵或水箱 (3)易于实现自动化控制,连续过滤 (4)构造简单,占地省,池深浅 (5)减速过滤 缺点:(1)管理、维修要求高 (2)施工精度要求高 (3)设备复杂,反洗罩易坏	一般不超过10,个别为15	(1)大、中型水厂均可适用 (2)单池面积一般不大于10m²

名称	性 能 特 点	适 用 条 件	
		进水浊度/NTU	规 格
压力滤池	优点：(1)滤池多为钢罐,可预制 (2)移动方便 (3)用作接触过滤时,可一次净化原水省去二级泵站 缺点：(1)需耗用钢材 (2)清砂不够方便 (3)用作接触过滤时,缺点同接触双层滤池	同普通快滤池(单层)或接触双层滤池	(1)适用于小型水处理厂及工业给水 (2)可与除盐、软化交换床串联使用
V形滤池(D形滤池)	优点：(1)均粒滤料,含污能力高 (2)气水反洗,表面冲洗结合反洗效果好 (3)单池面积大 缺点：(1)池体结构复杂,滤料贵 (2)增加反洗供气系统 (3)造价高	一般不超过20	大、中型水处理厂均可适用
转盘过滤器	优点：(1)微滤膜过滤,滤后水水质好 (2)占地面积小 (3)运行管理简单 缺点：(1)处理能力相对稳定,受水量冲击负荷影响大 (2)滤布易堵塞	SS＜30mg/L（最高可承受80～100mg/L）	大、中型水处理厂均可适用

第一节　普通快滤池

普通快滤池的构造见图5-2,主要由以下几个部分组成。

① 滤池本体。主要包括进水管渠、排水槽、过滤介质（滤料层）、过滤介质承托层（垫料层）和配（排）水系统。

② 管廊。主要设置有五种管（渠），即浑水进水管、清水出水管、冲洗进水管、冲洗排水管及初滤排水管，以及闸阀、一次监测仪表设施等。

③ 冲洗设施。包括冲洗水泵、水塔及辅助冲洗设施等。

④ 控制室。控制室是值班人员进行操作管理和巡视的工作现场，室内设有控制台、取样器及二次监测指示仪表等。

一、设计概述

1. 一般规定

① 滤料应具有足够的机械强度和抗蚀性能，可采用石英砂、无烟煤和重质矿石等。

② 滤池型式的选择应根据设计生产能力、运行管理要求、进出水水质和净水构筑物高程布置等因素，结合厂址地形条件，通过技术经济比较确定。

③ 滤池的分格数应根据滤池型式、生产规模、操作运行和维护检修等条件通过技术

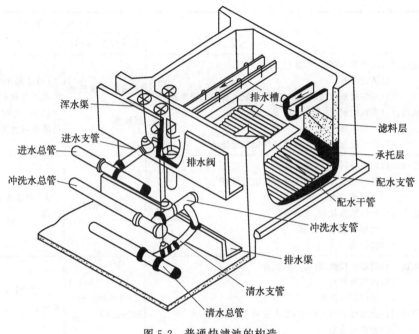

图 5-2 普通快滤池的构造

经济比较确定，除无阀滤池和虹吸滤池外不得少于 4 格。

④ 滤池的单格面积应根据滤池型式、生产规模、操作运行、滤后水收集及冲洗水分配的均匀性，通过技术经济比较确定。

⑤ 滤料层厚度（L）与有效粒径（d_{10}）之比（L/d_{10} 值）：细砂及双层滤料过滤应大于 1000；粗砂及三层滤料过滤应大于 1250。

⑥ 除滤池构造和运行时无法设置初滤水排放设施的滤池外，滤池宜设有初滤水排放设施。

⑦ 每池应装水头损失计和取样设备。

⑧ 池内与滤料接触的壁面应拉毛，以避免短流。

2. 滤速及滤料

① 滤池应按正常情况（水厂全部滤池均在进行工作）下的滤速设计，并以检修情况（全部滤池中的一格或两格停运进行检修、冲洗或翻砂）下的强制滤速校核。

② 滤池滤速及滤料组成的选用，应根据进水水质、滤后水水质要求、滤池构造等因素，通过试验或参照相似条件下已有滤池的运行经验确定，宜按表 5-3 采用。

表 5-3　滤池滤速及滤料组成

滤料种类	滤料组成			正常滤速 /(m/h)	强制滤速 /(m/h)
	粒径/mm	不均匀系数 K_{80}	厚度/mm		
单层 细砂滤料	石英砂 $d_{10}=0.55$	<2.0	700	7～9	9～12

滤料种类	滤料组成			正常滤速 /(m/h)	强制滤速 /(m/h)
	粒径/mm	不均匀系数 K_{80}	厚度/mm		
双层滤料	无烟煤 $d_{10}=0.85$	<2.0	300~400	9~12	12~16
	石英砂 $d_{10}=0.55$	<2.0	400		
三层滤料	无烟煤 $d_{10}=0.85$	<1.7	450	16~18	20~24
	石英砂 $d_{10}=0.50$	<1.5	250		
	重质矿石 $d_{10}=0.25$	<1.7	70		
均匀级配 粗砂滤料	石英砂 $d_{10}=0.9~1.2$	<1.4	1200~1500	8~10	10~13

③ 当滤池采用大阻力配水系统时，其承托层宜按表 5-4 采用。

表 5-4　大阻力配水系统承托层材料、粒径与厚度　　　单位：mm

层次(自上而下)	材　料	粒　径	厚　度
1	砾石	2~4	100
2	砾石	4~8	100
3	砾石	8~16	100
4	砾石	16~32	本层顶面应高出 配水系统孔眼100

④ 三层滤料滤池的承托层宜按表 5-5 采用。

表 5-5　三层滤料滤池承托层材料、粒径与厚度　　　单位：mm

层次(自上而下)	材　料	粒　径	厚　度
1	重质矿石	0.5~1	50
2	重质矿石	1~2	50
3	重质矿石	2~4	50
4	重质矿石	4~8	50
5	砾石	8~16	100
6	砾石	16~32	本层顶面应高出 配水系统孔眼100

⑤ 采用滤头配水（气）系统时，承托层可采用粒径 2~4mm 粗砂，厚度为 50~100mm。

3. 配水、配气系统

① 滤池配水、配气系统，应根据滤池型式、冲洗方式、单格面积、配气配水的均匀

性等因素考虑选用。采用单水冲洗时，可选用穿孔管、滤砖、滤头等配水系统；气水冲洗时，可选用长柄滤头、塑料滤砖、穿孔管等配水、配气系统。

② 大阻力穿孔管配水系统孔眼总面积与滤池面积之比宜为 0.20%～0.28%；中阻力滤砖配水系统孔眼总面积与滤池面积之比宜为 0.6%～0.8%；小阻力滤头配水系统缝隙总面积与滤池面积之比宜为 1.25%～2.00%。

③ 大阻力配水系统应按冲洗流量，并根据下列数据通过计算确定。

a. 配水干管（渠）进口处的流速为 1.0～1.5m/s。

b. 配水支管进口处的流速为 1.5～2.0m/s。

c. 配水支管孔眼出口流速为 5～6m/s。

干管（渠）顶上宜设排气管，排出口需在滤池水面以上。

④ 长柄滤头配气配水系统应按冲洗气量、水量，并根据下列数据通过计算确定。

a. 配气干管进口端流速为 10～15m/s。

b. 配水（气）渠配气孔出口流速为 10m/s 左右。

c. 配水干管进口端流速为 1.5m/s 左右。

d. 配水（气）渠配水孔出口流速为 1～1.5m/s。

配水（气）渠顶上宜设排气管，排出口需在滤池水位以上。

4. 冲洗

① 滤池冲洗方式的选择应根据滤料组成、配水配气系统形式，通过试验或参照相似条件下已有滤池的经验确定，冲洗方式和程序宜按表 5-6 选用。

表 5-6　冲洗方式和程序

滤 料 组 成	冲洗方式和程序
单层细砂级配滤料	(1)水冲 (2)气冲—水冲
单层粗砂均匀级配滤料	气冲—气水同时冲—水冲
双层煤、砂级配滤料	(1)水冲 (2)气冲—水冲
三层煤、砂、重质矿石级配滤料	水冲

② 单水冲洗滤池的冲洗强度和冲洗时间宜按表 5-7 采用。

表 5-7　冲洗强度和冲洗时间（水温 20℃时）

滤 料 组 成	冲洗强度/[L/(m²·s)]	膨胀率/%	冲洗时间/min
单层细砂级配滤料	12～15	45	7～5
双层煤、砂级配滤料	13～16	50	8～6
三层煤、砂、重质矿石级配滤料	16～17	55	7～5

注：1. 当采用表面冲洗设备时，冲洗强度可取低值。

2. 应考虑由于全年水温、水质变化因素，有适当调整冲洗强度的可能。

3. 选择冲洗强度应考虑所用混凝剂品种的因素。

4. 膨胀率数值仅作设计计算用。

③ 气水冲洗滤池的冲洗强度及冲洗时间宜按表 5-8 采用。

表 5-8　冲洗强度及冲洗时间

滤料种类	先气冲洗		气水同时冲洗			后水冲洗		表面扫洗	
	强度/[L/(m²·s)]	时间/min	气强度/[L/(m²·s)]	水强度/[L/(m²·s)]	时间/min	强度/[L/(m²·s)]	时间/min	强度/[L/(m²·s)]	时间/min
单层细砂级配滤料	15~20	3~1	—	—	—	8~10	7~5	—	—
双层煤、砂级配滤料	15~20	3~1	—	—	—	6.5~10	6~5	—	—
单层粗砂均匀级配滤料	13~17 (13~17)	2~1 (2~1)	13~17 (13~17)	3~4 (2.5~3)	4~3 (5~4)	4~8 (4~6)	8~5 (8~5)	1.4~2.3	全程

注：表中单层粗砂均匀级配滤料中，无括号的数值适用于无表面扫洗的滤池；括号内的数值适用于有表面扫洗的滤池。

④ 单水冲洗滤池的冲洗周期，当为单层细砂级配滤料时，宜采用 12~24h；气水冲洗滤池的冲洗周期，当为粗砂均匀级配滤料时，宜采用 24~36h。

⑤ 滤池的表面冲洗（分固定管式和旋转管式两种）是一种辅助冲洗措施，即当仅用反冲洗不能将滤料冲洗干净时，可同时辅以表面冲洗。它利用射流使滤料表面的污泥块分散且易于脱落，从而提高冲洗质量，并减少冲洗用水量。此法适用于无烟煤作滤料，当反冲洗强度小，不易冲洗干净，软化工艺中的滤池或水中杂质黏度较大，易吸附在滤料表面或渗入表层滤料孔隙时。

固定管式表面冲洗系统见图 5-3，其设计参数如下。

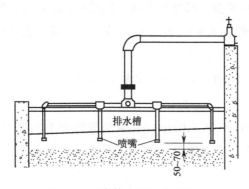

图 5-3　固定管式表面冲洗系统

a. 冲洗所需水压一般为 $2.9×10^5 \sim 3.9×10^5$ Pa，其中表面喷射水压为 $1.47×10^5 \sim 1.96×10^5$ Pa。

b. 表面冲洗强度宜采用 2~4L/(m²·s)（固定式）或 0.50~0.75L/(m²·s)（旋转式），冲洗时间均为 4~6min。

c. 穿孔管孔眼总面积与滤池面积之比为 0.03%~0.05%。

d. 孔眼流速为 8~10m/s。

e. 孔眼与水平线的倾角一般为 45°，两侧间隔开孔。当装设喷嘴时，孔口亦可朝下布置。

f. 穿孔管中心距为 500～1000mm。

旋转管式表面冲洗系统见图 5-4，由水平旋转管及在其两侧以相反方向装设的喷嘴组成，水平管置于滤料表面以上 50～100mm 处。以相反方向装设的喷嘴，射流时形成旋转力偶，使水平管绕中轴旋转。这种表面冲洗的方法所需管材较少。其设计参数如下。

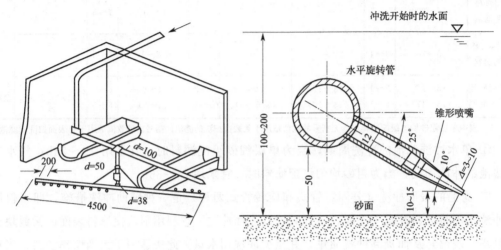

图 5-4 旋转管式表面冲洗系统

a. 每套系统适用的滤池面积不大于 $25m^2$，当滤池面积大时，可分成几个面积不大于 $25m^2$ 的正方形，以减小旋转管的臂长（一般应不大于 2～2.25m）。

b. 滤池冲洗排水槽的个数，必须取偶数，以便布置旋转管系统。

c. 冲洗所需水压一般为 $3.9×10^5～4.4×10^5Pa$，其中表面喷射水压为 $2.9×10^5～3.9×10^5Pa$。

d. 水平旋转管直径为 38～75mm。其转速一般为 4～7r/min。管中流速为 2.5～3.0m/s。

e. 喷嘴间距一般可取 100～300mm（在旋转管两臂上的喷嘴，应相互错开，以使喷嘴的射流在整个滤池面积上分布均匀）。喷嘴直径为 3～10mm。喷嘴出口流速采用 20～30m/s。

5. 滤池配管（渠）

滤池应有下列管（渠），其管径（断面）宜根据表 5-9 所列流速通过计算确定。

表 5-9 各种管（渠）和流速　　　　　　　　单位：m/s

管(渠)名称	流　　速	管(渠)名称	流　　速
进水	0.8～1.2	排水	1.0～1.5
出水	1.0～1.5	初滤水排放	3.0～4.5
冲洗水	2.0～2.5	输气	10～15

6. 普通快滤池设计

① 滤池个数不得少于 2 个。如无资料时，可参考表 5-10 数据。滤池个数少于 5 个时，宜采用单行排列，反之可用双行排列。单个滤池面积大于 50m² 时，管廊中可设置中央集水渠。

表 5-10　滤池个数

滤池总面积/m²	滤池个数/个	滤池总面积/m²	滤池个数/个
＜30	2	150	5 或 6
30~50	3	200	6 或 8
100	3 或 4	300	10 或 12

② 单个滤池的面积一般不大于 100m²，其长宽比可参见表 5-11。

表 5-11　滤池长宽比

滤池总面积/m²	长：宽
≤30	1：1
＞30	(1.25：1)~(1.5：1)
当采用旋转式表面冲洗时	1：1,2：1,3：1

③ 滤层表面以上的水深宜采用 1.5~2.0m，滤池的超高一般采用 0.3m。

④ 单层滤料滤池宜采用大阻力或中阻力配水系统，三层滤料滤池宜采用中阻力配水系统。

⑤ 单层、双层滤料滤池冲洗前水头损失宜采用 2.0~2.5m；三层滤料滤池冲洗前水头损失宜采用 2.0~3.0m。

⑥ 冲洗排水槽的总平面面积不应大于过滤面积的 25%，滤料表面到洗砂排水槽底的距离应等于冲洗时滤层的膨胀高度。

⑦ 滤池冲洗水的供给可采用水泵或高位水箱（塔）。

当采用水箱（塔）冲洗时，水箱（塔）有效容积应按单格滤池冲洗水量的 1.5 倍计算。

当采用水泵冲洗时，水泵的能力应按单格滤池冲洗水量设计，并设置备用机组。

当滤池个数较多时，应按滤池冲洗周期计算可能需同时冲洗的滤池数，并按此计算水箱有效容积。

⑧ 滤池的设计工作周期一般为 12~24h，运行时应根据水头损失值和出水最高浊度确定。

⑨ 配水系统干管末端应装有排气管，其管径见表 5-12。滤池底部应设排空管。滤池闸阀的启闭，一般应采用水力或电动，但当池数少，且闸阀直径等于和小于 300mm 时，也可采用手动。

表 5-12　配水系统干管的排气管直径

滤池面积/m²	排气管直径/mm
＜25	40
25~50	63
50~100	75~100

二、计算例题

(一) 已知条件

污水厂二级生物强化处理出水水量 $Q=31500\text{m}^3/\text{d}=1312.5\text{m}^3/\text{h}$，经混凝、沉淀、过滤处理后回用，设计计算普通快滤池池体。

(二) 设计计算

取滤速 $v=10\text{m/h}$，冲洗强度 $q=14\text{L}/(\text{s}\cdot\text{m}^2)$，冲洗时间 $t=6\text{min}=0.1\text{h}$，冲洗周期 $T=12\text{h}$。

1. 滤池工作时间

滤池 24h 连续运转，其有效工作时间为 $T'=24-t(24/T)=24-0.1\times24/12=23.8(\text{h})$。（式中未考虑排放初滤水）

2. 滤池面积

滤池总面积 $F=Q/(vT')=31500/(10\times23.8)=132.4(\text{m}^2)$。

由表 5-10，滤池个数采用 $N=6$ 个，成双行对称布置。

每个滤池面积 $f=F/N=132.4/6=22(\text{m}^2)$。

3. 单池平面尺寸

由表 5-11，滤池长宽比采用 $L/B=1$，则滤池平面尺寸 $L=B=f^{1/2}=22^{1/2}=4.7(\text{m})$。

4. 校核强制滤速

$$v'=Nv/(N-1)=6\times10/(6-1)=12(\text{m/h})$$

5. 滤池高度

承托层厚度 $H_1=0.45\text{m}$，滤料层厚度 $H_2=0.70\text{m}$，砂面上水深 $H_3=1.70\text{m}$，滤池超高 $H_4=0.30\text{m}$。

滤池总高度为

$$H=H_1+H_2+H_3+H_4=0.45+0.70+1.70+0.30=3.15(\text{m})$$

(一) 已知条件

污水厂二级生物强化处理出水水量 $Q_\text{n}=125000\text{m}^3/\text{d}\approx5200\text{m}^3/\text{h}$，经混凝、沉淀、过滤处理后回用。设计计算普通快滤池。

(二) 设计计算

取滤速 $v=6\text{m/h}$。

1. 冲洗强度 q

按下列经验公式计算

$$q = \frac{43.2 d_m^{1.45}(e+0.35)^{1.632}}{(1+e)\nu^{0.632}}$$

式中　d_m——滤料平均粒径，mm；

　　　e——滤层最大膨胀率，%，采用 $e=50\%$；

　　　ν——水的运动黏滞度，mm^2/s，$\nu=1.14mm^2/s$（平均水温为 15℃）。

取砂滤料的有效直径 $d_{10}=0.5mm$，与 d_{10} 对应的滤料不均匀系数 $u=1.5$，则 $d_m=0.9ud_{10}=0.9\times1.5\times0.5=0.675(mm)$

$$q = \frac{43.2\times0.675^{1.45}\times(0.5+0.35)^{1.632}}{(1+0.5)\times1.14^{0.632}} = 12[L/(s\cdot m^2)]$$

2. 计算水量 Q

$$Q = \alpha Q_n$$

$$\alpha = \frac{T_n}{(T_n-t)-\dfrac{3.6qt_0}{v}}$$

式中　T_n——滤池的过滤周期，h，本工程采用 $T_n=24h$；

　　　t——每次冲洗滤池所需的总时间，h，本工程采用 $t=30min=0.5h$；

　　　t_0——滤池的有效冲洗历时，h，本工程采用 $t_0=6min=1/12h$；

　　　q——冲洗强度，$L/(s\cdot m^2)$；

　　　v——滤速，m/h。

$$\alpha = \frac{24}{(24-0.5)-\dfrac{3.6\times12}{6\times12}} = 1.05$$

则 $Q=1.05\times5200=5460(m^2/h)$。

3. 滤池面积 F

滤池总面积 $F=Q/v=5460/6=910(m^2)$。滤池个数采用 $N=16$ 个，成双排布置。单池面积 $f=F/N=910/16=56.88(m^2)$，采用 60m^2。每池平面尺寸采用 $BL=6.3\times9.5\approx60(m^2)$。池的长宽比为 $9.5/6.3=1.5$。

4. 单池冲洗流量 $q_冲$

$$q_冲 = fq = 60\times12 = 720(L/s) = 0.72(m^3/s)$$

5. 冲洗排水槽

（1）断面尺寸　两槽中心距采用 $a=2.0m$，排水槽个数 $n_1=L/a=9.5/2.0=4.75\approx5$（个）。

槽长 $l=B=6.3m$，槽内流速采用 0.6m/s，排水槽采用标准半圆形槽底断面形式，其末端断面模数为

$$x = \sqrt{\frac{qla}{4570v}} = \sqrt{\frac{12\times6.3\times2.0}{4570\times0.6}} = 0.23(m)$$

槽的断面尺寸见图 5-5。集水渠与排水槽的平面布置见图 5-6。

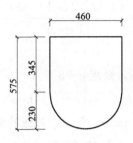

图 5-5　排水槽断面尺寸

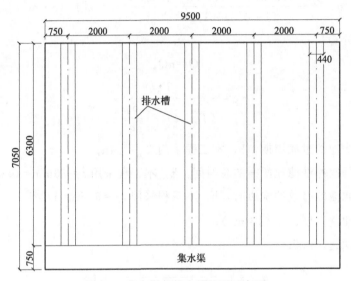

图 5-6　集水渠与排水槽的平面布置

（2）设置高度　滤料层厚度采用 $H_n = 0.7\text{m}$，排水槽底厚度采用 $\delta = 0.05\text{m}$，槽顶位于滤层面以上的高度为

$$H_e = eH_n + 2.5x + \delta + 0.075 = 0.5 \times 0.7 + 2.5 \times 0.23 + 0.05 + 0.075 = 1.05(\text{m})$$

（3）核算面积　排水槽平面总面积与单个滤池面积之比为 $5 \times 2xl/f = 5 \times 2 \times 0.23 \times 6.3/60 = 0.24 < 0.25$。

6. 集水渠

集水渠采用矩形断面，渠宽采用 $B = 0.75\text{m}$。

（1）渠始端水深 H_q

$$H_q = 0.81 \left(\frac{fq}{1000b} \right)^{2/3} = 0.81 \times \left(\frac{60 \times 12}{1000 \times 0.75} \right)^{2/3} = 0.79(\text{m})$$

（2）集水渠底低于排水槽底的高度 H_m

$$H_m = H_q + 0.2 = 0.79 + 0.2 = 0.99 \approx 1.00(\text{m})$$

7. 配水系统

采用大阻力配水系统，其配水干管采用方形断面暗渠结构。

（1）配水干渠　干渠始端流速采用 $v_干 = 1.5\text{m/s}$。干渠始端流量 $Q_干 = q_冲 = 0.72\text{m}^3/\text{s}$。干渠断面积 $A = Q_干/v_干 = 0.72/1.5 = 0.48(\text{m}^2)$，采用 0.49m^2。干渠断面尺寸采用 $0.7 \times 0.7 = 0.49(\text{m}^2)$。干渠壁厚采用 $\delta' = 0.1\text{m}$。

干渠顶面应开设孔眼。

（2）配水支管　支管中心距采用 $s = 0.25\text{m}$，支管总数 $n_2 = 2L/s = 2 \times 9.5/0.25 = 2 \times 38 = 76(\text{根})$。支管流量 $Q_支 = Q_干/n_2 = 0.72/76 = 0.00947(\text{m}^3/\text{s})$。支管直径采用 $d_支 = 75\text{mm}$，流速 $v_支 = 2.15\text{m/s}$。

支管长度 $l_1 = \dfrac{B - (0.7 + 2 \times 0.1)}{2} = (6.3 - 0.9)/2 = 2.7(\text{m})$。

核算 $l_1/d_支 = 2.7/0.075 = 36 < 60$。

（3）支管孔眼　孔眼总面积 Ω 与滤池面积 f 的比值 α，采用 $\alpha = 0.24\%$，则 $\Omega = \alpha f = 0.0024 \times 60 = 0.144(\text{m}^2)$，孔径 $d_0 = 12\text{mm} = 0.012\text{m}$。

单孔面积 $\omega = \pi d_0^2/4 = 0.785 \times 0.012^2 \div 4 = 113 \times 10^{-6}(\text{m}^2)$，孔眼总数 $n_3 = \Omega/\omega = 0.144/113 \times 10^{-6} = 1274(\text{个})$。

每一支管孔眼数（分两排交错排列）为 $n_4 = n_3/n_2 = 1274/76 = 16.76 \approx 17(\text{个})$。

孔眼中心距 $s_0 = 2l_1/n_4 = 2 \times 2.7/17 = 0.32(\text{m})$，孔眼平均流速 $v_0 = q/(10\alpha) = 12/(10 \times 0.0024) = 5(\text{m/s})$。

$h = \dfrac{1}{2g}\left(\dfrac{q}{10\mu\alpha}\right)^2$，则 $\mu = (2gh)^{1/2} = q/(10\alpha)$，即 $v_0 = q/(10\alpha)$。

8. 冲洗水箱

（1）容量 V

$$V = 1.5(qft_0 \times 60)/1000 = 1.5 \times 12 \times 60 \times 6 \times 60/1000 = 389(\text{m}^3)$$

水箱内水深，采用 $h_箱 = 3.5\text{m}$。

圆形水箱直径 $D_箱 = \sqrt{\dfrac{4V}{\pi h_箱}} = \sqrt{\dfrac{4 \times 389}{\pi \times 3.5}} \approx 12(\text{m})$。

（2）设置高度　水箱底至冲洗排水槽的高差 ΔH，由下列几部分组成。

① 水箱与滤池间的冲洗管道的水头损失 h_1。管道流量 $Q_冲 = q_冲 = 0.72\text{m}^3/\text{s}$，管径采用 $D_冲 = 600\text{mm}$，管长 $l_冲 = 70\text{m}$，查水力计算表得：$v_冲 = 2.55\text{m/s}$；$v_冲^2/(2g) = 0.33$；$1000i = 13.5$。冲洗管道上的主要配件及局部阻力系数列于表 5-13。

表 5-13　冲洗管配件及局部阻力系数

配 件 名 称	数量/个	局部阻力系数 ξ
水箱出口	1	0.5
90°弯头	2	$2 \times 0.6 = 1.20$
DN600 闸阀	3	$3 \times 0.06 = 0.18$
文氏流量计	1	1.00
等径转弯流三通	3	$3 \times 1.5 = 4.50$

合计 $\sum \xi = 7.38$

则 $\quad h_1 = il_{冲} + \sum \xi v^2/(2g) = 13.5 \times 70/1000 + 7.38 \times 0.33 = 3.39(\text{m})$

② 配水系统水头损失 h_2。h_2 按经验公式计算

$$h_2 = 8v_{干}^2/(2g) + 10v_{支}^2/(2g) = 8 \times 1.5^2/19.62 + 10 \times 2.15^2/19.62 = 3.28(\text{m})$$

③ 承托层水头损失 h_3。承托层厚度采取 $H_0 = 0.45\text{m}$。

$$h_3 = 0.022H_0q = 0.022 \times 0.45 \times 12 = 0.12(\text{mH}_2\text{O})$$

④ 滤料层头损失 h_4

$$h_4 = (\rho_2/\rho_1 - 1)(1 - m_0)L_0$$

式中 ρ_2——滤料的密度，t/m^3，石英砂为 2.65t/m^3；

$\quad \rho_1$——水的密度，t/m^3；

$\quad m_0$——滤料层膨胀前的孔隙率，石英砂为 0.41；

$\quad L_0$——滤料层层厚度，m。

则 $h_4 = (2.65/1 - 1) \times (1 - 0.41) \times 0.7 = 0.68(\text{m})$

⑤ 备用水头。取 $h_5 = 1.5\text{m}$。

$$\Delta H = h_1 + h_2 + h_3 + h_4 + h_5 = 3.39 + 3.28 + 0.12 + 0.68 + 1.5 = 8.97 \approx 9.0(\text{m})$$

9. 管廊内的主干管渠

滤站的 16 个水池成双行对称布置，每侧 8 个滤池。浑水进水、废水排出及过滤后清水引出均采用暗渠输送，冲洗水进水采用管道。

各主干管渠的计算结果列于表 5-14。

表 5-14　主干管渠参数

管渠名称	流量/(m³/s)	流速/(m/s)	管渠截面积/m²	管渠断面有效尺寸/m
浑水进水渠	1.52	1.0	1.52	$b \times h = 2.0 \times 0.76$
清水出水渠	1.52	1.2	1.27	$b \times h = 2.0 \times 0.64$
冲洗进水管	0.72	2.55	0.28	$D_{冲} = 0.60$
废水排水渠	0.72	1.2	0.60	$b \times h = 1.0 \times 0.60$

【例题 5-3】 固定管式表面冲洗系统的计算

(一) 已知条件

某污水厂深度处理单元采用普通快滤池，滤站由两个滤池组成（图 5-7），每个滤池的平均尺寸为宽度 $b = 4\text{m}$，长度 $L = 12.5\text{m}$。

(二) 设计计算

表面冲洗强度采用 $q' = 2\text{L/(s·m}^2)$。

1. 滤池面积

$$F = bl = 4 \times 12.5 = 50(\text{m}^2)$$

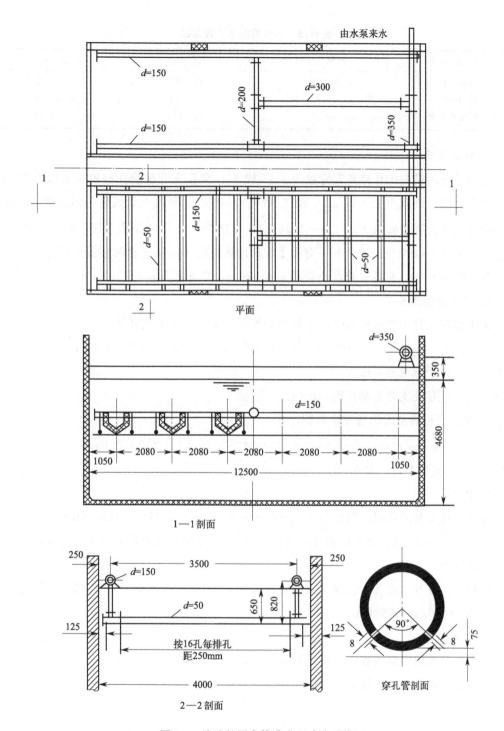

图 5-7　滤池的固定管式表面冲洗系统

2. 每池表面冲洗水流量

$$q_1 = Fq' = 50 \times 2 = 100(\text{L/s})$$

3. 输配水干管直径

每池的输配水干管直径列于表 5-15。

表 5-15　　滤池输配水干管直径

管 道 名 称	流量/(L/s)	直径/mm	流速/(m/s)
纵向干管	$q_1 = 100$	$d_1 = 300$	$v_1 = 1.42$
横向干管	$q_2 = q_1/2 = 50$	$d_2 = 200$	$v_2 = 1.59$
侧配水干管	$q_3 = q_2/2 = 25$	$d_3 = 150$	$v_3 = 1.42$

4. 穿孔支管

每池装设的横向配水穿孔支管数为 $n_1 = 12$ 根。穿孔支管装设在滤料表面以上 75mm 处。穿孔支管中线间距 $l_0 = L/n_1 = 12.5/12 = 1.04(\text{m})$。穿孔支管长度为滤池宽 $b = 4\text{m}$。每一穿孔支管的服务面积 $F_0 = l_0 b = 1.04 \times 4 = 4.16(\text{m}^2)$。每一穿孔支管供冲洗水量 $q_0 = F_0 q' = 4.16 \times 2 = 8.32(\text{L/s})$。每一穿孔支管的计算流量（$q_0$ 从支管两端供给）$q_1 = q_0/2 = 8.32/2 = 4.16(\text{L/s})$。穿孔支管直径采用 $d_1 = 50\text{mm}$，则流速为 $v_1 = 2.12\text{m/s}$。

5. 干管始端水头

为克服穿孔管中的水头损失，干管始端的要求水头可按下式计算

$$h = (9v_2^2 + 10v_4^2)/(2g) = (9 \times 1.59^2 + 10 \times 2.12^2)/19.6 = 3.45(\text{m})$$

式中　v_2——干管流速，m/s；

　　　v_4——穿孔支管始端流速，m/s。

6. 穿孔管孔眼总面积与滤池面积之比

$$\varphi = q'/(10\mu\sqrt{2gh}) = 2/(10 \times 0.62 \times \sqrt{19.6 \times 3.45}) = 0.039\%$$

式中　μ——流量系数，取 0.62。

7. 孔眼

每池穿孔支管的孔眼总面积 $\sum f = \varphi F/100 = 0.039\% \times 50/100 = 19500(\text{mm}^2)$。

孔径取 $d_0 = 8\text{mm}$，单孔面积 $f_0 = 50.3\text{mm}^2$，每池应有孔眼数 $n_0 = n_2/n_1 = 388/12 = 32.3 \approx 32$（个）。

每根穿孔管开两排孔，孔眼中线与铅垂线呈 45°向下，每排设 16 个孔眼，则孔间距为 $m = b/16 = 4000/16 = 250(\text{mm})$。

8. 水泵扬程

供表面冲洗的水泵扬程应由以下几部分组成。

（1）水升高的几何高度 h_1（图 5-8）

$$h_1 = (z_1 + d_3) - z_2(\text{m})$$

式中　z_1——滤池洗砂排水槽的槽口标高，m，采用 $z_1 = 103.7\text{m}$；

　　　z_2——冲洗水泵吸水井底标高，m，采用 $z_2 = 96.0\text{m}$；

　　　d_3——侧配水干管（置于洗砂排水槽上）直径，m。

则 $h_1 = (103.7 + 0.15) - 96.0 = 7.85(\text{m})$。

（2）水泵吸水管和压水管沿程水头损失　当 $q = 200\text{L/s}$，$d = 350\text{mm}$，$v = 2.08\text{m/s}$ 及输水管长度 $l = 100\text{m}$ 时，由水力计算表可得 $1000i = 18.1$，则 $h_2 = li = 100 \times 18.1/1000 = 1.81(\text{m})$。

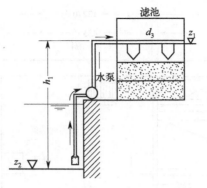

图 5-8 表面冲洗水升高的几何高度

（3）管中流速所损失的水头 因造成吸水管和压水管中速度所损失的水头 $h_3=v^2/(2g)=2.08^2/19.62=0.22(\text{m})$。

（4）局部阻力的水头损失

$$h_4=\sum\xi v^2/(2g)$$

局部阻力系数：90°弯头为 0.59；闸门为 3.6；三通为 1.00。

则 $\sum\xi=0.59+0.26+3.6+1.0=5.45$，$h_4=5.45\times2.08^2/19.62=1.2(\text{m})$。

（5）穿孔支管的孔眼水头损失

$$h_5=h=3.45\text{m}$$

（6）穿孔支管的孔眼出流的表面喷射水头 h_6 一般为 15～20m。采用 $h_6=18$m。

则表面冲洗时水泵的扬程应为 $H=\sum h_i=7.85+1.81+0.22+1.20+3.45+18=32.53(\text{m})$。

【例题 5-4】 旋转管式表面冲洗系统的计算

（一）已知条件

某污水厂深度处理单元采用普通快滤池，单个滤池面积为 $F=31.25\text{m}^2$，其平面尺寸为 $BL=3.96\text{m}\times7.92\text{m}$（图 5-9）。

（二）设计计算

选表面冲洗强度 $q'=0.6\text{L}/(\text{s}\cdot\text{m}^2)$。

水平旋转管长度 $L=3.84$m，喷嘴出口流速 $v_0=25$m/s。

1. 为形成喷嘴流速旋转管的所需水头

$$H=4.9\times10^3\times v_0^2/(\varphi^2\times9.81)=4.9\times10^3\times25^2/(0.92^2\times9.81)=3.69\times10^5(\text{Pa})$$

式中，流速系数 $\varphi=0.92$。

2. 每一旋转管的冲洗流量

每个滤池内设 2 根水平旋转管，每一旋转管的冲洗面积为 $F'=F/2=31.25/2=15.63(\text{m}^2)$。

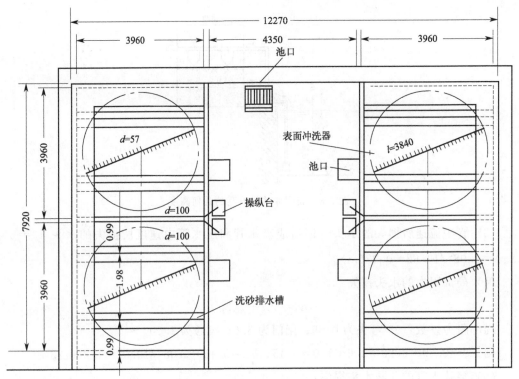

图 5-9　旋转管式表面冲洗滤池平面

则 $q = F'q' = 15.63 \times 0.6 = 9.38(\text{L/s}) = 0.00938(\text{m}^3/\text{s})$。

3. 每一旋转管的喷嘴数

喷嘴平均间距 $s = 240\text{mm}$，则每一旋转管的喷嘴数 $m = l/s = 3840/240 = 16$（个），每个旋转管臂设喷嘴 8 个。

4. 每一旋转管喷嘴的总面积

$$f_0 = \frac{q}{\mu\sqrt{2.04 \times 10^{-4}gh}} = \frac{0.00938}{0.82 \times \sqrt{2.04 \times 10^{-4} \times 9.81 \times 3.69 \times 10^5}} = 0.00042(\text{m}^2)$$

式中　μ——流量系数。

5. 喷嘴直径

每个喷嘴的面积 $f_0' = f_0/m = 0.0042/16 = 0.0000262(\text{m}^2)$，则喷嘴直径 $d_0 = (4f_0'/\pi)^{1/2} = (4 \times 0.0000262/3.14)^{1/2} = 0.0058(\text{m})$，采用 $d_0 = 6\text{mm}$，则其面积 $\omega = 0.283\text{cm}^2$。

6. 每个喷嘴射流的水平反力 P（图 5-10）

喷嘴与水平线的夹角采用 $\alpha = 23°$，喷嘴射流反力

$$R_c = 10^{-4}H\omega = 10^{-4} \times 3.69 \times 10^5 \times 0.283 = 10.44(\text{N})$$

则 $P = R_c\cos\alpha = 10.44 \times \cos23° = 10.44 \times 0.921 = 9.61(\text{N})$。

7. 扭转力矩（克服轴承摩擦力、水的阻力及使管子旋转）

$$M = P\sum r$$

式中　$\sum r$——旋转管一侧各喷嘴与旋转管轴的距离之和，m。

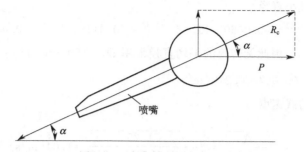

图 5-10　喷嘴射流的水平反力

旋转管上喷嘴布置见图 5-11。

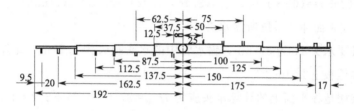

图 5-11　旋转管上喷嘴布置

则 $M = 9.61 \times (1.90 + 1.75 + 1.50 + 1.25 + 1.00 + 0.75 + 0.5 + 0.25) = 85.5 (N \cdot m)$。

8. 克服轴承摩擦力和水阻力单位时间所作的功

$$A = M/1.2 = 85.5/1.2 = 71.25 (N \cdot m)$$

9. 旋转管末端的旋转线速度

当带喷嘴的水平管子旋转时，旋转管所受水的阻力

$$A' = 4.9 K f v^3$$

$$v = \sqrt[3]{\dfrac{A}{4.9 K f}}$$

$$K = (\varphi \rho)/(2g) = (1.2 \times 1000)/(2 \times 9.81) = 61.2$$

式中　K——系数；

　　　φ——考虑实际流体性质的系数，为 1.2；

　　　ρ——水的密度，kg/m^3，取 $1000 kg/m^3$；

　　　g——重力加速度，为 $9.81 m/s^2$；

　　　f——旋转管臂的垂直投影面积，m^2；

　　　v——旋转管臂末端的旋转线速度，m/s。

若略去轴承摩擦力，则 $A' = A = 71.25 N \cdot m$。

$$f = 2rD$$

$$r = l/2 = 3.84/2 = 1.92 (m)$$

式中　r——管的旋转半径，m；

　　　D——旋转管的平均外径，m。

旋转管末端的最小直径

$$d_0 = (0.00606r)^{1/1.33} = (0.00606 \times 1.92)^{1/1.33} = (0.01164)^{1/1.33} = 0.035(\text{m}) = 35(\text{mm})$$

采用 $d_0 = 32\text{mm}$，因此旋转管的平均直径采用 $D_{内} = 50\text{mm}$，$D_{外} = 57\text{mm}$。

则 $f = 2 \times 1.92 \times 0.057 = 0.219(\text{m}^2)$。

旋转管臂末端的线速度

$$v = \sqrt[3]{\frac{A}{4.9Kf}} = \sqrt[3]{\frac{71.25}{4.9 \times 61.2 \times 0.219}} = 1.04(\text{m/s})$$

10. 旋转管转速

$$n = (60v)/(2\pi r) = (60 \times 1.04)/(2 \times 3.14 \times 1.92) = 5.18 \approx 5(\text{r/min})$$

11. 旋转管式表面冲洗系统所需水头

旋转管的必要水头 H 为 37.6m，输水管中的水头损失为 4.77m。此外，水平旋转管在过滤室一层楼地板上 2.2m。

则对于一层楼地板平面上的计算水头应为 $H_M = 37.6 + 4.77 + 2.2 = 44.57(\text{m})$。

第二节　虹吸滤池

虹吸滤池系变水头恒速过滤的重力式快滤池，其过滤原理与普通快滤池相同，所不同的是操作方法和冲洗设施。它采用虹吸管代替闸阀，并以真空系统进行控制（即用抽真空来沟通虹吸管，以连通水流；用进空气来破坏虹吸作用，以切断水流），故由此得名。

虹吸滤池一般是由 6～8 个单元滤池组成的一个整体。其平面形状有圆形、矩形或多边形，从有利施工和保证冲洗效果方面考虑，采用矩形较多。

如图 5-12 所示为一组圆形虹吸滤池的两个单元（一个单元滤池又称一格滤池），其中心部分类似普通快滤池的管廊。各格滤池的配水系统以下部分可以互相连通，也可以互相隔开，后者便于单格停水检修，但这时须设置环形集水槽。

图 5-12 中，右侧表示过滤时的水流情况，左侧表示冲洗时的水流情况。过滤时来水→进水总槽→环形配水槽→进水虹吸管→进水堰→布水管→滤层→配水系统→环形集水槽→出水管→出水井→控制堰→清水管→清水池。

在过滤运行中，池内水位将随着滤层阻力的逐渐增大而上升，以使滤速恒定。当池内水位由过滤开始时的最低水位（其值等于出水井控制堰顶水位与滤料层、配水系统及出水管等的水头损失之和）上升到预定最高水位时，滤池就需冲洗。上述最低与最高水位之差便是其过滤允许水头损失。

冲洗时，先破坏进水虹吸管的真空，以终止进水。该格滤池仍在过滤，但随着池内水位的下降，滤速逐渐降低，接着就可开始冲洗操作。先利用真空泵或水射器，使冲洗虹吸

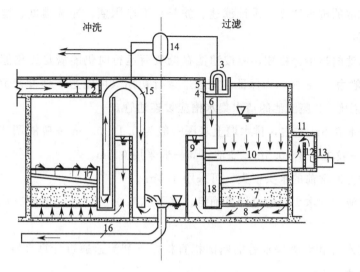

图 5-12　圆形虹吸滤池剖面

1—进水总槽；2—环形配水槽；3—进水虹吸管；4—单个滤池进水槽；

5—进水堰；6—布水管；7—滤层；8—配水系统；9—环形集水槽；

10—出水管；11—出水井；12—控制堰；13—清水管；14—真空系统；

15—冲洗排水虹吸管；16—冲洗排水管；17—冲洗排水槽；18—汇水槽

管形成虹吸，所池内存水通过冲洗虹吸管和排水管排走。当池内水位低于环形集水槽内水位，并且两者的水位差足以克服配水系统和滤料层的水头损失时，反冲洗就开始。冲洗水的流程见图 5-12 左侧箭头。由于环形集水槽把各格滤池出水相互沟通，当一格冲洗时，过滤水通过环形集水槽源源不断流过来，由下向上通过滤层后，经排水槽汇集，由冲洗虹吸管吸出，再由排水管排走。当冲洗废水变清时，可破坏冲洗虹吸管真空，使冲洗停止。然后启动进水虹吸管，滤池又开始过滤。

　　虹吸滤池中的冲洗水就是本组滤池中其他正在运行的各格滤池的过滤水，故虹吸滤池的主要特点之一是无冲洗水塔或冲洗水泵。这样，虹吸滤池在冲洗时，出水量小，甚至可能完全停止向清水池供水（分格多时，可继续供应少量水；分格少时，则可完全停止供水），虹吸滤池的冲洗水头是由环形集水槽的水位与冲洗排水槽顶的高差来控制的。由于冲洗水头不宜过高，以免增加滤池高度，虹吸滤池均采用小阻力配水系统。目前采用较多的小阻力配水系统是多孔板（单层或双层）、穿孔滤砖、孔板网、三角槽孔板等。

　　此外，近些年来也有仿照无阀滤池的某些操作原理，在虹吸滤池上安装水力自动冲洗装置，使其运行实现水力自动控制。

一、设计概述

　　① 虹吸滤池的主要设计计算内容在于滤池的分格数、单池平面尺寸、滤池高度、小阻力配水系统、排水槽、真空虹吸系统及各种主要管渠等。

② 虹吸滤池的进水浊度、设计滤速、滤料、工作周期、冲洗强度、滤层膨胀率等与普通快滤池类同。

③ 虹吸滤池的最少分格数，应按滤池在低负荷运行时仍能满足 1 格滤池冲洗水量的要求确定，一般为 6~8 格。为保证水处理厂运行初期（可能达不到设计负荷）每格滤池有足够的冲洗强度，2 座滤池的清水集水槽应设连通管。

④ 池深一般在 5m 左右，排水堰上水深一般为 0.1~0.2m 并应能调节，滤池底部集水空间的高度一般为 0.3~0.5m，滤池超高一般采用 0.3m。

⑤ 虹吸滤池冲洗前的水头损失，可采用 1.5m。

⑥ 虹吸滤池冲洗水头应通过计算确定，宜采用 1.0~1.2m，并应有调整冲洗水头的措施。

⑦ 虹吸进水管和虹吸排水管的断面积宜根据下列流速通过计算确定：进水管 0.6~1.0m/s；排水管 1.4~1.6m/s。

⑧ 各种管渠流速可参考表 5-16 采用。

表 5-16　虹吸滤池中管渠流速

名称	流速/(m/s)	名称	流速/(m/s)
进水总渠	0.3~0.5	冲洗虹吸管	1.5~2.0
环形配水渠	0.3~0.5	排水总管	1.0~1.5
进水虹吸管	0.4~0.8	出水总管	0.5~1.0

⑨ 虹吸滤池水力自动控制装置应用了无阀滤池自动冲洗原理，利用虹吸辅助管和破坏管控制虹吸滤池冲洗、进水和停止进水的自动运行，从而实现了虹吸滤池的水力自动化操作。由于采用这种方法可省去真空泵、真空罐、真空管路系统等设备，又不需人工管理，同时运行可靠，维修简单，所以已有不少水厂设计使用。

⑩ 虹吸滤池水力自动控制装置如图 5-13 所示，工作过程如下。

a. 自动冲洗。随着过滤的进行，滤料层阻力逐渐增大，当滤池内水位达到最高水位时，水就通过喇叭口流入冲洗虹吸管。由于水流在虹吸辅助管与冲洗抽气管的连接处（三通水射器）形成负压，因而冲洗抽气管就对冲洗虹吸管抽气，使冲洗虹吸管形成虹吸。这时，滤料层上的水由虹吸管排走。当池内水位降至出水控制堰以下时，反冲洗即行开始。

在反冲洗过程中，定量筒中的水通过冲洗虹吸破坏管，不断被吸入冲洗虹吸管中。当定量筒中的水被吸完后，空气经破坏管进入冲洗虹吸管，则虹吸被破坏，反冲洗即停止。

b. 自动进水。在反冲洗停止后，其他各格滤池的过滤水立即流向该格滤池的底部空间，并向上流入池中。当池内水位上升，把进水虹吸破坏管的开口端封住后，进水虹吸辅助管通过进水抽气管对进水虹吸管抽气（进水虹吸辅助管一直在流水），使进水虹吸管形成虹吸，该格滤池就自动进水。

c. 自动停止进水。在反冲洗开始后，该格滤池内的水位不断下降。当水位下降到使

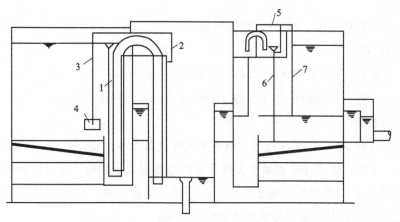

图 5-13　虹吸滤池水力自动控制装置

1—冲洗虹吸辅助管；2—冲洗抽气管；3—冲洗虹吸破坏管；4—定量
筒；5—进水抽气管；6—进水虹吸辅助管；7—进水虹吸破坏管

进水虹吸破坏管的开口端露出水面时，空气就由此进入进水虹吸管，从而使虹吸破坏，该格滤池就自动停止进水。

d. 虹吸滤池水力自动控制装置设计选用参数如下。

（a）滤池进水虹吸辅助管系统的有关管径，建议按表 5-17 数据采用。

表 5-17　进水虹吸辅助管系统的管径

每格滤池面积/m^2	抽气管直径/mm	抽气三通/(mm×mm)	虹吸辅助管直径/mm	虹吸破坏管直径/mm
≤8	20	25×20	$d_1=25, d_2=32$	25
>8	25	32×25	$d_1=32, d_2=40$	25

（b）冲洗虹吸辅助管系统的部分管径，建议按表 5-18 采用。

表 5-18　冲洗虹吸辅助管系统的管径

每格滤池面积/m^2	抽气管直径/mm	抽气三通/(mm×mm)	虹吸辅助管直径/mm	虹吸破坏管直径/mm
≤8	20	32×25	$d_1=32, d_2=40$	20
>8	25	40×25	$d_1=40, d_2=50$	20

二、计算例题

【例题 5-5】 矩形虹吸滤池的设计计算

（一）已知条件

某污水厂深度处理单元采用矩形虹吸滤池，处理水量 $Q=15900 m^3/d = 663 m^3/h$。设计计算矩形虹吸滤池。

（二）设计计算

滤池过滤周期采用 $T=23.5\mathrm{h}$，冲洗时间采用 $t=24-T=0.5(\mathrm{h})$。

1. 滤池总面积

滤池产水量 $Q_2=24Q/T=24\times663/23.5=677(\mathrm{m^3/h})$。

正常滤速选用 $v=10\mathrm{m/h}$，则 $F=Q_2/v=677/10=67.7(\mathrm{m^3})$。

2. 滤池分格数

冲洗强度采用 $q=15\mathrm{L/(s\cdot m^2)}$，相当于上升流速为 $v_q=15\times3.6=54(\mathrm{m/h})$。

当某格冲洗时，设其冲洗水量由其他几格的过滤出水量供给。则过滤面积（供冲洗水的池子）/停产面积（待冲洗的池子）$=54/10\approx5$，采用 6 格。每格的面积为 $f=F/n=67.7/6\approx11.3(\mathrm{m^2})$，其平面尺寸采用 $2.5\mathrm{m}\times4.5\mathrm{m}$。

6 格滤池每 3 格为一组，两组并列连通。检修时，可停一组池子，使运行的每格池子增加 50% 的出水量，则 3 格池子可供 $3\times1.5/6=75\%$ 原设计水量。滤池布置见图 5-14。

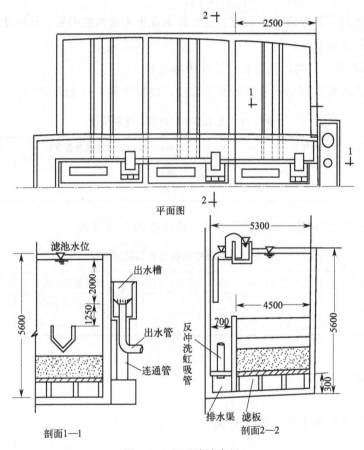

图 5-14　虹吸滤池布置

3. 冲洗排水槽

冲洗水量 $Q_{冲}=fq=11.3\times15=170(\mathrm{L/s})$。

每格池宽 2.5m，每格布置一个排水槽。采用槽底为三角形的标准排水槽，则排水槽的断

面模数为 $x=0.475Q_{冲}^{2/5}=0.475\times0.17^{2/5}=0.234(\text{m})$。采用池宽 0.25m，槽宽 $2x=0.5(\text{m})$。

水面上用 0.05m 保护高，槽厚采用 0.05m，则槽总高

$$H_{槽}=0.05+x+1.5x+0.05\sqrt{2}=0.05+0.25+1.5\times0.25+0.05\times1.41=0.75(\text{m})$$

冲洗排水槽占滤池面积百分数为 $(0.5+2\times0.05)/2.5=24\%<25\%$。

4. 进水虹吸管

按一格冲洗时计算每格池子的进水量

$$Q_{进}=Q_3/(n-1)=677/(6-1)=135.4(\text{m}^3/\text{h})=37.6(\text{L/s})$$

流速取 0.6m/s，则虹吸管断面积为 $0.0376/0.6=0.0627(\text{m}^2)$。

断面尺寸采用 $20\text{cm}\times30\text{cm}$，则实际流速为 $0.0376/(0.2\times0.3)=0.627(\text{m/s})$。

虹吸水流时局部水头损失

$$h_{进局}=1.2(\xi_{进}+2\xi_{90°弯}+\xi_{出})v^2/(2g)=1.2\times(0.5+2\times0.5+1)\times0.627^2/19.62=0.06(\text{m})$$

沿程损失可按折合成圆形管的阻力计算，先计算矩形管的水力半径

$$R_{进}=\frac{0.2\times0.3}{2\times(0.2+0.3)}=0.06(\text{m})$$

矩形管的阻力可按直径为 $4R_{进}=4\times0.06=0.24(\text{m})$，即约为 DN250 的圆管计算。

在流速为 0.627m/s 时，DN250 的每米水头损失只有 2.8mm。进水虹吸管长约 1.5m，沿程损失为 $2.8\times1.5=4.2(\text{mm})$，此值与局部损失相比，可以忽略。

取虹吸管的水头损失为 $h_{进f}=0.15\text{m}$（约为局部损失 0.06m 的 2 倍），相当于水量增加 50% 时的水头损失。这样在一组池子检修时，可供给 $3\times1.5/6=75\%$ 的设计水量。

进水虹吸系统布置见图 5-15。

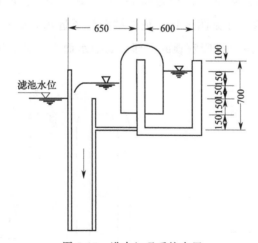

图 5-15　进水虹吸系统布置

5. 进水总槽

单格滤池的进水由矩形堰控制，堰宽 0.6m，堰顶水头按池子增加 50% 出水量估计，则流量为 $Q=1.5Q_{进}=1.5\times37.6=56.4(\text{L/s})$。

由矩形堰的流量公式 $Q=1.84bh^{3/2}$ 得 $h^{3/2}=Q/(1.84b)=0.0564/(1.84\times0.6)=$

0.051（m）。则 $h=0.138$m，取 0.15m。

进水槽深度计算如下。虹吸管底距槽底 0.15m，虹吸管出口淹没深度 0.15m，虹吸管出口后堰顶水头 0.15m，虹吸管水头损失 0.15m，超高 0.10m，共计 0.70m。

进水总槽的宽度用 0.6m，水流断面为 $0.6\times0.6=0.36$（m²）。

每条渠道供 3 个池子用。按事故时增加 50% 流量计，则流量为 $1.5\times(1/2)\times(677/3600)=141$（L/s），流速为 $0.141/0.36=0.39$（m/s）。

6. 单池进水槽

根据计算数据，单个池子进水槽深度可为 0.6m，平面尺寸为 0.65m×0.65m。出水竖管断面尺寸为 0.25m×0.25m，用 4mm 厚钢板焊制后，固定在钢筋混凝土墙壁上。

7. 滤池高度

（1）滤池各组成部分高度　采用滤板小阻力配水系统。底部配水空间高度 0.3m，滤板厚 0.12m，石英砂滤料层厚 0.70m，滤料膨胀 50% 的高度 0.35m，冲洗排水槽高度 0.75m，共计 2.22m。

（2）反冲洗水头　滤料层水头损失≈滤料层厚 0.70m，滤板水头损失 0.40m，排水槽上水头 0.05m，共计 1.15m。

（3）最大过滤水头　最大过滤水头选用 2m，池子超高选用 0.3m，则滤池总高度

$$H=2.22+1.15+2+0.3=5.67（m），取 H=5.6m。$$

8. 反冲洗虹吸管

流速采用 1.5m/s，则断面面积 $\omega_{冲}=Q_{冲}/1.5=0.17/1.5=0.113$（m²）。

采用矩形断面 28cm×40cm，面积为 0.112m²。用 4mm 厚的钢板焊制，管外壁尺寸为 29cm×41cm。虹吸管尺寸见图 5-16。进口端距池子进水渠底 0.2m，和出口水封堰顶平。出口伸进排水渠 0.1m。虹吸管顶的下部和滤池水面平，管子出口端最小淹没深度为 $0.6-0.2=0.4$（m）。

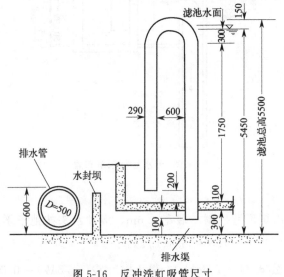

图 5-16　反冲洗虹吸管尺寸

进口端的最小淹没深度，可由虹吸管工作时所需的水头算得。

局部水头损失的计算和进水虹吸管一样，即

$$h_{冲局}=1.2\times(0.5+2\times0.5+1)\times1.5^2/19.62=0.344(\text{m})$$

虹吸管的长度为 $4.75-0.2+3.14\times(0.6+0.29)/2+4.75+0.2=10.9(\text{m})$。

沿程损失可按 DN350 钢管的水头损失估算，每米为 9.17mm，共计

$$h_{冲后}=10.9\times9.17/1000=0.1(\text{m})$$

虹吸管的总水头损失为 $h_{f冲}=0.344+0.1=0.444\approx0.45(\text{m})$。

所以，流速为 1.5m/s 时，虹吸管进水端的水面应比出口水封堰至少高 0.45m。最小淹没深度也是 0.45m。

9. 底部冲洗排水渠

其高度为 0.3m，宽度为 0.65m（即池子进水槽宽 0.7m，减去顶板宽 0.05m），则渠断面面积为 $0.3\times0.65=0.195(\text{m}^2)$，流速为 $0.17/0.195=0.87(\text{m/s})$。断面的水力半径

$$\frac{0.3\times0.6}{2\times(0.3+0.65)}=0.103(\text{m})$$

该水力半径相当于直径为 $4R=4\times0.103$ 即 DN400 的管子。按 DN400 铸铁管在流速 0.87m/s 时的水头损失为 2.8mm/m，渠道总长为 3 格池子的宽度，渠道长 10m 估算，水头损失只有 $2.8\times10=28(\text{mm})$。这一数值很小，只要虹吸管出水略有压力，就足够保证渠道满流。

10. 排水管

采用直径为 500mm 的排水管。为了在反冲洗虹吸管的出水端形成水封，在底部排水渠和直径 500mm 的排水管间设一道堰，堰高可以调节，最低时可以和反冲虹吸管进口端、排水管顶相平，为 0.6m。

11. 真空设备

反冲虹吸管的真空度 $P=Z+h_f=(4.75+0.3+0.28-0.2-0.45)+0.45=5.13$（m）。

反冲虹吸管进口端淹没 0.45m，出口处按堰顶高度 0.6m 计算，淹没 0.4m。故其空气容积 $V=(10.9-0.45-0.4)\times0.28\times0.4=1.1(\text{m}^3)$。

全真空度按 $10.3\text{mH}_2\text{O}$ 柱计算，则冲洗虹吸管的真空度为 $5.13\times760/10.3\approx380$（mmHg 柱）。$1\text{mmH}_2\text{O}=9.80665\text{Pa}$，$1\text{mmHg}=133.3224\text{Pa}$。

进水虹吸管的真空值为 $0.45\text{mH}_2\text{O}$ 柱［0.1＋0.2＋0.15（水头损失）］，不到 100mmHg 柱。空气容积约 $0.2\times0.3\times1=0.06(\text{m}^3)$。

选用 SZB-8 型水环式真空泵两台，一台备用。真空泵在 53.3kPa（400mmHg）时，抽气量为 11.5L/s=690L/min，则抽空时间 $t_{抽}=1100/690=1.6$（min），进水虹吸与冲洗虹吸合用一个 $\phi750$ 真空罐，高 0.8m，容积 0.35m^3。

第三节　单阀滤池

单阀滤池是无阀滤池的一种改进型式，即在无阀滤池的进水管和排水管上设一个三通转换阀而成，见图 5-17（a）。三通转换阀的进水管侧开启时排水管侧关闭，进水管侧关闭时排水管侧开启。如果没有三通转换阀，可在进水管上设进水阀、排水管上设反冲洗排水阀来替代，也可以只在排水管上设一个反冲洗排水阀，省掉进水管上的进水阀，见图 5-17（b）。这种设置方法在反冲洗时无法停止进水。

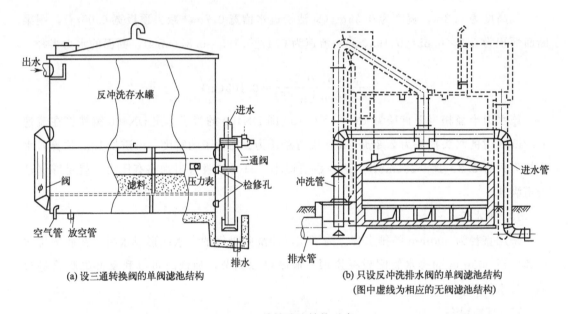

(a) 设三通转换阀的单阀滤池结构　　　　(b) 只设反冲洗排水阀的单阀滤池结构
　　　　　　　　　　　　　　　　　　　　　　（图中虚线为相应的无阀滤池结构）

图 5-17　单阀滤池结构示意

虽然单阀滤池比无阀滤池增加了一个操作阀，但具有随意控制过滤时间和反冲洗强，以及反冲洗时可停止进水的优点。单阀滤池工作过程如下。

① 过滤时反冲洗排水管上的阀门是关闭的。浑水由高出滤池的分配水箱通过进水管自流进入滤池，流经滤床，过滤后的清水由池底布水区收集进入清水池内（或滤池池顶）的冲洗存水箱，由冲洗存水箱溢流进入清水池。

② 当通过滤料的过滤水头损失达到设定值时，则进行反冲洗。反冲洗时打开反冲洗排水管上的阀门，反冲洗水由冲洗水箱进入滤池底部布水区，自下向上通过滤料层，达到反冲洗的目的。反冲洗水和分配水箱流入的浑水从排水管中通过打开的阀门排走。如果进水管上设置阀门，则在反冲洗时关闭进水管上阀门，停止进浑水。如果是设置三通转换阀的单阀滤池，则可通过一个阀门同时实现这两步操作。

一、设计概述

① 单阀滤池的设计参数参见无阀滤池设计。

② 在设计单阀滤池或无阀滤池改建时，需控制进水分配水箱水位与清水池内冲洗水箱的溢流水位标高差，保证过滤水头，使过滤过程能正常进行。

③ 在设计单阀滤池或无阀滤池改建时，需控制冲洗水箱水位与滤池排水槽口的标高差，保证反冲洗水头，使反冲洗过程能正常进行。

二、计算例题

【例题 5-6】 设池顶水箱的单阀滤池的设计计算

(一) 已知条件

净产水量 $Q'=4800\text{m}^3/\text{d}$，水厂自用水量按 5% 计算。根据无阀滤池的设计参数选取：滤速 $v=10\text{m/h}$；冲洗时间 $t=5\text{min}$；变强度冲洗，采用平均值 $q=15\text{L}/(\text{s}\cdot\text{m}^2)$，石英砂滤料的膨胀率 45%；冲洗前的期终允许水头损失 $h_{终允}$ 取 1.5m；采用单层石英砂滤料，层厚 0.7m，粒径 0.5~1.0mm；小阻力系统采用穿孔板；反冲洗水箱与滤池合建（即设置池顶水箱）；为简单起见，仅在反冲洗出水管上设闸阀 1 个，反冲洗时不停止进水。

(二) 设计计算

(1) 滤池面积 F 计算水量

$$Q=1.05Q'=1.05\times4800=5040(\text{m}^3/\text{d})=210(\text{m}^3/\text{h})\approx0.058(\text{m}^3/\text{s})$$

所需过滤面积

$$F'_1=Q/v=210/10=21(\text{m}^2)$$

滤池分为 2 格，每格过滤面积 10.5m^2，过滤水量 105m^3/h。每格滤池 4 个边角设连通渠，用于滤后水进入池顶水箱。连通渠为等腰直角三角形，边长 0.35m，连通渠斜边壁厚 0.1m，斜边边长 $=0.35+0.1\times1.414=0.49(\text{m})$。

每个连通渠的面积

$$F_2=0.49^2/2=0.12(\text{m}^2)$$

单格滤池面积

$$F'=10.5+4\times0.12=10.98(\text{m}^2)$$

单格滤池为正方形，边长

$$L=\sqrt{F}=\sqrt{10.98}\approx3.3(\text{m})$$

单格滤池实际面积

$$F=3.3\times3.3=10.89(\text{m}^2)$$

单格滤池有效过滤面积

$$F_1=10.89-4\times0.12=10.41(\text{m}^2)$$

（2）滤池高度 H　底部集水区高度 h_1 采用 0.4m；滤板厚度 h_2 采用 0.12m；承托层粒径 2~16mm，厚度 h_3 采用 0.30m；滤料层厚度 h_4 采用 0.70m；滤料层膨胀率 45%。

浑水区高度

$$h_5 = 0.7 \times 45\% + 0.1 \approx 0.42 \text{(m)}$$

顶盖锥角 15°顶盖高度

$$h_6 = 3.3/2 \times \tan 15° \approx 0.44 \text{(m)}$$

两格滤池合用 1 个冲洗水箱，冲洗水箱高度

$$h_7 = (qF_1 t \times 60)/(F \times 2 \times 1000) = (15 \times 10.41 \times 5 \times 60)/(10.89 \times 2 \times 1000) \approx 2.15 \text{(m)}$$

考虑冲洗水箱隔墙上连通孔的水头损失 0.05m，水箱高度取 2.20m。超高 h_8 采用 0.15m，池顶板厚 h_9 采用 0.1m。滤池总高

$$\begin{aligned} H &= h_1 + h_2 + h_3 + h_4 + h_5 + h_6 + h_7 + h_8 + h_9 \\ &= 0.4 + 0.12 + 0.3 + 0.7 + 0.42 + 0.44 + 2.20 + 0.15 + 0.1 = 4.83 \text{(m)} \end{aligned}$$

（3）进水分配箱流速 $v_f = 0.05$m/s。

每格滤池的进水量

$$Q_f = Q/2 = 0.058/2 = 0.029 \text{(m}^3\text{/s)}$$

分配箱面积

$$F_f = Q_f/0.05 = 0.029/0.05 = 0.58 \text{(m}^2\text{)}$$

平面尺寸采用 0.6m×0.9m。

（4）进水管及水头损失　进水管流量

$$Q_j = Q/2 = 0.058/2 = 0.029 \text{(m}^3\text{/s)}$$

管径采用 DN250，管内流速

$$v_{j1} = 4 \times 0.029/(3.14 \times 0.25^2) = 0.58 \text{(m/s)}$$

流速符合 0.5~0.7m/s 的要求，此时水力坡降 $i_{j1} = 2.43‰$。

为避免在池壁多开孔洞，进水管通入滤池前与反冲洗排水管合并。因反冲洗水量远大于过滤水量，合并后的管径按反冲洗水量选取。排水管管径采用 DN350，进水时的流速 $v_{j2} = 0.29$m/s，水力坡降 $i_{j2} = 0.443‰$。

为防止滤池冲洗时，空气通过进水管进入排水管从而过早停止反冲洗，进水管设置 U 形存水弯。为安装方便和 U 形管内水封安全，存水弯底部设置于水封井水面之下，则进水管管径 DN250 段管长 $L_{j1} = 13$m，管径 DN350 段管长 $L_{j2} = 3$m，总长 16m。进水管主要配件及局部阻力系数见表 5-19。

表 5-19　进水管主要配件及局部阻力系数

配件名称	数量/个	局部阻力系数	配件名称	数量/个	局部阻力系数
水箱出口	1	0.5	250×350 渐放	1	0.15
90°弯头	3	3×0.87=2.61	总和		3.36
等径三通	1	0.1			

进水管 DN250 段沿程水头损失

$$h_{\text{fj1}} = i_{\text{j1}} l_{\text{j1}} = 0.00243 \times 13 \approx 0.032 \, (\text{m})$$

进水管 DN350 沿程水头损失

$$h_{\text{fj2}} = i_{\text{j2}} l_{\text{j2}} = 0.000443 \times 3 \approx 0.001 \, (\text{m})$$

进水管总沿程水头损失

$$h_{\text{fj}} = h_{\text{fj1}} + h_{\text{fj2}} = 0.032 + 0.001 = 0.033 \, (\text{m})$$

进水管局部水头损失（因 DN350 段流速小，局部水头损失忽略不计）

$$h_{\text{jj}} = \sum \xi v_{\text{进}}^2 / (2g) = 3.36 \times 0.58^2 / 19.62 \approx 0.058 \, (\text{m})$$

式中　ξ——局部阻力系数；

$v_{\text{进}}$——流速，m/s。

进水管总水头损失

$$h_{\text{js}} = h_{\text{fj}} + h_{\text{jj}} = 0.033 + 0.058 \approx 0.09 \, (\text{m})$$

（5）几个控制标高（图 5-18）为计算方便，各部分高程以滤池底板为 ±0.00。

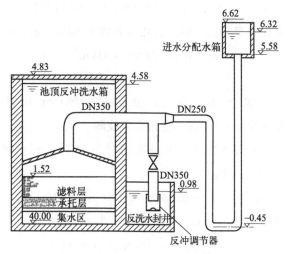

图 5-18　滤池顶水箱的单阀滤池计算简图

① 滤池出水口标高。$H_{\text{出口}} = H - h_8 - h_9 = 4.83 - 0.15 - 0.1 = 4.58 \, (\text{m})$

② 进水分配箱底标高 $H_{\text{箱底}}$。为防止空气进入，水箱保护水深 $h_{\text{保护}}$ 取 0.5m，则

$$H_{\text{箱底}} = H_{\text{出口}} + h_{\text{终允}} - h_{\text{保护}} = 4.58 + 1.5 - 0.5 = 5.58 \, (\text{m})$$

③ 进水分配箱堰顶标高

$$H_{\text{箱液}} = H_{\text{出口}} + h_{\text{终允}} + h_{\text{js}} + 0.15 = 4.58 + 1.5 + 0.09 + 0.15 = 6.32 \, (\text{m})$$

$$H_{\text{堰顶}} = H_{\text{箱液}} + 0.3 = 6.32 + 0.3 = 6.62 \, (\text{m})$$

（6）滤池出水管管径　与进水管相同，$D_{\text{出}} = 0.25 \text{m}$。

（7）排水管管径　每格滤池平均反冲洗流量

$$Q_{\text{P1}} = qF_1 = 15 \times 10.41 = 156.15 \, (\text{L/s})$$

反冲洗排水管管径 $D_{\text{排}}$ 采用 DN350。进水排水管合并三通前，管内流速

$$v_{\text{P1}} = 4Q_{\text{P1}} / (\pi D_{\text{排}}^2) = 4 \times 0.156 / (3.14 \times 0.35^2) = 1.62 \, (\text{m/s})$$

水力坡降

$$i_{P1}=0.00107v_{P1}^2/D_{排}^{1.3}=0.00107\times1.62^2/0.35^{1.3}=0.011$$

由于反冲洗时不停止进水，所以从合并三通至反冲洗水封井管段的流量

$$Q_{P2}=Q_{P1}+Q/2=156.15+58/2=185.15(L/s)$$

为方便施工，减少管件用量，该段管径仍采用 DN350，此时流速

$$v_{P2}=4Q_{P2}/(\pi D_{排}^2)=4\times0.185/(3.14\times0.35^2)=1.92(m/s)$$

水力坡降

$$i_{P2}=0.00107v_{P2}^2/D_{排}^{1.3}=0.00107\times1.92^2/0.35^{1.3}=0.0154$$

（8）冲洗时各管断的水头损失（从反冲洗水箱至排水水封井）

① 沿程水头损失 h_{fp}。

a. 三角形连通管内的沿程水头损失 h_{fL}。三角形连通管共 4 根，反冲洗时连通管内流速

$$v_L=Q_{P1}/(4f_L)=0.156/(4\times0.061)\approx0.639(m/s)$$

每根连通管截面为直角等腰三角形，直角边长度 0.35m，斜边长度 0.495m，截面积

$$w_L=0.35^2/2\approx0.061(m^2)$$

水力半径

$$R=w_L/X=0.061/(0.35+0.35+0.495)=0.051(m)$$

取混凝土面的粗糙系数 $n=0.015$，管的水力坡降

$$i_L=v_L^2n^2/R^{4/3}=0.639^2\times0.015^2/0.051^{4/3}=0.00486$$

连通管长度 $l_L=1.64m$，所以

$$h_{fL}=i_Ll_L=0.00486\times1.64\approx0.008(m)$$

b. 合并三通前排水管长 $l_{P1}=4m$，沿程水头损失

$$h_{fq}=i_{P1}l_{P1}=0.011\times4=0.044(m)$$

c. 合并三通后至水封井排水管长度 $l_{P2}=2.5m$，沿程水头损失

$$h_{fh}=i_{P2}l_{P2}=0.0154\times2.5=0.039(m)$$

冲洗水箱平均水位高程＝滤池总高－超高－池顶板厚－水箱高/2

$$=4.83-0.15-0.1-2.20/2=3.48\ (m)$$

沿程损失合计

$$h_{fP}=h_{fL}+h_{fq}+h_{fh}=0.008+0.044+0.039=0.091(m)$$

② 局部水头损失 h_{jP}。

a. 连通管的进口与出口 h_{jL}。连通管进口阻力系数 $\varepsilon_{连进}=0.5$，出口 $\varepsilon_{连出}=1.0$，所以

$$h_{jL}=(\varepsilon_{连进}+\varepsilon_{连出})v_{1.2}/(2g)=(0.5+1.0)\times0.639^2/19.62=0.031(m)$$

b. 挡水板处 h_{jd}。挡水板局部阻力系数套用有底阀的滤水网 ε 值，$\varepsilon_{挡}=3.6$，则

$$h_{jd}=\varepsilon_{挡}\ v_{P1}^2/(2g)=3.6\times1.62^2/19.62=0.482(m)$$

c. 排水管进口 h_{jk}。

$$h_{jk} = \varepsilon_{排进}\, v_{P1}^2/(2g) = 0.5 \times 1.62^2/19.62 = 0.067(\text{m})$$

d. 排水管 90°弯头 h_{jw}

$$h_{jw} = \varepsilon_{排弯}\, v_{P1}^2/(2g) = 0.89 \times 1.62^2/19.62 = 0.119(\text{m})$$

e. 汇合流三通 h_{jh}。反洗水与进水分配渠来的浑水汇合后，管内流速为 v_{P2}

$$h_{jh} = \varepsilon_{汇}\, v_{P2}^2/(2g) = 3.0 \times 1.92^2/19.62 = 0.564(\text{m})$$

f. 全开闸阀 h_{jz}

$$h_{jz} = \varepsilon_{闸}\, v_{P2}^2/(2g) = 0.07 \times 1.92^2/19.62 = 0.013(\text{m})$$

g. 局部水头损失合计

$$h_j = h_{jL} + h_{jd} + h_{jk} + h_{jw} + h_{jh} + h_{jz}$$
$$= 0.031 + 0.482 + 0.067 + 0.119 + 0.564 + 0.013 = 1.276(\text{m})$$

③ 小阻力配水系统及滤料层水头损失 h_s。

a. 滤板水头损失 h_{s1}。当滤板开孔比为 1.32% 时，水头损失 $h_{s1} = 0.112\text{m}$。

b. 滤料层水头损失 $h_{滤}$。滤料为石英砂，容重 $\gamma_1 = 2.65\text{t/m}^3$，水的容重 $\gamma = 1\text{t/m}^3$，石英砂滤料膨胀前的孔隙率 $m_0 = 0.41$，滤料层膨胀前的厚度 $H = 0.7\text{m}$。则滤料层水头损失

$$h_{滤} = (\gamma_1/\gamma - 1)(1 - m_0)H_{滤} = (2.65 - 1) \times (1 - 0.41) \times 0.7 \approx 0.681(\text{m})$$

c. 承托层水头损失 $h_{承}$。承托层厚度 $H_{承} = 0.3\text{m}$，反冲洗强度 $q = 15\text{L/(s·m}^2)$，则承托层水头损失

$$h_{承} = 0.022 H_{承}\, q = 0.022 \times 0.3 \times 15 = 0.099(\text{m})$$

配水系统及滤料层水头损失

$$h_s = h_{s1} + h_{滤} + h_{承} = 0.112 + 0.681 + 0.099 = 0.892(\text{m})$$

（9）计算结果　反冲洗时管路的总水头损失为

$$h_{冲} = h_{fP} + h_j + h_s = 0.091 + 1.276 + 0.892 = 2.259(\text{m})$$

反冲洗时管路的总水头损失 $h_{冲}$ 小于假设反冲洗总水头损失 2.5m，反冲洗水能够顺利排入反冲洗水封井。但冲洗强度将比原设计值大，应在排水管出口处设置冲洗强度调节器加以调整。

【例题 5-7】 在清水池内设冲洗水箱的单阀滤池的设计计算

（一）已知条件

（1）净产水量　$Q' = 3000\text{m}^3/\text{d}$，水厂自用水量按 5% 计算。

（2）滤池构造

① 小阻力配水系统采用穿孔板。

② 反冲洗水箱设置于清水池内。

③ 滤后水由底部集水区收集，经反冲洗供水管进入清水池内的冲洗水箱，再由冲洗水箱溢流到清水池。

④ 为节省水厂自用水量，在滤池的进、出水管上各设闸阀 1 个，以便反洗时停止进浑水。

（3）设计参数　根据无阀滤池的设计参数选取：滤速 $v=8\text{m/h}$；冲洗时间 $t=5\text{min}$；变强度冲洗，平均值为 $q=16\text{L/(s·m}^2)$；石英砂滤料的膨胀度为 45%；冲洗前的期终允许水头损失 $h_允$ 取 1.7m；采用单层石英砂滤料，层厚 0.7m，粒径 0.5～1.0mm。

（二）设计计算

（1）滤池面积 F　计算水量

$$Q=1.05Q'=1.05\times3000=3150(\text{m}^3/\text{d})=131.25(\text{m}^3/\text{h})\approx0.036(\text{m}^3/\text{s})$$

所需过滤面积

$$F'=Q/v=131.25/8=16.41(\text{m}^2)$$

滤池分为 2 格，每格过滤面积 8.21m^2，每格过滤水量 $65.6\text{m}^3/\text{h}$。

滤池为正方形，边长

$$L=\sqrt{F}=\sqrt{8.2}\approx2.9(\text{m})$$

单格滤池平面尺寸采用 3m×3m，单格滤池有效过滤面积（忽略池壁厚度）

$$F=3\times3=9(\text{m}^2)$$

（2）滤池高度 H　底部集水区高度 $h_1=0.4\text{m}$；滤板厚度 $h_2=0.12\text{m}$；承托层厚度 $h_3=0.30\text{m}$；滤料层厚度 $h_4=0.70\text{m}$；滤料层膨胀率 45%，浑水区高度

$$h_5=0.7\times45\%+0.1\approx0.42(\text{m})$$

顶盖高度 $h_6=3/2\times\tan15°\approx0.40$（m）；池顶板厚 $h_7=0.12\text{m}$，滤池总高

$$H=h_1+h_2+h_3+h_4+h_5+h_6+h_7=0.4+0.12+0.30+0.7+0.42+0.40+0.12=2.46(\text{m})$$

（3）进水分配箱　每格滤池的进水量

$$Q_f=Q/2=0.036/2=0.018(\text{m}^3/\text{s})$$

进水分配箱流速 $v_1=0.05\text{m/s}$，分配箱面积

$$F_分=Q_f/0.05=0.018/0.05=0.36(\text{m}^2)$$

平面尺寸采用 0.6m×0.6m。

（4）冲洗水箱　冲洗水箱体积按一格滤池反冲洗用水量计算

$$V_箱=qF_t\times60=16\times9\times5\times60/1000=43.2(\text{m}^2)$$

为减少反冲洗时的不均匀性，冲洗水箱高度不能过高，结合经济、施工因素，有效水深 $h_箱$ 取 1m，超高 0.15m，总高 1.15m。

冲洗水箱面积

$$F_箱=43.2/1=43.2(\text{m}^2)$$

平面尺寸采用 6.6m×6.6m。

（5）进水管及水头损失　进水管流量 $0.018\text{m}^3/\text{s}$，选用管径 DN200，流速 $v_j=0.58\text{m/s}$，水力坡降 $i_j=3.37‰$。滤池冲洗时，进水管上的阀门关闭，空气不会通过进水管进入反冲洗排水管，故进水管不设置 U 形存水弯，进水段管长 $l_j=10\text{m}$。

进水管与反冲洗排水管合并后通入滤池。因反冲洗水量远大于过滤水量，合并后管径按反冲洗水量选取，管径为 DN350，进水流量在此段流速小于 0.2m/s，进水流经管径为 DN350 段的管长约 1m，水力坡降和局部水头损失忽略不计。进水管沿程水头损失

$$h_f = i_j l_j = 0.00337 \times 10 \approx 0.034 (m)$$

进水管主要配件及局部阻力系数 ε 见表 5-20。进水管局部水头损失

$$h_j = \sum \varepsilon_j v_j^2 / (2g) = 1.55 \times 0.58^2 / 19.62 \approx 0.027 (m)$$

所以进水管总水头损失

$$h_{进} = h_f + h_j = 0.034 + 0.027 = 0.061 (m)$$

表 5-20　各种配件及局部阻力系数

配件名称		数量/个	局部阻力系数 ε
进水管	水箱出口	1	0.5
	90°弯头	1	0.72
	DN200×350 渐放	1	0.25
	DN200 全开网阀	1	0.08
	$\sum \varepsilon$		1.55
反冲洗来水管	反冲洗来水管进口	1	0.5
	90°弯头	2	0.89×2=1.78
	反洗来水管出口	1	1.0
	DN350 全开闸阀	1	0.07
	$\sum \varepsilon$		3.35
反冲洗排水管	反洗排水管进口	1	0.5
	90°弯头	1	0.89
	DN350 全开闸阀	1	0.07
	转弯流二通	1	1.5
	挡水板	1	3.6
	$\sum \varepsilon$		6.56

由以上计算可知，反冲洗来水管（反冲洗水箱至滤池间的管段）管长约 15m，正常过滤时滤后水在管内流速小于 0.2m/s，沿程水头损失和局部水头损失均很小，可忽略。

（6）反冲洗进水管及排水管水头损失 h_{PZ}　反冲洗进水管、排水管均采用 DN350。进水管管长 $l_L = 15m$，排水管管长 $l_P = 5m$，配件名称及阻力系数见表 5-20。其中挡水板处套用有底阀的滤水网 ε 值 3.6。

① 平均反冲洗流量

$$Q_{冲} = qF = 16 \times 9 = 144 (L/s)$$

此时，流速 $v_{冲} = 1.44m/s$，水力坡降 $i_L = 8.46‰$。

② 反冲洗时反洗来水管的水头损失 h_L

a. 沿程水头损失 h_{f1}

$$h_{f1} = i_L l_L = 0.00846 \times 15 \approx 0.127(\text{m})$$

b. 局部水头损失 h_{j1}

$$h_{j1} = \sum \varepsilon_L v_{\text{冲}}^2 / (2g) = 3.35 \times 1.44^2 / 19.62 \approx 0.354(\text{m})$$

c. 水头损失合计

$$h_L = h_{f1} + h_{j1} = 0.127 + 0.354 = 0.481(\text{m})$$

③ 冲洗时排水管的水头损失 h_P

a. 沿程水头损失

$$h_{f2} = i_L l_P = 0.00846 \times 5 \approx 0.042(\text{m})$$

b. 局部水头损失

$$h_{j2} = \sum \xi \times v_{\text{冲}}^2 / (2g) = 6.56 \times 1.44^2 / 19.62 \approx 0.639(\text{m})$$

c. 水头损失合计

$$h_P = h_{f2} + h_{j2} = 0.042 + 0.693 = 0.735(\text{m})$$

④ 来水管与排水管的总水头损失

$$h_Z = h_L + h_P = 0.481 + 0.735 = 1.216(\text{m})$$

(7) 小阻力配水系统及滤料层水头损失 h_Z

① 滤板开孔比采用 1.32%，水头损失 $h_{z1} = 0.112\text{m}$。计算原理同例题 5-6。

② 滤料层及承托层水头损失 $h_{\text{滤}}$ 为 0.681m。计算原理同例题 5-6。

③ 承托层水头损失

$$h_{\text{承}} = 0.022 H_{\text{承}} q = 0.022 \times 0.3 \times 16 \approx 0.106(\text{m})$$

④ 配水系统及滤料层水头损失

$$h_Z = h_{z1} + h_{\text{滤}} + h_{\text{承}} = 0.112 + 0.681 + 0.106 = 0.899(\text{m})$$

(8) 高程布置（图 5-19） 为计算方便，滤池内各部分高程以滤池底板作为 ±0.00。

① 冲洗水箱。为保证滤池能够正常反冲洗，水箱平均水位的标高应能保证在额定流量下，反冲洗水自流进入滤池，并从反冲洗排水管流出。反冲洗排水管最高点在滤池顶部进水管、反冲洗排水管合并三通处，考虑管件本身尺寸及安装、检修方便，该点在滤池池顶以上 1m 处。

反冲洗水箱平均水位

$$H_{\text{箱均}} = H + h_L + H_Z + 1 = 2.46 + 0.481 + 0.899 + 1 = 4.84(\text{m})$$

冲洗水箱池底标高

$$H_{\text{箱底}} = H_{\text{箱均}} - h_{\text{箱}} / 2 = 4.84 - 1/2 = 4.34(\text{m})$$

冲洗水箱最高水位

$$H_{\text{箱高}} = H_{\text{箱底}} + h_{\text{箱}} = 4.34 + 1 = 5.34(\text{m})$$

冲洗水箱池顶标高

$$H_{\text{箱顶}} = H_{\text{箱高}} + H_{\text{超高}} = 5.34 + 0.15 = 5.49(\text{m})$$

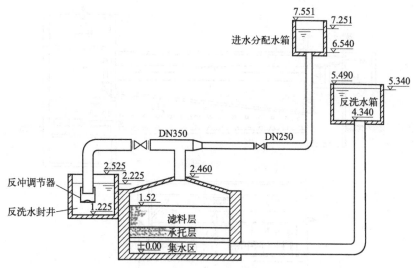

图 5-19　在清水池内设冲洗水箱的单阀滤池计算简图

② 进水分配箱。为防止反冲洗进水夹带空气，保护水深 $h_保$ 取 0.5m，进水分配箱底标高

$$H_{配底} = H_{箱高} + h_允 - h_保 = 5.34 + 1.7 - 0.50 = 6.54(\text{m})$$

进水分配箱水位标高

$$H_{配水} = H_{箱高} + h_允 + h_进 + 安全高度 = 5.34 + 1.7 + 0.061 + 0.15 = 7.251(\text{m})$$

进水分配箱顶标高

$$H_{配顶} = H_{配水} + H_{超高} = 7.251 + 0.3 = 7.551(\text{m})$$

③ 反冲洗水封井。水封井水位标高

$$H_{水封} = H_{箱均} - h_L - h_Z - h_P - 安全高度 = 4.84 - 0.481 - 0.899 - 0.735 - 0.5 = 2.225(\text{m})$$

水封井内水深取 1.0m，超高取 0.3m，则水封井井底标高 1.225m，水封井内水面标高 2.225m。在排水管出口处设置冲洗强度调节器以调整反冲洗强度。

第四节　V 形滤池

V 形滤池属快滤池的一种形式，因其进水槽形状呈 V 字形而得名，也叫均粒滤料滤池（其滤料采用均质滤料，即均粒径滤料）、六阀滤池（各种管路上有 6 个主要阀门）。V 形滤池是我国于 20 世纪 80 年代末从法国 Degremont 公司引进的技术，构造如图 5-20 所示。

（1）过滤过程　待滤水由进水总渠经进水阀和方孔后，溢过堰口，再经侧孔进入被待滤水淹没的 V 形槽，分别经槽底均布的配水孔和 V 形槽堰顶进入滤池。被均粒滤料滤层过滤的滤后水经长柄滤头流入底部空间，由配水方孔汇入气水分配渠，再经管廊中的水封井、出水堰、清水渠流入清水池。

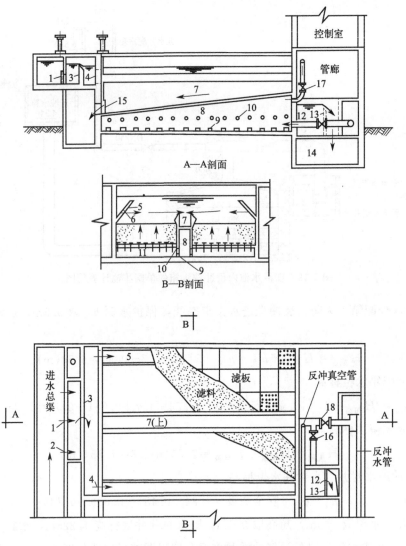

图 5-20　V 形滤池构造简图

1—进水气动隔膜阀；2—方孔；3—堰口；4—侧孔；

5—V 形槽；6—小孔；7—排水堰；8—气水分配渠；

9—配水方孔；10—配气小孔；11—底部空间；12—水

封井；13—出水堰；14—清水渠；15—排水阀；16—清

水阀；17—进气阀；18—冲洗水阀

（2）反冲洗过程　关闭进水阀，但有一部分进水仍从两侧常开的方孔流入滤池，由 V 形槽一侧流向排水渠一侧，形成表面扫洗。而后开启排水阀将池面水从排水槽中排出直至滤池水面与 V 形槽顶相平。反冲洗过程常采用"气冲→气水同时反冲→水冲"3 步。

① 气冲。打开进气阀，开启供气设备，空气经气水分配渠的配气小孔均匀进入滤池底部，由长柄滤头喷出，将滤料表面杂质擦洗下来并悬浮于水中，被表面扫洗水冲入排水槽。长柄滤头结构见图 5-21。

② 气水同时反冲。在气冲的同时启动冲洗水泵，打开冲洗水阀，反冲洗水也进入气

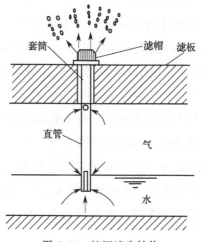

图 5-21　长柄滤头结构

水分配渠，气、水分别经配气小孔和配水方孔流入滤池底部配水区，经长柄滤头均匀进入滤池，滤料得到进一步冲洗，表扫仍继续进行。

③ 水冲。停止气冲，单独水冲，表扫仍继续。最后将水中杂质全部冲入排水槽。

D 形滤池是在 V 形滤池的基础上开发的新一代滤池，其最大的改进之处是采用纤维滤料代替石英砂滤料，使滤速得以提高。通过这一改进实现了高滤速、高精度的过滤，从而减少占地面积，提高出水质量。由于纤维滤料相对密度小，为避免反冲洗时流失，在滤层上方、排水集水槽上增设格栅或细网拦截。

一、设计概述

① 滤速可达 7～20m/h，一般为 12.5～15.0m/h。滤层表面以上水深不应小于 1.2m，冲洗前水头损失可采用 2.0m，反冲洗时水位下降到排水槽顶，水深只有 0.5m。

② V 形滤池采用单层加厚均粒滤料，整个滤料层在深度方向的粒径分布基本均匀，在反冲洗过程中滤料层不膨胀，不发生水力分级现象，保证深层截污，滤层含污能力高。对于滤速在 7～20m/h 之间的滤池，其滤层厚度在 0.95～1.5m 之间选用，对于更高的滤速还可相应增加。滤料粒径一般为 0.95～1.35mm，允许扩大到 0.7～2.0mm，不均匀系数在 1.2～1.6（或 1.8）之间。

③ V 形滤池底部采用带长柄滤头底板的排水系统，不设砾石承托层。滤头采取网状布置，约 55 个/m²。

④ V 形滤池反冲洗宜采用长柄滤头配气、配水系统。冲洗水的供应宜用水泵。水泵的能力应按单格滤池冲洗水量设计，并设置备用机组。冲洗气源的供应宜用鼓风机，并设置备用机组。

⑤ 反冲洗的气冲、气水同时反冲和水冲三个过程中，气冲强度为 50～60m³/(h·m²) [13～16L/(s·m²)]，清水冲洗强度为 13～15m³/(h·m²)[3.6～4.1L/(s·m²)]，表面扫洗

用原水，强度一般为 $5 \sim 8 \mathrm{m}^3/(\mathrm{h} \cdot \mathrm{m}^2)[1.4 \sim 2.2 \mathrm{L}/(\mathrm{s} \cdot \mathrm{m}^2)]$。

⑥ V 形进水槽和排水槽分设于滤池的两侧，布水均匀。槽底配水孔口至中央排水槽边缘的水平距离宜在 3.5m 以内，最大不得超过 5m，表面扫洗配水孔的预埋管纵向轴线应保持水平。断面应按非均匀流满足配水均匀性要求计算确定，其斜面与池壁的倾斜度宜采用 45°～50°。

⑦ V 形滤池的进水系统应设置进水总渠，每格滤池进水应设可调整高度的堰板。

⑧ 反冲洗空气总管的管底应高于滤池的最高水位。

⑨ V 形滤池长柄滤头配气配水系统的设计，应采取有效措施，控制同格滤池所有滤头滤帽或滤柄顶表面在同一水平高程，其误差不得大于 ±5mm。

⑩ V 形滤池的冲洗排水槽顶面宜高出滤料层表面 500mm。

二、计算例题

【例题 5-8】 V 形滤池的设计计算

(一) 已知条件

某污水厂深度处理单元采用 V 形滤池，处理水量 $Q = 94500 (\mathrm{m}^3/\mathrm{d}) = 3937.5 (\mathrm{m}^3/\mathrm{h})$。设计计算 V 形滤池。

(二) 设计计算

1. 设计参数选取

(1) 过滤　采用滤速 $v = 12 \mathrm{m/h}$。

(2) 反冲洗　第一步气冲冲洗强度 $q_{气1} = 15 \mathrm{L}/(\mathrm{s} \cdot \mathrm{m}^2)$，第二步气-水同时反冲，空气强度 $q_{气2} = 15 \mathrm{L}/(\mathrm{s} \cdot \mathrm{m}^2)$，水强度 $q_{水1} = 4 \mathrm{L}/(\mathrm{s} \cdot \mathrm{m}^2)$，第三步水冲强度 $q_{水2} = 5 \mathrm{L}/(\mathrm{s} \cdot \mathrm{m}^2)$。

第一步气冲时间 $t_{气} = 3 \mathrm{min}$，第二步气-水同时反冲时间 $t_{气水} = 4 \mathrm{min}$，单独水冲时间 $t_{水} = 5 \mathrm{min}$；冲洗时间共计 $t = 12 \mathrm{min} = 0.2 \mathrm{h}$，反冲横扫强度 $1.8 \mathrm{L}/(\mathrm{s} \cdot \mathrm{m}^2)$，反冲洗周期 $T = 48 \mathrm{h}$。

2. 池体设计

(1) 滤池工作时间

$$T' = 24 - t\frac{24}{T} = 24 - 0.2 \times \frac{24}{48} = 24 - 0.1 = 23.9 (\mathrm{h})$$

(2) 滤池面积　滤池总面积

$$F = \frac{Q}{vT'} = \frac{94500}{12 \times 23.9} = 329.5 (\mathrm{m}^2)$$

(3) 滤池的分格　采用双格 V 形滤池，池底板用混凝土，单格宽 $B_单 = 3.5 \mathrm{m}$，长 $L_单 = 12 \mathrm{m}$，面积 $42 \mathrm{m}^2$。共 4 座，每座面积 $f = 84 \mathrm{m}^2$，总面积 $336 \mathrm{m}^2$。

(4) 校核强制滤速 v'

$$v' = \frac{Nv}{N-1} = \frac{4 \times 12}{4-1} = 16 (\text{m/h})$$

满足 $v \leqslant 17\text{m/h}$ 的要求。

（5）滤池高度的确定　滤池超高 $H_5 = 0.3\text{m}$，滤层上的水深 $H_4 = 1.5\text{m}$，滤料层厚 $H_3 = 1.0\text{m}$，滤板厚度取 $H_2 = 0.13\text{m}$，滤板下布水区高度取 $H_1 = 0.9\text{m}$。

则滤池总高 $H = H_1 + H_2 + H_3 + H_4 + H_5 = 0.9 + 0.13 + 1.0 + 1.5 + 0.3 = 3.83(\text{m})$。

（6）水封井的设计　滤池采用单层加厚均粒滤料，粒径为 $0.95 \sim 1.35\text{mm}$，不均匀系数为 $1.2 \sim 1.6$。

均粒滤料清洁滤料层的水头损失按下式计算

$$\Delta H_{清} = 180 \frac{\nu}{g} \frac{(1-m_0)^2}{m_0^3} (\frac{1}{\varphi d_0})^2 l_0 v$$

式中　$\Delta H_{清}$——水流通过清洁滤料层的水头损失，cm；

$\quad\quad\nu$——水的运动黏度，cm^2/s，20℃时为 $0.0101\text{cm}^2/\text{s}$；

$\quad\quad g$——重力加速度，981cm/s^2；

$\quad\quad m_0$——滤料孔隙率，取 0.5；

$\quad\quad d_0$——与滤料体积相同的球体直径，cm，根据厂家提供数据为 0.1cm；

$\quad\quad l_0$——滤层厚度，cm，$l_0 = 100\text{cm}$；

$\quad\quad v$——滤速，cm/s，$v = 12\text{m/h} = 0.33\text{cm/s}$；

$\quad\quad\varphi$——滤料颗球度系数，天然砂粒为 $0.75 \sim 0.8$，取 0.8。

则 $\Delta H_{清} = 180 \times \dfrac{0.0101}{981} \times \dfrac{(1-0.5)^2}{0.5^3} \times \left(\dfrac{1}{0.8 \times 0.1}\right)^2 \times 100 \times 0.33 \approx 19.11(\text{cm})$。

根据经验，滤速为 $8 \sim 10\text{m/h}$ 时，清洁滤料层的水头损失一般为 $30 \sim 40\text{cm}$。计算值比经验值低，取经验值的低限 30cm 为清洁滤料层的过滤水头损失。正常过滤时，通过长柄滤头的水头损失 $\Delta h \leqslant 0.22\text{m}$。忽略其他水头损失，则每次反冲洗后刚开始过滤时水头损失

$$\Delta H_{开始} = 0.3 + 0.22 = 0.52(\text{m})$$

为保证滤池正常过滤时池内的液面高出滤料层，水封井出水堰顶标高与滤料层相同。

设计水封井平面尺寸 $2\text{m} \times 2\text{m}$，堰底板比滤池底板低 0.3m，水封井出水堰总高

$$H_{水封} = 0.3 + H_1 + H_2 + H_3 = 0.3 + 0.9 + 0.13 + 1.0 = 2.33(\text{m})$$

则每座滤池过滤水量 $Q_{单} = vf = 12 \times 84 = 1008(\text{m}^3/\text{h}) = 0.28\text{m}^3/\text{s}$。

根据水封井出水堰堰上水头由矩形堰的流量公式 $Q = 1.84bh^{3/2}$ 计算得

$$h_{水封} = [Q_{单}/(1.84b_{堰})]^{2/3} = [0.28/(1.84 \times 2)]^{2/3} \approx 0.18(\text{m})$$

则反冲洗完毕，清洁滤料层过滤时，滤池液面比滤料层高 $0.18 + 0.52 = 0.7$ （m）。

3. 反冲洗管渠系统

（1）反冲洗用水流量 $Q_{反水}$ 的计算　反冲洗用水流量按水洗强度最大时计算。单独水洗时反洗强度最大，为 $5\text{L}/(\text{s} \cdot \text{m}^2)$。

$$Q_{反水}=q_水 f=5×84=420(L/s)=0.42(m^3/s)=1512(m^3/h)$$

V形滤池反冲洗时，表面扫洗同时进行，其流量

$$Q_{表水}=q_{表水}f=0.0018×84=0.15(m^3/s)$$

（2）反冲洗配水系统的断面计算　配水干管（渠）进口流速应为1.5m/s左右，配水干管（渠）的截面积

$$A_{水干}=Q_{反水}/v_{水干}=0.42/1.5=0.28(m^2)$$

反冲洗配水干管用钢管，DN600，流速1.44m/s。反冲洗水由反洗配水干管输送至气水分配渠，由气水分配渠底侧的布水方孔配水到滤池底部布水区。反冲洗水通过配水方孔的流速按反冲洗配水支管的流速取值。

配水支管流速或孔口流速为1~1.5m/s，取$v_{水支}=1m/s$，则配水支管（渠）的截面积

$$A_{方孔}=Q_{反水}/v_{水支}=0.42/1=0.42(m^2)$$

此即配水方孔总面积。沿渠长方向两侧各均匀布置20个配水方孔，共40个，孔中心间距0.6m，每个孔口面积$A_小=0.42/40≈0.0105(m^2)$，每个孔口尺寸取0.1m×0.1m。

（3）反冲洗用气量$Q_{反气}$的计算　反冲洗用气流量按气冲强度最大时的空气流量计算，这时气冲的强度为15L/(s·m²)。

$$Q_{反气}=q_气 f=15×84=1260(L/s)=1.26(m^3/s)$$

（4）配气系统的断面计算　配气干管（渠）进口流速应为5m/s左右，则配气干管（渠）的截面积

$$A_{气干}=Q_{反气}/v_{气干}=1.26/5≈0.25(m^2)$$

反冲洗配气干管用钢管，DN600，流速4.3m/s。反冲洗用空气由反冲洗配气干管输送至气水分配渠，由气水分配渠两侧的布气小孔配气到滤池底部布水区。布气小孔紧贴滤板下缘，间距与布水方孔相同，共计40个。反冲洗用空气通过配气小孔的流速按反冲洗配气支管的流速取值。

反冲洗配气支管流速或孔口流速应为10m/s左右，则配气支管（渠）的截面积

$$A_{气支}=Q_{反气}/v_{气支}=1.26/10≈0.13(m^2)$$

每个布气小孔面积$A_{气孔}=A_{气支}/40=0.13/40=0.00325(m^2)$。

孔口直径$d_{气孔}=(4×0.00325/3.14)^{1/2}≈0.06(m)$。

每孔配气量$Q_{气孔}=Q_{反气}/40=1.26/40=0.0315(m^3/s)=113.4(m^3/h)$。

（5）气水分配渠的断面设计　对气水分配渠断面面积要求的最不利条件发生在气水同时反冲洗时，亦即气水同时反冲洗时要求气水分配渠断面面积最大。因此，气水分配渠的断面设计按气水同时反冲洗的情况设计。

气水同时反冲洗时反冲洗水的流量$Q_{反气水}=q_水 f=4×84=336(L/s)≈0.34(m^3/s)$。

气水同时反冲洗时反冲洗用空气的流量$Q_{反气}=q_气 f=15×84=1260(L/s)=1.26(m^3/s)$。

气水分配渠的气、水流速均按相应的配气、配水干管流速取值。则气水分配干渠的断面积 $A_{气水} = Q_{反水}/v_{水干} + Q_{反气}/v_{气干} = 0.34/1.5 + 1.26/5 = 0.23 + 0.25 \approx 0.48（\text{m}^2）$。

4. 滤池管渠的布置

（1）反冲洗管渠

① 气水分配渠。气水分配渠起端宽取 0.4m，高取 1.5m，末端宽取 0.4m，高取 1m。则起端截面积 0.6m^2，末端截面积 0.4m^2。两侧沿程各布置 20 个配气小孔和 20 个布水方孔，孔间距 0.6m，共 40 个配气小孔和 40 个配水方孔，气水分配渠末端所需最小截面积 $0.48/40 = 0.012（\text{m}^2）<$ 末端截面积 0.4m^2，满足要求。

② 排水集水槽。排水集水槽顶端高出滤料层顶面 0.5m，则排水集水槽起端槽高

$$H_{起} = H_1 + H_2 + H_3 + 0.5 - 1.5 = 0.9 + 0.13 + 1 + 0.5 - 1.5 = 1.03（\text{m}）$$

式中，H_1、H_2、H_3 同前（池体选型设计部分滤池高度确定的内容），1.5m 为气水分配渠起端高度。

排水集水槽末端高

$$H_{末} = H_1 + H_2 + H_3 + 0.5 - 1.0 = 0.9 + 0.13 + 1 + 0.5 - 1.0 = 1.53（\text{m}）$$

式中，H_1、H_2、H_3 同前（池体选型设计部分滤池高度确定的内容），1.0m 为气水分配渠末端高度。

底坡 $i = (1.53 - 1.03)/1 \approx 0.0417$。

③ 排水集水槽排水能力校核。由矩形断面暗沟（非满流，$n = 0.013$）计算公式校核集水槽排水能力。

设集水槽超高 0.3m，则槽内水位高 $h_{排集} = 0.73\text{m}$，槽宽 $b_{排集} = 0.4\text{m}$。

湿周 $X = b + 2h = 0.4 + 2 \times 0.73 = 1.86（\text{m}）$。

水流断面 $A_{排集} = bh = 0.4 \times 0.73 = 0.292（\text{m}^2）$。

水力半径 $R = A_{排集}/X = 0.292/1.86 \approx 0.157（\text{m}）$。

水流速度 $v = R^{2/3} i^{1/2}/n = (0.157^{2/3} \times 0.0417^{1/2})/0.013 = 0.31 \times 0.2/0.013 \approx 4.57$（m/s）。

过水能力 $Q_{排集} = A_{排集} v = 0.292 \times 4.57 \approx 1.33（\text{m}^3/\text{s}）$。

实际过水量 $Q_{反} = Q_{反水} + Q_{表水} = 0.42 + 0.15 = 0.57（\text{m}^3/\text{s}）<$ 过水能力 $Q_{排集}$。

（2）进水管渠

① 进水总渠。4 座滤池分成独立的 2 组，每组进水总渠过水流量按强制过滤流量设计，流速 0.8～1.2m/s，则强制过滤流量 $Q_{强} = (94500/3) \times 2 = 63000（\text{m}^3/\text{d}）\approx 0.729\text{m}^3/\text{s}$。

进水总渠水流断面积 $A_{进总} = Q_{强}/v = 0.729/1 = 0.729（\text{m}^2）$。

进水总渠宽 1m，水面高 0.8m。

② 每座滤池的进水孔。每座滤池由进水侧壁开 3 个进水孔，进水总渠的浑水通过这 3 个进水孔进入滤池。两侧进水孔孔口在反冲洗时关闭，中间进水孔孔口设手动调节闸板，

在反冲洗时不关闭，供给反洗表扫用水。调节闸门的开启度，使其在反冲洗时的进水量等于表扫水用水量。

孔口面积按孔口淹没出流公式 $Q=0.8A\sqrt{2gh}$ 计算，其总面积按滤池强制过滤水量计，孔口两侧水位差取 0.1m，则孔口总面积

$$A_{孔}=Q_{强}/(0.8\sqrt{2gh})=0.729/(0.8\times\sqrt{2\times9.8\times0.1})\approx0.65(m^2)$$

中间孔面积按表面扫洗水量设计 $A_{中孔}=A_{孔}\times(Q_{表水}/Q_{强})=0.64\times(0.15/0.72)\approx0.13(m^2)$。

孔口宽 $B_{中孔}=0.13m$，高 $H_{中孔}=0.1m$。

两个侧孔口设阀门，采用橡胶囊充气阀，每个侧孔面积 $A_{侧}=(A_{孔}-A_{中孔})/2=(0.64-0.13)/2\approx0.26(m^2)$。

孔口宽 $B_{侧孔}=0.26m$，高 $H_{侧孔}=0.1m$。

③ 每座滤池内设的宽顶堰。为保证进水稳定性，进水总渠引来的浑水经过宽顶堰进入每座滤池内的配水渠，再经滤池内的配水渠分配到两侧的 V 形槽。宽顶堰堰宽 $b_{宽顶}=5m$，宽顶堰与进水总渠平行设置，与进水总渠侧壁相距 0.5m。堰上水头由矩形堰的流量公式 $Q=1.84bh^{3/2}$ 得

$$h_{宽顶}=[Q_{强}/(1.84b_{宽顶})]^{2/3}=[0.729/(1.84\times5)]^{2/3}\approx0.18(m)$$

④ 每座滤池的配水渠。进入每座滤池的浑水经过宽顶堰溢流至配水渠，由配水渠两侧的进水孔进入滤池内的 V 形槽。

滤池配水渠宽 $b_{配渠}=0.5m$，渠高 1m，渠总长等于滤池总宽，则渠长 $L_{配渠}=7m$。当渠内水深 $h_{配渠}=0.6m$ 时，进来的浑水由分配渠中段向渠两侧进水孔流去，每侧流量为 $Q_{强}/2$。流速

$$v_{配渠}=Q_{强}/(2b_{配渠}\ h_{配渠})=0.729/(2\times0.5\times0.6)\approx1.2(m/s)$$

满足滤池进水管渠流速 0.8~1.2m/s 的要求。

⑤ 配水渠过水能力校核

配水渠的水力半径 $R_{配渠}=b_{配渠}\ h_{配渠}/(2h_{配渠}+b_{配渠})=0.5\times0.6/(2\times0.6+0.5)\approx0.18(m)$。

配水渠的水力坡降 $i_{渠}=(nv_{渠}/R_{渠}^{2/3})^2=(0.013\times1.2/0.18^{2/3})^2\approx0.002$。

渠内水面降落量 $\Delta h_{渠}=i_{渠}L_{配渠}/2=0.002\times7/2=0.007(m)$。

配水渠最高水位 $h_{配渠}+\Delta h_{渠}=0.6+0.007=0.607(m)<$ 渠高 1m。

则配水渠的过水能力满足要求。

（3）V 形槽的设计　V 形槽槽底设表扫水出水孔，直径取 $d_{V孔}=0.025m$，间隔 0.15m，每槽共计 80 个。则单侧 V 形槽表扫水出水孔总面积 $A_{表孔}=(3.14\times0.025^2/4)\times80\approx0.04(m^2)$。

表扫水出水孔低于排水集水槽堰顶 0.15m，即 V 形槽槽底的高度低于集水槽堰顶 0.15m。

据潜孔出流公式 $Q=0.8A\sqrt{2gh}$，其中 Q 应为单格滤池的表扫水流量。则表面扫洗时 V 形槽内水位高出滤池反冲洗时液面

$h_{v液}=[Q_{表水}/(2\times0.8A_{表孔})]^2/(2g)=[0.15/(2\times0.8\times0.04)]^2/(2\times9.8)=5.49/19.6\approx0.28(m)$。

反冲洗时排水集水槽的堰上水头由矩形堰的流量公式 $Q=1.84bh^{3/2}$ 求得，其中 b 为集水槽长，$b=L_{排槽}=12m$，Q 为单格滤池反冲洗流量 $Q_{反单}=Q_{反}/2=0.57/2=0.285$ (m^3/s)。

则 $h_{排槽}=[Q_{反单}/(1.84b)]^{2/3}=[0.285/(1.84\times12)]^{2/3}\approx0.06(m)$。

V 形槽倾角 45°，垂直高度 1m，壁厚 0.05m。反冲洗时 V 形槽顶高出滤池内液面的高度为 $1-0.15-h_{排槽}=1-0.15-0.06=0.79$（m）。

反冲洗时 V 形槽顶高出槽内液面的高度为 $1-0.15-h_{排槽}-h_{v液}=1-0.15-0.06-0.28=0.53$（m）。

5. 冲洗水的供给（两种方案）

（1）选用冲洗水箱供水的计算

① 冲洗水箱到滤池配水系统的管路水头损失。反冲洗配水干管用钢管，DN600，管内流速 1.44m/s，$1000i=4.21$，布置管长总计 60m。

则反冲洗总管的沿程水头损失 $\Delta h_f=il=0.00421\times60\approx0.25$（m）。

反冲洗配水干管主要配件及局部阻力系数 ξ 见表 5-21。

$$\Delta h_j=\xi v^2/(2g)=7.28\times1.44^2/(2\times9.8)\approx0.77(m)$$

则冲洗水塔到滤池配水系统的管路水头损失 $\Delta h_1=\Delta h_f+\Delta h_j=0.25+0.77=1.02$（m）。

冲洗管配件及局部阻力系数见表 5-21。

表 5-21 冲洗管配件及局部阻力系数

配件名称	数量/个	局部阻力系数 ξ
90°弯头	6	$6\times0.6=3.6$
DN600 闸阀	3	$3\times0.06=0.18$
等径三通	2	$2\times1.5=3$
水箱出口	1	0.5
$\Sigma\xi$		7.28

② 滤池配水系统的水头损失

a. 气水分配干渠内的水头损失。气水分配干渠的水头损失按最不利条件，即气水同时反冲洗时计算。此时渠上部是空气，下部是反冲洗水，按矩形暗管（非满流，$n=0.013$）近似计算。

由反冲洗管渠系统计算部分可知，气水同时反冲洗时 $Q_{反气水}=0.34m^3/s$。则气水分配渠内水面高 $h_{反水}=Q_{反气水}/(v_{水干}b_{气水})=0.34/(1.5\times0.4)\approx0.57(m)$。

水力半径 $R_{反水}=b_{气水}h_{反水}/(2h_{反水}+b_{气水})=0.4\times0.57/(2\times0.57+0.4)\approx0.15(m)$。

水力坡降 $i_{反渠}=(nv_渠/R_渠^{2/3})^2=(0.013\times1.5/0.15^{2/3})^2\approx0.005$。

渠内水头损失 $\Delta h_{反水}=i_{反水}\,l_{反水}=0.005\times12=0.06(m)$。

b. 气水分配干渠底部配水方孔水头损失。气水分配干渠底部配水方孔水头损失按孔口淹没出流公式 $Q=0.8A\sqrt{2gh}$ 计算。其中 Q 为 $Q_{反气水}$，A 为配水方孔总面积。由反冲洗配水系统的断面计算部分内容可知，配水方孔的实际总面积为 $A_{方孔}=0.4m^2$，则

$$\Delta h_{方孔}=[Q_{反气水}/(0.8A_{方孔})]^2/(2g)=[0.34/(0.8\times0.4)]^2/(2\times9.8)\approx0.058(m)$$

c. 反洗水经过滤头的水头损失 $\Delta h_滤\leqslant0.22m$。

d. 气水同时通过滤头时增加的水头损失。气水同时反冲时气水比 $n=15/4=3.75$，长柄滤头配气系统的滤帽缝隙总面积与滤池过滤总面积之比约为 1.25%，则长柄滤头中的水流速度

$$v_柄=Q_{反气水}/(1.25\%f)=0.34/(1.25\%\times84)\approx0.3(m/s)$$

通过滤头时增加的水头损失

$$\Delta h_增=9810n(0.01-0.01v+0.12v^2)=9810\times3.75\times(0.01-0.01\times0.3+0.12\times0.3^2)$$
$$\approx655Pa\approx0.067mH_2O柱$$

则滤池配水系统的水头损失

$$\Delta h_2=\Delta h_{反水}+\Delta h_{方孔}+\Delta h_滤+\Delta h_增=0.06+0.058+0.22+0.067\approx0.41(m)$$

③ 砂滤层水头损失 Δh_3。滤料为石英砂，容重 $\gamma_1=2.65t/m^3$，水的容重 $\gamma=1t/m^3$，石英砂滤料膨胀前的孔隙率 $m_0=0.41$，滤料层膨胀前的厚度 $H_3=1.0m$，则滤料层水头损失

$$\Delta h_3=(\gamma_1/\gamma-1)(1-m_0)H_3=(2.65-1)\times(1-0.41)\times1.0\approx0.97(m)$$

④ 富余水头 Δh_4 取 1.5m。则反冲洗水箱底高出排水槽顶的高度

$$H_{水塔}=\Delta h_1+\Delta h_2+\Delta h_3+\Delta h_4=1.02+0.41+0.97+1.5=3.9(m)$$

水塔容积按一座滤池冲洗水量的 1.5 倍计算

$$V=1.5(Q_{反水}\,t_水+Q_{气水}\,t_{气水})=1.5\times(0.42\times5\times60+0.34\times4\times60)=311.4(m^3)$$

（2）选用冲洗水泵供水的计算

① 冲洗水泵到滤池配水系统的管路水头损失。反洗配水干管用钢管，DN600，管内流速 1.44m/s，$1000i=4.21$，布置管长总计 80m。

则反冲洗总管的沿程水头损失 $\Delta h_f'=il=0.00421\times80\approx0.34(m)$。

主要配件及局部阻力系数 ξ 见表 5-22。

表 5-22　冲洗管配件及局部阻力系数

配件名称	数量/个	局部阻力系数 ξ
90°弯头	6	$6\times0.6=3.6$
DN600 闸阀	3	$3\times0.06=0.18$
等径三通	2	$2\times1.5=3$
$\Sigma\xi$		6.78

$$\Delta h'_j = \xi v^2/(2g) = 6.78 \times 1.44^2/(2 \times 9.8) \approx 0.72 (\text{m})$$

则冲洗水泵到滤池配水系统的管路水头损失

$$\Delta h'_1 = \Delta h'_f + \Delta h'_j = 0.34 + 0.72 = 1.06 (\text{m})$$

② 清水池最低水位与排水槽堰顶的高差 $H_0 = 5\text{m}$。

③ $\Delta h'_2$、$\Delta h'_3$、$\Delta h'_4$ 的计算同选用冲洗水箱的计算方式。则反冲洗水泵的最小扬程为

$$H_{水泵} = H_0 + \Delta h'_1 + \Delta h'_2 + \Delta h'_3 + \Delta h'_4 = 5 + 1.06 + 0.41 + 0.97 + 1.5 = 8.94 (\text{m})$$

选 4 台 250S14 单级双吸离心泵，3 用 1 备。扬程 11m 时，每台泵的流量为 $576\text{m}^3/\text{h}$。

6. 反洗空气的供给

(1) 长柄滤头的气压损失　气水同时反冲洗时反冲洗用空气流量 $Q_{反气} = 1.26\text{m}^3/\text{s}$。长柄滤头采取网状布置，约 55 个/$\text{m}^2$，则每座滤池共计安装长柄滤头 $n = 55 \times 84 = 4620$（个），每个滤头的通气量 $1.26 \times 1000/4620 \approx 0.27$（L/s）。

根据厂家提供数据，在该气体流量下的压力损失最大为 $\Delta P_{滤头} = 3000\text{Pa} = 3\text{kPa}$。

(2) 气水分配渠配气小孔的气压损失　反冲洗时气体通过配气小孔的流速 $v_{气孔} = Q_{气孔}/A_{气孔} = 0.0315/0.00325 \approx 9.69$（m/s）。

压力损失按孔口出流公式

$$Q = 3600 \mu A \sqrt{2g \frac{\Delta p}{\gamma}}$$

式中　μ——孔口流量系数，$\mu = 0.6$；

　　　A——孔口面积，m^2；

　　　Δp——压力损失，mmH_2O 柱；

　　　g——重力加速度，$g = 9.8\text{m/s}^2$；

　　　Q——气体流量，m^3/h；

　　　γ——水的相对密度，$\gamma = 1$。

则气水分配渠配气小孔的气压损失

$$\Delta P_{气孔} = (Q_{气孔}^2 \gamma)/(2 \times 3600^2 \mu^2 A_{气孔}^2 g) = 113.4^2/(2 \times 3600^2 \times 0.6^2 \times 0.00325^2 \times 9.8)$$
$$\approx 13 (\text{mmH}_2\text{O} \text{柱}) \approx 127(\text{Pa}) = 0.127(\text{kPa})。$$

(3) 配气管道的总压力损失

① 配气管道的沿程压力损失。反冲洗空气流量 $1.26\text{m}^3/\text{s}$，配气干管用 DN500 钢管，流速 7m/s，满足配气干管（渠）流速为 5m/s 左右的条件。反冲洗空气管总长 60m，气水分配渠内的压力损失忽略不计。

反冲洗管道内的空气气压计算公式

$$P_{气压} = (1.5 + H_{气压}) \times 9.8$$

式中　$P_{气压}$——空气压力，kPa；

　　　$H_{气压}$——长柄滤头距反冲洗水面的高度，m，$H_{气压} = 1.5\text{m}$。

则反冲洗时空气管内的气体压力 $P_{空气}=(1.5+H_{气压})\times9.8=(1.5+1.5)\times9.8=29.4(\text{kPa})$。空气温度按 30℃考虑。空气管道的摩阻为 9.8kPa/1000m。

则配气管道沿程压力损失 $\Delta P_1=9.8\times60/1000\approx0.59(\text{kPa})$。

② 配气管道的局部压力损失。主要配件及长度换算系数 K 见表 5-23。

表 5-23　反冲洗空气管配件及长度换算系数

配件名称	数量/个	长度换算系数 K
90°弯头	5	$0.7\times5=3.5$
闸阀	3	$0.25\times3=0.75$
等径三通	2	$1.33\times2=2.66$
ΣK		6.91

当量长度的换算公式

$$l_0=55.5KD^{1.2}$$

式中　l_0——管道当量长度，m；

　　　D——管径，m；

　　　K——长度换算系数。

空气管配件换算长度 $l_0=55.5KD^{1.2}=55.5\times6.91\times0.5^{1.2}\approx166.9(\text{m})$。

则局部压力损失 $\Delta P_2=166.9\times9.8/1000\approx1.64(\text{kPa})$。

配气管道的总压力损失 $\Delta P_{管}=\Delta P_1+\Delta P_2=0.59+1.64=2.23(\text{kPa})$。

（4）气水冲洗室中的冲洗水水压（只计算设水塔反冲洗时的情况，设水泵反冲洗时计算方法相同）

$$P_{水压}=(H_{水塔}-\Delta h_1-\Delta h_{反水}-\Delta h_{小孔})\times9.81=(3.9-1.02-0.06-0.058)\times9.81\approx27.1(\text{kPa})$$

本系统采用气水同时反冲洗，对气压要求最不利情况发生在气水同时反冲洗时。此时要求鼓风机或贮气罐调压阀出口的静压

$$P_{出口}=P_{管}+P_{气}+P_{水压}+P_{富}$$

式中　$P_{管}$——输气管道的压力总损失，kPa；

　　　$P_{气}$——配气系统的压力损失，kPa，本题 $P_{气}=\Delta P_{滤头}+\Delta P_{气孔}$；

　　　$P_{水压}$——气水冲洗室中的冲洗水水压，kPa；

　　　$P_{富}$——富余压力，4.9kPa。

则鼓风机或贮气罐调压阀出口的静压

$$P_{出口}=P_{管}+P_{气}+P_{水压}+P_{富}=2.23+3.12+0.13+27.1+4.9=37.48(\text{kPa})$$

（5）设备选型　根据气水同时反冲洗时反冲洗系统对空气的压力、风量要求选 3 台 LG40 风机（2 用 1 备）：风量 40m³/min，风压 49kPa，电机功率 55kW。

正常工作鼓风量共计 80m³/min>1.1$Q_{反气}$=79m³/min。

第五节 翻板滤池

翻板滤池的结构见图 5-22，因其反冲洗排水阀板在工作过程中可以在 0～90°间翻转而得名。其过滤方式与其他小阻力气水反冲洗滤池基本相同，而反冲洗排水方式有较大的区别。其特殊的地方是在滤池与排水渠相邻的池壁上高出滤料层 0.15～0.2m 的地方设排水孔，排水孔上安装翻板式阀门用于排水。正常过滤、反冲洗进水时阀门关闭，待反洗水在池内的水位上升到一定高度后停止反洗水进水，并静止 20～30s。此时开启翻板阀，反洗水外流。这时，膨胀的滤料已经沉降下来，而反洗水中的泥渣因密度比滤料小，仍然呈悬浮状态，随反洗水流出滤池。每次反冲洗该过程重复 2～3 遍。

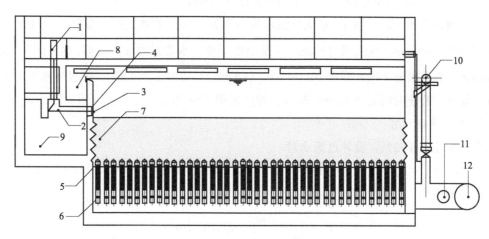

图 5-22 翻板滤池结构

1—翻板阀气缸；2—翻板阀连杆系统；3—翻板阀阀板；4—翻板阀阀门框；

5—滤水异型横管；6—滤水异型竖管；7—滤料层；8—进水渠道；

9—反冲排水渠道；10—反冲气管；11—滤后水出水管；12—反冲水管

一、设计概述

① 单格滤池面积不大于 $100m^2$，长宽比为 $(1.25：1)～(1.5：1)$。

② 因反冲洗时水位上升，需在池内最高设计水位处设溢流口，防止冲洗废水溢流至进水渠或其他滤格内。反洗水、气强度参见气水反冲洗系统。

③ 过滤速度 6～10m/h，强制滤速 10～12m/h。过滤周期 40～70h，最大过滤水头损失 2.0m。

④ 为保证滤料层不出现负压，水封井出水堰顶不低于滤料层。

二、计算例题

【例题 5-9】 翻板滤池的设计计算

(一) 已知条件

污水厂二级处理出水水量 $Q=1440000\text{m}^3/\text{d}=60000\text{m}^3/\text{h}$，深度处理采用混凝、沉淀、过滤工艺，试对翻板滤池进行设计。

(二) 设计计算

1. 参数确定

翻板滤池采用双层滤料：第一层石英砂，厚度 1.2m，粒径 0.9～1.2mm；第二层无烟煤，厚度 0.7m，粒径 1.6～2.5mm。承托层总高度 0.45m，其中细砾石层厚度 0.25m，粒径 8.0～12mm；粗砾层厚度 0.2m，粒径 13～16mm。

设计滤速采用 $v_\text{滤}=8\text{m/s}$，最大过滤水头损失 $h=2\text{m}$。单独气洗，强度 $q_\text{气}=16\text{L/(s·m}^2)$，历时 $t_1=4\text{min}$。气水同时冲洗，气洗强度不变，水洗强度 $q_{\text{水}1}=4\text{L/(s·m}^2)$，历时 $t_2=4\text{min}$。单独水洗 2 次，强度 $q_{\text{水}2}=15\text{L/(s·m}^2)$，历时 $t_3=1\text{min}$。每次排水历时 $t_4=1\text{min}$，排水前静止时间 $t_\text{s}=30\text{s}=0.5\text{min}$。冲洗周期 $T=48\text{h}$。

2. 滤池平面尺寸

自用水系数取 2%，设计过滤水量

$$Q'=1.02Q=1.02\times60000=61200(\text{m}^3/\text{d})=2550(\text{m}^3/\text{h})=0.708(\text{m}^3/\text{s})$$

总过滤面积

$$F=\frac{Q'}{v_\text{滤}}=\frac{2550}{8}=318.75(\text{m}^2)$$

滤池分格数 n 取 6，每格过滤面积

$$f=\frac{F}{n}=\frac{318.75}{6}=53.13(\text{m}^2)$$

每格滤池的长宽比取 1.5，每格滤池宽度

$$B=\sqrt{\frac{f}{1.5}}=\sqrt{\frac{53.13}{1.5}}=5.95\approx6(\text{m})$$

每格滤池长度

$$L=1.5B=1.5\times6=9(\text{m})$$

每格滤池实际过滤面积

$$f'=LB=9\times6=54(\text{m}^2)$$

当一格冲洗时，强制滤速

$$v_\text{强制}=v_\text{滤}\frac{n}{n-1}=8\times\frac{6}{6-1}=9.6(\text{m/s})$$

满足要求。

3. 管渠

(1) 进水总渠　渠内流速 $v_{总渠}$ 取 0.8m/s，水深 $H_{总渠}$ 取 1.2m。

总渠宽度

$$B_{总渠}=\frac{Q'}{v_{总渠}H_{总渠}}=\frac{0.708}{0.8\times1.2}=0.738\approx0.75(\text{m})$$

(2) 进水支渠　考虑最不利情况，当一格滤池冲洗时，单个滤池进水量

$$Q_{支渠}=\frac{Q'}{n-1}=\frac{0.708}{6-1}=0.142(\text{m}^3/\text{s})$$

孔口设计尺寸 $0.45\text{m}\times0.45\text{m}$，孔口面积

$$f_{支渠孔}=0.45\text{m}\times0.45\text{m}=0.203(\text{m}^2)$$

过孔流速

$$v_{支渠孔}=\frac{Q_{支渠}}{f_{支渠孔}}=\frac{0.142}{0.203}=0.7(\text{m/s})$$

过孔水头损失按淹没大孔口计算，流量系数 μ 取 0.7，则进水支渠进水洞水头损失

$$h_{支渠孔}=\frac{v_{支渠}^2}{2g\mu^2}=\frac{0.7^2}{2\times9.81\times0.7^2}=0.05(\text{m})$$

进水支渠宽度 $B_{支渠}$ 取 0.5，水深

$$H_{支渠}-H_{总渠}-h_{支渠孔}=1.2-0.05=1.15(\text{m})$$

水从中心进水孔流入后向两侧分流溢出，进水孔两侧起点流速

$$v_{支渠}=\frac{Q_{支渠}}{2B_{支渠}H_{支渠}}=\frac{0.142}{2\times0.5\times1.15}=0.123(\text{m/s})$$

进水支渠溢流堰宽度 $B_{堰}$ 取 3，流量系数 m 取 0.44，堰上水头

$$H_{堰}=\sqrt[3]{\left(\frac{Q_{支渠}}{mb}\right)^2\times\frac{1}{2g}}=\sqrt[3]{\left(\frac{0.142}{0.44\times3}\right)^2\times\frac{1}{2\times9.81}}=0.084(\text{m})$$

设计取值 $H_{堰}=0.1\text{m}$。

(3) 配水配气渠

① 最大进水流量发生在单独水冲洗时，此时的进水流量

$$Q_{水_2}=fq_{水_2}=54\times15=810(\text{L/s})=0.81(\text{m}^3/\text{s})$$

② 洗进水管流速 $v_{冲管}$ 取 5m/s，冲洗进水管管径

$$D_{进水}=\sqrt{\frac{4Q_{水2}}{\pi v_{冲管}}}=0.83\approx0.8(\text{m})$$

③ 配水配气渠高度 $H_{配渠}$ 取 1.0m，宽度 $B_{配渠}$ 取 1.2m，渠内流速 $v_{配渠}=Q_{水2}/(H_{配渠}B_{配渠})=0.81/(1.0\times1.2)=0.68(\text{m/s})$。

④ 气水分配干渠内的水深。气水分配干渠的水头损失按气水同时反冲洗计算。此时渠上部是空气，下部是反冲洗水。混凝土渠道粗糙系数 n 取 0.013，空气摩阻系数 λ 取

0.042。计算结束条件一是空气部分的压力损失和水流部分的压力损失基本相同,二是水流部分的水深和空气部分的高度之和等于渠道高度。

a. 渠内水深。气水同时反冲洗时渠内水的流量

$$Q_{配渠水}=fq_{水1}=54\times4=216(\mathrm{L/s})=0.216(\mathrm{m^3/s})$$

渠内水深 $H_{配渠水}$ 取 0.8m,水流速度

$$v_{配渠水}=\frac{Q_{配渠水}}{H_{配渠水}B_{配渠}}=\frac{0.216}{0.8\times1.2}=0.225(\mathrm{m/s})$$

水力半径

$$R_{配水渠}=\frac{H_{配渠水}B_{配渠}}{2H_{配渠水}+D_{配渠}}=\frac{0.8\times1.2}{2\times0.8+1.2}=0.343(\mathrm{m})$$

水力坡降

$$i_{配渠水}=\left(\frac{nv_{配渠水}}{R_{配渠水}^{2/3}}\right)^2=\left(\frac{0.013\times0.225}{0.343}\right)_2=0.000036$$

渠道长度等于滤池长度 ($L=9$m),按沿程出流计算,渠内水头损失

$$\Delta h_{反水}=\frac{i_{反水}L}{3}=\frac{0.000036\times9}{3}=0.0001(\mathrm{m})$$

b. 渠内空气层高度。气水共同冲洗时渠道内空气流量

$$Q_{配渠气}=fq_{气}=54\times16=864(\mathrm{L/s})=0.864(\mathrm{m^3/s})$$

渠内空气层高度

$$H_{配渠气}=1-0.8=0.2(\mathrm{m})$$

渠内空气流速

$$v_{配渠气}=\frac{Q_{配渠气}}{H_{配渠气}H_{配渠}}=\frac{0.864}{0.2\times1.2}=3.6(\mathrm{m/s})$$

空气层水力半径

$$R_{配渠气}=\frac{H_{配渠气}B_{配渠}}{2H_{配渠气}+B_{配渠}}=\frac{0.2\times1.2}{2\times0.2+1.2}=0.15(\mathrm{m})$$

按沿程出流计算,渠内空气压力损失

$$\Delta P_{配渠气}=\frac{L\lambda\rho_{气}v_{配渠气}^2}{4R_{配渠气}}=\frac{9\times0.042\times1.2\times3.6^2}{4\times0.15}=9.8(\mathrm{Pa})$$
$$=0.0001(\mathrm{mH_2O}柱)$$

计算结果表明,空气部分的压力损失和水流部分的水头损失基本相等,说明计算时假设的水深符合要求。如果两部分压力损失差距较大,应修正水深反复计算。

4. 滤池高度

① 进水总渠超高 $H_1=0.3$m。

② 进水支渠进水洞水头损失 $H_{支渠孔}=0.05$m。

③ 进水支渠溢流堰上水头 $H_2=0.1$m。

④ 溢水口堰上水头。在紧邻进水支渠的池壁上设 2 个溢水口,每个溢水口宽度 $B_{溢}$ 为

1.5m，流量系数 m 取 0.44，最大溢水时发生在单独水冲洗时，此时溢水口堰上水头。

$$H_{溢堰}=\sqrt[3]{\left(\frac{Q_{水2}}{2mB_{堰}}\right)^2\times\frac{1}{2g}}=\sqrt[3]{\left(\frac{0.81}{2\times0.44\times1.5}\right)^2\times\frac{1}{2\times9.8}}=0.267(\text{m})$$

设计取值 $H_{溢堰}=0.3\text{m}$。

⑤ 冲洗前滤料层上水深为 0.15m，冲洗时滤料层上最大水深

$$H_3=\frac{60(q_{水1}t_2+q_{水2}t_3)}{1000}+0.15$$

$$=\frac{60\times(4\times4+15\times1)}{1000}+0.15=201(\text{m})$$

⑥ 滤料层厚度 $H_{滤}=1.2+0.7=1.9(\text{m})$。

⑦ 承托层厚度 $H_{托}=0.45\text{m}$。

⑧ 配水配气渠高度 $H_{配渠}=1.0\text{m}$，配水配气渠盖板厚度 $H_{配渠板}=0.12\text{m}$。

⑨ 滤池总高

$$H=H_1+h_{支渠孔}+H_2+H_{堰}+H_3+H_{滤}+H_{托}+H_{配渠}+H_{配渠板}$$

$$=0.3+0.05+0.10+0.3+2.01+1.9+0.45+1.0+0.12=6.23(\text{m})$$

5. 配水配气系统

(1) 配水配气支管　支管间距 s 取 0.25m，支管总根数

$$n_{配}=\frac{L}{s}=\frac{9.0}{0.25}=36(\text{根})$$

单独气洗或气水联洗时，支管空气流量

$$Q_{支气}=Bsq_{气}=6\times0.25\times16=24(\text{L/s})=0.024(\text{m}^3/\text{s})$$

气水联洗时，每根支管的水流量

$$Q_{支水1}=Bsq_{水1}=6\times0.25\times4=6(\text{L/s})=0.006(\text{m}^3/\text{s})$$

单独水冲洗时，每根支管的水流量

$$Q_{支水2}=Bsq_{水2}=6\times0.25\times15=22.5(\text{L/s})=0.0225(\text{m}^3/\text{s})$$

(2) 垂直配水管　根据供货商提供的资料，垂直配水管管径 $d_{直水}$ 为 DN80，如果每根支管设一个垂直配水管，垂直配水管流速为 4.48m/s＞3.5m/s。

此时垂直配水管流速偏大，因此改为每根支管设两个垂直配水管，垂直配水管流速为 2.24m/s＜3.5m/s。

气水共同冲洗时垂直配水管的流速为 0.6m/s。

(3) 垂直配气管　根据供货商提供的资料，垂直配气管的管径 $d_{直气}$ 为 DN30，每根垂直配气管的流速 16.98m/s＜25m/s。

(4) 水头损失　翻板滤池的配水系统属于小阻力配水系统，配水渠和配水支管的水头损失可以忽略，只需计算支管的配水配气孔和垂直配水配气管的水头损失。

① 垂直管水头损失。垂直配水管长度 $L_{直水}$ 为 0.6m，其进水孔淹没深度大于 0.2m。垂直配水管局部阻力系数 $\varepsilon_{进口}=\varepsilon_{出口}=1.0$。

单独水洗时水头损失

$$h_{直水2}=0.00107\frac{v^2_{直水1}L_{直水}}{d^{1.3}_{直水}}+\frac{(\varepsilon_{进口}+\varepsilon_{出口})v^2_{直水}}{2g}$$

$$=0.00107\times\frac{2.4^2\times0.6}{0.08^{1.3}}+\frac{(1.0+1.0)\times2.4^2}{2\times9.81}$$

$$=0.325(m)$$

气水共同冲洗时水头损失

$$h_{直水1}=0.00107\frac{v^2_{直水1}L_{直水}}{d^{1.3}_{直水}}+\frac{(\varepsilon_{进口}+\varepsilon_{出口})v^2_{直水1}}{2g}$$

$$=0.00107\times\frac{0.6^2\times0.6}{0.08^{1.3}}+\frac{(1.0+1.0)\times0.6^2}{2\times9.81}$$

$$=0.042(m)$$

② 配水孔水头损失。根据产品的技术参数，配水配气支管上配水孔直径 $d_{水孔}$ 为14mm，每米开孔个数 $m_{水孔}$ 为20个，开孔率

$$\alpha_{水孔}=\frac{m_{水孔}\pi d^2_{水孔}}{4s}\times100\%=\frac{20\times3.14\times0.01^2}{4\times0.25}\times100\%=0.0123\times100\%=1.23\%$$

气水联合冲洗时，配水孔流速

$$v_{水孔1}=\frac{Q_{支水1}}{\alpha_{水孔}sB}=\frac{0.006}{0.0123\times0.25\times6}=0.33(m/s)$$

孔口流速系数 μ 取0.62，配水孔水头损失

$$h_{水孔1}=\frac{v^2_{水孔1}}{2g\mu^2}=\frac{0.33^2}{2\times9.81\times0.62^2}=0.014(m)$$

单独水冲洗时，配水孔流速

$$v_{水孔2}=\frac{Q_{支水2}}{\alpha_{水孔}sB}=\frac{0.0225}{0.0123\times0.25\times6}=1.22(m/s)$$

配水孔水头损失

$$h_{水孔2}=\frac{v^2_{水孔2}}{2g\mu^2}=\frac{1.22^2}{2\times9.81\times0.62^2}=0.197(m)$$

③ 配气孔压力损失。支管上配气孔直径为 $d_{气孔}$ 为3.5mm，每米开孔个数 $m_{气孔}$ 为30个，开孔率

$$\alpha_{气孔}-\frac{m_{气孔}\pi d^2_{气孔}}{4s}\times100\%=\frac{30\times3.14\times0.0035^2}{4\times0.25}\times100\%=0.00115\times100\%$$

$$=0.115\%$$

气冲洗时，配气孔流速

$$v_{气孔1}=\frac{Q_{支气}}{\alpha_{气孔}sB}=\frac{0.024}{0.00115\times0.25\times6}=13.9(m/s)$$

常温（20℃）条件下空气的密度 ρ 为 $1.2kg/m^3$，流量系数 μ 取0.6，配气孔压力

损失

$$\Delta P_{气孔} = \frac{\rho v_{气孔}^2}{2\mu^2} = \frac{1.2 \times 13.9^2}{2 \times 0.6^2} = 322(Pa) = 0.032(mH_2O 柱)$$

④ 滤料层水头损失。气水共同冲洗时，滤料层处于微膨胀状态。石英砂滤料容重 γ_1 为 $2.65t/m^3$，滤料孔隙率 m_{02} 为 0.41，滤料层膨胀前的厚度 $H_{滤1}$ 为 $1.2m$。石英砂滤料层水头损失

$$h_{滤1} = \left(\frac{\gamma_1}{\gamma} - 1\right)(1 - m_{02})H_{滤1}$$

$$= (2.65 - 1) \times (1 - 0.41) \times 1.2 = 1.17(m)$$

无烟煤滤料容重 γ_2 为 $1.55t/m^3$，滤料孔隙率 m_{02} 为 0.6，滤料层膨胀前的厚度 $H_{滤2}$ 为 $0.7m$。无烟煤滤料层水头损失

$$h_{滤2} = \left(\frac{\gamma_1}{\gamma} - 1\right)(1 - m_{02})H_{滤2} = (1.55 - 1) \times (1 - 0.6) \times 0.7$$

$$= 0.154(m)$$

滤料层水头损失

$$h_{滤} = h_{滤1} + h_{滤2} = 1.17 + 0.154 = 1.324(m)$$

⑤ 承托层水头损失 $H_{托}$。承托层厚度 $H_{托}$ 为 $0.45m$，气水共同冲洗时水头损失

$$h_{托1} = 0.022H_{托} q_{水1} = 0.022 \times 0.45 \times 4 = 0.04(m)$$

单独水冲洗时水头损失

$$h_{托2} = 0.022H_{托} q_{水2} = 0.022 \times 0.45 \times 15 = 0.15(m)$$

6. 排水孔

孔口出流量的计算公式为

$$Q = \mu S \sqrt{2gH}$$

式中　μ——流量系数；

　　　S——孔口面积，m^2；

　　　H——作用水头，m。

池中水位变化的计算公式为

$$dH = \mu S \sqrt{2gH} dt/f$$

式中　dH——水位的变化，m；

　　　dt——时间增量，s；

　　　f——滤池面积，m^2。

$$dt = f/(\mu S \sqrt{2gH})dH$$

对上式积分，得

$$T=\frac{2f}{\mu S}\sqrt{\frac{H_0}{2g}} \text{ 或 } S=\frac{2f}{\mu T}\sqrt{\frac{H_0}{2g}}$$

式中 T——排水时间，s；

H_0——最大作用水头，m。

本工程中 T 取 60s，排水孔下沿高出滤料层 0.2m，排水孔高度 H_0 取 1.71m，μ 取 0.62m，依据上式得

$$S=\frac{2\times54}{0.62\times60}\sqrt{\frac{1.71}{2\times9.81}}=0.857(\text{m}^2)$$

在紧邻的进水支渠的壁上设 2 个排水孔，每个排水孔的面积

$$A'_{\text{排}}=\frac{S}{2}=\frac{0.857}{2}=0.429 \ (\text{m}^2)$$

每个排水孔长度

$$L_{\text{排}}=\frac{A'_{\text{排}}}{H_{\text{排}}}=\frac{0.429}{0.2}=2.15(\text{m})$$

7. 其他

(1) 气水共同冲洗时配水配气渠进水口压力 气水联合冲洗结束时，滤料上水深

$$H'_3=\frac{60(q_{\text{水}1}t_2)}{1000}+0.15=\frac{60\times(4\times4)}{1000}+0.15=1.11(\text{m})$$

进水口压力

$$P_{\text{进水}1}=H'_3+H_{\text{滤}}+H_{\text{配渠板}}+h_{\text{滤}}+h_{\text{托}1}+h_{\text{水孔}1}+h_{\text{直水}1}$$
$$=1.11+1.9+0.45+0.12+1.34+0.04+0.014+0.042=5.016(\text{mH}_2\text{O 柱})$$

(2) 单独水冲洗时配水配气渠进水口压力 第一次单独水冲洗结束时，滤料上水深最大，此时进水压力也最大。

$$P_{\text{进水}2}=H_3+H_{\text{滤}}+H_{\text{配渠板}}+h_{\text{滤}}+h_{\text{托}1}+h_{\text{水孔}1}+h_{\text{直水}1}$$
$$=2.01+1.9+0.45+0.12+1.34+0.15+0.198+0.325=6.493(\text{mH}_2\text{O 柱})$$

(3) 配水配气渠进气口压力 进气口压力等于气水共同冲洗时进水口压力加富余压力 0.5mH$_2$O 柱。

$$P_{\text{进气}}=P_{\text{进水}1}+0.5=5.016+0.5=5.516(\text{mH}_2\text{O 柱})$$

(4) 滤池耗水率

① 滤池每 48h 冲洗一次，每次滤池冲洗耗水量

$$Q_{\text{耗}}=60nf(q_{\text{水}1}t_2+2q_{\text{水}2}t_3)/2=60\times6\times54\times(4\times4+2\times15\times1)/2=447.12(\text{m}^3/\text{d})$$

② 滤池耗水率

$$\beta=\frac{Q_{\text{耗}}}{Q\times100\%}=\frac{447.12}{60000}\times100\%=0.00745\times100\%=0.745\%$$

小于设定的自用水率 2%。

第六节　滤布滤池

　　滤布滤池也称纤维转盘滤池，与其原理类似的同类设备名称包括：纤维转盘滤布滤池、纤维滤布滤池、滤布转盘过滤器、微滤布过滤系统、深度盘式过滤器。滤布滤池可以归属于转盘滤池，或归属于表面过滤滤池。

　　滤布滤池属于微米级固液分离装置，常用于污水厂的中水回用、深度处理工序，一般设置于二级生化处理构筑物后，用于对二沉池出水进行强化固液分离，实现 SS 的深度去除。在预化学处理辅助条件下，也可以实现 COD、TP 等污染物的附加去除。滤布滤池工艺系统外观见图 5-23，滤布滤池的转盘见图 5-24。

图 5-23　滤布滤池工艺系统外观　　　　　　　　图 5-24　滤布滤池的转盘

　　滤布滤池根据其转动形式与横截面形状的差异，可以分为转盘式、竖片式、钻石式。转盘式滤布滤池的滤盘外包滤布。随着过滤的进行，滤布上沉积的污染物越来越多，滤速逐渐减小，滤池中的水位逐渐上升。当水位升至设定的清洗水位时，开始反洗工序，启动负压反抽吸。清洗期间，滤布转盘缓慢旋转。冲洗面积仅占全过滤转盘面积的 1%。清洗过程为间歇进行。清洗时，滤池可连续过滤。过滤期间，过滤转盘处于静态，利于污泥向池底沉积。

一、设计概述

　　滤布滤池的池体可以是钢筋混凝土结构，也可以制造成碳钢防腐处理的集成箱体结构。滤盘一般由 4～6 个独立的分片组成。滤盘直径为 2～3m。滤布的材质可以分为纤维滤布、聚酯型滤布、不锈钢滤网型滤布。滤布滤池根据进出水流向差异可以分为外进内出、内进外出两种型式。外进内出型的滤布滤池中，污水由滤盘过滤后从中心管流出，悬浮物被吸附在滤布外侧。内进外出型的滤布滤池中，污水由中心管流入，从滤盘表面及周边由内向外流出，悬浮物被截留在滤布内侧。

滤速一般为 7～15m/h，先进的滤布滤池在适宜的工况下可达 50m/h。滤布滤池的滤布孔径最大范围为 5～200μm，一般为 10～30μm，纤维滤布的滤网孔径一般≤10μm。平面过滤介质抗拉强度≥600N/cm。过滤时滤盘静止，清洗时以 0.5～1.0r/min 的速率旋转。

二、计算例题

【例题 5-10】 滤布滤池的设计计算

(一) 已知条件

某污水厂深度处理规模 $Q=1\times10^4\,m^3/d$。采用滤布滤池作为深度处理的过滤工艺。对本工程滤布滤池所需的滤盘数量、每格滤池需放置的滤盘数量、反冲洗水量进行计算。

(二) 设计计算

1. 设计流量

日处理规模 $Q=1\times10^4\,m^3/d$。小时最大处理量

$$Q_{max}=K_1(Q/24)=1.5\times(10000/24)=625(m^3/h)$$

式中 K_1——时变化系数。

2. 单盘有效过滤面积 (A)

$$A=K_2[3.14\,(d_p/2)^2-3.14(d_a/2)^2]$$
$$=0.95\times[3.14\times(2.4/2)^2-3.14\times(0.8/2)^2]=3.82(m^2)$$

式中 K_2——水流安全系数；

d_p——转盘直径，m；

d_a——转盘中心轴（中心筒）直径，m。

3. 滤盘数量 (n)

$$n=Q_{max}/A/q/m=5.45(片)$$

式中 A——单盘有效过滤面积，m^2；

q——滤速，m/h，取值 10m/h；

m——滤池分格数，取值 3 格。

取值每格滤池放置 6 片。此工程所需的滤盘数量共 18 片。

4. 反冲洗水量

滤布滤池反冲洗水量的影响因素包括：反冲洗频率、反冲洗历时、二沉池出水 SS 影响系数、预絮凝影响系数、处理规模影响系数等。

二沉池出水 SS 影响系数的含义是：二沉池出水的 SS 越高，反冲洗频率越大。预絮凝影响系数的含义是：如果为了提高滤布滤池对 TP、浊度、COD 等目标污染物的去除而在滤布滤池之前设置絮凝反应单元，投加预絮凝药剂，此时化学反应生成的沉淀物

增多，反冲洗频率随着药剂投加量的增加而增加。上述参数均需通过特定的试验或生产运行实践进行标定，本题仅提供统筹计算公式。处理规模影响系数的含义是：水量规模增加可能会引起运行负荷增加，使得截留在滤布表面的污染物厚度增速提高，引起反冲洗频率增加。

滤布滤池反冲洗水量

$$Q_2 = (qt/60) \, Q_0 \, K_x K_s K_a$$
$$= (24 \times 15 / 60) \times 40 \times 1.1 \times 1.2 \times 1.05 = 332.64 \, (m^3/d)$$

式中　q——反冲洗频率，次/d，可采用 24～120 次/d，本工程取 24 次/d，决定于设备型号及现场工况条件；

　　　t——反冲洗历时，min/次，可采用 10～60min/次，本工程取 15min/次，决定于现场工况条件；

　　　Q_0——反冲洗泵流量，m^3/h，本工程取 40m^3/h，决定于泵在具体项目中的运行参数；

　　　K_x——预絮凝影响系数，可采用 1.05～1.3，需由运行调试试验确定；

　　　K_s——二沉池出水 SS 影响系数，可采用 0.9～1.3，需由运行调试试验确定；

　　　K_a——处理规模影响系数，可采用 0.75～1.2，需由运行调试试验确定，本工程取 1.05。

由上述数据可以进一步计算得知：含预絮凝工艺时，本工程的反洗水量占项目总处理规模水量的比例为 3.33%；不含预絮凝工艺时，本工程的反冲洗总需水量为 302.4m^3/d；含预絮凝工艺时，本工程的反洗水量占项目总处理规模水量的比例为 3.02%；每个转盘每次反冲洗需水量为 770L/（盘·次）；每个转盘每天反冲洗需水量为 18.48$m^3/$（盘·d）。

5. 池体及其他设计参数

基于上述数据，可以根据设备厂商提供的框架结构及配套管线布设尺寸，推算出池体及配套设计参数。18 片滤盘分为 3 格池体。设备框架尺寸约为：长 7m，宽 3m，高 3.5m（属于非标设备，需根据企业差异确定）。

动力系统：每格滤池配置 1 套驱动装置，用于驱动转盘。驱动系统包括驱动电机、驱动轴、齿轮箱、驱动齿、驱动链条、链条罩组。驱动电机电源 80V/50Hz 3 相交流电。驱动电机功率 0.75kW。滤布滤池结构见图 5-25。

污泥负荷 4～6kgTSS/（m^2·d）；滤布水头损失 0.2～0.3m；系统总水头损失 0.6～0.9m。初始过滤阻力（进出口压差）0.02～0.03 MPa；反洗水量 1%～3%；反冲洗泵额定参数 $Q = 45m^3/h$，$H = 6m$，$N = 2kW$；设计进水 SS≤30mg/L（最高可承受 100mg/L），出水 SS≤5mg/L。出水浊度≤3NTU。配合预加药装置可去除 COD、TP 等污染物。由于滤布滤池属于非标设备，各企业产品差异较大，具体设计时需根据具体情况灵活对待。

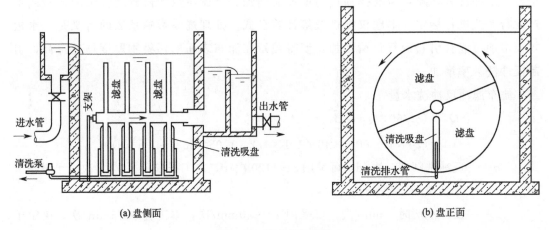

(a) 盘侧面   (b) 盘正面

图 5-25　滤布滤池结构

（外进内出、下部清洗型）

第六章
活性炭吸附及软化装置

第一节 活性炭吸附

活性炭是利用木材、煤、果壳等含碳物质在高温缺氧的条件下活化制成的产品，最大特点是具有巨大的比表面积（$500\sim1700\mathrm{m}^2/\mathrm{g}$）。活性炭吸附法广泛用于给水处理及废水深度处理工艺中。在城市污水的深度处理工艺中，活性炭不仅能通过吸附作用去除水中的有机物，还可以去除水中的色、嗅、味、微量重金属、合成洗涤剂、放射性物质等。活性炭对有机物的去除除了吸附作用外还有生物化学的降解作用，最大的特点是可以去除水中难以生物降解或一般氧化法不能分解的溶解性有机物，且处理效果稳定，处理水水质好。

水处理过程中使用的活性炭有粉末活性炭（PAC）和颗粒活性炭（GAC）两类。粉末活性炭粒径为$10\sim50\mu\mathrm{m}$，一般与混凝剂一起投加到原水中，以去除水中的色、嗅、味等，即采用混悬接触吸附的方式对水中的污染物进行间歇吸附。因粉末活性炭不能回收，使用费用高，仅作应急措施使用。颗粒活性炭的有效粒径一般为$0.4\sim10\mathrm{mm}$，通常以吸附滤池过滤吸附的形式将水中的有机物、臭味和有毒有害物质吸附去除，即连续吸附或称动态吸附。

活性炭在运行一段时间后，吸附能力逐渐降低，最后因饱和而失效。因此活性炭再生是活性炭水处理工艺中的重要组成部分。再生方法很多，如溶剂萃取、酸碱洗脱、蒸汽吹脱、湿式空气氧化、电解氧化、生物氧化、高频脉冲放电、微波加热、热法再生等。但目前国内用得最多的还是采用高温加热的热法再生。热法再生是在一种专门的再生炉中进行的。在炉中通入燃料（煤气或油）、空气和水蒸气，产生高温气流，直接加热活性炭。国内使用的再生炉有直接电流加热炉、立式移动床炉和盘式炉等。其再生能力大都在 50～100kg/h 之间，再生温度一般为 750～850℃，与之相应的水处理规模为 12～30kt/h，活性炭再生的时间与炭的使用条件有关。

活性炭吸附工艺是城市污水回用深度处理中经常采用的重要处理单元之一。由于城市污水的常规二级、三级处理工艺主要降解水中可生物降解溶解性有机碳（biodegradable dissolved organic carbon，BDOC），不可能完全去除污水中的杂质，且在降解 BDOC 的过程中有一部分会转化为溶解性微生物产物（soluble microbial products，SMP）进入水中。SMP 的组成非常复杂，是腐殖质、多糖、蛋白质、核酸、有机酸、抗生素、硫醇等多种物质的混合体。

由此可见，正常运行的城市污水处理处理厂二级、三级处理出水中还存在有很多未去除的杂质，如溶解性有机物（DOM）、溶解性无机物、SS、病原菌等。活性炭吸附工艺是水和废水处理中能去除大部分有机物和某些无机物的最有效的工艺之一，因此是城市污水再生回用深度处理工艺中常用的处理单元。

GAC 处理工艺的缺点是基建和运行费用较高，且容易产生亚硝酸盐等致癌物，突发性污染适应性差。另外，研究发现能被活性炭吸附去除的有机物主要有苯基醚、正硝基氯苯、萘、苯乙烯、二甲苯、酚类、DDT、醛类、烷基苯磺酸以及多种脂肪族和芳香族的烃类物质，某些水中有机物用活性炭仍然去除不了。因此，活性炭吸附工艺对吸附有机物来说，仍然需要组合其他工艺，如反渗透、超滤、电渗析、离子交换等工艺手段，才能使污水再生回用深度处理达到预定目标。

由于存在这些不足之处，在城镇污水再生利用中应慎重采用。在常规的深度处理工艺不能满足再生水水质要求或对水质有特殊要求时，为进一步提高水质，可采用活性炭吸附处理工艺。在进行活性炭工艺和单元设施操作设计时，就必须确定所采用的活性炭吸附剂种类、选择何种吸附操作方式和再生模式、对进入活性炭吸附单元设施操作前的水的预处理和后处理措施等，以求最大限度地保证处理效果，这些一般需要通过静态吸附试验和动态吸附试验来确定。通过试验结果选定吸附剂、吸附容量、吸附装置等设计参数，明确预期的处理效果，核算技术经济指标。

一、设计概述

① 工况。活性炭吸附法是用含有多孔的固体物质（活性炭）作为吸附剂，使水中污染物被吸附在固体孔隙内而去除的方法，如去除水中余氯、胶体微粒、有机物、微生物等。活性炭过滤器结构上与多介质过滤器基本相同，不同的是内部装有具有较强吸附功能的活性炭，用以去除经生物及沉淀过滤等处理单元未去除的残存污染物。

市售活性炭有粉末活性炭、不定形颗粒活性炭、圆柱形活性炭和球形活性炭四种。

a. 活性炭的特性。活性炭的物理特性主要指孔隙结构及其分布，在活化过程中晶格间生成的孔隙形成各种形状和大小的微细孔，由此构成巨大的吸附表面积，所以吸附能力很强。良好活性炭的比表面积一般大于 $1000m^2/g$，细孔总容积可达 $0.6\sim1.18mg/L$，孔径为 $10\sim10^5Å$，细孔分为大孔、过渡孔和微孔，孔的特性列于表 6-1。表 6-2 为部分国产活性炭技术特性。

表 6-1 活性炭孔特性

孔隙种类	平均孔径/Å	孔容积/(mg/L)	(表面积/比表面积)/%	吸附能力
大孔	1000～100000	0.2～0.5	1	小
过渡孔	100～1000	0.02～0.1	5 以下	强
微孔	10～100	0.15～0.9	95 以上	有

注：$1Å=10^{-10}m$。

表 6-2 部分国产活性炭技术特性

活性炭名称	原材料	粒径/mm	比表面积/(m^2/g)
8# 炭	煤焦油	1.5～2.0	927
5# 炭	煤焦油	＜30	896
活化无烟煤	阳泉无烟煤	1～3.5	520
15# 颗粒炭	木炭、煤焦油	$\varphi3\sim4,L8\sim15$	—
C-11 型触媒炭	杏核	24～40 目	1100
C-Z1 型触媒炭	椰子核	24～40 目	1100
X 型吸附炭	杏核、桃核	6～14 目	—

b. 活性炭的型号。污水回用深度处理中常用的活性炭材料有两种，即粒状活性炭（GAC）和粉末活性炭（PAC）。当进行吸附剂的选择设计时，产品的型号是首先要考虑的。例如，某一活性炭的型号是 ZHF，其中各字符的意义为

制造活性炭原料表示符号见表 6-3。

表 6-3 制造活性炭原料表示符号

符号	Z	G	M	J
意义	木质	果壳(核)	煤质	废活性炭

活性炭制造过程的活化方法表示符号见表 6-4。

表 6-4 活性炭制造过程的活化方法表示符号

符号	H	W
意义	化学活化法	物理活化法

活性炭外形形状表示符号见表 6-5。

表 6-5 活性炭外观形状表示符号

符号	F	B	Y	Q
意义	粉末活性炭	不定形颗粒活性炭	圆形活性炭	球形活性炭

活性炭尺寸标注法见表 6-6。

表 6-6 活性炭尺寸标注法

外形形状	标准法	示例	意义
不定形	下限×上限	35×59	表示粒度范围为 0.35～0.59mm
圆柱形	直径	30	表示圆柱横截面的直径为 3mm
球形	直径	29	表示球体直径为 2.9mm

活性炭吸附剂的性能指标与活性炭的型号、品牌密切相关。表 6-7、表 6-8 给出了我国国家标准《净水厂用木质活性炭选择、使用及更换技术规范》(GB/T 13804—92)和《净水厂用煤质颗粒活性炭选择、使用及更换技术规范》(DB 31/T451—2021)中规定的性能指标。

有些活性炭商品尽管型号相同，由于品牌不同，生产厂家不同，甚至批号不同，其性能指标也相差较大；有的甚至发现同一产品、同一厂家，其所供活性炭商品的性能技术指标与质保书文件所提供的不一致。因此，设计者对活性炭吸附剂进行选择设计时，有必要对拟选活性炭吸附剂商品做性能指标试验，对活性炭吸附剂的选择进行评价。

表 6-7 木质净水用活性炭性能指标

项目		指标		
		优级品	一级品	二级品
碘吸附值/(mg/g)	≥	1000	900	800
亚甲基蓝脱色力[①]/mL	≥	8.0	7.0	6.0
/(mg/g)		(120)	(105)	(90)
强度/%	≥	90.0	85.0	85.0
充填密度/(g/cm³)	≥	0.32	0.32	0.32
粒度[②]				
2.00～0.63mm(10～28 目)/%	≥	90	85	80
<0.63mm(28 目)/%	≤	5	5	5
干燥减量/%	≤	10.0	10.0	10.0
pH 值		7.0～11.0	7.0～11.0	7.0～11.0
灼烧残渣/%	≤	5.0	5.0	5.0

① $A=15V$，V 为每克活性炭吸附亚甲基蓝毫克数（mg/g），A 为 0.1g 活性炭吸附亚甲基蓝毫升数（mL）。

② 粒度大小范围也可由供需双方商定。

表 6-8　煤质颗粒活性炭技术指标

项目	指标	项目	指标
水分/%	≤5	粒度/mm	
强度/%	≥85	2.75	≤2%
碘吸附值/(mg/g)	≥800	1.50~2.75	不规定
亚甲基蓝吸附值/(mg/g)		1.00~1.50	≤14%
苯酚吸附值/(mg/g)	≤1.00		≤1%
装填密度/(g/L)			

注：用户如对粒度、吸附值有特殊要求，可在订合同时协商。

c. 活性炭吸附性能试验。活性炭吸附性能的简单试验常用 4 种方法。

（a）碘值法。在含有碘 2.7g/L、碘化钾 4.1g/L 的 100mL 溶液中，加入用盐酸润湿的活性炭样品 0.5g，经过 5min 振荡之后求出对碘的吸附量。

（b）ABS 值法。在活性炭吸附时，对大多数的有机物在浓度和吸附量之间存在特定的关系，而且一般是浓度增加，吸附量按指数关系增加。但是也有例外，比如 ABS（烷基苯磺酸）的吸附，浓度改变对吸附量基本无影响。因此可以利用这一性质，来比较活性炭的吸附能力。在含有 ABS 5mg/L 的溶液中加入粉末活性炭，经过 1h 之后，ABS 浓度降至 0.5mg/L 所需要的活性炭量。

（c）亚甲基蓝吸附值法。在浓度为 1.2mg/mL 的亚甲基蓝溶液中加入活性炭并振荡 30min 后，单位质量的活性炭使亚甲基蓝溶液脱色的毫升数。

（d）比表面积 BET 法。比表面积大小也可反映活性炭吸附能力的大小。市售活性炭比表面积一般采用 BET 法求得。

② 吸附容量与吸附等温线。活性炭在吸附水中有机物时，其吸附量与水中有机物浓度之间存在着特定的关系，所以当针对某一项污水再生回用深度处理工程进行活性炭吸附剂选择设计时，仅做上述吸附剂吸附性能的简单试验是不够的，通常还要做所考虑系统的等温吸附试验。

进行等温吸附试验的目的是为了了解活性炭的吸附能力，以便选择适合于所考虑的水处理系统使用的活性炭品种，取得有关设计数据。由等温吸附试验可以获得吸附等温线。吸附等温线的主要价值在于可以用来比较用不同类型的活性炭吸附处理后的出水水质，提供活性炭吸附容量及所需炭量的粗略估计。在溶质的初始含量为 c_0(mg/L)、容积为 V (L)的水样中，投加活性炭量为 m(g)，经一定的吸附时间达到吸附平衡后，溶质含量为 c_e(mg/L)，则得每克活性炭在平衡时吸附的溶质量为

$$q_e = \frac{x}{m} = \frac{V(c_0 - c_e)}{m}$$

可见，平衡吸附容量 q_e 越大，单位吸附剂能处理的水量越大，吸附周期越长，运转管理费用越少，经济效益越好。每一个吸附试验可以获得一组平衡的 q_e 和 c_e 值。在温度一定的条件下，如果对同样的溶质与活性炭进行一系列吸附试验，将平衡吸附容量 q_e 与

相对应的平衡含量 c_e 作图，所得的曲线称为吸附等温线。

吸附等温线的实验数据常用曲线拟合的方法写成公式的形式。在水处理中常用的吸附等温线公式有朗格缪尔（Langmuir）公式和弗兰德利希（Frcundlich）公式。

朗格缪尔（Langmuir）吸附等温式是建立在吸附表面只吸附有单层分子的假设下从理论推导得出的，即

$$q_e = \frac{x}{m} = \frac{bq^0 c_e}{1 - bc_e}$$

式中　b——吸附系数，L/mg；

　　　q^0——每克活性炭所吸附溶质量 q_e 的极限值（单层吸附假设下），mg/g。

朗格缪尔吸附等温方程也可以改写为线性形式，即

$$\frac{1}{(x/m)} = \frac{1}{bq^0} \times \frac{1}{c_e} + \frac{1}{q^0}$$

将 $\frac{1}{(x/m)}$ 对 $\frac{1}{c_e}$ 作图，为一直线，斜率为 $\frac{1}{bq^0}$，截距为 $\frac{1}{q^0}$。

弗兰德利希（Frcundlich）吸附等温式是一个经验公式，但由于其与实验数据吻合较好，所以在水处理中用的相当普遍，如下式所示

$$q_e = \frac{x}{m} = Kc_e^{1/n}$$

式中　K——弗兰德利希吸附系数；

　　　n——常数，通常大于1。

将上式两边取对数，可以改用线性表达，即

$$\lg \frac{x}{m} = \lg K + \frac{1}{n} \lg c_e$$

在双对数坐标纸上将 $\lg(x/m)$ 对 $\lg c_e$ 作图，这是一条直线，斜率为 $1/n$，截距为 $\lg K$。一般认为 $1/n$ 值介于 0.1～0.5 之间易于吸附。

③ 污水处理厂二级出水经物化处理后，其出水中的某些污染物指标仍不能满足再生利用水质要求时，则应考虑在物化处理后增设活性炭吸附工艺。

用于水处理的活性炭的规格、吸附特征、物理性能等均应符合颗粒活性炭相关标准的要求。

④ 活性炭吸附装置的有固定床、移动床、流化床等，使用较多的是固定床。

a. 固定床　将被处理水连续通过炭接触器，使水中的吸附质被活性炭吸附，当出水中吸附质的含量达到规定的数值时，应停止进水，对活性炭进行再生。吸附再生可在同一设备中交替进行，也可将失效活性炭排到再生设备中进行再生。

固定床又分为重力式和压力式。重力式用在下向流池中，可采用普通快滤池、虹吸滤池或无阀滤池。压力式有上向流、下向流两种，构造同压力滤池。

b. 移动床　移动床为压力式，原水由底部从下向上通过活性炭滤层与活性炭进行逆流接触，冲洗废水和处理后的水从池顶部流出。失效炭由底部排出，新活性炭从池顶间歇

性或连续性加入。活性炭处理单元一般在快滤池和消毒工艺之间,也可在快滤池砂滤料上铺设活性炭层。如活性炭直接吸附处理浊度高的原水,则会降低吸附有机物的功能。

c. 流化床　又称流动床,其特点是在吸附时活性炭在吸附塔内处于膨胀状态,塔中吸附剂与废水逆向连续流动。由于移动床在运行中有起床、落床的动作,其生产过程并不是完全连续运行的。

⑤ 采用活性炭吸附工艺时,宜进行静态或动态试验,合理确定活性炭的用量、接触时间、水力负荷和再生周期。设计参数原则上应根据原水和再生水水质要求,根据试验资料或结合实际运行资料确定。

⑥ 使用粉末活性炭的间歇式吸附操作通常在吸附反应池中进行,其池型有两种:一种是搅拌池型,即在整个池子内进行快速搅拌混匀,使吸附剂与原水充分混合进行吸附反应,属于 CMB 反应器类型;另一种是泥渣接触型,其池型与操作和循环澄清池相同。

⑦ 使用颗粒活性炭的动态吸附操作是在吸附塔的设备中完成的。吸附塔的设计计算一般采用博哈特(Bohart)和亚当斯(Adams)所提出的方程(B-A 方程)进行设计计算。

当活性炭吸附塔(柱)运行时,进水(原水)污染物浓度为 c_0,出水污染物浓度为 c_e。开始运行时炭层均是新鲜的,出水浓度实际上低于允许值 c_e。继续运行下去,一定时间后活性炭床接近饱和,出水浓度达到 c_e,该点为穿透点。继续运行出水浓度会大于 c_e,出水不合格且出水污染物浓度快速上升,达到 $0.95 c_0$,这一点为耗竭点。再继续运行下去,吸附剂则彻底失效。以浓度 c 为纵坐标,出水体积为横坐标,所得曲线称该吸附柱的穿透曲线,见图 6-1。

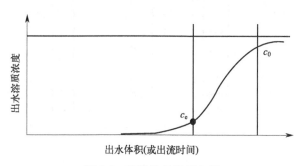

图 6-1　吸附柱的穿透曲线

B-A 方程

$$\ln=\left(\frac{c_0}{c_e}-1\right)=\ln(c^{\frac{KN_0h}{v}}-1)-Kc_0T$$

式中　T——炭床工作时间,h;

　　　v——水通过炭床的空床线速度,m/h;

　　　h——炭床高度,m;

　　　c_0——进水中吸附质浓度,mg/L;

　　　c_e——允许出水溶质浓度,mg/L;

N_0——吸附容量，即达到饱和时活性炭对吸附质的吸附量，kg/m^3；

K——吸附速率常数，$m/(kg \cdot h)$。

当 $T=0$ 时，能使出水溶质浓度小于 c_e 的碳层理论深度 h_0 定义为该活性炭层的临界深度，解上述 B-A 方程，可求出 h_0 的表达式。由于指数项 $e^{\frac{KN_0 h}{v}} \gg 1$，故 B-A 方程中有

$$e^{\frac{KN_0 h}{v}} - 1 \approx e^{\frac{KN_0 h}{v}}$$

$$h_0 = \frac{v}{KN_0} \ln\left(\frac{c_0}{c_e} - 1\right)$$

工作时间

$$T = \frac{N_0}{c_0 v} h - \frac{1}{c_0 K} \ln\left(\frac{c_0}{c_e} - 1\right)$$

炭柱的吸附容量（N_0）和速度常数（K），可以通过埃肯菲尔德（Eckenfelder）和福特（Ford）提出的活态活性炭吸附柱试验，以及 B-A 方程的 T-N_0 线性关系回归或由作图法求出。

埃肯菲尔德-福特的动态吸附柱试验如图 6-2 所示。

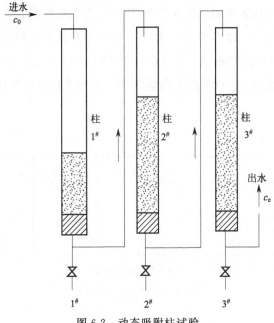

图 6-2　动态吸附柱试验

选用 3 根吸附柱，炭层高度分别为 h_1、h_2、h_3，吸附质初始浓度为 c_0 的废水，以一定的线速度通过 3 个吸附柱，3 个吸附柱取样口的吸附质浓度达到允许出水浓度 c_e 的时间分别为 T_1、T_2、T_3。以 T 为纵坐标，h 为横坐标作图得一直线，该直线的斜率为 $\frac{N_0}{c_0 v}$，截距为 $\ln\left(\frac{c_0}{c_e} - 1\right)/(c_0 K)$，由此计算出在该线速度下的 N_0、K 值，并计算出 h_0 值。

改变线速度条件，可求得不同条件下的 N_0、K、h_0。一般至少应该用 3 种不同的线速度进行试验。

⑧ 活性炭吸附池无试验资料时可按正常情况下的参数设计。空床接触时间为 20～30min。炭层厚度为 3～4m。下向流的空床滤速为 7～12m/h。炭层最终水头损失为 0.4～1.0m。

常温下经常性冲洗时，水冲洗强度为 11～13L/(m^2·s)，历时 10～15min，膨胀率为 15%～20%；定期大流量冲洗时，水冲洗强度为 15～18L/(m^2·s)，历时 8～12min，膨胀率为 25%～35%。活性炭再生周期由处理后出水水质是否超过水质目标值确定，经常性冲洗周期宜为 3～5d。冲洗水可用砂滤水或炭滤水，冲洗水浊度宜小于 5NTU。

⑨ 活性炭吸附罐无试验资料时可按正常情况下的参数设计。接触时间为 20～35min。吸附罐的最小高度与直径之比为 2：1，罐径为 1～4m，最小炭层厚度为 3m，宜为 4.5～6m。升流式水力负荷为 2.5～6.8L/(m^2·s)，降流式水力负荷为 2.0～3.3 L/(m^2·s)。操作压力每 0.3m 炭层 7kPa。

⑩ 一般颗粒活性炭的平均粒径以 0.8～1.7mm 较好，既有良好的水力性能又能减少吸附区高度。

⑪ 为防止冲洗时活性炭流失，压力滤池的活性炭层上设置不锈钢丝网，下面设不锈钢格栅和卵石承托层。

⑫ 固定床一般为 2～3 个串联使用，但不宜多于 4 个，运行时依次顺序再生。水量大时，可将几组串联池并联运行。进水有机物浓度较低但处理水量较大时，可多个固定床并联使用，但活性炭利用率降低。钢制固定床的直径不宜超过 1.6～2.0m。

⑬ 移动床可以只设 1 个，流量大时可多个并联运行。

⑭ 活性炭最好采用水力输送法，炭浆浓度的炭水比一般为 1：(8～12)。可用水射器、隔膜泥浆泵或橡皮衬里的凹形叶轮离心泵，通过管道输送。管道内径不小于 5cm，炭浆流速不小于 1m/s，以防止炭沉淀，但也不应大于 2m/s，以免磨损管道。5cm 内径的管道，输送炭的能力为 10～20kg/min，100m 长度管道的摩擦损失为 0.6～3m。

⑮ 固定床和移动床都应有备用。

⑯ 当活性炭使用一段时间后，其出水不能满足水质要求时，可从活性炭滤池的表层、中层、底层分层取炭样，测碘吸附值和亚甲基蓝吸附值，验证炭是否失效。失效炭指标见表 6-9。

表 6-9　失效炭指标

测定项目	表层	中层	底层
碘吸附值/(mg/L)	≤600	≤610	≤620
亚甲基蓝吸附值/(mg/L)	≤85	—	≤90

⑰ 活性炭吸附能力失效后，为了降低运行成本，一般需将失效的活性炭进行再生后继续使用。我国目前再生活性炭常用两种方法：一种是直接电加热；另一种是高温加热。活性炭再生处理可在现场进行，也可返回厂家集中再生处理。

二、计算例题

【例题 6-1】 颗粒活性炭选型试验计算

(一) 已知条件

在城市污水再生回用工程中,为去除污水中残留的溶解性有机物,拟在深度处理工艺中选用活性炭吸附法。在进行活性炭吸附选择时,采用几个不同品牌的活性炭做等温吸附试验进行对比,以选出吸附性能最佳活性炭品牌。试验方法与结果如下。

在 10 个 500mL 的三角烧瓶中各加入 250mL、溶质含量约为 500mg/L 的水样,其中 8 个烧瓶中各加入不同质量 (m) 的某同一品牌的活性炭 (注:试验用活性炭样品已做过预处理,用蒸馏水洗净放在 105℃烘箱中烘至恒重,由于粒状活性炭要达到吸附平衡耗时长,试验时将其磨碎至 200 目以下粉末状,以节省试验时间),另外 2 个烧瓶不加活性炭,做空白试验。每个烧瓶用塞子密封,在 25℃下摇动 8h (注:吸附平衡时间是已经由前期试验给出,足以达到吸附平衡),然后把活性炭与上清液分离,并分析上清液中溶质含量 (c_e)。吸附试验数据列于表 6-10,2 个空白式样的 DOM 的含量 (c_i) 测得为 515mg/L。

表 6-10 等温吸附试验结果

样品号	1	2	3	4	5	6	7	8
c_e/(μg/L)	58.2	87.3	116.4	300	407	786	902	2940
m/mg	1005	835	641	491	391	298	290	253

(二) 设计计算

① 计算每个瓶中该品牌活性炭的平衡吸附容量 q_e。以 1# 瓶为例。

$$q_e = \frac{x}{m} = \frac{V(c_i - c_e)}{m} = \frac{0.25 \times (515 - 0.0582)}{1005} = 0.128 (\text{mg/mg})$$

类推将 1#~8# 瓶的计算结果列于表 6-11。

表 6-11 实验结果计算

瓶号	1	2	3	4	5	6	7	8
$\frac{x}{m}$/(mg/mg)	0.128	0.154	0.201	0.262	0.329	0.431	0.443	0.506
c_e/(mg/L)	0.0582	0.0873	0.1164	0.300	0.407	0.786	0.902	2.94
$1/(x/m)$ /(mg/mg)	7.81	6.49	4.98	3.82	3.04	2.32	2.26	1.976
$1/c_e$/(L/mg)	17.2	11.5	8.59	3.33	2.46	1.272	1.109	0.340

② 将表 6-11 数据分别在常用坐标纸和双对数坐标纸上作图。

吸附等温线如图 6-3 所示。

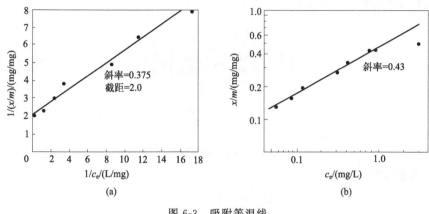

图 6-3　吸附等温线

由图 6-3 可见，朗格缪尔吸附等温式与弗兰德利希等温式均适用。根据图 6-3(a)，可量出直线截距 $=1/q^0=2.0$，斜率 $=1/(bq^0)=0.375$。

故吸附系数 $b=2.0/0.375=5.33$。该种活性炭用于本工程，其朗格缪尔吸附等温式为

$$q_e=\frac{x}{m}=\frac{5.33q^0c_e}{1+5.33c_e}$$

根据图 6-3(b)，可量出斜率 $=1/n=0.43$，$K=0.47$，相应得到弗兰德利希吸附等温方程为

$$q_e=\frac{x}{m}=0.47c_e^{0.43}$$

同样，对其他几种品牌活性炭重复以上试验。根据所得结果选出对本工程最佳的活性炭品种。

【例题 6-2】 间歇式一级吸附粉末活性炭投入量的计算

（一）已知条件

污水厂三级处理出水水量为 $Q=50\text{m}^3/\text{h}$，当进水 COD 浓度冲击负荷发生时，经三级生物处理后的出水 COD 含量超标，最高达 $c_0=50\text{mg/L}$。现拟利用粉状活性炭间歇式吸附处理，使回用水 COD$<10\text{mg/L}$。

此前经过活性炭吸附剂选择设计的等温吸附试验，得到该粉状活性炭对于本工程生物处理出水的弗兰德利希吸附等温方程为

$$\frac{x}{m}=0.002c_e^{1.39}$$

吸附平衡时间 $t=2\text{h}$。

（二）设计计算

1. 间歇式吸附操作工艺如图 6-4 所示。

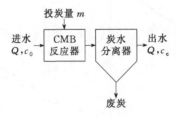

图 6-4　间歇式吸附操作工艺

2. 反应器容积 V

$$V = QT = 50 \times 2 = 100 (\text{m}^3)$$

3. 截留 COD 的质量 x

$$x = V(c_0 - c_e) = 100 \times (50 - 10)/1000 = 4 (\text{kg})$$

4. 总投炭量 m

根据弗兰德利希吸附等温方程 $\dfrac{x}{m} = 0.002 c_e^{1.39}$

$$m = \frac{x}{0.002 c_e^{1.39}} = \frac{4}{0.002 \times 10^{1.39}} = 81.6 (\text{kg})$$

5. 每小时投炭量 m_0

反应时间 $t = 2\text{h}$，则每小时投炭量 $m_0 = m/t = 81.6/2 = 40.8 (\text{kg})$。

【例题 6-3】　粉状活性炭二级逆流静态间歇式吸附投炭量计算

（一）已知条件

污水厂三级处理出水水量为 $Q = 50\text{m}^3/\text{h}$，当进水 COD 浓度冲击负荷发生时，经三级生物处理后的出水 COD 含量超标，最高达 $c_0 = 50\text{mg/L}$。现拟利用粉状活性炭间歇式处理，使回用水 COD$<10\text{mg/L}$。

在废水的静态等温吸附试验中测得某活性炭的弗兰德利希吸附等温方程式为

$$\frac{x}{m} = 0.002 c_e^{1.39}$$

系统投入的新炭为再生炭，其吸附容量为 $(x/m)_0 = 0.01\text{mg/mg}$，吸附平衡时间为 2h。

（二）设计计算

活性炭吸附时，对大多数有机物在浓度和吸附量之间存在着特定的关系。一般来说，溶质浓度越高，活性炭吸附量越大。考虑单级静态吸附不能充分利用活性炭的吸附容量，拟采用二级逆流吸附操作方式。即让新投入系统的活性炭先接触污染物浓度较少的一级吸附分离水，使二级炭水分离器分离出的使用过的活性炭与原进水接触，充分利用其剩余吸附能力。由于其剩余的吸附性能有限，在水处理设计中一般不会超过二级，如图 6-5 所示。

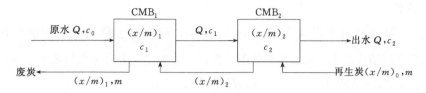

图 6-5 逆流吸附操作工艺

（1）每级吸附反应器（吸附池）容积计算

$$V=QT=50\times 2=100（\mathrm{m}^3）$$

（2）如果忽略底流中炭泥所挟带的水量，可写出各级反应器 COD 的物料平衡关系式。
一级吸附池 CMB_1 为

$$Q(c_0-c_1)=m\left[\left(\frac{x}{m}\right)_1-\left(\frac{x}{m}\right)_2\right]$$

二级吸附池 CMB_2 为

$$Q(c_1-c_2)=m\left[\left(\frac{x}{m}\right)_2-\left(\frac{x}{m}\right)_0\right]$$

（3）由于每级吸附都达到吸附平衡，吸附等温方程为

$$\left(\frac{x}{m}\right)_2=0.002c_2^{1.39}$$

$$\left(\frac{x}{m}\right)_1=0.002c_1^{1.39}$$

（4）将上面四式联立，求解含量为

$$\left(\frac{c_1}{c_2}\right)^{1.39}+\frac{c_0-c_1}{c_1-c_2}\left[\frac{(x/m)_0}{0.002c_2^{1.39}}-1\right]=1$$

将 $c_0=50\mathrm{mg/L}$，$c_2=10\mathrm{mg/L}$，$(x/m)_0=0.01$ 代入上式，得

$$0.0407c_1^{1.39}-0.796\frac{50-c_1}{c_1-10}=1$$

用试算法解得 $c_1=21.7\mathrm{mg/L}$。

（5）投炭量计算
由第二级 CMB_2 吸附平衡方程

$$\left(\frac{x}{m}\right)_2=0.002c_2^{1.39}0.002\times 10^{1.39}=0.0491（\mathrm{mgCOD/mg}\ 炭）$$

投炭量为

$$m=\frac{Q(c_1-c_2)}{\left(\dfrac{x}{m}\right)_2-\left(\dfrac{x}{m}\right)_0}=\frac{50\times(21.7-10)}{(0.0491-0.01)\times 100}=14.96（\mathrm{kg/h}）$$

活性炭动态吸附柱工作时间与炭床利用率计算

(一) 已知条件

污水厂三级处理出水水量为 $Q = 65.25\text{m}^3/\text{d}$，经三级生物处理后的出水含酚 $c_0 = 12\text{mg/L}$。现欲回用该废水，用活性炭吸附工艺，要求炭柱吸附后出水酚浓度 $c_e = 0.5\text{mg/L}$。炭柱的动态吸附试验装置如图 6-2 所示，结果见表 6-12。

表 6-12　炭柱吸附装置试验结果

空床线速度/(m/h)	炭床高度/m	通过水量/m³	工作时间/h
6.11	0.91	3.10	1000
	1.52	6.85	2213
	2.13	10.56	3412
11.0	0.91	2.23	400
	1.52	5.50	987
	2.74	12.04	2162
19.55	1.52	4.34	438
	2.74	10.50	1060
	3.66	15.10	1525

(二) 设计计算

1. 根据动态吸附装置试验结果求 N_0、K、h_0

以工作时间 t 为纵坐标，炭床床深 h 为横坐标，针对三种不同的线速度条件作 t-h 关系图曲线，如图 6-6 所示。

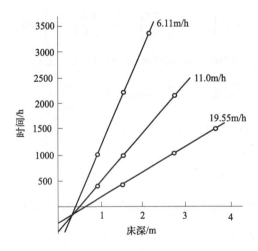

图 6-6　逆流吸附操作工艺

直线斜率为 $\dfrac{N_0}{c_0 v}$，直线截距为 $\dfrac{1}{c_0 K}\ln(\dfrac{c_0}{c_e} - 1)$，由直线斜率和截距值计算所得 N_0、K、h_0 的结果列于表 6-13 中。

表 6-13　N_0、K、h_0 计算结果

空床线速度/(m/h)	斜率/(h/m)	截距/h	N_0/(kg/m³)	K/[m³/(kg·h)]	h_0/m
6.11	1978.3	−800	139.2	0.326	0.41
11.0	964.6	−488	127.4	0.534	0.51
19.55	508.5	−330	119.4	0.773	0.66

以动态吸附柱试验中的空床线速度为横坐标，以 N_0、K 分别为纵坐标，由表 6-13 给出的结果，绘出 N_0-v、K-v 两条曲线，如图 6-7 所示。

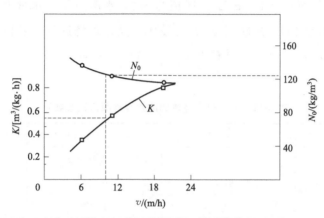

图 6-7　N_0 和 K 与 v 关系曲线

上述结果均为实验室的动态吸附柱试验结果，现在要利用这一实验室结果放大，进行生产规模处理设备的设计。

选择吸附柱直径为 1.0m，炭层高度为 1.8m，吸附柱每日工作 8h，空床流速

$$v = \dfrac{65.25}{\dfrac{\pi}{4} \times 1 \times 8} = 10.39 \, (\mathrm{m/h})$$

由图 6-7 查得，当 $v = 10.39\mathrm{m/h}$ 时，$N_0 = 129.0\mathrm{kg/m^3}$，$K = 0.51\mathrm{m^3/(kg \cdot h)}$。

2. 临界高度 h_0

$$h_0 = \frac{v}{KN_0} \ln\left(\frac{c_0}{c_e} - 1\right) = \frac{10.39}{0.51 \times 129.0} \ln\left(\frac{12}{0.5} - 1\right) = 0.50 \, (\mathrm{m})$$

3. 炭柱工作时间 t

$$t = \frac{N_0 h}{c_0 v} - \frac{1}{c_0 K} \ln\left(\frac{c_0}{c_e} - 1\right) = \frac{129.0 \times 1.8}{12 \times 10^{-3} \times 10.39} - \frac{1}{12 \times 10^{-3} \times 0.51} \ln\left(\frac{12}{0.5} - 1\right) = 1352 \, (\mathrm{h})$$

4. 每年更换次数 n

$$n = \frac{365 \times 8}{1352} = 2.16 \, (\text{次})$$

5. 炭的年消耗容积

$$V = 1.8 \times \frac{3.14}{4} \times 1^2 \times 2.16 = 3.05 \, (\mathrm{m^3})$$

6. 活性炭床利用率

$$\frac{h-h_0}{h}\times100\%=\frac{1.8-0.5}{1.8}\times100\%=72.2\%$$

【例题 6-5】 颗粒活性炭滤池的设计计算

(一) 已知条件

某城市污水厂拟采用活性炭吸附法进行城市污水再生回用深度处理，三级生物处理出水 COD 含量平均 $c_0=12\text{mg/L}$，pH 值为 6.5，水温 10℃。水量为 $Q=6000\text{m}^3/\text{d}=250\text{m}^3/\text{h}$，处理出水 COD 含量 c_e 为 0.6mg/L。经过现场进行三种以上滤速的炭柱试验（活性炭柱炭层高 1.8m，颗粒活性炭的粒径为 0.8～1.7mm），试验结果见表 6-14。

表 6-14　三种以上滤速的活性炭柱吸附试验结果

滤速/(m/h)	q_0/(kg/m³)	K/[m³/(kg·h)]	h_0/m
6	86	0.467	0.436
12	67	0.793	0.677
24	57	1.173	1.067

q_0（吸附容量即达到饱和时吸附剂的吸附量）、K（速率系数）、h_0（工作时间为零时，保证出水吸附质浓度不超过允许浓度的炭层理论高度）与水力负荷关系曲线见图 6-8。

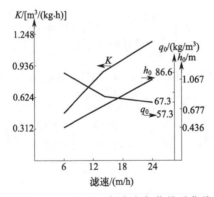

图 6-8　q_0、K、h_0 与水力负荷关系曲线

(二) 设计计算

根据动态吸附试验结果和污水处理厂现场条件，决定采用重力式固定床，池型用普通快滤池（活性炭滤池池体具体计算过程参见本书普通快滤池部分）。滤速取 $v_L=10\text{m/h}$，炭层厚度 $H_0=2.0\text{m}$，活性炭填充密度 $\rho=0.5\text{t/m}^3$。

① 活性炭滤池总面积 $F=Q/v_L=250/10=25(\text{m}^2)$。

② 活性炭滤池个数 N。采用两池并联运行 $N=2$，每池面积为 $f=25/2=12.5(\text{m}^2)$。平面尺寸取 $3.6\text{m}\times3.6\text{m}$。另外备用 1 个活性炭滤池，共 3 个活性炭滤池。

③ 接触时间 $T=H_0/v_{\text{L}}=2/10=0.2(\text{h})$。

④ 活性炭充填体积 $V=FH_0=25\times2=50(\text{m}^3)$。

⑤ 每池填充活性炭的质量 $G=V\rho=50\times0.5=25(\text{t})$。

⑥ 活性炭工作时间 t。查图 6-8，当滤速为 10m/h 时，$K=0.696\text{m}^3/(\text{kg}\cdot\text{h})$，$h_0=0.6\text{m}$，$q_0=72.6\text{kg/m}^3$。则活性炭的工作时间

$$t=\frac{q_0}{c_0 v_{\text{L}}}h-\frac{1}{c_0 K}\ln\left(\frac{c_0}{c_{\text{e}}}-1\right)=\frac{72.6}{0.012\times10}\times2-\frac{1}{0.012\times0.696}\times\ln\left(\frac{0.012}{0.006}-1\right)=1210(\text{h})$$

⑦ 活性炭每年更换次数 n。$n=365\times24/t=365\times24/1210\approx7.24(\text{次/a})$。取 8 次。

⑧ 活性炭层利用率 $(H_0-h_0)/h\times100\%=(2-0.6)/2\times100\%=70\%$。

⑨ 活性炭滤池的高度 H。活性炭层高 $H_{\text{n}}=2.0\text{m}$，颗粒活性炭的粒径为 $0.8\sim1.7\text{mm}$。承托层厚度 $H_{0\text{层}}=0.55\text{m}$（级配组成见表 6-15）。活性炭层以上的水深 $H_1=1.70\text{m}$。活性炭滤池的超高 $H_2=0.30\text{m}$。

活性炭滤池的总高

$$H=H_{\text{n}}+H_{0\text{层}}+H_1+H_2=2.0+0.55+1.70+0.30=4.55(\text{m})$$

表 6-15　活性炭滤池承托层级配组成

层次（自上而下）	粒径/mm	承托层厚度/mm
1	1~2	100
2	2~4	100
3	4~8	100
4	8~16	100
5	16~32	150

⑩ 单池反洗流量 $q_{\text{冲}}$。反洗强度取 $8\text{L}/(\text{s}\cdot\text{m}^2)$，冲洗时间为 10min，则

$$q_{\text{冲}}=fq=12.5\times8=100(\text{L/s})=0.1(\text{m}^3/\text{s})$$

⑪ 冲洗排水槽。每池只设 1 个排水槽，槽长 3.6m，槽内流速采用 0.6m/s，槽的断面尺寸见图 6-9。冲洗膨胀率取 30%，槽顶位于滤层面以上的高度为 1.17m。

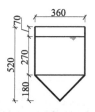

图 6-9　排水槽的断面尺寸

⑫ 集水渠采用矩形断面，渠宽采用 $B=0.3\text{m}$。集水渠底低于排水槽底的高度 0.6m。集水渠与排水槽的平面布置见图 6-10。

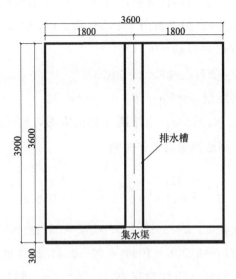

图 6-10　集水渠与排水槽的平面布置

⑬ 配水系统采用大阻力配水系统，配水干管 DN300，始端流速 1.37m/s。配水支管中心距采用 0.25m，支管总数 28 根，支管流量 0.00357m³/s，支管直径 DN50，流速 $v_{支}$＝1.69m/s，支管长 1.65m。孔眼孔径 0.012m，孔眼总数 165 个，每一支管孔眼数 6 个，孔眼中心距 0.55m，孔眼平均流速 5.3m/s。

⑭ 冲洗水箱容积 90m³，水箱内水深 3.5m，圆形水箱直径 6m。水箱底至冲洗排水槽的高差为 5.0m。活性炭滤池剖面见图 6-11。

图 6-11　活性炭滤池剖面

【例题 6-6】 活性炭吸附塔的设计计算

(一) 已知条件

某城市污水厂拟采用间歇式移动床活性炭吸附塔进行城市污水再生回用深度处理，三级生物处理出水水量 $Q=600\text{m}^3/\text{h}$，平均 COD 浓度为 65mg/L，出水 COD 浓度要求小于 5mg/L。

根据动态吸附试验结果，拟采用间歇式移动床吸附塔，其主要设计参数为：空塔内流速 $v=10\text{m/h}$；接触时间 $t=30\text{min}$；通水倍数 $W=6\text{m}^3/\text{kg}$（即单位质量活性炭处理水量）；炭层密度 $\rho=0.43\text{t/m}^3$。

(二) 设计计算

1. 吸附塔总面积 F

$$F=Q/v=600/10=60(\text{m}^2)$$

采用 4 塔并联式移动床，即塔数 $n=4$。

2. 单塔面积 f

$$f=F/n=60/4=15(\text{m}^2)$$

3. 吸附塔直径 D

$$D=(4f/\pi)^{1/2}=(4\times15/\pi)^{1/2}=4.4(\text{m})$$

采用 4.5m。

4. 塔内炭层高度 h

$$h=vt=10\times0.5=5(\text{m})$$

5. 单塔炭层容积 V

$$V=fh=15\times5=75(\text{m}^3)$$

6. 单塔所需活性炭质量 G

$$G=V\rho=75\times0.43=32.25(\text{t})$$

7. 每日总需炭量 g

$$g=24Q/W=24\times600/6=2400(\text{kg/d})=2.4(\text{t/d})$$

【例题 6-7】 粉末活性炭补充量的计算

(一) 已知条件

某城市污水厂拟采用粉末活性炭进行城市污水再生回用深度处理，三级生物处理出水水量 $Q=360\text{m}^3/\text{h}=100\text{L/s}$，平均 COD 浓度为 20mg/L，出水 COD 浓度要求小于 1mg/L。

试验测得的吸附等温线方程为

$$q=\frac{0.13\times0.345c_e}{1+0.13c_e}$$

式中　q——活性炭的吸附量，g/g；

c_e——吸附平衡时水中剩余的吸附质浓度，mg/L。

粉末活性炭投加在可连续搅拌的接触池内,池子容积 $V=6000L$。开始运行时,炭量按每升池容积 20g 投加。活性炭流出池子经分离后再回到池内,直到完全饱和再排走进行再生,同时按水流量中所含的有机物量补充投加活性炭。水处理工艺见图 6-12。

图 6-12　粉末活性炭水处理工艺

(二) 设计计算

1. 运行时间

活性炭按池容积每升 20g 加入。$c_e=1mg/L$ 时的活性炭吸附量为

$$q=\frac{0.13\times0.345\times1}{1+0.13\times1}=0.0397(g/g)$$

开始运行时,所投加的全部活性炭所能吸附的有机物总量为

$$20\times6000\times0.0397=4763(g)$$

在流量为 100L/s 时,若按出水浓度为 1mg/L 计,则吸附 4763g 有机物所需要的时间为

$$\frac{4763}{100\times(0.020-0.001)}=2507(s)=41.78(min)$$

实际上,池内所去除的有机物浓度应该是从 20mg/L 变到 19mg/L,而不是常数 19mg/L。取平均值得 19.5mg/L,因此吸附 4763g 有机物所需要的时间为

$$\frac{4763}{100\times0.0195}=2442(s)=40.7(min)$$

2. 活性炭的补充量

在 40.7min 后所应补充的活性炭量,只需满足将流量 100L/s 水中的有机物去除即可。考虑到理论计算与实际情况之间的差别,去除有机物的浓度按 20mg/L 计算。当 $q=0.0397mg/mg$ 时,则活性炭的补充投加量为

$$100\times20/0.0397=50380(mg/s)=50.38(g/s)$$

第二节　离子交换

离子交换是通过固体离子交换剂中的离子与待处理溶液中的离子进行交换,以达到提取或去除待处理溶液中某些物质的目的。离子交换是一种属于传质分离过程的单元操作,是可逆的等当量交换反应。

水处理中,离子交换是以圆球形树脂过滤原水,水中的离子与固定在树脂上的离子交换。交换过程为:①待处理水中的离子迁移到附着在离子交换剂颗粒表面的液膜中;②进

入液膜的离子通过扩散（简称膜扩散）进入颗粒中，并在颗粒的孔道中扩散而到达离子交换剂的交换基团的部位（简称颗粒内扩散）；③到达离子交换剂的交换基团部位的离子同离子交换剂上的离子进行交换；④离子交换剂中被交换下来的离子沿相反途径转移到待处理水中。一般认为离子交换反应瞬间完成，因而离子交换的速度主要是由膜扩散或颗粒内扩散速度所决定的。

离子交换剂有无机和有机质两类。无机离子交换剂有天然物质海绿砂或合成沸石，有机离子交换剂有磺化煤和树脂。离子交换剂由不参加交换过程的惰性物母体（如树脂的母体是由高分子物质交联而成的三维空间网络骨架）和联结在惰性物母体上的活性基团（带电官能团）组成。母体本身为电中性，活性基团包括同母体紧密结合的惰性离子和带异号电荷的可交换离子。可交换离子为阳离子（酸性基）时，称阳离子交换树脂；可交换离子为阴离子（碱性基）时，称阴离子交换树脂。阳、阴离子交换树脂又可根据反应基的酸碱强度分为强酸性和弱酸性、强碱性和弱碱性等。

离子交换的运行有静态、动态两种形式。静态运行是在待处理水中加入适量的树脂进行混合，直至交换反应达到平衡状态。动态运行是将离子交换剂置于容器（离子交换设备）中，待处理水连续通过装有交换剂的容器进行离子交换。离子交换设备有固定床、移动床、流动床等形式。固定床是在离子交换一周期的四个过程（交换、反洗、再生、淋洗）中，离子交换剂均固定在床内。移动床则是在离子交换过程中将部分饱和的离子交换剂移出床外再生，同时将再生完成的离子交换剂送回床内使用。流动床则是离子交换剂处于流动状态下完成上述四个过程。移动床内的离子交换过程是半连续进行的，流动床内的离子交换过程则是全连续进行的。

床内只有阳性树脂或阴性树脂的相应地称为阳床或阴床，床内同时装有阳性、阴性两种树脂（混合在一起）的称为混合床。在逆流再生固定床内，按一定的配比装填强、弱二种离子交换树脂，由于强、弱树脂存在密度与粒径的差异，密度小颗粒细的弱型树脂处于上部，密度大颗粒粗的强型树脂处于下部，在交换柱形成上下两层、强弱性能不同的树脂层时为双层床。按离子交换性质可分为阳离子交换双层床（简称阳双层床）与阴离子交换双层床（简称阴双层床）两种。

目前离子交换工艺所应用的范围受到离子交换树脂品种、性能、成本的限制，离子交换树脂的再生和再生液的处理也是一个问题，在城市污水再生回用深度处理中使用离子交换法还有一个非常让人忧虑的设计问题就是树脂会被城市污水中的胶体和溶解性有机物所污染堵塞。尽管对预处理的要求非常严格，但有时仍有这些问题存在。

一、设计概述

1. 离子交换树脂分类、型号、命名、品牌

离子交换树脂的分类根据国家标准《离子交换树脂命名系统和基本规范》（GB/T 1631—2008）确定，如表 6-16 所列。在水处理中，主要应用的是有机物合成的离子交换树脂。

根据国家标准《离子交换树脂命名系统和基本规范》（GB/T 1631—2008），离子交换树脂的命名原则为：离子交换树脂的全名称由分类名称、骨架（或基团）名称、基本名称排列组成。离子交换树脂的形态分凝胶型和大孔型两种。凡具有物理孔结构的称大孔型树脂，在全名称前加"大孔"两字以示区别。

表 6-16　离子交换树脂的分类

分类名称	官能团
强酸性	磺酸基($-SO_3H$)
弱酸性	羧酸基($-COOH$)、磷酸基($-PO_3H_2$)等
强碱性	季铵基$-N(CH_3)_3$、$-\overset{\displaystyle CH_3}{\underset{\displaystyle CH_2CH_2OH}{N}}-CH_3$ 等
弱碱性	伯、仲、叔胺基($-NH_2$、$-NHR$、$-NR_2$)等
螯合性	胺羧基$-CH_2-\overset{\displaystyle CH_2COOH}{\underset{\displaystyle CH_2COOH}{N}}$、$-CH_2-\overset{\displaystyle CH_3}{N}-C_6H_8(OH)_5$ 等
两性	强碱-弱酸[$-N(CH_3)_3-COOH$] 弱碱-弱酸($-NH_2-COOH$)等
氧化还原	硫醇基($-CH_2SH$)、对苯二酚基($\overset{\displaystyle OH}{\underset{\displaystyle OH}{\bigcirc}}$)等

基本名称：离子交换树脂。凡分类属酸性的，应在基本名称前加一个"阳"字；分类属碱性的，在基本名称前加一个"阴"字。

为了区别离子交换树脂产品同一类中的不同品种，在全名称前必须有型号。离子交换树脂产品的型号主要以 3 位阿拉伯数字组成：第 1 位数字代表产品的分类；第 2 位数字代表骨架的差异；第 3 位数字为顺序号，用以区别基团、交联剂等的差异。离子交换树脂代号见表 6-17。

表 6-17　离子交换树脂代号

第 1 位数字	分类名称	第 2 位数字	分类名称
0	强酸性	0	苯乙烯系
1	弱酸性	1	丙烯酸系
2	强碱性	2	酚醛系
3	弱碱性	3	环氧系
4	螯合性	4	乙烯吡啶系
5	两性	5	脲醛系
6	氧化还原	6	氯乙烯系

凡大孔型离子交换树脂，在型号前加"D"字表示；凡凝胶型离子交换树脂的交联度值，可在型号后面用"×"号连接阿拉伯数字表示。型号如图 6-13 所示。

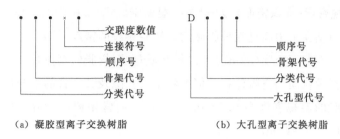

（a）凝胶型离子交换树脂　　　　　　（b）大孔型离子交换树脂

图 6-13　离子交换树脂型号

2. 离子交换树脂的结构和性能

为了在设计中选准适合于所考虑系统的离子交换树脂，对离子交换工艺实施优化设计，有必要了解离子交换树脂的结构和性能。离子交换树脂外观是一种带不同深浅黄色的凝胶质小球，国产树脂粒径主要分布在 0.315～1.25mm 之间，某些大孔型可能会在 0.6～1.6mm 之间，这种树脂在干燥失水时体积收缩，浸入水中时膨胀，称为树脂的溶胀现象。离子交换树脂小球实际上是一个微观的立体网状结构，类似海绵的这种结构组成了无数四通八达的孔隙，普通凝胶型树脂孔隙的尺寸平均为 2～4nm，而大孔型的孔径为 20～100nm，这些微观孔隙内含水，实际是树脂的一个组成部分。

这一立体网状结构以交联的高分子聚合物组成高分子骨架。在高分子骨架上连着带有可交换的离子（称为反离子）的离子型官能团［如—SO_3H、—$COOH$、—$N(CH_3)_3Cl$ 等］或带有极性的非离子型官能团［如—$N(CH_3)_2$、—$N(CH_3)H$ 等］。在高分子结构之间的空间存在着空穴（不包括高分子链之间的孔隙）的属大孔型树脂，在凝胶型树脂中无空穴结构存在，如图 6-14 所示。

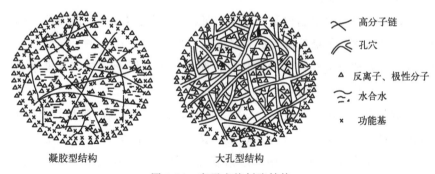

凝胶型结构　　　　　　大孔型结构

╳ 高分子链
︵ 孔穴
△ 反离子、极性分子
︵ 水合水
× 功能基

图 6-14　离子交换树脂结构

离子交换树脂的性能将直接影响到离子交换工艺设计以及离子交换设备的设计、计算、选型，甚至影响到今后的生产运行。

（1）密度　离子交换树脂的密度是设计水处理工艺中重要的实用数据，不但在估算离子交换设备中树脂的装填量时有用，尤其在设计混床、双层床、浮动床、移动床等各种不同工艺时也非常有用。

离子交换树脂的密度一般用含水状态下的湿视密度（堆积密度）和湿真密度来表示。

湿视密度指树脂在水中充分膨胀后的堆积密度，即

湿视密度(堆积密度)(g/mL)＝湿树脂质量/湿树脂的堆积体积

湿真密度指树脂在水中经过充分膨胀后，树脂颗粒的密度，即

湿真密度(g/mL)＝湿树脂质量/湿树脂的真体积

真体积不包括颗粒间的空隙体积，但颗粒中的孔隙及其所含的水分包括在内。

各种商品树脂的湿视密度为 $0.6\sim0.86g/mL$；通常阳树脂的湿真密度为 $1.3g/mL$，阴树脂的湿真密度为 $1.1g/mL$。

离子交换树脂湿视密度和湿真密度的测定方法见国家标准《离子交换树脂湿真密度测定方法》（GB/T 8330—2008）和《离子交换树脂湿视密度测定方法》（GB/T 8331—2008）。

（2）膨胀率　树脂由于吸水或转型等条件改变而引起的体积变化称溶胀性。溶胀是由于活性基团因遇水而电离出的离子发生水合作用而生成水合离子，从而使交联网孔胀大所致。

离子交换工艺无论是在正常运行时的离子交换过程还是在再生过程，实际上都是一种转型操作过程，都会反复发生溶胀现象。如果在进行树脂选型设计时选用了杂牌或伪劣树脂，当反复发生溶胀时，就会出现树脂破碎现象，在设计时必须要注意。常用树脂的转型膨胀率见表 6-18。

表 6-18　常用树脂的转型膨胀率

牌号	001×7	201×7	D111	D301
转型膨胀率/%	<10	<20	<70	<25

（3）机械强度　离子交换树脂颗粒抵抗外力保持其完整球形的能力称为机械强度，一般用耐磨率这个实用性指标来衡量。

除了上述的反复溶胀会引起树脂的破碎，在运行中也会有树脂之间的互相磨轧，特别是在反冲洗时，树脂之间的磨轧破损更为严重。

一般情况下，在离子交换树脂的选择设计时已考虑到了允许树脂年耗损量不应超过 $3\%\sim7\%$，就是说允许运行中每年有 $3\%\sim7\%$ 的破损率。

树脂因机械强度的问题引起破损，变成了碎片，大部分随着再生运行操作可以排出离子交换器体外，这只不过增加了运行方的经济成本负担，因为每年要补充 $3\%\sim7\%$ 的新树脂。当这些破损树脂碎片在运行中穿透树脂捕捉器而进入到主系统时，问题就相当严重了。

（4）耐温性　在污水回用深度处理中，被处理水的水温一般均是常温。离子交换树脂由于是有机合成高分子化合物，有一定的工作温度范围，超过上限，树脂会发生热分解；如果低于 0℃，树脂孔隙内所含水分会冰冻发生体积膨胀，使树脂破碎。因此通常树脂的储藏和使用温度为 $5\sim40℃$。

（5）耐核辐射性能　如果污水回用深度处理中涉及的是放射性废水，当进行离子交换

树脂选择设计时，要考虑到树脂的抗辐射性能。一般来说，有机合成树脂抗辐射性较差，易降解，其中又以阴树脂更为严重。无机离子交换剂的抗辐射性能较好。

（6）交换容量　交换容量指一定量树脂中所含交换基团或可交换离子的物质的量，以每千克（或毫升）湿树脂的物质的量表示。交换容量可分为全交换容量（理论交换容量）E_T 和工作交换容量 E_W 两种。

在实际使用中，E_W 更为重要一些，其值随使用条件而变化，一般应由试验确定。也可参考下式计算而得：

$$E_W = E_T n$$
$$n = [n_1 - (1-n_2)] = [n_2 - (1-n_1)]$$

式中　n——树脂利用率，等于交换前、后饱和程度之差，%，一般取 $60\% \sim 70\%$；

　　　n_1——树脂交换后的饱和度；

　　　n_2——树脂再生度。

（7）选择性　离子交换树脂对不同离子的亲和力有一定的差别。一般来说，亲和力大的离子容易被树脂所吸附，泄漏率小，但是在再生时置换洗脱下来比较困难。亲和力小的离子不容易被树脂所吸附，泄漏率大，但是在再生时容易被置换洗脱下来。离子交换树脂的这种性能称为选择性。

离子交换树脂一般总是优先交换价数高的离子，在同价离子中将优先交换原子序数大的离子，树脂对尺寸大的离子（如络合离子、有机离子）选择性较高。

在污水回用深度处理中，设计时必须考虑树脂的选择性。在常温、低浓度水溶液中树脂对常见离子的选择性次序大致如下。

① 强酸性阳离子交换树脂的选择性顺序

$Fe^{3+} > Cr^{3+} > Al^{3+} > Ca^{2+} > Mg^{2+} > K^+ = NH_4^+ > Na^+ > H^+ > Li^+$

② 弱酸性阳离子交换树脂的选择性顺序

$H^+ > Fe^{3+} > Cr^{3+} > Al^{3+} > Ca^{2+} > Mg^{2+} > K^+ = NH_4^+ > Na^+ > Li^+$

③ 强碱性阴离子交换树脂的选择性顺序

$Cr_2O_7^{2-} > SO_4^{2-} > CrO_4^{2-} > NO_3^- > Cl^- > OH^- > F^- > HCO_3^- > HSiO_3^-$

④ 弱碱性阴离子交换树脂的选择性顺序

$OH^- > Cr_2O_7^{2-} > SO_4^{2-} > CrO_4^{2-} > NO_3^- > Cl^- > HCO_3^-$

位于顺序前列的离子可以交换位于顺序后列的离子。

树脂的选择性交换能力可以用选择系数来表示。如某树脂 R-A，A 为树脂中的可交换离子，溶液中的离子 B^* 为欲去除的离子。离子交换反应方程式为

$$R—A + B^* \underset{再生}{\overset{交换}{\rightleftharpoons}} R—B + A^*$$

带 * 者为处于液相中的离子，由上述反应式可见，原先处于液相中的离子 B^* 经过交换，进入固相树脂中去了，原先固相树脂中的 A 被交换下来进入液相中去了，变成 A^* 离子。当达到反应平衡时，有：

$$K_A^B = \frac{[B][A^*]}{[A][B^*]}$$

式中　　K_A^B——选择系数；

[A]，[B]——固相树脂中的离子。

若 $K_A^B > 1$，表示树脂吸纳离子 B 比 A 容易。K_A^B 越大，树脂吸纳离子 B 的能力越强。

强酸阳离子交换树脂对水溶液中几种常见离子的选择系数见表 6-19。

表 6-19　强酸阳离子交换树脂选择系数

离子	选择系数	离子	选择系数
$K_{H^+}^{Na^+}$	1.5~2.0	$K_{Li^+}^{Na^+}$	2.0
$K_{H^+}^{K^+}$，$K_{H^+}^{NH_4^+}$	2.5~3.0	$K_{Na^+}^{Ca^{2+}}$	3~6
$K_{Na^+}^{K^+}$	1.7	$K_{Na^+}^{Mg^{2+}}$	1.0~1.5

3. 全自动软水器

（1）组成　自动软水器一般由控制器、控制阀（多路阀）、树脂罐（交换柱）、盐箱及连接件组成。

控制器控制自动完成整个再生过程，包括对运行终点的判断、启动再生、再次恢复运行等，分为时间型控制器和流量型控制器两种。时间型控制器类似一个机械钟表，当达到指定的时间时，自动启动再生过程。这种控制器适用于用水量稳定且运行规律的工作条件，否则在指定的时间内会出现树脂不能充分利用或超负荷产水、出水不合格的现象。流量控制器通过流量控制软水器的工作过程，一般要配合一个流量监测系统。当软水器处理到规定的流量时，自动启动并完成再生。当软水器的树脂填装量和再生过程确定以后，其工作容量也就确定了，根据产水量确定工作周期。

控制阀根据控制器发出的指令，开通、切断不同的通路，完成不同的工艺过程。目前国内常用的控制阀有美国 AUTOTROL（阿图祖）公司、FLECK（富莱克）公司、KINETICO（康科）公司等。

树脂罐装填树脂，主要有玻璃钢、碳钢防腐和不锈钢三种材料。盐箱的主要功能是配制再生用盐液。盐液箱的设计，一般都要考虑盐液杂质的过滤、防腐及清洗方便。

（2）工作原理

① 软化。硬水从总管流入软水器流经阳离子交换剂时，水中 Ca^{2+}、Mg^{2+} 等形成硬度的阳离子被交换剂所吸附，而交换剂中的可交换离子（Na^+）则转入水中，使水得到了软化。出水通过插入树脂桶中管道的底部流出软水器。

② 反洗。水通过插入管道从底部往上流经树脂层，快速的水流冲去树脂床中的杂质，再从排水管排出，同时使树脂床疏松、膨胀，为再生做好准备。

③ 再生。盐液在再生喷射器高速水流的虹吸作用下，与水以等比例混合，从上而下流入树脂层。盐液通过与树脂中的 Ca^{2+}、Mg^{2+} 交换后从排水管中排出，盐液中的 Na^+

被吸附到树脂中，失效的离子交换剂恢复了交换能力。

④ 慢洗。原水从总进水管流入软水器，通过中部插入管道将树脂中所含盐液置换出去。

⑤ 盐液补充。控制阀中有一带计量的喷嘴，水流经该喷嘴向盐液桶定量注入补充水。

⑥ 清洗。水流自上而下流经树脂床，清洗交换剂中残余再生液和再生产物，防止再生后可能出现的逆反应。同时将树脂床压紧，以便恢复运行。

（3）选型计算

① 时间型

$$再生后可运行天数 = VE/(YDQT)$$

式中　V——交换柱内树脂的填充体积，m^3；

E——树脂的交换容量，mol/m^3，一般进口树脂可按 $1000 \sim 1200 mol/m^3$ 计算，国产树脂可按 $800 \sim 1000 mol/m^3$ 计算；

YD——给水总硬度，$mmol/L$；

Q——交换器单位时间产水量，m^3/h；

T——用水设备日运行时间，h/d。

② 流量型

$$每个周期处理水量 Q = VE\varepsilon/(YD)$$

式中　Q——软水器在整个周期的软水总流量，t 或 m^3；

ε——为保证运行后期软水硬度不超标所需的保护系数，一般可取 $0.5 \sim 0.9$，流速较高或软水硬度较大时取小值，反之取大值。

其余符号意义同前。

二、计算例题

【例题 6-8】 **离子交换树脂再生度的计算**

（一）已知条件

已知强碱 I 型阴离子交换树脂的选择系数 $K_{OH^-}^{Cl^-} = 15$，计算强碱 I 型阴树脂，当用含有 4.6% 氯化钠（NaCl）的工业固体烧碱（NaOH）再生时，与用含有 4% 氯化钠的含量为 30% 的工业液体烧碱再生时，两者再生度的差别。

（二）设计计算

① 当用工业固体烧碱再生时，每千克再生剂中 OH^- 的物质的量为

$$1000 \times (1 - 0.046)/40 = 23.85 (mol)$$

每千克再生剂中 Cl^- 的物质的量为

$$1000 \times 0.046 \times (35.5/58.5)/35.5 = 0.786 (mol)$$

再生剂中，Cl⁻所占物质的量比值为

$$0.786/(23.85+0.786)=0.0319(\text{mol})$$

根据离子交换反应式

$$R—OH^-+Cl^{-\ *}\rightleftharpoons R—Cl^-+OH^{-\ *}$$

$$K_{OH^-}^{Cl^-}=\frac{[Cl^-][OH^-]^*}{[OH^-][Cl^-]^*}$$

式中　[OH⁻]*、[Cl⁻]*——液相中的各离子平衡含量；

　　　[OH⁻]、[Cl⁻]——固相树脂中的各离子平衡含量。

改变为

$$\frac{[Cl^-]}{[OH]}=K_{OH^-}^{Cl^-}\frac{[Cl^-]^*}{[OH]^*}$$

则有

$$\frac{[Cl^-]}{1-[Cl^-]}=K_{OH^-}^{Cl^-}\frac{[Cl^-]^*}{1-[Cl]^*}=15\times\frac{0.0319}{1-0.0319}=0.494$$

$$[Cl^-]=0.494(1-[Cl^-])$$

所以[Cl⁻]=0.33。可见，平衡时固相树脂中含有33％ Cl⁻未被再生出来，再生度最高为67％。

② 当用工业碱液再生时，每千克再生剂中 OH⁻ 的物质的量为

$$\frac{1000\times0.3}{40}=7.5(\text{mol})$$

每千克再生剂中 Cl⁻ 的物质的量为

$$\frac{1000\times0.04\times\dfrac{35.5}{58.5}}{35.5}=0.684(\text{mol})$$

再生剂中 Cl⁻ 所占的物质的量比值为

$$\frac{0.684}{0.684+7.5}=0.0836$$

代入

$$\frac{[Cl^-]}{1-[Cl^-]}=K_{OH^-}^{Cl^-}\frac{[Cl^-]^*}{1-[Cl^-]^*}=15\times\frac{0.0836}{1-0.0836}=1.368$$

$$[Cl^-]=1.368(1-[Cl^-])$$

所以[Cl⁻]=0.578。可见，平衡时固相树脂中含有57.8％的 Cl⁻ 未被再生出来，再生度只是42.2％。

③ 两者再生度相比较为

$$\frac{0.67}{0.422}=1.59(倍)$$

即用固碱的再生度是用碱液的再生度的 1.59 倍。

【例题 6-9】 强酸阳树脂全交换容量的计算

(一) 已知条件

称取某一品牌的强酸阳树脂（已经过预处理）样品 1.0003g。已测得其含水率为 48%，现将该称取的样品放在 250mL 三角瓶中，加入 1mol/L 的 NaCl 溶液 100mL，摇动 5min 后，放置 2h，再加入 1% 酚酞指示剂 3 滴，用 0.1mol/L 的 NaOH 标准溶液滴定至呈微红色 15s 不退，消耗 NaOH 标液 20.81mL，根据该实验计算全交换容量。

(二) 设计计算

$$E_T=\frac{cV}{W(1-含水率)}$$

式中　c——NaOH 标液的浓度，mol/L；

　　　V——滴定消耗 NaOH 标准溶液的体积，mL；

　　　W——样品的质量，g。

$$E_T=\frac{0.1\times20.81}{1.0003\times(1-0.48)}=4.0(mmol/g)$$

【例题 6-10】 弱酸阳树脂全交换容量的计算

(一) 已知条件

称取某一品牌的弱酸阳树脂（已经过预处理）样品 1.0003g，已测得其含水率为 50%，现将该样品放入 250mL 的带玻璃的三角瓶中，加入 0.2mol/L NaOH 标准溶液 50.00mL，盖紧玻璃塞，放置 24h（经常轻微摇动），然后吸取 25.00mL 上层溶液，在另一三角瓶中，以 1% 酚酞为指示剂，用 0.1mol/L 的 HCl 标准溶液滴定，直至溶液不显红色为止，消耗的 HCl 标液为 20.00mL，根据该实验计算全交换容量。

(二) 设计计算

$$E_T=\frac{cV-2c_1V_1}{W(1-含水率)}$$

式中　c——NaOH 标液的浓度，mol/L；

　　　V——加入 NaOH 的量，mL；

　　　c_1——HCl 标准溶液浓度，mol/L；

　　　V_1——HCl 标液耗量，mL；

　　　W——样品的质量，g。

$$E_T = \frac{0.2 \times 50 - 2 \times 0.1 \times 20}{1.0003 \times (1 - 0.5)} = 12 (\text{mmol/g})$$

【例题 6-11】 强碱阴树脂全交换容量的计算

（一）已知条件

称取已经过预处理的某牌号强碱阴树脂 1.0012g，放入 250mL 三角瓶中，加 0.5mol/L Na_2SO_4 溶液 100mL，摇动 5min，放置 2h，然后加 10% 铬酸钾指示剂 5 滴，以 0.1mol/L $AgNO_3$ 标准溶液滴定，至显红色经 15s 不退，消耗 $AgNO_3$ 标液 19.02mL，该树脂的含水率试验已做，为 50%，试根据本实验计算全交换容量。

（二）设计计算

$$E_T = \frac{c_1 V_1}{W(1 - \text{含水率})}$$

式中　c_1——$AgNO_3$ 标准溶液的浓度，mol/L；

　　　V_1——$AgNO_3$ 标准溶液的消耗量，mL；

　　　W——样品的质量，g。

$$E_T = \frac{0.1 \times 19.02}{1.0012 \times (1 - 0.5)} = 3.8 (\text{mmol/g})$$

【例题 6-12】 时间型全自动软水器再生时间的计算

（一）已知条件

处理水量为 2t/h，软化过程运行稳定，所配的时间型全自动软水器内装 0.3m³ 树脂。如原水硬度为 3.0mmol/L，用水设备的日运行时间为 10h，求交换器应设定的再生时间。

（二）设计计算

再生后可运行的天数=0.3×1000/(3.0×2×10)＝5(d)。

根据计算结果，再生周期定为 5d，即 5d 再生一次。

【例题 6-13】 流量型全自动软水器的流量设定值计算

（一）已知条件

某用水设备由双柱流量型全自动软水器供水，每个交换柱内各装 200kg 树脂，测得进水平均硬度为 4.0mmol/L，若树脂的湿视密度为 0.8t/m³，工作交换容量为 1000mol/m³，保护系数取 0.8，求交换器流量设定值。

（二）设计计算

$$Q = VE\varepsilon/(YD) = (0.2 \div 0.8) \times 1000 \times 0.8/4.0 = 50 (\text{m}^3)$$

即该软水器处理水量达 50m³ 时开始再生。

第三节　石灰软化

石灰软化处理是将石灰乳 $[Ca(OH)_2]$ 加入水中，与水中形成硬度的成分碳酸化合物起反应，生成难溶的 $CaCO_3$ 或其他难溶的碱性物质，如 $Mg(OH)_2$，使其沉淀析出，以达到软化的目的。通常对硬度高、碱度高的水采用石灰软化法。软化反应过程如下。

$$Ca(OH)_2 + CO_2 \xlongequal{} CaCO_3 \downarrow + H_2O$$

$$Ca(OH)_2 + Ca(HCO_3)_2 \xlongequal{} 2CaCO_3 \downarrow + 2H_2O$$

$$Ca(OH)_2 + Mg(HCO_3)_2 \xlongequal{} CaCO_3 \downarrow + MgCO_3 + 2H_2O$$

$$Ca(OH)_2 + MgCO_3 \xlongequal{} CaCO_3 \downarrow + Mg(OH)_2 \downarrow$$

当水中的碱度大于硬度时，此时水中含有钠盐碱度，例如 $NaHCO_3$。因此，对于负硬度的水还会发生如下反应。

$$2NaHCO_3 + Ca(OH)_2 \xlongequal{} CaCO_3 \downarrow + Na_2CO_3 + 2H_2O$$

如果原水中还有铁离子，也会消耗等当量的 $Ca(OH)_2$。因此，石灰的投量（以 100%CaO 计）可按下式估算。

当 $H_{Ca} \geqslant H_z$ 时，$[CaO] = 28(H_z + [CO_2] + [Fe] + K + \alpha)$（$g/m^3$）。

或 $[CaO] = (H_{Ca}^T + H_{Mg}^T + [CO_2] + [Fe] + K + \alpha)$（$mmol/L$）。

当 $H_{Ca} < H_z$ 时，$[CaO] = 28(2H_z - H_{Ca}^T + [CO_2] + [Fe] + K + \alpha)$（$g/m^3$）。

或 $[CaO] = (H_{Ca}^T + 2H_{Mg}^T + [CO_2] + [Fe] + K + \alpha)$（$mmol/L$）。

式中　$[CaO]$——石灰投加量，g/m^3 或 $mmol/L$；

$\qquad$ 28——$1/2CaO$ 的摩尔质量，g/mol；

$\qquad [CO_2]$——原水中的游离 CO_2 浓度，$mmol/L$；

$\qquad H_{Ca}^T$——原水中钙硬度，$mmol/L$；

$\qquad H_{Mg}^T$——原水中镁硬度，$mmol/L$；

$\qquad H_z$——原水中碳酸盐硬度，$mmol/L$，$H_z = H_{Ca}^T + H_{Mg}^T$；

$\qquad [Fe]$——原水中的含铁量，$mmol/L$；

$\qquad K$——混凝剂投加量，$mmol/L$；

$\qquad \alpha$——石灰剩余剂量，$mmol/L$，一般为 $0.2 \sim 0.4mmol/L$。

常见的石灰软化系统工艺流程见图 6-15。

经石灰软化后，水中仍残留 $0.25 \sim 0.5mmol/L$ 的暂时硬度，剩余硬度 $A_z = 0.35 \sim 0.6mmol/L$，处理后水的硬度

$$H_0' = H_y + A_z$$

式中　H_y——原水的永久硬度，mmol/L；

　　　A_z——处理后水的剩余硬度，mmol/L。

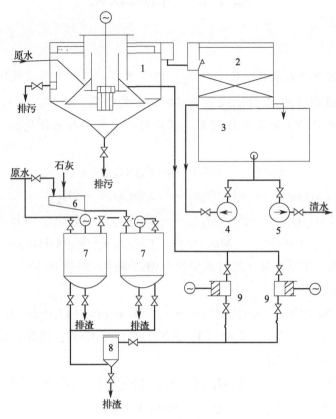

图 6-15　石灰软化系统工艺流程

1—机械加速澄清池；2—滤池；3—过滤水箱；4—反冲洗水泵；

5—清水泵；6—消石灰槽；7—石灰乳机械搅拌器；8—捕砂器；

9—石灰乳活塞加药泵

不同含盐量的水，经石灰处理后出水中的 Mg^{2+} 的平衡残留量也可查图 6-16 求得。

对硬度高、碱度低的水采用石灰-纯碱软化法（石灰苏打软化处理），即向水中同时投加石灰和纯碱的软化法。用石灰除去水中的碳酸盐硬度，用纯碱 Na_2CO_3 与非碳酸盐硬度反应除去非碳酸盐硬度。

$$CaSO_4 + Na_2CO_3 \Longrightarrow CaCO_3 \downarrow + Na_2SO_4$$

$$CaCl_2 + Na_2CO_3 \Longrightarrow CaCO_3 \downarrow + 2NaCl$$

$$MgSO_4 + Na_2CO_3 \Longrightarrow MgCO_3 + Na_2SO_4$$

$$MgCl_2 + Na_2CO_3 \Longrightarrow MgCO_3 + 2NaCl$$

水中生成的 $MgCO_3$ 与 $Ca(OH)_2$ 作用，发生下述反应：

$$MgCO_3 + Ca(OH)_2 \Longrightarrow Mg(OH)_2 \downarrow + CaCO_3 \downarrow$$

经石灰-苏打软化后，水中的残余硬度为 0.15～0.2mmol/L。如果采用热态的石灰-苏打软化，水中的残余硬度约为 0.1mmol/L。

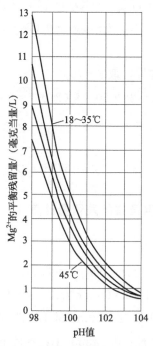

图 6-16　水中 Mg^{2+} 的平衡残留量和 pH 值的关系

一、设计概述

① 石灰软化法的设备与水的澄清工艺类同，主要有药剂的制备、投加、混合反应、沉淀（澄清）、过滤单元，以及相关的附属设备。苏打易溶于水，其调制设备与混凝剂相同。

② 石灰软化澄清池（器）宜选用悬浮澄清池（器）或机械搅拌澄清池（器），石灰软化设备还可选用反应沉淀池或水力涡流反应池。澄清池（器）的设置不少于 2 台。

二、计算例题

【例题 6-14】 石灰软化法加药量计算

（一）已知条件

某污水厂三级处理水量为 $50m^3/h$，混凝剂投加量为 $K=0.4mmol/L$。原水总硬度 $3.0mmol/L$（不含非碳酸盐硬度），重碳酸钙 $2.8mmol/L$，重碳酸镁 $0.2mmol/L$，铁 $0.05mmol/L$，二氧化碳 $0.07mmol/L$。

（二）设计计算

1. 石灰的有效剂量

其准确剂量应通过实验确定，由于没有实验数据，设计时按公式估算。

$$[CaO] = H_{Ca}^T + H_{Mg}^T + [CO_2] + [Fe] + K + \alpha$$
$$= 2.8 + 2 \times 0.2 + 0.07 + 0.05 + 0.4 + 0.3 = 4.02 (mmol/L)$$

2. 需石灰量

生石灰纯度一般为 $60\% \sim 85\%$，取 $\varepsilon = 70\%$。

$$[CaO]' = 28Q[CaO]/\varepsilon = 28 \times 50 \times 4.02/0.7 = 8040(g/h) = 8.04(kg/h)$$

3. 石灰储存量

石灰储存量按 30d 计

$$G = 30 \times 24 \times 8.04 = 5788(kg) = 5.8(t)$$

【例题 6-15】 石灰软化法加药量及镁的残留量计算

(一) 已知条件

某污水厂三级处理水 $[K^+] + [Na^+] = 2.81mmol/L$，$[Ca^{2+}] = 1.04mmol/L$，$[Mg^{2+}] = 2.28mmol/L$，$[Fe^{2+}] = 0.06mmol/L$，游离 $CO_2 = 0.09mmol/L$，碳酸盐硬度 $H_z = 3.32mmol/L$，非碳酸盐硬度 $H_y = 0mmol/L$，总硬度 $H_0 = 3.32mmol/L$，总碱度 $A_0 = 3.85mmol/L$。絮凝剂投量 $K = 0.3mmol/L$，水的 pH 值为 10.4，水温为 25℃。求纯石灰的投加量及出水中的残留镁硬度。

(二) 设计计算

1. $H_z > H_{Ca}$，则石灰投加量

$$[CaO] = 28(2H_z - H_{Ca}^T + [CO_2] + [Fe] + K + \alpha) = 28 \times (2 \times 3.32 - 1.04 + 0.09 + 0.06 + 0.3 + 0.4)$$
$$= 28 \times 6.45 = 180.6(g/m^3)$$

2. 水中镁的残留量

水中阳离子总量为 6.19mmol/L，查图 6-16，镁的残留量为 0.8mmol/L。

第七章
膜分离装置

第一节　膜分离技术概述

　　膜分离是以选择透过性膜为分离介质，在其两侧造成推动力（压力差、电位差、浓度差），使原料组分选择性通过膜，从而达到分离的目的。

　　以高分子分离膜为代表的膜分离技术作为新型的流体分离单元操作技术，近几十年来取得了令人瞩目的巨大发展，已广泛应用于医疗、石油、石油化工、天然气、轻工、电子、电力、食品等行业中。在水处理领域的海水淡化、苦咸水脱盐、纯净水制取、污水处理等方面得到推广和应用。

一、膜分离法的类别

　　膜的分类方式有多种。

　　① 按膜的化学组成结构分为有机材料（纤维素类、聚酰胺类、芳香杂环类、聚砜类、聚烯烃类、硅橡胶类、含氟聚合物及聚碳酸和聚电解质等）、无机材料（陶瓷、玻璃、金属）。

　　② 按几何形状可分为平板形式、管式、毛细管式和中空纤维式。其相应的膜组件有平板型、圆管型、螺旋卷型和中空纤维型。

　　③ 按膜的结构分有对称结构膜（柱状孔膜、多孔膜、均质膜）、不对称结构膜（多孔膜、具有皮层的多孔膜、复合膜）。

　　④ 按定义分有微滤（microfiltration，MF）、超滤（ultrafiltration，UF）、纳滤（nanofiltration，NF）、反渗透（reverse osmosis，RO）、渗析（dialyses）、电渗析（electro dialyses，ED）等。膜的种类及分离过程见表 7-1。

表 7-1　膜的种类及分离过程

膜分离法	膜的功能	分离驱动力	透过物质	被截留物质
微滤	多孔膜、溶液的微滤、脱微粒子	压力差	水、溶剂和溶解物	悬浮物、细菌类、微粒子
超滤	脱除溶液中的胶体、各类大分子	压力差	溶剂、离子和小分子	蛋白质、各类酶、细菌、病毒、乳胶、微粒子
反渗透和纳滤	脱除溶液中的盐类及低分子物	压力差	水、溶剂	液体、无机盐、糖类、氨基酸、BOD、COD 等
透析	脱除溶液中的盐类及低分子物	浓度差	离子、低分子物、碱	液体、无机盐、糖类、氨基酸、BOD、COD 等
电渗析	脱除溶液中的离子	电位差	离子	无机、有机离子
渗透气化	溶液中的低分子及溶剂间的分离	压力差、浓度差	蒸汽	液体、无机盐、糖类、氨基酸、BOD、COD 等
气体分离	气体与气体、气体与蒸汽分离	浓度差	易透过气体	不易透过气体

压力驱动的膜分离工艺可用有效去除杂质的尺寸大小来分类，按膜的孔径或截留分子量（MWCs）来评价。截留分子量是反映膜孔径大小的替代参数，单位是 Dalton（1Dalton＝1.65×10^{-24}g）。以压力为推动力的膜分离技术有反渗透、纳滤、超滤以及微孔过滤。以压力为推动力，各种膜与分离对象的关系见表 7-2。

表 7-2　膜的分类及分离对象

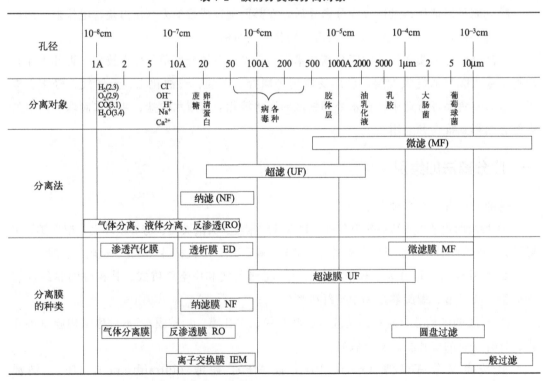

二、膜分离法的特点

与传统的水处理工艺相比，膜分离技术的优点如下。

① 膜分离技术可用于分离无机物、有机物、病毒、细菌、微粒以及特殊溶液体系分离，膜分离水中杂质的主要机理是机械筛分，出水水质仅仅依据膜孔径的大小，与原水水质以及运行条件无关，故能提供稳定可靠的水质。

② 除预处理（防垢、调节 pH 值、杀菌的原因）加入很少的药剂外，膜分离法不加入絮凝剂、助凝剂等化学药剂，不增加水中新的化学物质。

③ 膜分离技术系统简单，占地面积小，运行环境清洁、整齐。

其不足之处如下。

① 膜的价格高，寿命短，且易受污染而使分离功能衰减或丧失。因此采用膜处理不仅投资高，为延长其有效使用时间所做的预处理和清洗工作也很繁杂。

② 其分离动力是靠压力差或电位差，耗能较大。

三、膜分离法的设计

不同的膜对进水水质的要求不同，预处理、后处理工艺也不相同，设计、计算方法也有差别，但其设计内容基本相同。

① 收集进水水质、水量、对出水水质的要求，进行膜的选型，根据膜对进水水质的要求，确定预处理工艺、后处理工艺。这几个过程互相影响，具有联动性，是一个有机的整体。

② 确定水的脱盐率、回收率、膜的数量及排列方式、系统压力及高压泵选型。

③ 管路、管件选型连接。

④ 根据系统启闭方式（有无延时要求）、高低压报警要求、流量控制等因素进行电路及自控系统（一般为 PLC 控制）的设计、计算。

即使同一种性质、同种形状的膜，也会因生产制造厂家的不同，影响其预处理、后处理工艺及其计算方法。在水处理中使用的各种膜中，RO 膜对进水水质的要求最为严格，设计、计算过程也最为复杂。MF、UF、NF 膜的设计、计算可根据具体工程的进水水质、水量、要求的出水水质等因素，遵循膜的生产厂家针对所选的膜的设计导则，参照膜的设计过程进行设计、计算。网络技术不断发展，为了方便设计，一些厂家在其网站上还有设计软件供设计人员使用，大大减轻了设计人员的工作负荷。

随着对各种膜技术研究的不断深入，优质、耐污染、节能型的膜品种不断产生。新型膜不仅仅使用寿命延长，对进水水质的要求也将放宽，出水水质也更理想。相应的预处理、后处理过程比现在的工艺将会更加简便。

第二节　微　　滤

微滤又称微孔过滤，是以多孔膜（微孔滤膜）为过滤介质，在 $0.1 \sim 0.3 \mathrm{MPa}$ 的压力推动下，截留 $0.1 \sim 10 \mu \mathrm{m}$ 之间的悬浮物、贾第虫、隐孢子虫、藻类和一些细菌及大尺度的胶体，但大分子有机物和无机盐等能过，微滤膜两侧的运行压差（有效推动力）一般为 $0.7 \mathrm{bar}$（$1 \mathrm{bar} = 10^5 \mathrm{Pa}$，下同）。

一般认为微滤的分离机理为筛分机理，膜的物理结构起决定作用。此外，吸附和电性能等因素对截留率也有影响。其有效分离范围为 $0.1 \sim 10 \mu \mathrm{m}$ 的粒子，操作静压差为 $0.01 \sim 0.3 \mathrm{MPa}$。与常规的砂滤料过滤相比，其优点如下。

① 出水水质好并且稳定。转盘过滤器采用滤盘外包滤布滤除水中的杂质，滤布孔径很小，可截留粒径为几微米（$\mu \mathrm{m}$）的微小颗粒，因此出水水质及出水稳定性都优于传统的粒料滤池。

② 耐冲击负荷。转盘过滤器运行时，被截留的颗粒物直接沉淀到过滤器底部，最终被排除。而传统粒料滤池被截留的颗粒物直接沉积在滤料表面，填塞滤层。二者相比，转盘过滤器的过滤周期长，可承受的水力负荷及污泥负荷也远远大于常规砂滤池。

③ 设备简单紧凑，投资低。滤布转盘过滤器清洗时可连续过滤不需要反冲洗系统，因而投资低，总体的清洗水量也较少。运行自动化，因而运行和维护简单、方便。

④ 运行费用低。传统粒料滤池的水头损失一般为 $1.0 \mathrm{m}$ 以上，压力过滤的水头损失则高于 $5 \mathrm{m}$，而转盘过滤器一般为 $0.2 \mathrm{m}$，节省了运行费。

⑤ 设计周期和施工周期短。微滤膜在污水处理工艺中更多的是应用于 MBR 的滤膜，具体设计可见本书 MBR 设计部分的内容。在城市污水回用再生水深度处理物化法工艺中主要用于去除总悬浮固体、结合投加药剂除磷、去除重金属、去除部分细菌，其装置为转盘过滤器。

一、设计概述

① 转盘过滤器设备整体化、一体化，可整装运输，设计和施工方便并快捷，而且容易扩建，其结构形式见图 7-1。

② 转盘过滤的运行状态包括过滤、反冲洗、排泥。

a. 过滤（外进式）。滤前水借重力或加压后流入滤池，使滤盘全部浸没在污水中。过滤转盘处于静态，固体悬浮物被固定于圆盘状支架上的滤布截留于外侧，进入转盘内部的滤后水通过中心管收集经出水堰排出（内进式与外进式进、出水方向相反）。

b. 反冲洗。被截留的固体悬浮物部分沉降到池底，由池底排泥管排出。另一部分固

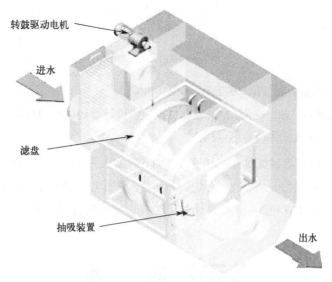

图 7-1　转盘过滤器

体悬浮物附着在滤布上形成污泥层增加了过滤阻力，滤过水量减少。池内水位因滤过水量减少而上升到某预设值时，反抽吸装置启动。圆盘缓慢转动，反洗水泵负压抽吸滤布表面，吸除滤布上积聚的污泥颗粒。同时过滤转盘内的水自里向外被同时抽吸，对滤布起到清洗作用。瞬时冲洗面积仅占全过滤转盘面积的1%左右，反冲洗过程为间歇式（内进式反洗时由盘片外部的喷头冲洗滤布，截留在盘片内表面的污泥落在收集槽内通过排污管送走）。

c. 排泥。纤维转盘滤池的过滤转盘下设有泥斗，由排泥泵通过池底穿孔排泥管将污泥抽吸至排泥系统。其中，排泥间隔时间及排泥历时可予以调整。

③ 转盘过滤器在城市污水回用再生水深度处理工艺中，多用于污水处理出水水质从一级B提升为一级A标准工艺处理或者将污水处理出水制备成再生水、城镇杂用水等中水回用工艺。

④ 一般情况下，转盘过滤器用于城市污水回用再生水深度处理工艺，要求设计进水$SS \leqslant 30mg/L$，出水 $SS \leqslant 5mg/L$。在最不利情况下，最高可承受进水 SS 介于 $80 \sim 100mg/L$ 之间。不同的设备生产厂家，其对原水水质的耐受性不同，应根据产品说明书及工程运行数据确定。

二、计算例题

【例题 7-1】转盘滤池用于污水回用深度处理的计算

（一）已知条件

污水厂二级处理出水水量 $Q = 30000m^3/d = 1250m^3/h$，经混凝沉淀处理后采用转盘滤池进一步去除水中的悬浮物。

（二）设计计算

所需滤布面积

$$F = Q/V$$

式中　Q——设计流量，m^3/h，本工程为 $1250m^3/h$；

　　　V——平均滤速，$m^3/(m^2 \cdot h)$，根据厂家提供设计参数，平均滤速$\leqslant 15m^3/(m^2 \cdot h)$。

则 $F = Q/V = 1250/15 = 83.33m^2$。

取该厂家生产的转盘过滤器单片有效过滤面积最大为 $12.6m^2$（$D=3m$），需要盘片数 $83.33/12.6 = 6.63$（片），考虑 20% 的设计余量，需 8 片。该厂家 ZP-3D3.0 型转盘过滤器每台转盘 3 片，每片直径 3m。本设计选用 3 台该型号转盘过滤器。

第三节　超　　滤

超滤膜是一种孔径规格一致、具有多孔不对称结构、额定孔径范围为 $0.02\sim$ $0.001\mu m$ 的微孔过滤膜。超滤膜过滤是以压力差为推动力的溶液分离过程，适用于处理溶液中溶质的分离和增浓，或其他分离技术所难以完成的胶状悬浮液的分离。超滤分离是通过膜表面的微孔结构对物质进行选择性分离，当混合液在压力下流经膜表面，小分子溶质（如水分子、无机盐、小分子有机物）透过膜（超滤液），而大分子物质（如悬浮物、胶体、蛋白质和微生物）则被截留，混合液中大分子浓度逐渐提高（浓缩液）。通过该过程实现大、小分子的分离、浓缩、净化的目的。因此，其分离截留的原理为筛分。

超滤膜过滤孔径和截留分子量的范围并没有明确的定义，一般认为其过滤孔径为 $0.001\sim 0.1\mu m$，截留分子量（molecular weigh cut-off，MWCO）为 $1000\sim 1000000$ 道尔顿。更精确的定义超滤膜的过滤孔径为 $0.001\sim 0.01\mu m$，截留分子量为 $1000\sim 300000$ 道尔顿。过滤孔径大于 $0.01\mu m$，或截留分子量大于 300000 道尔顿的微孔膜应该定义为微滤膜或精滤膜。

水处理常用的超滤膜截留分子量为 $30000\sim 300000$ 道尔顿，而截留分子量为 $6000\sim 30000$ 道尔顿的超滤膜大多用于物料的分离、浓缩、除菌和除热源等领域。

由于超滤技术可以去除生化处理过程中所不能去除的微细颗粒，常用于二级生物处理系统代替二沉池及滤池，典型的工艺为 MBR 系统。与传统分离法相比，超滤技术具有如下优点。

① 超滤过程常温进行，不会破坏待处理液的成分。

② 超滤过程不发生相变化，无需加热，无需添加化学试剂，不会污染待处理液。

③ 超滤分离效率高。

④ 超滤采用压力驱动分离，装置简单、流程短、操作简便、易于控制和维护。

一、设计概述

① 超滤装置是在一个密闭的容器中，压力驱动使待处理液形成内压，小于膜孔径的小分子通过膜，大分子被截留在膜上游侧。超滤开始时，由于溶质分子均匀地分布在溶液中，超滤的速度比较快。

② 超滤主要分离分子量大于 500 道尔顿、粒径大于 10nm 的颗粒，包括蛋白质、胶体、细菌等。

超滤需要的操作压力为 0.03～0.6MPa，属于物理性的分离。

③ 超滤工艺的常用流程为：原液—储罐—加压泵—精密过滤器—中空超滤设备—储液罐—反洗水箱—反洗泵。

④ 设计选型的主要依据是膜通量和回收率，一般尽可能设计高的回收率，这样可以减少待处理水量，减少预处理的成本。但是，系统的回收率高会导致膜结垢的风险增大、产水水质下降、运行操作压力增高、泵和相关设备的费用增加等结果。因此，回收率有一个上限。除此之外，不同材料、不同结构、不同型号、不同厂家的膜对压力、pH 值、温度、COD、BOD、SDI、允许游离氯含量等条件的要求不尽相同，设计选型时还应根据具体产品的使用说明书确定是否能够满足以上条件。

尽管不同厂家的产品型号差别较大，但其常用的设计计算过程如下。

a. 确定膜元件个数

$$N_e = \frac{Q}{JS}$$

式中　Q——设计产水量，m^3/h；

J——单位面积产水量，$L/(m^2 \cdot h)$；

S——膜元件面积，m^2；

N_e——理论膜元件数，支。

b. 确定压力容器的数量。通常几支膜元件装填到一个压力容器内，根据每个压力容器内可装填膜元件的个数求出所需的容器数量。

$$N_v = \frac{N_e}{m_v}$$

式中　N_v——所需压力容器的个数，个；

m_v——每个压力容器内可装填膜元件的数量，支。

c. 确定段数及压力容器的排列方式，并进行系统优化。

⑤ 正常运行一段时间后，膜元件受到悬浮物或难溶物质的污染，应进行清洗。否则，污染物会在短时间内损坏膜元件的性能。一般情况下，根据处理水量、进水压力、使用压力、进出口压差、出水水质等指标的变化，按说明书提供的参数判断是否需要清洗。受污

染的种类、程度不同，清洗方法也有差异。为保证超滤系统的长期稳定运行，需根据产品说明考虑反洗系统、化学分散清洗系统、清洗系统及压缩空气系统。

⑥ 超滤膜设备应保证膜元件浸湿后始终处于湿润状态，系统停机时间较长，应有保存超滤膜元件的杀菌液及浸放、保存装置。

二、计算例题

【例题 7-2】**超滤用于污水回用深度处理的计算**

(一) 已知条件

污水厂二级处理出水水量 $Q=2400m^3/d=100m^3/h$，经混凝沉淀处理后用超滤进一步去除水中的悬浮物，回用于市政杂用。

(二) 设计计算

1. 基本参数

根据厂家说明书，膜通量取 $50L/(m^2 \cdot h)$，产水时间 30min，气水反洗 40s，水洗 30s，排污 20s，排污水量 $0.03m^3/(次 \cdot 支)$。

2. 运行周期

一个运行周期时间为 $30+40/60+30/60+20/60=31.5$（min）。

每天 1 次化学加强反洗，时间 20min，则每日运行周期数（反洗次数）为 $(24 \times 60 - 20 \times 1)/31.5 = 45.08$（次）。

每天实际产水时间 $30 \times 45.08/60 = 22.54$（h）。

3. 耗水量

气水反洗需水量为 $1m^3/(支 \cdot h)$，水洗需水量为 $2.5m^3/(支 \cdot h)$，则气水反洗实际耗水量为 $(1 \times 40 + 2.5 \times 30)/3600 = 0.032[m^3/(支 \cdot 次)]$。

排污水量为 $0.03m^3/(次 \cdot 支)$，则反洗耗水量为 $0.062[m^3/(支 \cdot 次)]$。

每天反洗耗水量为 $0.062 \times 45.08 = 2.79$（$m^3/支$）。

化学加强反洗需水量 $0.124 m^3/(支 \cdot 次)$，化学加强反洗实际耗水量为 0.124（$m^3/支$）。

反洗及化学加强反洗耗水量共计 $2.79 + 0.124 = 2.92$（$m^3/支$）。

4. 每支膜的净产水量

每支膜面积 $40m^2$，则每支膜净产水量 $40 \times 50 \times 22.54/1000 - 2.92 = 42.16$（$m^3/d$）。

5. 所需膜元件数量

$100 \times 24/42.16 = 56.92$（支），取 58 支。

6. 校核

实际运行通量（以 24h 计）为 $(100 \times 24 + 2.79 \times 58 + 0.124 \times 58) \times 1000/(24 \times 40 \times 58) = 46.14[L/(m^2 \cdot h)]$，满足要求。

【例题 7-3】 内压式超滤膜死端过滤工艺计算

(一) 已知条件

(1) 设计产水量 $Q = 2.4 \times 10^4 \text{m}^3$。

(2) 原水水质符合国家《地表水环境质量标准》（GB 3838—2002）的二类水，浊度小于 20NTU。设计出水水质符合《生活饮用水卫生标准》（GB 5749—2022），出厂水浊度小于 0.1NTU。

(3) 采用内压式超滤膜，投加适量混凝剂后直接进行过滤。

(4) 物理清洗过程：正洗→反洗→正洗。

(5) 膜组件参数。单支膜组件膜面积 $f_z = 40 \text{m}^2$；标称膜通量 $q_{tl} = 61 \text{L}/(\text{h} \cdot \text{m}^2)$；过滤跨膜压差 $\Delta P_1 = 98.1 \text{kPa} = 10 \text{m}$ 水柱；每周期过滤时间 $t_{gl} = 30 \text{min} = 0.5 \text{h}$；正洗用时 $t_{zx} = 15 \text{s}$；正洗强度 $q_{zx} = 60 \text{L}/(\text{h} \cdot \text{m}^2)$；反洗用时 $t_{fx} = 40 \text{s}$；反洗强度 $q_{fx} = 175 \text{L}/(\text{h} \cdot \text{m}^2)$；反洗跨膜压差 $\Delta P_2 = 118 \text{kPa} = 12 \text{m}$ 水柱；物理清洗用时 $t_{qx} = t_{zx} + t_{fx} + t_{zx} = 70 (\text{s}) = 1.17 (\text{min})$。

(二) 设计计算

1. 膜组件和膜单元

(1) 每天有效过滤时间 T

$$T = 24 \frac{t_{gl}}{t_{gl} + t_{qx}} = 24 \times \frac{30}{30 + 1.17} = 23.1 (\text{h}) = 1386 (\text{min})$$

(2) 单支膜组件日产水量 q_c

$$q_c = \frac{T q_{tl} f_z}{1000} = \frac{23.1 \times 61 \times 40}{1000} = 56.4 (\text{m}^3/\text{d})$$

(3) 单支膜组件物理清洗日耗水量 q_x

单支膜组件反洗日耗水量 q_{fx}

$$q_{fx} = \frac{T}{t_{gl}} \times \frac{f_z t_{fx} q_{fx}}{3600 \times 1000} = \frac{23.1}{0.5} \times \frac{40 \times 40 \times 175}{3600 \times 1000} = 3.593 (\text{m}^3/\text{d})$$

单支膜组件正洗日耗水量 q_{zx}

$$q_{zx} = \frac{T}{t_{gl}} \times \frac{2 t_{zx} q_{zx} f_z}{3600 \times 1000} = \frac{23.1}{0.5} \times \frac{2 \times 15 \times 60 \times 40}{3600 \times 1000} = 0.924 (\text{m}^3/\text{d})$$

$$q_x = q_{fx} + q_{zx} = 3.59 + 0.92 = 4.517 (\text{m}^3/\text{d})$$

(4) 膜单元耗水率

$$\alpha = q_x / (q_c + q_{zx}) = 4.517 / (56.4 + 0.924) = 0.08$$

(5) 膜组件数量 n

$$n = \frac{Q(1+\alpha)}{q_z} = \frac{24000 \times (1 + 0.08)}{56.4} = 459.6 \approx 460 (\text{支})$$

膜系统分成 10 个单元（$N_d = 10$），每个单元膜组件数量 $n_d = 46$ 支。

2. 进出水管路

（1）膜单元进出水管　膜单元设计过滤水量

$$Q_d = n_d q_z / T = 46 \times 56.4 / 23.1 = 112.31 (m^3/h) = 0.031 (m^3/s)$$

管内流速 v_1 取 1.4m/s，膜单元进出水管径

$$D_d = \sqrt{\frac{4Q}{\pi v_1}} = \sqrt{\frac{4 \times 0.031}{3.14 \times 1.4}} = 0.168 \approx 0.2 (m)$$

（2）系统进出水管　系统设计过滤水量

$$Q_{XT} = N_d Q_d = 10 \times 0.031 = 0.31 (m^3/s)$$

管内流速 v_2 取 1.6m/s，系统进出水管径

$$D_{XT} = \sqrt{\frac{4Q_{XT}}{\pi v_2}} = \sqrt{\frac{4 \times 0.31}{3.14 \times 1.6}} = 0.5 (m)$$

3. 原水泵流量和扬程

原水泵数量 N 取 2，备用泵 1 台，单泵流量

$$Q_B = \frac{Q(1+\alpha)}{TN} = \frac{24000 \times (1+0.08)}{23.1 \times 2} = 561 (m^3/h)$$

原水泵扬程

$$H_B = h_1 + h_k + h_g = 2 + 10 + 2.5 = 14.5 (m)$$

式中　h_1——自清洗保安过滤器（精度 $150\mu m$）水头损失，本工程取 $h_1 = 2m$；

　　　h_k——跨膜压差，本工程取 $h_k = 10m$；

　　　h_g——管路沿程损失和局部损失，应按照管路布置详细计算，本工程取 $h_g = 2.5m$。

4. 物理清洗系统

（1）膜单元反冲洗流量 Q_{fx}

$$Q_{fx} = \frac{q_{fx} f_z n_d}{1000} = \frac{175 \times 40 \times 46}{1000} = 322 (m^3/h) = 0.089 (m^3/s)$$

（2）反冲洗进出水管　管内流速 v_3 取 1.5m/s，反冲洗进出水管径

$$D_{fx} = \sqrt{\frac{4Q_{fx}}{\pi v_3}} = \sqrt{\frac{4 \times 0.089}{3.14 \times 1.5}} = 0.27 \approx 0.3 (m)$$

（3）反冲洗水泵流量和扬程　选用反冲洗水泵 2 台，1 用 1 备，反洗泵流量为 322m³/h。反冲洗水泵扬程

$$H_{xb} = h_m + h_g = 12 + 3.5 = 15.5 (m)$$

式中　h_m——反洗时膜组件压力损失，本工程取 $h_m = 12m$；

　　　h_g——管路沿程损失和局部损失，应按照管路布置详细计算，本工程取 $h_g = 3.5m$。

5. 清洗水池容积 L_{fx}

$$L_{fx} = \frac{Q_{fx} t_{fx} k}{3600} = \frac{322 \times 40 \times 1.25}{3600} = 4.47 \approx 4.5 (m^3)$$

式中　k——容积系数，本工程取 $k = 1.25$。

如处理系统配套清水池，则反洗水直接从清水池抽取，可不另设清洗水池。此时反洗管路上应设自清洗过滤器，防止杂物进入，损坏中空纤维膜。

6. 化学清洗系统

(1) 药液池容积　膜组件长度 $l=1.715\text{m}$，内径 $d=0.25\text{m}$，1 个膜单元的膜组件容积

$$V_{单元}=n_d l\pi d^2=46\times1.715\times3.14\times0.25^2/4=3.87(\text{m}^3)$$

化学清洗管路的管径取 0.2m，长度约 120m，管路容积

$$V_{管路}=120\times3.14\times0.2^2/4=3.78(\text{m}^3)$$

安全系数取 1.5，药液箱容积

$$V_{箱}=1.5(V_{单元}+V_{管路})=1.5\times(3.87+3.78)=6.78(\text{m}^3)$$

药液池长宽各 2m，高度 2.2m，药液深 1.7m，超高 0.5m，有效容积 6.8m^3。

(2) 化学清洗泵　根据产品说明，单支膜组件化学清洗流量 $q_{hx}=3\text{m}^3/\text{h}$，膜单元化学清洗流量

$$Q_{hx}=n_d q_{hx}=46\times3=138(\text{m}^3/\text{h})$$

化学清洗泵设计流量为 138m^3/h。根据产品说明，单支膜组件化学清洗时，压力损失 ΔP 为 4m。化学清洗管路总压力损失为 14.2m，化学清洗水泵扬程

$$H_{hx}=4+14.2=18.2(\text{m})$$

【例题 7-4】 浸没式超滤膜工艺计算

(一) 已知条件

某水厂设计规模 $10\times10^4\text{m}^3/\text{d}$，拟在常规工艺的砂滤池后增建浸没式超滤膜过滤工艺。超滤膜采用恒通量变压力运行，出水采用转子式容积泵负压抽吸。超滤膜过滤方式为死端过滤，物理清洗时辅助曝气，基本设计参数如下。

单个组件膜面积 $f_z=2100\text{m}^2$。设计通量 $q=30\text{L}/(\text{m}^2\cdot\text{h})$。每周期过滤时间 $t_{gl}=47\text{min}$；反洗用时 $t_x=60\text{s}=1\text{min}$。反洗强度 $q_x=60\text{L}/(\text{m}^2\cdot\text{h})$。反冲洗时曝气强度 $q_{qx}=50\text{m}^3/(\text{m}^2\cdot\text{h})$。跨膜压差 $\Delta P=0.836q-1.939$。

(二) 设计计算

1. 膜组件和膜单元

(1) 每天有效过滤时间 T

$$T=24\frac{t_{gl}}{t_{gl}+t_x}=24\times\frac{47}{47+1}=23.5(\text{h})=1410(\text{min})$$

(2) 单支膜组件日产水量 q_z

$$q_z=\frac{Tq_{gl}f_z}{1000}=\frac{23.5\times30\times2100}{1000}=1480.5(\text{m}^3/\text{d})$$

(3) 单支膜组件清洗日耗水量 q_x

$$q_x = \frac{60T}{t_{gl}} \times \frac{f_z t_x q_x}{3600 \times 1000} = \frac{60 \times 23.5}{47} \times \frac{2100 \times 60 \times 60}{3600 \times 1000} = 63 \, (m^3/d)$$

（4）物理冲洗耗水率 α

$$\alpha = q_x/q_z = 63/1480.5 = 0.043$$

（5）膜组件数量 n

$$n = \frac{Q(1+\alpha)}{q_z} = \frac{100000 \times (1+0.043)}{1480.5} = 70.5 \, (支)$$

膜系统分成 12 个膜池，每个膜池设 1 个膜单元，共 12 个单元（$N=12$），每个单元膜组件数量 $n_d = 6$ 个，共 72 个膜组件（$n_z = 72$）。

（6）校核膜通量

① 正常过滤时，各膜单元实际膜通量

$$q_1 = 1000 \frac{Q(1+\alpha)}{Tn_z f_z} = 1000 \times \frac{100000 \times (1+0.043)}{23.5 \times 72 \times 2100} = 29.35 \, [L/(h \cdot m^2)]$$

此时跨膜压差

$$\Delta P_1 = 0.836 q_1 - 1.939 = 0.836 \times 29.35 - 1.939 = 22.6 \, (kPa) = 2.3 \, (mH_2O)$$

② 当一个膜单元进行物理性清洗或化学清洗时，其他膜单元通量

$$q_2 = q_1 \frac{N}{N-1} = 29.35 \times \frac{12}{12-1} = 32.02 \, [L/(h \cdot m^2)]$$

此时跨膜压差

$$\Delta P_2 = 0.836 q_2 - 1.939 = 0.836 \times 32.02 - 1.939 = 24.83 \, (kPa) = 2.53 \, (mH_2O)$$

③ 当 1 格膜池进行化学清洗，同时又有 1 格进行物理清洗时，其他膜单元通量

$$q_3 = q_1 \frac{N}{N-2} = 29.35 \times \frac{12}{12-2} = 35.22 \, [L/(h \cdot m^2)]$$

此时跨膜压差

$$\Delta P_3 = 0.836 q_3 - 1.939 = 0.836 \times 35.22 - 1.939 = 27.5 \, (kPa) = 2.8 \, (mH_2O)$$

2. 膜池平面布置

共设 12 格膜池（膜单元），分为 2 组，每组 6 格。每格膜池平面尺寸 $B_1 L_1 = 5m \times 6.1m$，内设膜组件 6 个（$n_d = 6$）。膜组件浸没在池内水中，水深 3.3m，淹没深度 0.3m。

3. 水泵配置

每格膜池设 1 台转子水泵。正转时出水，反转时冲洗。转子泵排水量 q 为 23.2L/r，转速 n 在 20～600r/min 之间，最大吸入真空度 0.08MPa，最大排出压力 0.12MPa。

每格膜池正常产水量

$$Q_1 = q_1 f_z n_d = 29.35 \times 2100 \times 6/1000 = 369.81 \, (m^3/h) = 0.103 \, (m^3/s)$$

此时水泵转速

$$n_1 = 1000 \frac{Q_1}{60q} = 1000 \times \frac{369.81}{60 \times 23.2} = 265.7 \, (r/min)$$

当 1 格膜池物理清洗或化学清洗时，其他各膜池产水量

$$Q_2 = q_2 f_z n_d = 32.02 \times 2100 \times 6 = 403.45 (\mathrm{m^3/h}) = 0.112 (\mathrm{m^3/s})$$

此时水泵转速

$$n_2 = 1000 \frac{Q_2}{60q} = 1000 \times \frac{403.45}{60 \times 23.2} = 289.8 (\mathrm{r/min})$$

当 1 格膜池物理冲洗另 1 格膜池化学清洗时，其他各膜池产水量

$$Q_3 = q_3 f_z n_d = 35.22 \times 2100 \times 6 = 443.77 (\mathrm{m^3/h}) = 0.123 (\mathrm{m^3/s})$$

此时水泵转速

$$n_3 = 1000 \frac{Q_3}{60q} = 1000 \times \frac{433.77}{60 \times 23.2} = 311.6 (\mathrm{r/min})$$

反冲洗时供水量

$$Q_4 = q_x f_z n_d = 60 \times 2100 \times 6/1000 = 756 (\mathrm{m^3/h}) = 0.21 (\mathrm{m^3/s})$$

此时水泵转速

$$n_4 = 1000 \frac{Q_4}{60q} = 1000 \times \frac{756}{60 \times 23.2} = 543.1 (\mathrm{r/min})$$

4. 膜池进水和排水系统

(1) 进水渠　每组膜池设 1 条进水渠，其设计流量

$$Q_渠 = \frac{Q \times (1+\alpha)}{2 \times 86400} = \frac{100000 \times (1+0.043)}{2 \times 86400} = 0.604 (\mathrm{m^3/s})$$

进水渠宽度 $B_渠$ 为 0.8m，有效水深 $H_渠$ 为 1.2m，渠内流速

$$v_渠 = \frac{Q_渠}{2 B_渠 H_渠} = \frac{0.604}{0.8 \times 1.2} = 0.63 (\mathrm{m/s})$$

(2) 进水孔　每格设进水闸 1 个，进水孔尺寸 $B_2 \times H_2 = 0.4 \times 0.4 (\mathrm{m})$。当 1 格膜池物理冲洗，另 1 格膜池化学清洗时进水孔速度

$$v_{孔1} = \frac{Q_3}{B_2 \times H_2} = \frac{0.123}{0.4 \times 0.4} = 0.77 (\mathrm{m^3/s})$$

流速系数 μ 取 0.65，过孔水头损失

$$h_{孔1} = \frac{1}{\mu^2} \times \frac{v_孔^2}{2g} = \frac{1}{0.65^2} \times \frac{0.77^2}{2 \times 9.81} = 0.071 (\mathrm{m})$$

(3) 进水堰　进水闸后设进水堰，堰宽 $B_堰$ 为 3.50m，当 1 格膜池物理冲洗、另 1 格膜池化学清洗时堰上水头

$$H_堰 = \left(\frac{Q_3}{m_0 B_堰 \sqrt{2g}} \right)^{2/3} = \left(\frac{0.123}{0.42 \times 3.5 \times \sqrt{2 \times 9.81}} \right)^{2/3} = 0.071 (\mathrm{m})$$

(4) 排水渠　排水渠道设在进水堰下部，渠道宽 0.80m，设出水闸 1 只，出水孔 $B_3 H_3 = 0.5 \times 0.5\mathrm{m}$。过孔流速

$$v_{孔2} = \frac{Q_4}{B_3 H_3} = \frac{0.21}{0.5 \times 0.5} = 0.84 (\mathrm{m^3/s})$$

过孔水头损失

$$h_{孔2}=\frac{1}{\mu^2}\times\frac{v_{孔2}^2}{2g}=\frac{1}{0.65^2}\times\frac{0.84^2}{2\times9.81}=0.084(\mathrm{m})$$

5. 膜池产水及气水反冲洗系统

(1) 曝气量

$$Q_q=q_{qx}B_1L_1=50\times5\times6.1=1525(\mathrm{m^3/h})=25.42(\mathrm{m^3/min})=0.424(\mathrm{m^3/s})$$

鼓风机设 2 台，1 用 1 备，单台风量 25.42m³/min，升压 50kPa，配套功率 37kW。

(2) 空气管道　曝气管设于膜组件底部，总进气管管径 D_q 为 0.2m，管内气体流速

$$v_q=\frac{4Q_q}{\pi D_q^2}=\frac{4\times0.424}{3.14\times0.2^2}=13.5(\mathrm{m/s})$$

(3) 出水支管　每格膜池的膜单元设 1 根出水支管，兼作反冲洗进水管，管径 D_1 为 0.35m。正常产水时管内流速

$$v_{Z1}=\frac{4Q_1}{\pi D_1^2}=\frac{4\times0.103}{3.14\times0.35^2}=1.07(\mathrm{m/s})$$

当 1 格物理清洗，1 格化学清洗时，其他各格强制产水时管内流速

$$v_{Z2}=\frac{4Q_3}{\pi D_1^2}=\frac{4\times0.123}{3.14\times0.35^2}=1.28(\mathrm{m/s})$$

反冲洗时管内流速

$$v_{Z3}=\frac{4Q_4}{\pi D_1^2}=\frac{4\times0.21}{3.14\times0.35^2}=2.18(\mathrm{m/s})$$

(4) 中央集水渠　渠宽 $B_{总渠}$ 为 1.2m，渠内水深 $H_{总渠}$ 取 0.8m，渠内流速

$$v_{总渠}=\frac{2Q_渠}{B_{总渠}H_{总渠}}=\frac{2\times0.604}{1.2\times0.8}=1.26(\mathrm{m/s})$$

水力半径

$$R_{总渠}=\frac{B_{总渠}H_{总渠}}{B_{总渠}+2H_{总渠}}=\frac{1.2\times0.8}{1.3+2\times0.8}=0.343(\mathrm{m})$$

渠道粗糙率 n 取 0.013，渠道坡度

$$i_{总渠}=\left(\frac{nv_{总渠}}{R_{总渠}^{1/3}}\right)^2=\left(\frac{0.013\times1.26}{0.343^{1/3}}\right)^2=0.00055$$

渠道设计坡度取 0.001。

6. 化学清洗系统

超滤膜的化学清洗采用离线方式在专用化学清洗池内进行，每组设有 2 格化学清洗池。化学清洗所需药剂种类为 HCl、NaOH 和 NaClO。根据超滤膜供货商提供的资料，HCl 和 NaOH 清洗液浓度为 0.5%，NaClO 清洗液浓度为 0.1%。

清洗过程：人工将膜单元由膜池中拆卸后吊入化学清洗池，连接好管道。加药泵将药剂注入化学清洗池并注水调配浓度。化学清洗泵将清洗液由膜单元抽出送入化学清洗池中进行循环清洗，一般循环清洗 30min，再浸泡 6～12h（循环清洗时间和浸泡时间根据膜污染情况定），清洗过程结束，清洗后的废水中和后排放。

（1）清洗液体积　每格清洗池长 3.0m，宽 2.75m，水深 3.3m，有效容积

$$V_c = 3 \times 2.75 \times 3.3 = 27.23 (\text{m}^3)$$

考虑清洗管路容积，化学清洗液体积

$$G = 1.1 V_c = 1.1 \times 23.72 = 26.09 (\text{m}^3)$$

（2）清洗泵　化学清洗时膜通量与过滤时相同，水泵流量 370m³/h，扬程 12m。

（3）NaOH 用量　采用液体 NaOH，有效含量 c_1 为 30%，密度 ρ_1 为 1.14t/m³，调配成清洗剂的浓度 c_2 为 0.5%，密度 ρ_2 为 1t/m³。30% 的 NaOH 清洗一次用量

$$G_1 = G \frac{c_2 \rho_2}{c_1 \rho_1} = 26.09 \times \frac{0.005 \times 1}{0.3 \times 1.14} = 0.38(\text{t}) = 0.33(\text{m}^3)$$

液碱贮罐采用容积 2m³ 的 PE 桶，贮满后可供清洗 6 次。

液碱投加采用计量泵，投加时间 30min，计量泵最大流量 1000L/h。

（4）HCl 用量　食品级 HCl 有效浓度 c_3 为 31%，密度 ρ_3 为 1.16t/m³。HCl 清洗剂浓度 c_4 为 0.5%，密度 ρ_4 为 1t/m³。31% 的 HCl 清洗一次用量

$$G_1 = G \frac{c_4 \rho_4}{c_3 \rho_3} = 26.09 \times \frac{0.005 \times 1}{0.31 \times 1.16} = 0.36(\text{t}) = 0.31(\text{m}^3)$$

盐酸贮罐采用容积 2m³ 的 PE 桶，贮满后可供清洗 6 次。

盐酸投加采用计量泵，投加时间 30min，计量泵设计流量 1000L/h。

（5）NaClO 用量　NaClO 原液浓度 c_5 为 10%，清洗剂浓度 c_6 为 0.1%，NaClO 原液清洗一次用量

$$G_1 = G \frac{c_6}{c_5} = 26.09 \times \frac{0.001}{0.10} = 0.26(\text{m}^3)$$

NaClO 原液贮罐采用容积 2m³ 的 PE 桶，贮满后可供清洗 7 次。NaClO 原液投加采用计量泵，投加时间 30min，计量泵设计流量 1000L/h。膜车间平面布置图如图 7-2 所示。

【例题 7-5】 在线清洗浸没式超滤膜工艺设计计算

（一）已知条件

某水厂设计规模 $3.0 \times 10^4 \text{m}^3/\text{d}$，拟采用短流程浸没式超滤膜净水工艺。超滤膜恒压差变通量运行，重力流虹吸出水。膜的维护性及恢复性化学清洗均采用在线清洗，清洗药剂有 200mg/L 的次氯酸钠溶液和 1% 的柠檬酸溶液。超滤膜选用 PVC 下垂式膜柱，基本设计参数如下。

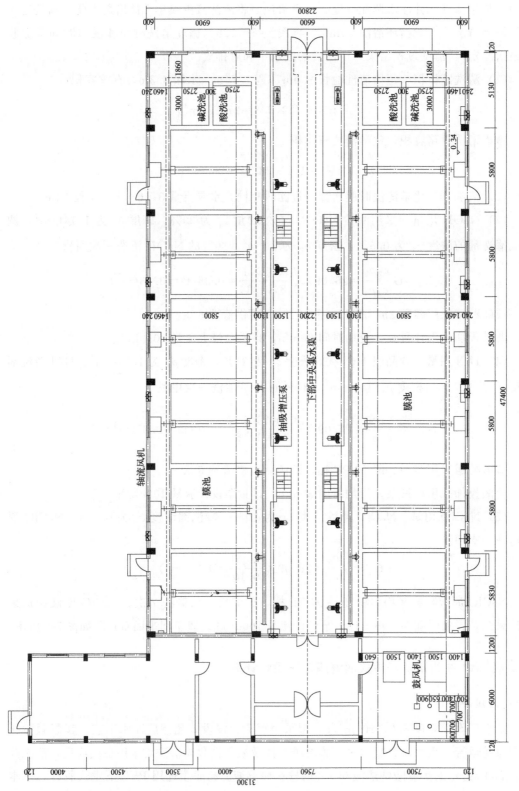

图 7-2 膜车间平面布置

单个组件膜面积 $f_z=15m^2$。设计通量 $q_{gl}=30L/(h \cdot m^2)$。过滤跨膜压差 $\Delta P_1=23.14kPa=2.36mH_2O$。每周期过滤时间 $t_{gl}=90min=1.5h$。反洗用时 $t_{fx}=60s=1min$。反洗强度 $q_{fx}=60L/(h \cdot m^2)$。反冲洗时曝气强度 $q_{qx}=50m^3/(m^2 \cdot h)$。反洗跨膜压差 $\Delta P_2=48.22kPa=4.92mH_2O$。

(二) 设计计算

1. 膜组件和膜单元

(1) 每天有效过滤时间 T

$$T=24\frac{t_{gl}}{t_{gl}+t_{qx}}=24 \times \frac{90}{90+1}=23.74(h)=1424.2(min)$$

(2) 单支膜组件日产水量 q_z

$$q_z=\frac{Tq_{gl}f_z}{1000}=\frac{23.74 \times 30 \times 15}{1000}=10.68(m^3/d)$$

(3) 单支膜组件清洗日耗水量 q_x

$$q_x=\frac{60T}{t_{gl}} \times \frac{f_z t_{fx} q_{fx}}{3600 \times 1000}=\frac{60 \times 23.74}{90} \times \frac{15 \times 60 \times 60}{3600 \times 1000}=0.237(m^3/d)$$

(4) 物理冲洗耗水率 α

$$\alpha=q_x/q_z=0.237/10.69=0.022$$

(5) 膜组件数量 n

$$n=\frac{Q(1+\alpha)}{q_z}=\frac{30000 \times (1+0.022)}{10.68}=2870.8(支)$$

膜系统分成 6 个膜池，每个膜池设 2 个膜单元，共 12 个单元（$N=12$），每个单元膜组件数量 $n_d=240$ 个，共 2880 个膜组件（$n_z=2880$）。

(6) 校核膜通量

① 正常过滤时，各膜单元实际膜通量

$$q_1=\frac{1000Q(1+\alpha)}{Tn_z f_z}=1000 \times \frac{30000 \times (1+0.022)}{23.74 \times 2880 \times 15}=29.9[L/(h \cdot m^2)]$$

② 当一个膜单元进行物理性清洗时，其他膜单元通量为

$$q_2=q_1\frac{N}{N-1}=29.9 \times \frac{12}{12-1}=32.62[L/(h \cdot m^2)]$$

③ 当一格膜池进行化学清洗时，其他膜单元通量

$$q_3=q_1\frac{N}{N-2}=29.9 \times \frac{12}{12-2}=35.88[L/(h \cdot m^2)]$$

④ 当 1 格膜池进行化学清洗，同时又有 1 个单元进行物理清洗时，其他膜单元通量

$$q_3=q_1\frac{N}{N-3}=29.9 \times \frac{12}{12-3}=39.87[L/(h \cdot m^2)]$$

2. 膜池设计

膜单元的平面尺寸 $BL=6.29m \times 1.34m$，膜池的平面尺寸 $6.50m \times 3.10m$。

膜单元在膜池内的布置如图 7-3 所示。

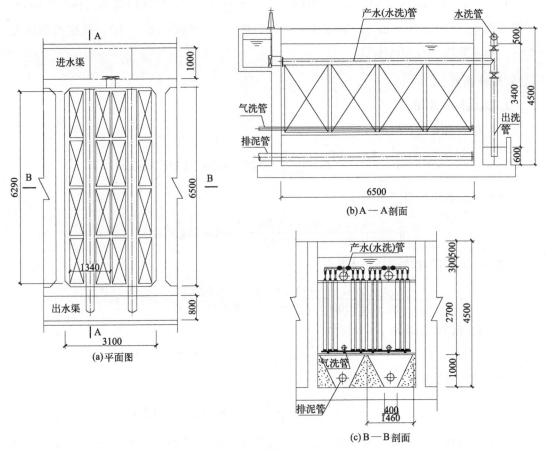

图 7-3　膜单元在膜池内的布置

3. 膜池高度

超高 $H_1=0.5$m；膜上淹没水深 $H_2=0.3$m；膜单元高度 $H_3=2.7$m（包括产水管）；污泥浓缩区高度 $H_4=1.0$m。

膜池总高

$$H=H_1+H_2+H_3+H_4=0.5+0.3+2.7+1.0=4.50(\text{m})$$

4. 进出水系统

（1）进水渠　总进水渠宽度 B_1 为 1.0m，起端水深 H_5 为 0.9m，起端流速

$$v_1=\frac{Q(1+\alpha)}{86400B_1H_5}=\frac{30000\times(1+0.022)}{86400\times1.0\times0.9}=0.39(\text{m/s})$$

水力半径

$$R_1=\frac{B_1H_5}{B_1+2H_5}=\frac{1.0\times0.9}{1.0+2\times0.9}=0.321(\text{m})$$

渠道为混凝土结构，粗糙率 n 为 0.013。渠道水头坡度

$$i = \left(\frac{v_1 n}{R_1^{2/3}} \right)^2 = \left(\frac{0.39 \times 0.013}{0.321^{2/3}} \right)^2 = 1.17 \times 10^{-4}$$

进水渠水力坡度很小，水头损失可以忽略，可以保证各膜池配水均匀。

（2）出水渠　出水渠宽度 B_2 为 0.8m，末端水深 H_6 为 0.5m，起端流速

$$v_2 = \frac{Q(1+\alpha)}{86400 B_2 H_6} = \frac{30000 \times (1+0.022)}{86400 \times 0.8 \times 0.5} = 0.89 (\text{m/s})$$

水力半径

$$R_2 = \frac{B_2 H_6}{B_2 + 2H_6} = \frac{0.8 \times 0.5}{0.8 + 2 \times 0.5} = 0.222 (\text{m})$$

渠道为混凝土结构，粗糙率 n 为 0.013。渠道水头坡度

$$i = \left(\frac{v_2 n}{R_2^{2/3}} \right)^2 = \left(\frac{0.89 \times 0.013}{0.222^{2/3}} \right)^2 = 9.96 \times 10^{-4}$$

出水渠设计坡度取 0.001。

（3）膜池进水孔　每格膜池设 1 个进水孔，进水孔尺寸 $B_3 \times H_7 = 0.3\text{m} \times 0.4\text{m}$，进水孔流速

$$v_k = \frac{2q_1}{B_3 H_7} = \frac{2 \times 29.9}{0.3 \times 0.4} = 0.5 (\text{m/s})$$

通过进水孔的水头损失

$$h_k = \frac{1}{\mu^2} \times \frac{v_k^2}{2g} = \frac{1}{0.65^2} \times \frac{0.5^2}{2 \times 9.81} = 0.03 (\text{m})$$

进水孔前后的水位差取 0.05m。

（4）出水反洗管　每个膜单元反洗时流量

$$Q_x = \frac{n_d f_z q_{fx}}{1000} = \frac{240 \times 15 \times 60}{1000} = 216 (\text{m}^3/\text{h}) = 0.06 (\text{m}^3/\text{s})$$

出水反洗管管径 D_1 取 0.2m，管内流速

$$v_3 = \frac{4Q_x}{\pi D_1^2} = \frac{4 \times 0.06}{3.14 \times 0.2^2} = 1.91 (\text{m/s})$$

正常出水时 1 个单元出水流量

$$Q_1 = \frac{n_d q_1 f_z}{1000} = \frac{240 \times 29.9 \times 15}{1000} = 107.64 (\text{m}^3/\text{h}) = 0.0299 (\text{m}^3/\text{s})$$

正常出水时管内流速

$$v_4 = \frac{4Q_1}{\pi D_1^2} = \frac{4 \times 0.0299}{3.14 \times 0.2^2} = 0.95 (\text{m/s})$$

当 1 个膜单元进行物理性清洗时，其他膜单元产水量

$$Q_2 = \frac{n_d q_2 f_z}{1000} = \frac{240 \times 32.62 \times 15}{1000} = 117.43 (\text{m}^3/\text{h}) = 0.033 (\text{m}^3/\text{s})$$

此时管内流速

$$v_5 = \frac{4Q_2}{\pi D_1^2} = \frac{4 \times 0.033}{3.14 \times 0.2^2} = 1.05 (\text{m/s})$$

当 1 格膜池进行化学清洗时，其他膜单元产水量

$$Q_3 = \frac{n_d q_3 f_z}{1000} = \frac{240 \times 35.88 \times 15}{1000} = 129.17 (\text{m}^3/\text{h}) = 0.036 (\text{m}^3/\text{s})$$

此时管内流速

$$v_6 = \frac{4Q_3}{\pi D_1^2} = \frac{4 \times 0.036}{3.14 \times 0.2^2} = 1.15 (\text{m/s})$$

当 1 格膜池进行化学清洗，同时又有 1 个单元进行物理清洗时，其他膜单元产水量

$$Q_4 = \frac{n_d q_4 f_z}{1000} = \frac{240 \times 39.87 \times 15}{1000} = 143.53 (\text{m}^3/\text{h}) = 0.04 (\text{m}^3/\text{s})$$

此时管内流速

$$v_7 = \frac{4Q_4}{\pi D_1^2} = \frac{4 \times 0.04}{3.14 \times 0.2^2} = 1.27 (\text{m/s})$$

(5) 空气管　物理清洗时曝气强度 q_{qx} 按膜池面积计算，取 $50\text{m}^3/(\text{h} \cdot \text{m}^2)$。当 1 个膜单元进行物理清洗时，曝气所需风量

$$Q_f = BL q_{qx}/2 = 6.5 \times 3.1 \times 50/2 = 503.75 (\text{m}^3/\text{h}) = 8.4 (\text{m}^3/\text{min}) = 0.14 (\text{m}^3/\text{s})$$

曝气管管径 D_2 取 0.15m，管内流速

$$v_8 = \frac{4Q_f}{\pi D_2^2} = \frac{4 \times 0.14}{3.14 \times 0.15^2} = 7.92 (\text{m/s})$$

反洗气管的淹没水深为 3m，鼓风机的出口风压选定 40kPa，风量为 $8.4\text{m}^3/\text{min}$。

(6) 排泥管　采用穿孔管，管径 D_3 取 0.2m。

5. 化学清洗

维护性化学清洗和恢复性化学清洗都在膜池内进行清洗，区别在于药剂种类、浓度以及清洗时间不同。维护性化学清洗一般 1～2 周进行 1 次，清洗药剂采用次氯酸钠，浓度 0.02%（200mg/L），清洗时间一般为 0.5～3h。恢复性化学清洗分为 3 个阶段：第 1 阶段采用 0.5% 的氢氧化钠；第 2 阶段采用 0.1%（1000mg/L）的次氯酸钠；第 3 阶段采用 0.2% 的盐酸。清洗时间一般为 12～24h。

(1) 药液容积计算　每格膜池中的 2 个膜单元同时进行化学清洗，清洗时需要先将药液在膜池内配置均匀，并确保药液将膜单元淹没。

所需药液容积为

$$V = (3.1 \times 6.5 \times 2.7) + \left(\frac{0.4 + 1.46}{2} \times 1 \times 6.5 \times 2\right) = 66.5 (\text{m}^3)$$

(2) 氢氧化钠用量及加药管道计算　氢氧化钠原液浓度 e_1 为 45%，清洗时浓度 e_2 为 0.5%，清洗 1 格膜池所需次氯酸钠原液体积

$$V_1 = \frac{e_1}{e_2}V = \frac{0.5}{45} \times 66.5 = 0.74(\text{m}^3)$$

所有膜池（共6格）清洗1遍需要氢氧化钠原液4.44m³，贮存桶选用容积为5000L的PE塑料桶。膜池加药时间 t 取15min。

氢氧化钠原液投加泵流量

$$Q_{\text{药}1} = V_1/t = 0.74/15 = 0.049(\text{m}^3/\text{min}) = 2.96(\text{m}^3/\text{h}) = 0.00082(\text{m}^3/\text{s})$$

氢氧化钠原液投加管管径 D_1 取0.032m。

管道内流速

$$v_{\text{药}1} = \frac{4Q_{\text{药}1}}{\pi D_{\text{药}1}^2} = \frac{4 \times 0.00082}{3.14 \times 0.032^2} = 1.02(\text{m/s})$$

（3）次氯酸钠用量及加药管道计算　次氯酸钠原液浓度 e_5 为10%，恢复性清洗时浓度 e_6 为0.1%（1000mg/L），清洗1格膜池所需次氯酸钠原液体积

$$V_3 = \frac{e_5}{e_6}V = \frac{0.1}{10} \times 66.5 = 0.665(\text{m}^3)$$

所有膜池（共6格）清洗1遍需要次氯酸钠原液3.99m³，5000L的PE塑料桶可以满足1次需要。膜池加药时间 t 取15min。次氯酸钠原液投加泵流量

$$Q_{\text{药}3} = V_3/t = 0.665/15 = 0.044(\text{m}^3/\text{min}) = 2.66(\text{m}^3/\text{h}) = 0.00074(\text{m}^3/\text{s})$$

次氯酸钠投加管管径 $D_{\text{药}3}$ 取0.032m。

管道内流速

$$v_{\text{药}3} = \frac{4Q_{\text{药}3}}{\pi D_{\text{药}3}^2} = \frac{4 \times 0.00074}{3.14 \times 0.032^2} = 0.92(\text{m/s})$$

维护性化学清洗时，次氯酸钠浓度 e_7 为0.02%，此时次氯酸钠用量

$$V_3 = \frac{e_7}{e_6}V = \frac{0.02}{10} \times 66.5 = 0.133(\text{m}^3)$$

只需要将次氯酸钠原液投加泵的投加时间缩短即可。

（4）盐酸用量及加药管道计算　盐酸原液浓度 e_3 为31%，清洗时浓度 e_4 为0.2%，清洗1格膜池所需次氯酸钠原液体积

$$V_2 = \frac{e_3}{e_4}V = \frac{0.2}{31} \times 66.5 = 0.43(\text{m}^3)$$

所有膜池清洗一遍需要盐酸原液2.58m³，贮存桶选用容积为3000L的PE塑料桶。

膜池加药时间 t 取15min。

盐酸投加泵流量

$$Q_{\text{药}2} = V_2/t = 0.43/15 = 0.029(\text{m}^3/\text{min}) = 1.72(\text{m}^3/\text{h}) = 0.00048(\text{m}^3/\text{s})$$

盐酸投加管管径 $D_{\text{药}2}$ 取0.025m。

管道内流速

$$v_{\text{药}2} = \frac{4Q_{\text{药}2}}{\pi D_{\text{药}2}^2} = \frac{4 \times 0.00048}{3.14 \times 0.025^2} = 0.97(\text{m/s})$$

第四节　纳　　滤

纳滤膜早期被称为松散反渗透膜或超低压反渗透膜，是 20 世纪 80 年代初继典型的反渗透复合膜之后开发出来的。在过去的很长一段时间里，纳滤膜被称为超低压反渗透膜，或称选择性反渗透膜或松散反渗透膜。它是介于反渗透膜与超滤膜之间一种膜，孔径为几纳米，因此称纳滤。由于其表面分离层由聚电物质构成，因此具有独特的电荷效应及筛分效应。膜的筛分效应是指根据膜上孔径的大小将粒径不同的物质进行分离的作用，粒径大于膜孔径的物质将被截留，粒径小于膜孔径的物质则能透过膜。电荷效应则是指离子与膜所带的电荷之间产生静电作用，阻碍高价离子透过膜，从而达到选择性分离的目的。具有一价阴离子的盐可以大量渗过膜，具有多价阴离子的盐（如硫酸盐和碳酸盐）的截留率则高得多。这是纳滤膜在较低的压力下仍保持较高的脱盐效果的原因，也被称为荷电超滤。其特征是对 NaCl 的去除率在 90％以下，且仅对特定的溶质具有高脱除率，而不像 RO 那样对几乎所有的溶质都有很高的去除率。它主要去除直径为 1nm 左右的溶质粒子，截留相对分子质量为 100～1000，在饮用水领域主要用于脱除三卤甲烷中间体、异味、农药、合成洗涤剂、可溶性有机物、硬度及蒸发残留物。NF 膜具有松散的表面层结构，在较低的压力（0.5～1MPa）下可以实现较高的水通量。可去除水中 50％～70％的总盐度，适合于处理硬度和有机物含量高且浊度低的原水。

按材料分，纳滤膜有芳香聚酰胺类复合膜、聚哌嗪酰胺类复合膜等，还有聚磷酸盐和聚硅氧烷沉积在无机微滤膜上制备成的复合无机纳滤膜等。按元件内部结构分，纳滤膜有卷式膜、管式膜、板板式膜等。按运行方式一般分为连续操作和批式操作两种。

纳滤技术被广泛应用于饮用水生产、海水淡化、超纯水制造、食品工业、制药、生物化工、环境保护等诸多领域。在水处理中其主要作用是去除地表水中的有机物和色素、地下水中的硬度、部分去除溶解盐，在食品和医药生产中其主要作用是有用物质的提取、浓缩。其优点如下。

① 具有独特的软化水功能，通过对不同价态离子的选择透过特性实现。在去硬度的同时，还可以去除其中的浊度、色度和有机物，出水水质明显优于其他软化工艺。利用纳滤膜软化无须再生、无污染、操作简单、占地面积省。

② 纳滤过程在常温下进行，无相变，不带入其他杂质及造成产品的分解变性。

③ 可脱除产品的盐分，减少产品灰分，提高产品纯度。

④ 待处理液回收率高，损失少。

⑤ 设备结构简单紧凑，占地面积小，能耗低。

⑥ 操作简便，可实现自动化作业，稳定性好，维护方便。

一、设计概述

① 纳滤膜截留溶解盐类的能力为 $20\%\sim98\%$，对可溶性单价离子的去除率低于高价离子，其运行压力一般 $3.5\sim30bar$。在城市污水再生回用深度处理工艺中，主要用于软化。

② 设计选型的主要依据是膜通量和回收率，一般尽可能设计高的回收率，这样可以减少浪费的待处理水量，降低预处理的成本。但是，系统的回收率高会导致膜结垢的风险增大、产水水质下降、运行操作压力增高、泵和相关设备的费用增加等结果。因此，回收率有一个上限。除此之外，不同材料、不同结构、不同型号、不同厂家的膜对压力、pH值、温度、COD、BOD、SDI、允许游离氯含量等条件的要求不尽相同，设计选型时还应根据具体产品的使用说明书确定是否能够满足以上条件。

③ 膜元件个数、压力容器数量、段数及压力容器的排列方式等设计内容、设计过程与超滤系统设计类似。

④ 纳滤膜设备应保证膜元件浸湿后始终处于湿润状态，系统停机时间较长，应有保存纳滤膜元件的杀菌液及浸放、保存装置。

⑤ 设计时应考虑膜的清洗，参见超滤膜系统。

⑥ 设计时应注意随着产水量不断增加，进水被浓缩，原水浓度不断升高、渗透压增大、有效压力降低，膜元件的产水量沿着进水侧到浓水侧的顺序变小。由于原水浓度升高，产水中含盐的浓度也随之升高。

二、计算例题

【例题 7-6】 纳滤软化用于污水回用深度处理的计算

(一) 已知条件

污水厂二级处理出水水量 $Q=30000m^3/d=1250m^3/h$，拟深度处理后回用于工业。由于原污水中混入大量工业废水，二级处理出水经混凝、沉淀、过滤工艺处理后硬度、硫酸盐含量超标。原水总硬度 550.2mg/L，暂时硬度 220.2mg/L，永久硬度 330mg/L。硫酸盐 361mg/L。

通过对水质的分析，溶解性总固体主要为硫酸盐、氯化物与 Ca^{2+}、Mg^{2+} 等离子形成的溶解性盐分，电导率达到 $770\mu S/cm$。要求出水总硬度、总含盐量 $<20mg/L$。

(二) 设计计算

1. 软化工艺的确定

针对原水中硫酸盐和总硬度超标的问题，选用纳滤进行处理，利用其对高价离子的选择透过性进行软化。与反渗透相比，纳滤所需压差低，更加节能，工艺流程见图 7-4。

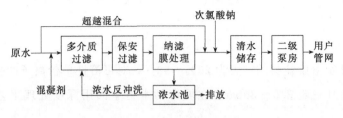

图 7-4 纳滤工艺流程

纳滤膜处理系统前设保安过滤器，采用滤孔 5μm 滤芯。保安过滤前投加膜阻垢剂，投加量为 2~4 mg/L。

2. 纳滤膜选型

根据说明书，纳滤膜设计产水量 20.8L/(m² · h)，膜元件的稳定脱盐率 Cl⁻ 为 85%~95%，SO_4^{2-} ＞97%，溶解性总固体＞97%。经现场测试，在纳滤膜设计通量条件下，可以保证出水硬度达标。单支膜面积 37m²，产水量 20.8×37×24/1000＝18.5(m³/d)。

3. 确定纳滤膜数量

共需膜元件 24000/18.5＝1297.3(支)。

每个压力容器包含 7 支膜元件，则共需压力容器 1297.3/7＝185.3(个)。

分为 5 套系统并联运行，每套压力容器 185.3/5＝37.06(个)，取 37 个。

4. 确定膜系统的分段及级数

采用一级二段式布置，前一段的浓水作为下一段的进水，最后一段的浓水收集排放，各阶段产水收集利用。为了平衡产水并保持每段内原水流速均匀，装置内的组件相邻段沿水流方向分为 2:1 排列比，即 25:12 压力容器组合，段内并联，段间串联。纳滤系统布置排列见图 7-5。

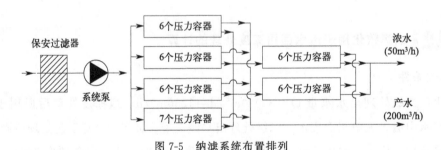

图 7-5 纳滤系统布置排列

第五节 反 渗 透

反渗透又称逆渗透，一种以压力差为推动力，从溶液中分离出溶剂的膜分离操作。因为它和自然渗透的方向相反，故称反渗透。根据各种物料的不同渗透压，就可以使用大于渗透压的反渗透压力，即反渗透法，达到分离、提取、纯化和浓缩的目的。

反渗透膜通常为非对称膜和复合膜，是一种模拟生物半透膜制成的具有一定特性的人工半透膜。其表面的微孔的直径一般是在 0.5～10nm 之间，运行压力为 1～10MPa，可将大多数无机离子（包括对人体有益的矿物质）、胶体物质和大分子溶质从水中去除从而制取纯净水，也可用于浓缩。由于反渗透过程简单，能耗低，现已大规模应用于海水和苦咸水（见卤水）淡化、锅炉用水软化和废水处理，并与离子交换结合制取高纯水，也用于食品的浓缩以及生化和生物制剂的分离、浓缩方面。在城市污水再生回用深度处理工艺中，反渗透技术主要用于除盐。其优点如下。

① 可以从海水或苦咸水中提取淡水，即海水淡化。

② 可去除水中的有机物、细菌和胶体及其他杂质，获得高纯度的水。

③ 反渗透过程没有相变，因而节能。

④ 操作简单，易实现自动化，节省劳力。

⑤ 结构紧凑，占地小。

⑥ 可回收溶解在溶液中有价值的成分。

其缺点是需要高压设备，原水利用率只有 75%～80%，需要定期清洗膜。

一、设计概述

① 反渗透除盐就是在有盐分的水中（如原水）施以比自然渗透压力更大的压力，使渗透向与自然渗透相反的方向进行，水中的杂质、盐分被膜截留，只有水分子通过膜成为纯净水。

② 反渗透系统组成如下。

a. 原水。待处理水，因为进反渗透膜的水已经是相对纯净的水，因此要避免二次污染。

b. 预处理系统。预处理系统保证待处理水水质达到反渗透系统对其 COD、SDI、余氯和 LSI 等的要求。

c. 高压泵系统。其作用是向待处理水提供足够的压力，大于自然渗透压，使待处理水渗透到膜的另一侧。

d. 膜单元。膜单元是反渗透系统的核心部分，由压力容器以及膜元件、管道和浓水阀门组成的。待处理水在膜单元得到净化，达到最终水质要求。

e. 仪表和控制系统。为保证装置安全、可靠地运行以及方便对过程的监控，需配置温度表和压力表、流量计、电导率表、氧化还原电位计等仪表。一般系统的运行以及监控是由 PLC、仪表、计算机系统和工艺模拟流程显示屏完成，并设有手动控制按钮。自动控制系统还具有联锁保护功能及报警指示功能。

f. 产水储存单元。储存产水，应防止二次污染，并注意避免发生背压的现象。

③ 反渗透系统设计计算过程可参考纳滤系统。

二、计算例题

【例题 7-7】 反渗透用于污水回用深度处理的计算

(一) 已知条件

污水厂二级处理出水经反渗透去除残留的污染物，再经电厂化学车间混床、消毒、精滤处理后作为锅炉用水。系统产水量 $Q=240\text{m}^3/\text{d}=10\text{m}^3/\text{h}$，常年水温 $9\sim25℃$，TDS $=564\text{mg/L}$，余氯量 0.08mg/L，铁 0.008mg/L，污染指数 SDI $=3.2$，浊度$<1\text{NTU}$，pH 值为 7.1，$COD_{Mn}=2\text{mg/L}$，原水阴阳离子的浓度见表 7-3。要求处理后 TDS$\leqslant20\text{mg/L}$，设计计算反渗透系统。

表 7-3　原水阴阳离子的浓度

阴离子			阳离子		
名称	mg/L	mmol/L	名称	mg/L	mmol/L
SO_4^{2-}	99.2	1.03	Mg^{2+}	23.7	0.98
NO_3^-	11.0	0.18	Ca^{2+}	76.0	1.9
Cl^-	38.8	1.09	Na^+	46.3	2.01
HCO_3^-	268.4	4.4			

(二) 设计计算

1. 工艺流程的确定

(1) 预处理　为了保证膜的有效、长期运行和出水水质，来水先经过预处理后再经过膜处理。预处理工艺采用多介质过滤、活性炭吸附、软化、$5\mu\text{m}$ 滤芯过滤。经过预处理后，基本去除了水中对膜渗透影响比较大的污染物。

(2) 膜处理　根据现有工程实例经验，采用一级膜渗透工艺即可达到后续混床对进水的水质要求。

(3) 后处理　为防止纯净水制造过程中受到二次污染，保证处理水细菌学指标达标，膜处理出水采用紫外线消毒。消毒后的水由输水泵输送到化学车间。则处理流程如下：原水箱→多介质过滤→活性炭吸附→软化→保安过滤→RO 膜处理→紫外线消毒→供水。

原水由预处理提升泵从原水箱提升，经过多介质过滤、活性炭吸附、软化装置、$5\mu\text{m}$ 滤芯过滤器后进入中间水箱，再由不锈钢高压水泵二次提升进入膜组件。膜组件出水自流进入终端水箱，输水泵从终端水箱吸水，加压水经过紫外线消毒送到化学车间。

2. 各处理单元的设计和设备选型

综合考虑系统回收率、脱盐率递减、透水量增加等因素，各处理单元的过水量统一按 $20\text{m}^3/\text{h}$ 计。由于浓水量较少，不单独处理，直接外排至厂区下水道。

(1) 原水箱　系统产水量为 $10\text{m}^3/\text{h}$，回收率按 75% 计，需原水量为 $10/0.75=13.33$ (m^3/h)。由于没有详细资料，根据经验采用处理 1h 用水量，$t_c=1\text{h}$。则原水池的体积为

$$V_z = Q_z t_c = 13.33 \times 1 = 13.33 (\text{m}^3)$$

储水池材料选用塑料水箱，容积 15m³。水箱直径 $D_{箱} = 2.58$m，高 $H_{箱} = 3.38$m。

（2）多介质过滤　选某公司的多介质过滤器 1 个，直径为 $D_{多} = 1.616$m，高 $H_{多} = 3.174$m。内装 0.8～1mm 石英砂，滤层高 1m，过滤面积 2.011m²，最大过水量 20m³/h，滤速 8～10m/h。配全自动多路控制阀，不需人工操作，定时反冲洗。

（3）活性炭吸附　选某公司的多介质过滤器 1 个，直径为 $D_{活} = 1.616$m，高 $H_{活} = 3.174$m。内装 CH-16 型果壳活性炭，滤层高 1m，过滤面积 2.011m²，最大过水量 20m³/h，滤速 8～10m/h。配全自动多路控制阀，不需人工操作，定时反冲洗。

（4）软化　选某公司的 SF 系列双罐流量型自动软水器 2 台，1 用 1 备，SF-RM-1050 型。单台罐体直径为 $D_{软} = 1.050$m，高 $H_{软} = 1.8$m。内装 001×7 型 Na^+ 交换树脂 1900kg，最大过水量 20m³/h。配全自动多路控制阀，不需人工操作，树脂定时再生，配盐箱容积 580L。出水硬度 ≤0.03mmol/L（以 1/2CaCO₃ 计），盐耗 ≤100g/(mmol/L)。

（5）5μm 滤芯过滤　选某厂生产的精密过滤器 1 个，规格 φ800×H1200，其中装填滤芯 20 支。额定过水流量为 20m³/h，在此过水流量下，水头损失为 0.003MPa。

（6）膜处理

① 膜的选用。由于聚酰胺复合膜在处理高污染水时极易受到污染，更重要的是它耐余氯的性能差，而醋酸纤维膜则容许水中有较高的余氯，适用于处理带有细菌及有机污染的水源水。因污水站采用液氯消毒，出水含有一定量的余氯，不宜用聚酰胺复合膜。同时考虑装置的清洗、维护、更换等因素，决定采用反渗透装置并选用海德能公司的卷式醋酸纤维膜，型号为 CAB3-8060。每支膜操作压力 $P_d = 2.89$MPa 时，膜额定最大透水量为 1.1m³/h，脱盐率 99.0%，膜外径 201.9mm，长 1524.0mm。每支膜最高过水流量 $q_{v,d} = 0.7$m³/h，在此流量下的压力损失为 0.098MPa。要求进水最高 FI<5.0，进水最高浊度为 1.0NTU，进水最高余氯量 <1mg/L，进水 pH 值范围 5.0～6.0。单支膜浓缩水与透过水量的最大比例为 3:1。

需要膜元件的数量（产水量按 20m³/h 计，单支膜透水量按额定最大透水量的 75% 考虑）
$$m_E = q_{v,p} / (0.75 q_{v,d}) = 20 / (0.75 \times 1.1) \approx 24 (\text{支})$$

② 膜的排列组合。采用 4m 的长膜组件，膜组件数为 24/4 = 6（个）。

据厂家提供每段膜组件占膜组件总数的倍数（第一段占 0.5102、第二段占 0.3061、第三段占 0.1837）要求如下。

第一段所需膜组件数 6×0.5102 ≈ 3（个）。

第二段所需膜组件数 6×0.3061 ≈ 2（个）。

第三段所需膜组件数 6×0.1837 ≈ 1（个）。

③ pH 值调节。由于原水属较稀溶液，可以不考虑 1 价离子的活度系数。

根据公式 $pH = 6.35 + \lg[HCO_3^-] - \lg[CO_2]$
$$\lg[CO_2] = 6.35 + \lg[HCO_3^-] - pH = 6.35 + \lg 4.4 - 7.1 = -0.11$$

则 $[CO_2] \approx 0.78$ mmol/L $= 34.32$ mg/L。

pH 值为 5.5 时，有 $5.5 = 6.35 + \lg[HCO_3^-] - \lg[CO_2]$，即 $[HCO_3^-] = 0.1413[CO_2]$。

而 $[HCO_3^-] + [CO_2] = 5.18$ mmol/L 即 $1.1413[CO_2] = 5.18$ mmol/L。

得 $[CO_2] \approx 4.53$ mmol/L $= 199.32$ mg/L。

为避免系统中生成 $CaSO_4$ 沉淀，用 HCl 调节 pH 值。

由反应式 $HCO_3^- + HCl == H_2O + CO_2 + Cl^-$，得所需 HCl $= 36.5 \times (199.32 - 34.32)/44 = 136.875$(mg/L)。

即将原水 pH 值调节到 5.5 需加 HCl（浓度按 100% 计）量为 136.875mg/L。

④ 原水经软化、加酸处理后 TDS 的变化。

设原水经软化后 Ca^{2+} 的浓度为 0.015 mmol/L $= 0.6$ mg/L。

Na^+ 的浓度为 $2.01 + (1.9 - 0.015) \times 2 = 5.78$(mmol/L) $= 132.94$(mg/L)。

由反应式 $HCO_3^- + HCl == H_2O + CO_2 + Cl^-$，得 Cl^- 的浓度 $x = 136.875 \times 35.5/36.5 = 133.125$(mg/L)。

CO_2 的浓度 $y = 136.875 \times 44/36.5 = 165$(mg/L)。

HCO_3^- 的浓度 $z = 136.875 \times 61/36.5 = 228.75$(mg/L)。

加酸后 HCO_3^- 的浓度为 $268.4 - 228.75 = 39.65$(mg/L) $= 0.65$(mmol)。

Cl^- 的浓度为 $38.8 + 133.125 = 171.925$(mg/L) $= 4.84$(mmol)。

CO_2 的浓度为 $34.32 + 165 = 199.32$(mg/L) $= 4.53$(mmol)。

原水经软化、加酸处理后阴、阳离子的浓度见表 7-4。

表 7-4　原水经软化、加酸处理后阴、阳离子的浓度

阴离子			阳离子		
名称	mg/L	mmol/L	名称	mg/L	mmol/L
SO_4^{2-}	99.2	1.03	Mg^{2+}	0	0
NO_3^-	11.0	0.18	Ca^{2+}	0.6	0.015
Cl^-	171.9	4.84	Na^+	132.9	5.78
HCO_3^-	39.7	0.65			

TDS $=$ 阴离子总量 $+$ 阳离子总量 $- 0.49[HCO_3^-] + R_2O_3 +$ 有机物

$= 321.8 + 133.5 - 39.65 + 0 + 2 = 417.65$(mg/L)

⑤ 浓水中 $CaCO_3$ 结垢倾向的计算。

浓水 $[Ca^{2+}]_b = 4[Ca^{2+}]_f = 4 \times 0.015 = 0.06$(mmol/L) $= 6$(mg/L)（以 $CaCO_3$ 计），查厂家说明书，$C = 0.38$。

由厂家提供资料，当 pH 值 $= 5.5$ 时，HCO_3^- 的 SP $= 6\%$。

浓水 $[HCO_3^-]_b = [HCO_3^-]_f (1 - Y \times SP)/(1 - Y) = 0.65 \times (1 - 0.75 \times 0.06)/(1 - 0.75)$

$= 2.483$(mmol/L) $= 124.15$(mg/L)（以 $CaCO_3$ 计）

此时水中碱度可近似按 $[HCO_3^-]_b$ 计，查厂家说明书，$D=2.09$。

水温考虑最不利条件，按 25℃ 计，查厂家说明书，$B=2.0$。

$TDS_b=TDS/(1-Y)=417.65/(1-0.75)=1670.6(mg/L)$，查厂家说明书，$A=0.22$。

$$pH_s=(9.30+A+B)-(C+D)=(9.30+0.22+2.0)-(0.38+2.09)=9.05$$

因 CO_2 的透过率几乎为 0，故 $[CO_2]_b=[CO_2]_f=4.53mmol/L$。

原水经软化、加酸处理后离子强度

$$\mu=\{4[SO_4^{2-}]+[NO_3^-]+[Cl^-]+[HCO_3^-]+4[Ca^{2+}]+[Na^+]\}/2$$
$$=\{4\times0.001+0.0002+0.005+0.0007+4\times0.00002+0.006\}/2\approx0.00799$$

25℃ 时，常数 $K=0.5056$，则

$$\lg f_1=-z^2\times0.5056\mu^{1/2}/(1+\mu^{1/2})=-1\times0.5056\times0.00799^{1/2}/(1+0.00799^{1/2})\approx-0.04149$$

式中　f_1——1 价离子的活度系数；

z——1 价离子的化合价。

$$pH_b=6.35+\lg[HCO_3^-]_b-\lg[CO_2]_b+2\lg f_1=6.35+\lg2.483-\lg4.53-2\times0.04149\approx6.01$$

$LSI=pH_b-pH_s=6.01-9.05<0$，无结垢倾向。

(7) 膜的实际运行压力和泵的选型

① 净运行压力 P_j。单个膜元件的额定渗透水流量为 $q_{v,d}=1.1m^3/h$。

渗透水流量按额定最大透水量的 75% 考虑，则 $q=1.1\times0.75=0.825(m^3/h)$。

因预处理效果好，据厂家提供的资料，原水污染系数取 $\alpha=0.9$。

25℃ 时，温度校正系数 $T_j=1.24$（厂家提供）。

单个膜元件的额定运行压力扣除 0.14MPa 的渗透压后，额定运行压力 $P_d=2.75MPa$。

则净运行压力 $P_j=qP_dT_j/(\alpha q_{v,d})=0.825\times2.75\times1.24/(0.9\times1.1)=2.8(MPa)$。

② 渗透水压力 P_s。渗透水直接进入紫外线消毒器和精滤装置，然后自流进入储水箱，经计算（过程从略），在这两个处理单元内的水头损失为 0.02MPa，则 $P_s=0.02MPa$。

③ 系统压差 P_x。膜组件的排列方式为 3-2-1，由前面计算可知，每个膜元件的透水量为额定透水量的 75%，即 $q=0.825m^3/h$。则各组件的透水量为 $0.825\times4=3.3(m^3/h)$，按最不利条件计算即最大透水量为 $20m^3/h$，则

第一段各组件的给水量 $20/(3\times0.75)\approx8.9(m^3/h)$。

第一段各组件的浓水流量 $8.9-3.3=5.6(m^3/h)$。

第二段各组件的给水量 $5.6\times3/2\approx8.4(m^3/h)$。

第二段各组件的浓水流量 $8.4-3.3=5.1(m^3/h)$。

第三段各组件的给水量 $5.1\times2\approx10.2(m^3/h)$。

第三段各组件的浓水流量 $10.2-3.3=6.9(m^3/h)$。

单个压力容器的给水流量平均值为单个压力容器的给水流量减去该组件的渗透水流量的一半。则第一段的平均给水流量为 $8.9-3.3/2=7.25(m^3/h)$，该流量时单个膜元件的压差为 0.040MPa，每个组件内有 4 个膜元件，则第一段压差为 $0.042\times4=0.168(MPa)$。

第二段的平均给水流量为 $8.4-3.3/2=6.75(m^3/h)$，该流量时单个膜元件的压差为 $0.038MPa$，每个组件内有 4 个膜元件，则第一段压差为 $0.038\times4=0.152(MPa)$。

第三段的平均给水流量为 $10.2-3.3/2=8.55(m^3/h)$，该流量时单个膜元件的压差为 $0.049MPa$，每个组件内有 4 个膜元件，则第一段压差为 $0.049\times4=0.196(MPa)$。

故整个系统压差为 $P_x=0.168+0.152+0.196=0.516(MPa)$。

④ 平均渗透压 π

$$TDS_a=(TDS_f+TDS_b)/2=(417.65+1670.6)/2=1044.125(mg/L)$$

$$\pi=TDS_a\times6.895\times10^{-5}=1044.125\times6.895\times10^{-5}\approx0.072(MPa)$$

⑤ 系统实际运行压力

$$P=P_j+P_s+P_x+\pi=2.8+0.02+0.516+0.072=3.408(MPa)=347.56(mH_2O)$$

（8）紫外线消毒 选某厂生产的 SZX-BL-11 型紫外线消毒器 1 台，处理水量 21～25m^3/h，功率 330W，水头损失 0.001MPa。

第六节 电 渗 析

在电场力作用下进行渗析时，溶液中带电的溶质粒子（如离子）通过膜而迁移的现象称为电渗析，利用该技术进行提纯和分离物质的技术称为电渗析法。电渗析法于 20 世纪 50 年代开始应用，最初用于海水淡化，现在广泛用于化工、轻工、冶金、造纸、医药工业，尤以制备纯水和在环境保护中处理"三废"最受重视，例如用于酸碱回收、电镀废液处理以及从工业废水中回收有用物质等。

电渗析的工艺流程常见的有三种设计方式，即循环式、部分循环式、直流式，如图 7-6 所示。

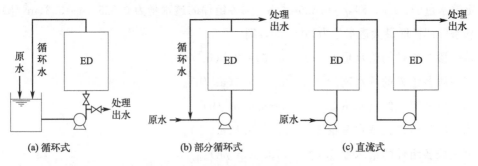

图 7-6 电渗析常见的三种设计方式

在电渗析设备的运行中，经常遇到的问题是有机物和无机物造成的膜被污垢堵塞。由于城市污水二级处理厂出水中还存在许多未被去除的杂质，如溶解性有机物（DOM）、溶解性无机物、SS、病原菌等。即使其再经过活性炭吸附工艺，仍然有一些有机物未被去除而会泄漏进入出水中。进入 ED 的原水中的 SS、胶体物质、有机物、细菌、微生物等会沉积在膜面或配水槽结构处，造成膜污染堵塞，这在城市污水二级出水深度处理设计时必须予以充分注意。

在 ED 的运行中，如发现阻力迅速增加，出水量很快下降，这一般就是膜污染堵塞的信号。膜污染堵塞的结果，使膜堆电阻增加，还会加剧极化现象的产生。因此，在 ED 的工艺设计时，必须做好对进水预处理的设计。

预处理的方法视原水水质而定，如 SS 较少，可以采取砂滤和精密过滤（$5\mu m$）即可。如有铁、锰等易使膜中毒的离子，可采用氧化、沉淀、过滤法去除。对有机污染物的去除，则用活性炭吸附。

一、设计概述

① 设计电渗析设备时，要参照或执行我国行业标准《电渗析技术》（HY/T 034.1—1994～HY 034.5—1994）的要求。

② 设计、选型时还应考虑密封性、膜有效面积、配水均匀性、隔网搅拌效果、水头损失、电耗、产量、水的利用率、加工条件等因素。

③ 大型隔板面积＞$1m^2$；中型隔板面积为 $0.5～1m^2$；小型隔板面积＜$0.5m^2$。

④ 大型隔板密封周边 30～40mm；中型隔板密封周边 20～30mm；小型隔板密封周边 15～20mm。

⑤ 布水孔主要有圆形、椭圆形和矩形。大型隔板布水孔间距为 22～25mm；中型隔板布水孔间距为 18～22mm；小型隔板布水孔间距为 14～18mm。

⑥ 隔板长宽比以 （4∶1）～（4∶1） 为宜。

⑦ 隔板厚度以 0.5～2.0mm 为宜，误差必须小于±5％。

⑧ 有回路时，电渗析设备的流程长度为 3～5m；无回路时，电渗析设备的流程长度为 0.5～2m。

⑨ 隔室内的水流应处于过渡型流态，水流速度在 4～20cm/s 范围内。

⑩ 可承受的最大水压为 0.3MPa。

⑪ 有回路时有效利用面积为 55％～65％；无回路时为 65％～80％。

⑫ 在常用流速条件下，网眼无因次尺寸为 $\Delta x/d = 6.5$ 左右，双层网结构比单层网好。

⑬ 对框网形式隔板，网厚度应稍大于框厚度，对常用绞织网，一般取网厚/框厚＝1.05～1.10。

⑭ 极框结构必须使极室内水流呈湍流状态，并有利于排出沉淀和气体。框内可加筋以增加强度。极框的结构应与浓淡水隔板结构相似，即流程长度、水流方向、压力分布基本相同，以减少极室与浓淡室间的压差。框内流速一般为 20～50cm/s。配集管内进、出水水流速度可取 1～2m/s，配水框厚度可在 15～50mm 内选择。

⑮ 保护框结构与极框或隔板相似，厚度范围 5～20mm。

⑯ 多孔板孔径 8～15mm，在保证有足够强度的前提下，孔间距越小越好，一般为 1～3mm。孔眼可布置成梅花形，板厚约 5mm。为减小极框厚度并便于组装，可把多孔板镶嵌在极框内，但两者须处于同一平面上。

二、计算例题

【例题 7-8】 电渗析用于污水回用深度处理的计算

(一) 已知条件

某厂污水站二级处理出水水量 $Q=192m^3/d=8m^3/h$，且水量波动较大。经深度处理后回用于生产工艺。由于污水厂进水中混入工业废水较多，含盐量高，需要采用电渗析法除盐。其有关含盐量水质指标见表 7-5。要求淡化水的含盐量 $c_2'<800mg/L$。

表 7-5　原水水质分析资料

项	目	单位	数值	总计
阴离子	HCO_3^-	mmol/L	2.38	87.10
	$1/2\ SO_4^{2-}$		30.96	
	Cl^-		53.82	
阳离子	$\frac{1}{2}Ca^{2+}$	mmol/L	17.98	87.10
	$\frac{1}{2}Mg^{2+}$		4.17	
	$Na^+ + K^+$		64.91	
蒸发残渣		mg/L	5438	

(二) 设计计算

考虑水量波动大，采用多组设备（10 套）并列运行，每套处理水量 $19.2m^3/d=0.8m^3/h$。

1. 当量浓度

三级出水当量浓度 $c_0=87.1mmol/L$，出口当量浓度 c_N 可按比例关系计算。

$$c_N=\frac{87.1}{5438}\times800=12.8(mmol/L)$$

2. 总流程长度

在极化临界状况下，总流程长度为

$$L_{lim}=\frac{2.3FKt}{\eta}lg\frac{c_0}{c_N}$$

式中　F——法拉第常数，96.5C/mol；

K——与电渗析器构造（膜的性能、隔板厚、隔网形式等）有关的水力特性系数，可通过试验求出，本工程所选型号 $K=33.3$；

t——流水道深（隔板厚），cm，本工程取 0.2cm；

η——电流效率，一般为 $75\%\sim90\%$，本工程取 80%。

则　　　$L_{\lim}=\dfrac{2.3FKt}{\eta}\lg\dfrac{c_0}{c_N}=\dfrac{2.3\times96.5\times33.3\times0.2}{0.8}\lg\dfrac{87.1}{12.8}=1540(\mathrm{cm})$

3. 系统选择及隔板设计

拟采用多段串联流程，使用中型隔板。由于水中非碳酸盐硬度较大，宜在极限电流密度下运行，其尺寸见表 7-6。

表 7-6　400mm×800mm 隔板尺寸

项　　目	单　位	数　据
流程长度 L	cm	264
流水道宽度 b	cm	7.8
厚度 t	cm	0.2
有效面积 S	cm²	2132
面积利用率	%	66.6

4. 串联段数

$$N=L_{\lim}/L=1540/264=5.83\approx6$$

5. 除盐系数

$$a=\left(\dfrac{c_N}{c_O}\right)^{1/N}=\left(\dfrac{12.8}{87.1}\right)^{1/6}=0.726$$

6. 各段淡水层含盐量

$$c_n=a^n c_0\quad(\mathrm{mmol/L})$$

$$c_1=ac_0=0.726\times87.1=63.2(\mathrm{mmol/L})$$

$$c_2=a^2 c_0=0.527\times87.1=45.9(\mathrm{mmol/L})$$

$$c_3=a^3 c_0=0.382\times87.1=33.2(\mathrm{mmol/L})$$

$$c_4=a^4 c_0=0.277\times87.1=24.1(\mathrm{mmol/L})$$

$$c_5=a^5 c_0=0.201\times87.1=17.5(\mathrm{mmol/L})$$

$$c_6=a^6 c_0=0.145\times87.1=12.6(\mathrm{mmol/L})$$

由于隔板流程相对较短，为计算方便，各段淡水层平均含盐量不采用对数法计算，而取每段进口和出口含盐量的算术平均值，其相对误差不大于 1%。

$$c_{m1}=\dfrac{c_0+c_1}{2}=\dfrac{87.1+63.2}{2}=75.1(\mathrm{mmol/L})$$

$$c_{m2}=\dfrac{c_1+c_2}{2}=\dfrac{63.2+45.9}{2}=54.5(\mathrm{mmol/L})$$

$$c_{m3}=\dfrac{c_2+c_3}{2}=\dfrac{45.9+33.2}{2}=39.5(\mathrm{mmol/L})$$

$$c_{m4}=\dfrac{c_3+c_4}{2}=\dfrac{33.2+24.1}{2}=28.6(\mathrm{mmol/L})$$

$$c_{m5} = \frac{c_4 + c_5}{2} = \frac{24.1 + 17.5}{2} = 20.8 \, (\text{mmol/L})$$

$$c_{m6} = \frac{c_5 + c_6}{2} = \frac{17.5 + 12.6}{2} = 15.0 \, (\text{mmol/L})$$

7. 各段流速与电流密度

（1）第1段　考虑进口压力不致太大，试选第1段流速 $v_1 = 5\text{cm/s}$，则其极限电流密度

$$i_{\text{lim},1} = \frac{v_1 c_{1m}}{K} = \frac{5 \times 75.1}{33.3} = 11.27 \, (\text{mA/cm}^2)$$

（2）第2段　其电流密度与第1段相同，则流速

$$v_2 = \frac{K i_{\text{lim},1}}{c_{m2}} = \frac{33.3 \times 11.27}{54.5} = 6.9 \, (\text{cm/s})$$

（3）第3段　其电流密度也与第1段相同，流速

$$v_3 = \frac{K i_{\text{lim},1}}{c_{m3}} = \frac{33.3 \times 11.27}{39.5} = 9.5 \, (\text{cm/s})$$

（4）第4段　由于第3段流速已接近10cm/s（一般不宜大于10cm/s），为使以下各段流速不致过大，必须降低极限电流密度。故前三段算做第1级，从第4段起采用新的电流密度 $i_{1\text{im},4}$，开始第2级。试选第4段流速 $v_4 = 4.5\text{cm/s}$，则

$$i_{\text{lim},4} = \frac{v_4 c_{m4}}{K} = \frac{4.5 \times 28.6}{33.3} = 3.86 \, (\text{mA/cm}^2)$$

（5）第5段　其电流密度与第4段相同，其流速

$$v_5 = \frac{K i_{\text{lim},4}}{c_{m5}} = \frac{33.3 \times 3.86}{20.8} = 6.17 \, (\text{cm/s})$$

（6）第6段　其电流密度与第4段相同，其流速

$$v_6 = \frac{K i_{\text{lim4}}}{c_{m6}} = \frac{33.3 \times 3.86}{15.0} = 8.56 \, (\text{cm/s})$$

至此第2级结束，故试算采取2级6段组装。

8. 水头损失

各段水头损失按下式计算，结果列于表7-7。

$$\Delta P = 2.61 L v^2 \times 10^{-5} \times 98 = 2.61 \times 264 \times 10^{-5} \times 98 v^2 \, (\text{kPa})$$

表7-7　各段 ΔP 值

段序	$v/(\text{m/s})$	v^2	$\Delta P/\text{kPa}$
1	5.00	25.00	16.881
2	6.90	47.61	32.149
3	9.50	90.25	60.942
4	4.50	20.25	13.674
5	6.17	38.06	25.700
6	8.56	73.27	49.476
总　　计			198.822

总水头损失 $\sum \Delta P = 198.822\text{kPa}$，在允许范围之内，故流速与电流密度的计算可以成立。

9. 膜（或隔板）对数

$$n_i = \frac{278Q}{tbv_i} = \frac{278 \times 0.8}{0.2 \times 7.8 v_i} = \frac{142.65}{v_i}$$

所以

$$n_1 = \frac{142.56}{v_1} = \frac{142.56}{5.00} = 28.5 \approx 29$$

$$n_2 = \frac{142.56}{v_2} = \frac{142.56}{6.90} = 20.7 \approx 21$$

$$n_3 = \frac{142.56}{v_3} = \frac{142.56}{9.50} = 15$$

$$n_4 = \frac{142.56}{v_4} = \frac{142.56}{4.50} = 31.6 \approx 32$$

$$n_5 = \frac{142.56}{v_5} = \frac{142.56}{6.17} = 23.1 \approx 23$$

$$n_6 = \frac{142.56}{v_6} = \frac{142.56}{8.56} = 16.6 \approx 17$$

膜（或隔板）总对数 $\sum n = 29 + 21 + 15 + 32 + 23 + 17 = 137$（对）

10. 电流

$$I_1 = i_{\text{lim}1} S \times 10^{-3} = 11.27 \times 2132 \times 10^{-3} = 24(\text{A})$$

$$I_2 = i_{\text{lim}4} S \times 10^{-3} = 3.86 \times 2132 \times 10^{-3} = 8.2(\text{A})$$

则

$$I = I_1 + I_2 = 24 + 8.2 = 32.2(\text{A})$$

11. 电压

（1）浓水含盐量　当淡水与浓水的流量比为 $1:1$，并且浓水不循环时，各段浓水平均含盐量可按下式计算。

$$\text{浓水平均含盐量} = 2c_0 - \text{淡水平均含盐量}$$

按上式算得的各段浓、淡水平均含盐量，列于表 7-8。

表 7-8　各段浓、淡水平均含盐量及电阻率

段　序	隔　室	平均含盐量 /(mmol/L)	电阻率 /(Ω·cm)	总电阻率 $=\rho_d + \rho_n$ /(Ω·cm)
1	淡	75.1	167	311
	浓	99.2	135	
2	淡	54.5	245	355
	浓	120.0	110	
3	淡	39.5	340	439
	浓	135.0	99	
4	淡	28.6	470	561
	浓	145.9	91	

段　序	隔　室	平均含盐量 /(mmol/L)	电阻率 /(Ω·cm)	总电阻率=$\rho_d+\rho_n$ /(Ω·cm)
5	淡	20.8	650	736
	浓	153.7	86	
6	淡	15.0	910	994
	浓	159.4	84	

（2）水的电阻率　根据淡水与浓水的各自平均浓度，根据图 7-7 分别求出淡水与浓水的电阻率，相加求出每段水的总电阻率。膜对中水的总电阻率见表 7-8。

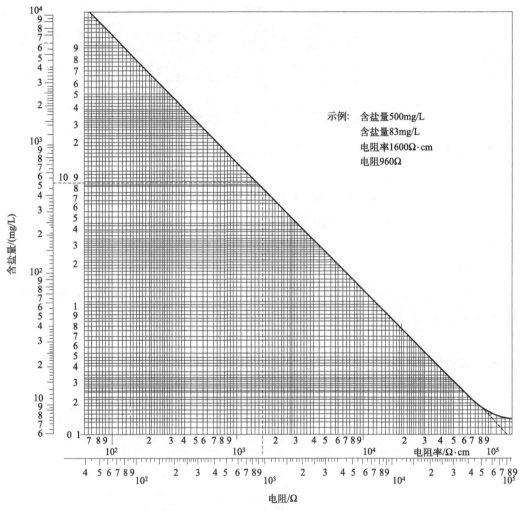

图 7-7　含盐量与水电阻率计算图

（3）膜堆电压

采用某厂聚乙烯异相膜。由于是 2 级 1 段组装，各段膜堆电压分别为

$$U_{du1}=K_s K_{mo} t i_1 (\rho_{d1}+\rho_{n1}) n_1 \times 10^{-3} = 1.7 \times 1.2 \times 0.2 \times 11.27 \times 311 \times 29 \times 10^{-3} = 41.5(V)$$

$$U_{du2}=K_sK_{mo}ti_2(\rho_{d2}+\rho_{n2})n_2\times10^{-3}=1.7\times1.2\times0.2\times11.27\times355\times21\times10^{-3}=34.3(V)$$

$$U_{du3}=K_sK_{mo}ti_3(\rho_{d3}+\rho_{n3})n_3\times10^{-3}=1.7\times1.2\times0.2\times11.27\times439\times15\times10^{-3}=30.3(V)$$

$$U_{du4}=K_sK_{mo}ti_4(\rho_{d4}+\rho_{n4})n_4\times10^{-3}=1.7\times1.2\times0.2\times3.86\times561\times32\times10^{-3}=28.2(V)$$

$$U_{du5}=K_sK_{mo}ti_5(\rho_{d5}+\rho_{n5})n_5\times10^{-3}=1.7\times1.2\times0.2\times3.86\times736\times23\times10^{-3}=26.6(V)$$

$$U_{du6}=K_sK_{mo}ti_6(\rho_{d6}+\rho_{n6})n_6\times10^{-3}=1.7\times1.2\times0.2\times3.86\times994\times17\times10^{-3}=26.6(V)$$

式中　K_s——水层电阻系数，本工程采用鱼鳞网隔板，按苦咸水淡化考虑，取 1.7；

$\quad\quad K_{mo}$——膜电阻系数，根据膜生产厂家及型号确定，本工程取 1.2；

$\quad\quad \rho_d$——淡水的电阻率，$\Omega\cdot cm$，由图 7-7 查得；

$\quad\quad \rho_n$——浓水的电阻率，$\Omega\cdot cm$，由图 7-7 查得。

（4）总电压

每一级总电压

$$U=U_{qu}+\Sigma U_{du}$$

第 1 级电压

$$U_1=U_{qu}+U_{du1}+U_{du2}+U_{du3}=15+41.5+34.3+30.3=121.1(V)$$

第 2 级电压

$$U_2=U_{qu}+U_{du4}+U_{du5}+U_{du6}=15+28.2+26.6+26.6=96.4(V)$$

计算出的两级电压不等，最好选用 2 台整流器分别供电。当采用 1 台整流器时，应取其中数值较大者。

12. 单位体积淡水的主流电耗量

$$W=\frac{U_1I_1+U_2I_2}{Q}\times10^{-3}=\frac{121.1\times24+96.4\times8.2}{0.8}\times10^{-3}=4.62(kW\cdot h/m^3)$$

13. 总耗水量

采取淡水流量∶浓水流量∶极水流量＝1∶1∶0.2，则每制取 1m³ 淡水需耗原水 2.2m³。

第八章
消　毒

城市污水经二级、三级或深度处理后，水中的细菌含量虽然大幅度减少，但其绝对数量仍很可观，并存在有病原菌的可能。因此，必须经过消毒处理，杀灭水中的有害病原微生物（病原菌、病毒等），防止排入自然水体后对环境及人体健康造成不利影响，同时避免其对再生水用户的生产、生活带来不便及危害。我国《城市污水处理及污染防治技术政策》规定：为保证公共卫生安全，防止传染性疾病传播，城镇污水处理应设置消毒设施。再生水回用的不同水质标准中也分别对粪大肠菌群等微生物学指标提出要求。污水消毒程度应根据污水性质、排放标准或再生水要求确定。

目前，水体消毒的药剂有氯气、次氯酸钠、漂白粉、二氧化氯、三氯异氰尿酸、双氧水、臭氧、碘水、高价氧化水、紫外线等。消毒方法主要分化学法与物理法两大类。前者系在水中投加化学药剂，如氯、臭氧、重金属、其他氧化剂等；后者在水中不加药剂，而进行加热消毒、紫外线消毒等。其中氯消毒法经济有效，使用方便，应用广泛，历史悠久。目前，在污水深度处理回用工艺中最常用的消毒剂是液氯，其次为二氧化氯、次氯酸钠、紫外线、臭氧等。

正确选择消毒剂是影响工程投资和运行成本的重要因素，也是保证出水水质的关键。消毒剂的选择应从杀菌效果、杀菌持续性、消毒副产物、成本效益以及制造、运输、储存、使用的安全性、方便性等方面进行比较。几种常用消毒剂的特点见表 8-1。

表 8-1　城市污水处理厂几种常用消毒剂的特点

项　　目		液氯	次氯酸钠	二氧化氯	臭氧	紫外线
杀菌有效性		较强	中	强	最强	强
效能	对细菌	有效	有效	有效	有效	有效
	对病毒	部分有效	部分有效	部分有效	有效	部分有效
	对芽孢	无效	无效	无效	有效	无效

项　目	液氯	次氯酸钠	二氧化氯	臭氧	紫外线
投加量/(mg/L)	5～10	5～10	5～10	10	
接触时间	10～30min	10～30min	10～30min	5～10min	10～100s
一次投资	低	较高	较高	高	高
运转成本	便宜	贵	贵	最贵	较便宜
优点	技术成熟,投配设备简单,有持续消毒作用	可用海水或浓盐水作原料,也可购买商品次氯酸钠,使用方便	使用安全可靠,有定型产品	能有效去除污水中残留有机物、色、臭味	杀菌迅速,无化学药剂
缺点	有臭味、残毒,使用时安全措施要求高	现场制备设备复杂,维护管理要求高	需现场制备,维修管理要求较高	需现场制备,设备管理复杂,剩余臭氧需做消除处理	消毒效果受出水水质影响较大,缺乏后续消毒作用
适用条件	大中型污水处理厂,最常用方法	中小型污水处理厂	小型污水处理厂	要求出水水质较好、排入水体的卫生条件高的污水处理厂	小型污水处理厂,随着设备逐渐成熟,正日益广泛采用

第一节　液氯消毒

因液氯的加氯操作过程简单,价格较低,且在管网中持续杀菌性能较强,是目前国内外应用最广的消毒剂,它除消毒外还具有氧化作用。但氯和有机物反应可生成对健康有害的物质,目前有被其他消毒剂取代的趋势。越来越多的城市污水处理厂使用次氯酸钠、二氧化氯、红外线等消毒剂替代液氯,我国《室外排水设计标准》(GB 50014—2021)明确规定,为避免或减少消毒时产生的二次污染物,消毒宜采用紫外线法和二氧化氯法。其目的主要是为了避免或减少消毒时产生的二次污染物,因为研究结果表明紫外线消毒不产生副产物,二氧化氯消毒的副产物不到氯消毒的10%。

一、设计概述

① 工况。氯气是黄绿色气体,有毒,具刺激性,质量为空气的2.5倍。工程使用时将其压缩成相对密度为1.5的液态形式,装在压力为0.6～0.8MPa的钢瓶中供应。1kg液氯可氯气化成0.31m³的氯气,氯瓶的出氯量不稳定,随季节、气温、满瓶和空瓶等因素而变化。

氯消毒是利用其溶于水形成的次氯酸的强氧化性来杀死水中的细菌,当pH值低时它的含量高，消毒效果好。

② 氯气的混合。氯气混合时间为 5～15s，混合方式可采用机械混合、管道混合、静态混合器混合、跌水混合、鼓风混合、隔板式混合。

机械混合：混合所需的能量按 $1m^3/d$ 的污水量 0.06～0.12W 计，水在混合室中的停留时间为 5～15s，如图 8-1 所示。

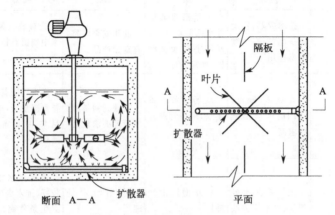

图 8-1 机械混合器（桨叶式）

管道混合：当管道中为满流，流量变化不大时采用。加药管插入压力管内 1/4～1/3 管径处。如雷诺数大于 2000，至投药口下游约 10 倍管径的距离即可完全混合，如图 8-2 所示。

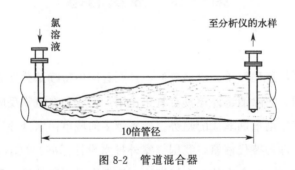

图 8-2 管道混合器

跌水混合：氯气加注到水流的跌落之前，通过跌水达到混合的目的。跌水水头应大于 0.3～0.4m，如图 8-3 所示。

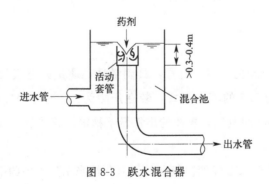

图 8-3 跌水混合器

鼓风混合：氯气注入水中，在混合池内通过鼓风作用使氯气和水混合。鼓风强度为 $0.2m^3/(m^3 \cdot min)$，污水在池中的流速应大于 $0.6m/s$。

扩散混合器：氯气注入水中，通过扩散混合器，使氯气和水混合。水流通过扩散器的水头损失一般为 $0.3 \sim 0.4m$，其管节长度 $\geqslant 500mm$，适用于中型污水处理厂，如图 8-4 所示。

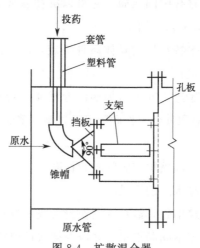

图 8-4　扩散混合器

③ 对于需要通过管道输送再生水的非现场回用情况必须加氯消毒，而对于现场回用情况不限制消毒方式。

④ 加氯量应根据试验资料或类似运行经验确定。无试验资料时，二级处理出水可采用 $6 \sim 15mg/L$，再生水的加氯量按卫生学指标和余氯量确定。

⑤ 二氧化氯或氯消毒后应进行混合和接触，接触时间不应小于 $30min$。

⑥ 为了避免氯瓶进水后氯气受潮腐蚀钢瓶，瓶内须保持 $0.05 \sim 0.1MPa$ 的余压。

⑦ 如果水中含有氨氮，消毒作用比较缓慢，消毒效果差，而且需要较长的接触时间。

⑧ 氯气不能直接用管道加到水中，必须由加氯机投加。加氯点后可安装静态混合器，促使氯和水混合均匀。

⑨ 为保证稳定的出氯量，一般用自来水喷淋于氯瓶上，供给液氯气化所吸收的热量，不得用明火烘烤以防爆炸。

⑩ 投氯时，可将氯瓶放置于磅秤上核对钢瓶内的剩余量，以防止用空，加氯机中的水不得倒灌入瓶。称量氯瓶重量的地磅秤放在磅秤坑内，磅秤面和地面齐平，以便于氯瓶上下搬运。

⑪ 因为氯气的密度比空气大，应在加氯间低处设排风扇，换气量每小时 $8 \sim 12$ 次。氯库、加氯间内要安装漏气探测器，探测器位置不宜高于室内地面 $35cm$。氯库、加氯间内宜设置漏气报警仪，以预防和处理事故，有条件时可采用氯气中和装置。

⑫ 为保证不间断加氯，保持余氯量的稳定，气源宜一用一备，并设压力自动切换器。也可以在现场安装两台有显示功能的液压磅秤，输出 $4 \sim 20mADC$ 信号到中央控制室，并设置报警器，使值班人员能及时更换氯瓶。

⑬ 加氯机的作用是保证消毒安全和计量准确，为保证连续工作，其台数应按最大加氯量选用。加氯机应安装 2 台以上（包括管道），备用台数不少于 1 台。近年来新的加氯系统不断涌现，有些系统可根据水的流量以及加氯后的余氯量进行自动运行，可根据产品特性选用。

⑭ 在氯瓶和加氯机之间宜有中间氯瓶，它可以沉淀氯气中的杂质。在加氯机发生事故时，中间氯瓶还可防止水流进入氯瓶。

⑮ 加氯自动控制方式应按各水厂的具体条件决定，以经济实用为原则。目前采用的控制方式主要有模拟仪表和计算机。

⑯ 加氯间与氯库可单独建造，亦可与加药间合建便于管理，但均应有独立向外开的门，以便运输药剂。加氯间应和其他工作间隔开，加氯间和值班室之间应有观察窗，以便在加氯间外观察工作情况。

⑰ 加氯间应靠近加氯点，以缩短加氯管线的长度。

⑱ 加氯间和氯库应布置在水厂的下风向。

⑲ 氯气管用紫铜管或无缝钢管，氯水管用橡胶管或塑料管。

⑳ 加氯间的给水管应保证不间断供水，并应保持水量稳定。

㉑ 加氯间宜用暖气采暖，用火炉时火口应设在室外，暖气散热片或火炉应远离氯瓶和加氯机。

㉒ 加氯间外应有防毒面具、抢救材料和工具箱。防毒面具应防止失效，照明和通风设备应有室外开关。

二、计算例题

【例题 8-1】 液氯消毒加氯量及设备选择的计算

（一）已知条件

污水厂三级处理出水水量为 $Q_1 = 10500 \text{m}^3/\text{d} = 437.5 \text{m}^3/\text{h}$，经深度处理后采用液氯消毒。根据现场试验结果，最大投氯量为 $a = 3 \text{mg/L}$，仓库储量按 30d 计算。

（二）设计计算

1. 加氯量 Q

$$Q = 0.001 a Q_1 = 0.001 \times 3 \times 437.5 \approx 1.31 (\text{kg/h})$$

2. 储氯量 G

储氯量按 30d 考虑

$$G = 30 \times 24 Q = 30 \times 24 \times 1.31 \approx 943 (\text{kg/月})$$

3. 氯瓶数量

采用容量为 500kg 的焊接液氯钢瓶，其外形尺寸 $\phi 600$，$H = 1800$，共 3 只。另设中间氯瓶 1 只，以沉淀氯气中的杂质，还可防止水流进入氯瓶。

4. 加氯机数量

采用 0～5kg/h 加氯机 2 台，交替使用。

5. 加氯间、氯库

水厂所在地主导风向为西北风，加氯间靠近滤池和清水池，设在水厂的东南部。因与反应池距离较远，无法与加药间合建。在加氯间、氯库低处各设排风扇 1 个，换气量每小时 8～12 次，并安装漏气探测器，其位置在室内地面以上 20cm。设置漏气报警仪，当检测的漏气量达到（2～3）×10⁻⁶ 时即报警，切换有关阀门，切断氯源，同时排风扇动作。

为搬运氯瓶方便，氯库内设 CD11-6D 单轨电动葫芦 1 个，轨道在氯瓶正上方，轨道通到氯库大门以外。称量氯瓶重量的液压磅秤放在磅秤坑内，磅秤面和地面齐平，使氯瓶上下搬运方便。磅秤输出 20mADC 信号到值班室，指示余氯量。并设置报警器，达余氯下限时报警。

加氯间外布置防毒面具、抢救材料和工具箱，照明和通风设备在室外设开关。

在加氯间引入一根 DN50 的给水管，水压大于 20m，供加氯机投药用；在氯库引入 DN32 给水管，通向氯瓶上空，供喷淋用，水压大于 5m。加氯间平面布置见图 8-5。

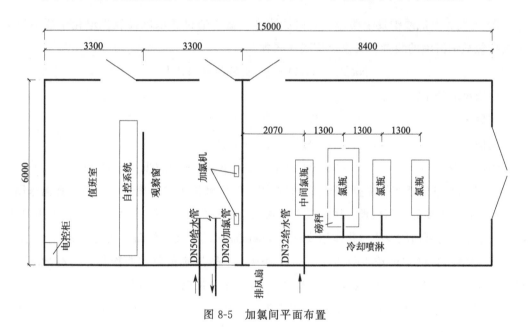

图 8-5　加氯间平面布置

第二节　次氯酸钠消毒

次氯酸钠（NaClO）一般为淡黄绿色溶液，有类似氯气的刺激性气味，属强氧化剂，在光照下易分解。它是一种广谱高效消毒药，广泛应用于人畜医疗卫生防疫，如饮用水消毒、疗源地消毒、污水处理、畜禽养殖场消毒。水处理中常通过电解低浓度的食盐制备低浓度次氯酸钠作消毒剂，其消毒作用是依靠 HOCl。次氯酸钠液是一种非天然存在的强氧化剂。它的杀菌效力同氯气相当，属于真正高效、广谱、安全的强力灭菌、杀病毒药剂，已经广泛用于包括自来水、中水、工业循环水、游泳池水、医院污水等各种水体的消毒和防疫消毒。

同其他消毒剂相比，次氯酸钠清澈透明，易溶于水，解决了由于氯气、二氧化氯、臭氧等气体消毒剂难溶于水而不能准确投加的困难，且没有液氯、二氧化氯、臭氧等消毒剂所具有的跑、泄、漏、毒等安全隐患。消毒过程中不产生有害健康和损害环境的副反应物，也没有漂白粉使用中带来的许多沉淀物。

次氯酸钠的缺点是不易久存（有效时间大约为一年），如果从工厂采购，运输不便，而且工业品存在一些杂质，因溶液浓度高还易挥发。因此，次氯酸钠多采用现场制备的方式获取。由于其制造设备简单、操作方便、成本低、具余氯效应，适合中小型水厂特别是地处偏远地区的工矿企业的给水净化。

一、设计概述

① 工况。次氯酸钠发生器是一套由低浓度食盐水通过通电电极发生电化学反应以后生成次氯酸钠溶液的装置。其总反应表达式如下。

$$NaCl + H_2O \longrightarrow NaClO + H_2 \uparrow$$

电极反应如下。

阳极 $$2Cl^- - 2e \longrightarrow Cl_2$$

阴极 $$2H^+ + 2e \longrightarrow H_2$$

溶液反应 $$2NaOH + Cl_2 \longrightarrow NaCl + NaClO + H_2O$$

② 次氯酸钠的杀菌作用包括次氯酸的作用、新生氧作用和氯化作用，其中氧化作用是含氯消毒剂最主要的杀菌机理。次氯酸不仅可与细胞壁发生作用，且因分子小，不带电荷，故侵入细胞内与蛋白质发生氧化作用或破坏其磷酸脱氢酶，使糖代谢失调而致细胞死亡。

③ 电解用食盐水的浓度以 3%～35% 为宜，产品是淡黄色透明液体，含有效氯 6～11mg/mL。每生产 1kg 有效氯，需食盐 3.0～4.5kg，耗电 5～10kW·h。

④ 为防止有效氯的损失，次氯酸钠宜边生产边使用，夏季当日用完，冬季可避光贮存，但不超过 6d。

⑤ 次氯酸钠的投配方式与一般水处理药液相同。

二、计算例题

【例题 8-2】 次氯酸钠消毒的计算

（一）已知条件

污水厂三级处理出水水量为 $Q_1 = 3000 m^3/d = 125 m^3/h$，经深度处理后消毒。因液氯运输危险性大、二氧化氯生产原料审批困难等原因，最终选用某品牌全自动次氯酸钠发生器，只需加盐，其余工作过程全部自动控制。根据厂方提供资料，每生产 1kg 有效氯，约需食盐 $c=4$kg，耗电 6kW·h，盐水浓度为 3%～35%。

（二）设计计算

1. 投药量

该发生器可用于各种给水污水处理过程，不同的水质投氯量也不相同。经现场试验确定投氯量为 2mg/L。则所需有效氯总投量为

$$Q=0.001×2×Q_1=0.001×2×125=0.25(kg/h)$$

2. 耗盐量及储盐量

$$G=30×24×cQ=30×24×4×Q=30×24×4×0.25=720(kg/月)$$

食盐储量按 1 个月设计，则储量为 720kg。每袋固体食盐 50kg，共约 15 袋。

3. 溶药用水量

按配制盐水浓度 5% 计，耗水量

$$Q_水=G/0.05=720/0.05=14400(kg/月)=0.02(m^3/h)$$

4. 设备选型

选 2 台次氯酸钠发生器，每台产气量 0.3kg/h，交替使用。外形尺寸 700mm×500mm×1450mm（长×宽×高）。利用水射器压力投药，要求给水管水压大于 20m，管径为 DN32。投药时将给水阀打开，定期向溶解槽中投加固体食盐。

第三节　二氧化氯消毒

二氧化氯是深绿色具有刺激性气味的气体，不稳定，易挥发、易爆炸，受光或受热易分解。它易溶于水，在水中溶解度 2.9g/L，几乎以 100% 分子状态存在，不易水解。

二氧化氯的制备方法主要分两大类：化学法和电解法。根据具体制备方法不同，化学法主要以氯酸盐和亚氯酸盐、盐酸等为原料；电解法以工业食盐和水为原料。

二氧化氯是新一代广谱强力杀菌剂，并可作氧化剂和漂白剂。由于不和水中的有机物发生反应，可避免生成有毒的有机卤代烃，但对酚的去除特别有效，有除臭、脱色能力。二氧化氯中的氯以正四价态存在，其活性为氯的 2.5 倍。即若氯气的有效氯含量为 100% 时，二氧化氯的有效氯含量为 263%，因而有较高的杀菌效果。我国也逐渐在医院污水、工业循环水杀菌、农产品保鲜、泳池消毒及给水厂、污水厂消毒等方面广泛采用，二氧化氯作消毒剂的实例越来越多。其缺点是在压缩加压时不稳定，在水中极易挥发，因而不能贮存，必须现场制备。当其在空气中体积分数大于 10% 或水中含量大于 30% 时，就有可

能爆炸。

　　化学法制备二氧化氯工艺流程如图 8-6 所示。氯酸钠或亚氯酸钠和盐酸经各自的计量装置提升，准确计量后投加进入反应器中。反应生成二氧化氯气体，经射流器抽吸与水混合制成高效的二氧化氯消毒液，投入需消毒的水中。

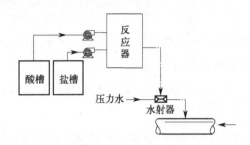

图 8-6　化学法制备二氧化氯工艺流程

一、设计概述

　　① 工况。现有的研究成果认为二氧化氯在水溶液中的氧化还原电位高达 1.5V，其分子结构外层存在一个未成对电子——活泼自由基，具有很强的氧化作用。二氧化氯易透过细胞膜，渗入细菌及其他微生物细胞内，与蛋白质中的部分氨基酸发生氧化还原反应，使氨基酸分解破坏，进而控制微生物蛋白质合成，最终导致细菌死亡。

　　② 二氧化氯与某些耗氧物质如氨氮等不发生反应，因而有较高的余氯，杀菌作用比氯强。同时不会和水中的有机物发生反应，避免生成有毒的有机卤代烃。

　　③ 二氧化氯在较广泛的 pH 值范围内具有氧化能力，有除臭、脱色能力。二氧化氯的投加量（以有效氯计）、接触时间、混合方式等与液氯相同。

　　④ 二氧化氯投加量与原水水质和投加用途有关，为 0.1~1.5mg/L，实际投加量应由试验确定。推荐消毒用投加量为 0.1~1.3mg/L，除臭投加量 0.6~1.3mg/L，用于预处理、氧化有机物和除铁锰时的投加量是 1~1.5mg/L。

　　⑤ 为防止爆炸，二氧化氯水溶液浓度采用 6~8mg/L。

　　⑥ 药剂间和设备间单独设置，内设监测、警报装置，并有排除和容纳溢流或渗漏药剂的措施。

　　⑦ 在进出管线上设流量监测设备。

二、计算例题

【例题 8-3】 二氧化氯消毒的计算

（一）已知条件

　　污水厂三级处理出水水量为 $Q_1 = 7200 \text{m}^3/\text{d} = 300 \text{m}^3/\text{h}$，经深度处理后消毒。装置须

设在用水点附近,因占地、原料、环境条件限制,拟采用化学法二氧化氯消毒。经方案比选,确定采用某品牌的二氧化氯发生器。

根据厂家提供资料,该二氧化氯发生器用氯酸钠和盐酸反应生成二氧化氯和氯气的混合气体。

主反应 $\quad NaClO_3 + 2HCl \longrightarrow ClO_2 \uparrow + \frac{1}{2}Cl_2 \uparrow + NaCl + H_2O$

副反应 $\quad NaClO_3 + 6HCl \longrightarrow 3Cl_2 \uparrow + NaCl + 3H_2O$

(二)设计计算

① 投药量。按有效氯计算,每立方米水中投加 7g 的氯。

$$G = 0.001 \times 7 \times 300 = 2.1(kg/h)$$

② 选 2 台 HB-3000 型二氧化氯发生器,每台产气 3000g/h,1 用 1 备,日常运行时,交替使用。

③ 耗盐量及药液贮槽。根据设备说明书,HB-3000 型二氧化氯发生器的药液配制含量:$NaClO_3$ 为 30%,HCl 为 30%。市售的氯酸钠为袋装 50kg 的纯固体粉末,盐酸为稀盐酸,浓度为 31%。

理论计算,产生 1g 二氧化氯需消耗 0.65g 的 $NaClO_3$ 和 1.3g 的 HCl。由于实际运行中氯酸钠和盐酸不能完全转化,按经验数据转化率取氯酸钠 70%、盐酸 80%。

氯酸钠消耗量

$$G_{氯酸钠} = 0.65 \times 3000/70\% = 2785.7(g/h)$$

盐酸消耗量

$$G_{盐酸} = 1.3 \times 3000/80\% = 4875(g/h)$$

配制成 10% 的溶液,则药液的体积为

$$V_{氯酸钠} = 2785.7 \times 10^{-6}/10\% = 0.0279(m^3/h)$$

$$V_{盐酸} = 4875 \times 10^{-6}/10\% = 0.0488(m^3/h)$$

由于污水处理厂规模小,每日耗药量较小,所以选用 2 个容积为 600L 的药液贮槽,每日配药 1~2 次。

④ 储药量。储药量按 15d 设计。

$$W_{氯酸钠} = 24 \times 2.7857 \times 15 = 1002.85(kg)$$

按市售 50kg 袋装氯酸钠计约需 20 袋。

$$W_{盐酸} = 24 \times 4.875 \times 15 = 1755(kg)$$

按市售 31% 的稀盐酸计约需 5661kg,即 4.92m³(31% 的稀盐酸密度为 1.15t/m³)。

⑤ 消毒间平面布置如图 8-7 所示。在消毒间低处设排风扇 2 台,每小时换气 8~12 次。

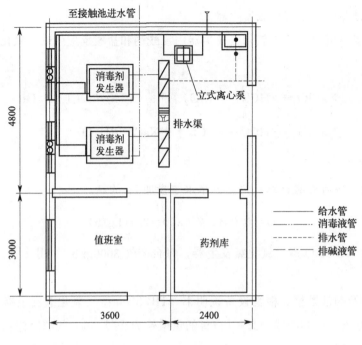

图 8-7　消毒加药间平面布置

图中标注：至接触池进水管；消毒剂发生器；立式离心泵；排水渠；消毒剂发生器；值班室；药剂库

尺寸标注：4800；3000；3600；2400

图例：给水管；消毒液管；排水管；排碱液管

第四节　紫外线消毒

紫外线是一种肉眼看不见的光波，存在于光谱紫射线端的外侧，故称紫外线。紫外线按波长分为 A、B、C、D 4 个波段，A 波段 320～400nm，B 波段 275～320nm，C 波段 200～275nm，D 波段 100～200nm。C 波段紫外线具有极大的杀菌作用，水处理技术中消毒用的就是 C 波段紫外线，因此该波段的紫外线也叫消毒紫外线。

水的紫外线消毒装置，安装方式主要有光源浸水式（压力式）和水面式（明渠式）两种。前者辐射力的利用率很高，但是构造复杂；后者构造比较简单，但由于反射罩等处吸收光线以及光线分散等原因，而使杀菌能力下降。根据紫外灯类型分为低压灯系统、低压高强灯系统和中压灯系统。

2019 年我国颁布实施了紫外线消毒设备国家标准《城镇给排水紫外线消毒设备》（GB/T 19837—2019），对其分类、技术要求、检验规则等给出了详细的规定，对工程设计也具有重要的指导意义。

低压灯紫外线消毒系统适用于小型污水处理厂或低流量水处理系统，低压高强灯紫外线消毒系统适用于中型污水处理厂，中压灯紫外线消毒系统适用于大型污水处理厂和高悬浮物、紫外线穿透率低的水处理系统。

紫外线消毒具有高效、经济、环保、安全的优点，具体体现在以下几方面。

① 紫外线消毒具有广谱性，即对细菌、病毒、原生动物均有效。

② 紫外线消毒灭菌速度快，几乎是瞬时完成。所以无需巨大的接触池、药剂库等建构筑物，占地面积小。不仅大大减少了土建费用，而且运行成本较氯消毒低。

③ 紫外线消毒可省去药剂，不影响水的臭味，不会产生三卤甲烷、高分子诱变剂、致癌物质等毒副产物。

④ 不需要运输、使用、贮藏有毒或危险化学药剂，维护简单方便，操作安全。

其缺点是受环境因素影响大。

① 由于水中的某些物质和粒子（如水的色度、浊度、含铁量等）吸收和分散紫外光，使紫外光穿透率降低。紫外光穿透率越低，达到同样消毒效果所需的紫外剂量就越大。

② 紫外灯管周围的介质温度影响灯管能量的发挥。介质温度低，杀菌效果差。

③ 无持续消毒作用。

④ 耗费电能较大。

随着紫外线消毒技术日益成熟和设备的不断完善而被逐渐推广使用，其在水处理工程中的应用越来越多，并以其安全、环保的优势取代液氯消毒，被《室外排水设计标准》（GB 50014—2021）确定为宜采用的消毒方法。

一、设计概述

① 工况。利用紫外线对细菌、病毒等微生物照射，破坏其机体内 DNA 的结构，使其立即死亡或丧失繁殖能力。紫外线一方面可使核酸突变，阻碍其复制、转录封锁及蛋白质的合成；另一方面，产生自由基可引起光电离，从而导致细胞的死亡。

② 紫外线消毒的计量单位是 mJ/cm^2，指单位面积上接收到的紫外线能量，即所有紫外线辐射强度和曝光时间的乘积。紫外线消毒剂量的大小与出水水质、水中所含物质种类、灯管的结垢系数等多种因素有关，应由试验确定。如无试验资料，可通过有资质的第三方使用同类设备在类似水质中所做的检验报告确定。城镇污水处理厂达到二级标准和一级 B 标准时，紫外线有效剂量不低于 $15mJ/cm^2$，达到一级 A 标准时紫外线的有效剂量不低于 $20mJ/cm^2$。

③ 紫外线照射时间 10~1000s。

④ 紫外线照射渠中的水流尽可能保持推流状态，灯管前后的渠长度不宜小于 1m。水位由固定溢流堰或自动水位控制器控制。

⑤ 水流流速最好不小于 0.3m/s，以减小套管结垢，紫外灯可采用串联安装，以保证所需的接触时间。

⑥ 紫外线照射渠一般设置 2 条，当水量较小时设 1 条，但应设置超越渠道以方便检修。

二、计算例题

【例题 8-4】 横置光源水面式紫外线消毒设备的计算

(一) 已知条件

污水厂三级处理出水水量为 $Q_1 = 7200\text{m}^3/\text{d} = 300\text{m}^3/\text{h}$，经深度处理后消毒。拟采用紫外线消毒。经方案比选，确定采用某品牌的紫外线消毒装置，要求消毒后水中大肠菌指数的最大允许值 $P = 1$。根据厂家提供的设备说明书及产品示意图（图 8-8、图 8-9），杀菌灯功率 $F_1 = 30\text{W}$，铝制反射罩的反射系数 $k = 0.5$，铝制反射罩的反射角 $\beta \geqslant 180°$。

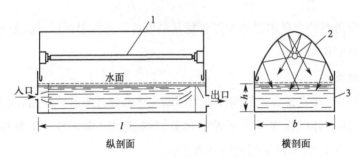

图 8-8　顺流设置光源水面式紫外线消毒装置

1—杀菌灯；2—铝质反射罩；3—水槽

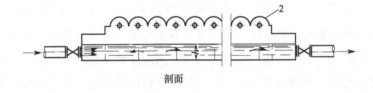

剖面

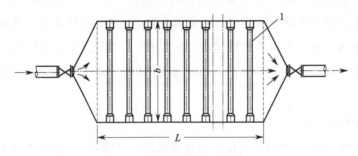

图 8-9　横置光源水面式紫外线消毒装置

1—杀菌灯；2—铝质反射罩

由于深度处理采用了超滤，水中细菌总数较少。经化验，大肠菌指数（1L 水中的大肠菌数量）的最大值 $P_0 = 1000$。紫外线在水中的吸收系数 $\alpha = 0.2\text{cm}^{-1}$，大肠菌的抵抗

能力系数 $K = 2400 \mathrm{m \cdot kW \cdot s/cm^2}$。

（二）设计计算

1. 光源杀菌功率的计算利用系数 K_1

$$K_1 = \frac{\beta + k(360 - \beta)}{360} = \frac{180 + 0.5 \times (360 - 180)}{360} = 0.75$$

2. 杀菌光线单位功率的计算利用系数 K_2

$$K_2 = 0.9$$

3. 所需光源的杀菌功率 F_2

$$F_2 = \frac{Q\alpha K \lg(P/P_0)}{1563.4 K_1 K_2}$$

式中各符号的意义及单位见已知条件。代入后得

$$F_2 = \frac{-300 \times 0.2 \times 2400 \times (-3)}{1563.4 \times 0.75 \times 0.9} = 410(\mathrm{W})$$

4. 需杀菌灯数量 n

$$n = F_2/F_1 = 410/30 \approx 14(个)$$

5. 消毒水层厚度 h

$$h = \frac{\lg(1 - k_2)}{\alpha \lg e} = \frac{\lg(1 - 0.9)}{0.2 \times 0.43425} = -1/(-0.2 \times 0.43425) = 11.5(\mathrm{cm})$$

6. 水槽尺寸

根据杀菌灯及其安装情况，采用槽宽 $b = 88 \mathrm{cm}$。

槽由 3 块纵向隔板分成 4 个廊道串联运行。每个廊宽 $b' = 21.7 \mathrm{cm}$（图 8-10）。

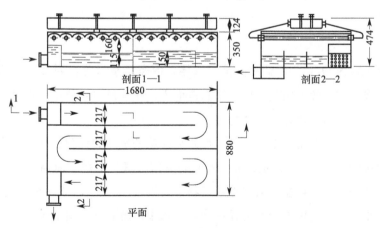

图 8-10　横置光源水面式紫外线消毒装置水槽尺寸

两灯间距为 12cm，则设备槽的总长为

$$L = 12n = 12 \times 14 = 168(\mathrm{cm})$$

7. 设备结构

设备的材料采用铝板，其底、壁及盖的厚度为 5mm，而槽内的纵横隔板厚度为 4mm。

根据设备结构，消毒装置的高度采用 35cm。

为使水在槽中均匀分配，在其起端装设穿孔板。槽末端装设淹没堰，以维持消毒水水层的计算厚度。

8. 反射罩及杀菌灯的装设（图 8-11）

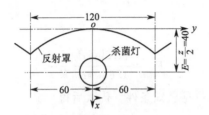

图 8-11　反射罩与杀菌灯的装设

杀菌灯装在铝质抛物线型反射罩内，其安装高度为水面上 16cm 处。

反射罩顶离杀菌灯中心的距离 $E=4$cm。

反射罩底面的间距等于灯的间距，即 12cm。

反射罩的外形为抛物线型，其方程为

$$y^2 = 2Zx = 2 \times 2Ex = 2 \times 2 \times 4x = 16x$$

式中，$Z = 2E = 2 \times 4 = 8$ 为参变数。

第五节　臭氧消毒

臭氧的分子式为 O_3，为天蓝色腥臭味气体，液态呈暗黑色，固态呈蓝黑色。臭氧可用空气中的氧通过高压放电制取，即利用高压电力或化学反应，使空气中的部分氧气分解后聚合为臭氧，是氧的同素异形转变的过程。

臭氧杀菌彻底，无残留，杀菌广谱，可杀灭细菌繁殖体和芽孢、病毒、真菌等，并可破坏肉毒杆菌毒素。由于 O_3 稳定性差，易自行分解为氧气或单个氧原子。而单个氧原子能自行结合成氧分子，不存在任何有毒残留物，所以，O_3 是一种无污染的消毒剂。

臭氧消毒用在水处理中不会产生异臭味，使水中溶解氧含量增加可改善水质，能在水处理厂直接制造，避免了运输。臭氧消毒不受水中氨氮、pH 值及水温的影响。其缺点是：制造臭氧耗电量大，需有专门的复杂装置，所以费用高；消毒后的水在管道中无抑制细菌繁殖的能力；须边生产边使用，不能储存；当水量或水质变化时，臭氧投加量的调节比较困难。臭氧作为消毒剂具有广阔的前途，目前在国外正得到广泛应用，我国在污水消毒上使用尚少。

臭氧消毒设备主要由两部分组成，即臭氧发生器和臭氧加注装置。

由于污水处理后存在残留污染物如 COD、NO_2^--N、色度和悬浮物等，采用臭氧消毒比用于饮用水消毒需要更大的剂量和更长的接触时间。另外，臭氧与污水的接触方式传质效果也影响臭氧的投加量和消毒效果。

臭氧在水处理中的应用不局限于消毒，还可用于去除水中可溶性铁盐、锰盐、氰化物、硫化物、亚硝酸盐、色、臭味、微量有机物，并使原水中溶解性有机物产生微凝聚作用，强化水的澄清、沉淀和过滤效果，提高出水水质，节省消毒剂用量。

一、设计概述

① 工况。臭氧是一种强氧化剂，其灭菌过程属生物化学氧化反应。O_3 灭菌有以下 3 种形式：a. 臭氧能氧化分解细菌内部葡萄糖所需的酶，使细菌灭活死亡。b. 直接与细菌、病毒作用，破坏它们的细胞器和 DNA、RNA，使细菌的新陈代谢受到破坏，导致细菌死亡。c. 透过细胞膜组织，侵入细胞内，作用于外膜的脂蛋白和内部的脂多糖，使细菌发生通透性畸变而溶解死亡。

② 实际投加的臭氧量

$$D=1.06aQ$$

式中　a——臭氧投加量，kg/m^3；

　　　Q——所处理的水量，m^3/h。

另外需考虑 25%～30% 的备用，设备的备用不得少于 1 台。

③ 臭氧发生器的工作压力

$$H \geqslant h_1 + h_2 + h_3$$

式中　h_1——接触池水深，m；

　　　h_2——布气装置水头损失，m；

　　　h_3——臭氧化空气输送管的水头损失，m。

④ 所产生的臭氧化空气中的臭氧浓度根据产品样确定，一般为 10～20g/m^3。

⑤ 原水污染轻（超滤膜、纳滤膜出水）或只是用于氧化铁、锰时，用单格接触池，池底设扩散布气装置，接触时间 4～6min。如需可靠灭菌，应设双格接触池。臭氧投量应根据试验结果定，或根据同类工程运行经验确定。

⑥ 原水污染重时，臭氧投量可达 5g/m^3 以上，接触时间 4～12min。用喷射器接触时须有 2m 的水头，全部处理水吸入臭氧化空气后从底部进入接触池。

⑦ 常用的臭氧-水接触反应装置有微孔扩散鼓泡接触塔、固定螺旋混合器、涡轮注入器、喷射器、填料接触塔等，应根据实际情况选用。

⑧ 接触池排出的尾气不许直接进入大气，应予以必要的处置。尾气的处置方法有活性炭法、药剂法等。

二、计算例题

【例题 8-5】 **臭氧消毒设备选用计算**

(一) 已知条件

污水厂三级处理出水水量为 $Q_1=960\text{m}^3/\text{d}=40\text{m}^3/\text{h}$，经深度处理后消毒。拟采用臭氧消毒。经方案比选，确定用某品牌的臭氧消毒装置。试验确定臭氧投加量 $a=5\text{mg/L}=0.005\text{kg/m}^3$，接触反应装置内的水力停留时间 4min，臭氧化气浓度 $Y=20\text{g/m}^3$。

(二) 设计计算

1. 所需臭氧量 D

$$D=1.06aQ=1.06\times0.005\times40=0.212(\text{kgO}_3/\text{h})$$

考虑到设备制造及操作管理水平较低等因素（臭氧的有效利用率只有 60%～80%），确定选用臭氧发生器的产率可按 400g/h 计。

2. 放电管的单管产量

臭氧发生器放电管的单管产量，每根为 4～5g/h，现采用每根 $P=5\text{g/h}$。

3. 放电管数量 n

臭氧发生器其放电管数量为 $n=88$ 根/台。

4. 臭氧化空气产率 W

$$W=Pn=5\times88=440(\text{g/h})$$

臭氧发生器设置 2 台，1 台工作，1 台备用。

5. 接触装置（采用鼓泡塔）

(1) 鼓泡塔体积 V

$$V=Qt/60=40\times4/60\approx2.7(\text{m}^3)$$

(2) 塔截面积 F

塔内水深 H_A 取 4m，则

$$F=Qt/(60H_A)=40\times4/(60\times4)\approx0.67(\text{m}^2)$$

(3) 塔高 $H_{塔}$

$$H_{塔}=1.3H_A=5.2(\text{m})$$

(4) 塔径

$$D_{塔}=(4F/\pi)^{1/2}=(4\times0.67/3.14)^{1/2}\approx0.92(\text{m})$$

6. 臭氧化气流量

$$Q_{气}=1000D/Y=1000\times0.212/20=10.6(\text{m}^3/\text{h})$$

折算成发生器工作状态（$t=20℃$，$p=0.08\text{MPa}$）下的臭氧化气流量

$$Q'_{气}=0.614Q_{气}=0.614\times10.6\approx6.5(\text{m}^3/\text{h})$$

7. 微孔扩散板的个数 n

根据产品样本提供的资料，所选微孔扩散板的直径 $d=0.2$m，则每个扩散板的面积

$$f=\pi d^2/4=3.14\times0.2^2/4=0.0314(m^2)$$

使用微孔钛板，微孔孔径为 $R=40\mu$m，系数 $a=0.19$，$b=0.066$，气泡直径取 $d_气=2$mm，则气体扩散速度

$$\omega=(d_气-aR^{1/3})/b=(2-0.19\times40^{1/3})/0.066\approx20.5(m/h)$$

微孔扩散板的个数

$$n=Q'_气/(\omega f)=6.5/(20.5\times0.0314)\approx10(个)$$

8. 所需臭氧发生器的工作压力 H

① 塔内水柱高为 $h_1=4$ （m）。

② 布水元件水头损失 h_2。查表8-2，$h_2=0.2$kPa≈0.02mH$_2$O柱。

表 8-2　国产微孔扩散材料压力损失实测值

材料型号及规格	不同过气流量下的压力损失/kPa							
	0.2	0.45	0.93	1.65	2.74	3.8	4.7	5.4
	$L_气/(cm^2\cdot h)$							
WTD1 S型钛板 孔径＜10μm,厚4mm	5.80	6.00	6.40	6.80	7.06	7.33	7.60	8.00
WTD2 型微孔钛板 孔径 10～20μm,厚4mm	6.53	7.06	7.60	8.26	8.80	8.93	9.33	9.60
WTD3 型微孔钛板 孔径 25～40μm,厚4mm	3.47	3.73	4.00	4.27	4.53	4.80	5.07	5.20
锡青铜微孔板 孔径末侧,厚6mm	0.67	0.93	1.20	1.73	2.27	3.07	4.00	4.67
刚玉石微孔板 厚20mm	8.26	10.13	12.00	13.86	15.33	17.20	18.00	18.93

③ 臭氧化气输送管道水头损失　臭氧化气选用 DN15 管道输送，总长 30m，气体流量较小，输送管道的沿程及局部水头损失按 $h_3=0.5$m 考虑。

臭氧发生器的工作压力 H

$$H=h_1+h_2+h_3=4+0.02+0.5=4.52(mH_2O柱)$$

9. 尾气处理

尾气经除湿处理后用霍加拉特剂催化法分解。

第六节　高级氧化

随着各地政府对污水厂污染物排放标准逐渐提高，污水处理厂普遍面临着提标改造的需求。即使是市政生活污水处理厂，由于居民家庭难降解化学品的混入或工业废水

的误入，使得污水厂进水组分日趋复杂，难降解有机物含量在某些情况下异常升高，会引起污水处理厂COD达标困难，或难以实现持续稳定达标。采用传统工艺的污水厂即使能够达标，但运行成本可能会异常增高。COD达标排放是污水处理厂污染物排放达标核心指数之一。在新的环保要求下，COD达标也遇到了一定的困难。例如：若需达到《地表水环境质量标准》（GB 3838—2002）的Ⅲ类水标准（COD<20mg/L），原有的工艺可能难以满足要求。而高级氧化技术日益发挥出重要的作用。经过生化处理的出水，其BOD/COD值已经很低，此时若要进一步降低COD值，就需要利用高级氧化等处理方法。

一、高级氧化技术

高级氧化技术（advanced oxidation technologies 或 advanced oxidation process，简称AOTs或AOPs）又称深度氧化技术。高级氧化所采用氧化剂的氧化能力超过常见氧化剂，其氧化点位接近或达到羟基自由基（·OH）水平，可与有机污染物进行系列自由基链反应，可以破坏其结构使其降解为无害的低分子量有机物，最后降解为CO_2、H_2O和其他矿物盐。高级氧化技术具有氧化能力强、处理效率高、无选择性等特点。

高级氧化法可将难降解COD或低浓度COD直接矿化或通过氧化提高上述物质的可生化性，对环境类激素等微量有害化学物质也具有较好的处理效果，能够使绝大部分有机物完全矿化或分解，是处理难降解有机废水最有效的方法之一。从基础化学原理而言，高级氧化法与普通氧化法存在一定的化学机理联系，其中的化学物质、反应原理有一定程度的交叉关系。

常见于水处理行业的普通氧化法（化学氧化法）包括O_3、H_2O_2和Cl_2等氧化剂的氧化方法。其中的O_3、H_2O_2在适当条件下可成为高级氧化工艺的核心参与物质。

高级氧化技术可以分为自由基高级氧化与非自由基高级氧化。可以是以各类自由基为主要氧化剂的氧化过程，也可以是高pH值情况下的臭氧处理过程，以及某些光催化氧化过程。其中的高活性自由基如：·OH、$SO_4^-·$、·OOH、$O_2^-·$等。常见氧化剂的标准氧化还原电位见表8-3。

表8-3　常见氧化剂的标准氧化还原电位

氧化剂	·OH	$SO_4^-·$	O_3	H_2O_2	MnO_2	$HClO_4$	ClO_2	Cl_2
标准氧化还原电位/V	2.7~2.8	2.5~3.1	2.07	1.77	1.68	1.63	1.50	1.36

典型的高级氧化过程包括芬顿法、催化氧化法、光催化氧化法、湿式氧化法、电子束辐照法、超临界水氧化法等。衍生出的组合集成工艺包括：四相催化氧化法、催化湿式过氧化氢氧化法、电催化氧化法、催化O_3氧化法、UV/O_3氧化法、UV/H_2O_2氧化法、O_3/H_2O_2氧化法、O_3/芬顿法、高级氧化-生化法、O_3混凝气浮多元耦合法等。高级氧化技术既包括传统高级氧化技术，也包括新兴高级氧化技术。传统高级氧化技术主要是指基于羟基自由基（·OH）的芬顿高级氧化技术。

光催化氧化法（photocatalytic oxidation）是利用催化剂吸收光子形成激发态，然后再诱导引发反应物分子的氧化过程。目前所研究的催化剂多为过渡金属半导体化合物。以羟基自由基为氧化剂的光催化氧化技术应用较为广泛。

湿式氧化（wet air oxidation，WAO）即湿式空气氧化技术，是在高温（120~320℃）高压（0.5~20MPa）条件下，在水相中以空气或氧气作为氧化剂，氧化降解水中溶解态或悬浮态的有机物以及还原态的无机物的水处理方法。在反应过程中，水相中的有机物被氧化降解为易于生化处理的小分子类物质或直接矿化为无害的无机物，如 CO_2、H_2O 和无机盐等，其中有机氮可能被转化为硝酸盐、氨和氮气。投加催化剂可以降低反应活化能并提高反应效率、降低反应温度和压力，降低投资和运行成本，称为催化湿式氧化法（catalytic wet air oxidation，CWAO）。

UV/O_3 氧化法是高级氧化技术中有竞争力的一种方法，因其反应条件温和、氧化能力强而发展迅速。这种方法的氧化能力和反应速率都远远超过单独使用 UV 或 O_3 所能达到的效果，其反应速率是 O_3 氧化法的 100~1000 倍。由于 O_3 去除有机污染物的选择性较高，单一的 O_3 氧化反应在不加催化剂的条件下只能产生少量的·OH，处理一些难降解污染物时，效果比较差。因此，常将 O_3 与其他工艺联合以提高污染物的去除率。

O_3/芬顿法也是近年来常用的高级氧化方法。为了避免臭氧氧化法对有机物的选择性问题、电耗高的问题，同时充分借用芬顿氧化法的优势，又可以避免芬顿氧化法药剂种类多、设备防腐要求高、反应产生铁泥多等劣势，水处理行业倾向于将 O_3 氧化与芬顿氧化法结合，提高羟基自由基的产量，促进污染物降解，减少电耗、药耗，减少铁泥产生量。

硫酸根自由基（$SO_4^-\cdot$）带有很强的标准电极电势，基于 $SO_4^-\cdot$ 的高级氧化技术在污水处理领域得到了广泛深远的研究。$SO_4^-\cdot$ 在理想的条件下可以氧化分解绝大多数的有机物，能够降解某些羟基自由基无法处理的有机污染物，而且比羟基自由基的存活持续时间更长，与污染物的接触时效更长，比羟基自由基（·OH）具有更多的应用优势。硫酸根自由基在溶液中的适用范围更为广泛，在 pH=2~7 的溶液环境中均能较稳定的存在；在 pH>8 的碱性环境中，部分硫酸根自由基转化成羟基自由基；在 pH>10 的强碱性环境中，大部分硫酸根自由基转化成为羟基自由基。$SO_4^-\cdot$ 的生成方式包括加热活化生成技术、过渡金属离子活化技术、UV 活化技术、FeO 活化技术、活性炭活化技术等。

二、芬顿高级氧化工程设计概述

芬顿高级氧化工艺既可以用作污水处理厂生化工艺前的预处理工艺，也可作为污水厂生化处理之后的深度处理工艺。具体的污染物的去除率应通过试验或参考同行业类似案例确定。设计污水处理量应按最高日最高时进行设计。当设置中间调节池对芬顿氧化工艺的进水量给予均量调节时，需按照调节后的最大时水量取值。

芬顿高级氧化工艺流程一般包括：调酸池、催化剂混合池、芬顿氧化反应池、脱气池、调碱池、固液分离单元，以及配套的加药设备、污泥浓缩脱水单元。其中催化剂混合池、脱气池、污泥或混合液回流、清液回流等辅助单元可以选用。芬顿高级氧化工艺流程如图 8-12 所示。

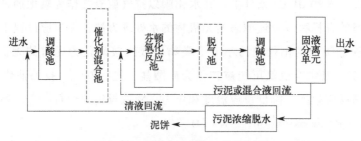

图 8-12　芬顿高级氧化工艺流程图

调酸池中的污水与投加的无机酸（如硫酸）混合，实现 pH 值的调控，利于芬顿反应的进行。主要设备及仪表包括调酸泵、在线 pH 仪、搅拌器等。催化剂混合池可以与调酸池合并，也可以单独建设。投加的亚铁盐（如硫酸亚铁）作为芬顿反应的催化剂。

芬顿氧化反应池是实现高级氧化反应的场所。在此投加过氧化氢溶液。在亚铁催化剂的辅助下，污水中的污染物被强氧化性的羟基自由基矿化降解，完成 COD 的降解。可以考虑从固液分离池引出污泥或混合液回流至氧化反应池，回流污泥能够扩增三价铁离子参与芬顿反应的接触阈，提高反应速率，并在铁氧体表面发生异相芬顿反应。同时，污泥回流进一步提升了混凝与吸附效应，利于污染物深度去除。此工艺环节所需的主要设备仪表包括在线 pH 仪、ORP 仪、H_2O_2 投加泵、搅拌器等。

调碱池可以实现混合液 pH 值的恢复性增高。通过投加碱性调节剂，使 Fe^{3+} 生成氢氧化铁或其他铁氧化物，促进后续固液分离。此工艺环节所需的主要设备仪表包括在线 pH 仪、碱投加泵、搅拌设备等。在芬顿反应池后可以设置脱气池，去除 CO_2 以及残留的 H_2O_2，避免 H_2O_2 对 COD 检测数据的影响，此环节的主要设备为鼓风机等。固液分离单元可以采用超滤膜代替传统的芬顿沉淀池，通过膜的截留作用，配套合理的内回流体系，实现系统的高污泥浓度。

上述构筑物可以采用钢筋混凝土或钢结构，也可设计为集成式一体化设备。

三、计算例题

【例题 8-6】高级氧化用于污水深度处理的计算

(一) 已知条件

某城市污水处理厂原处理工艺包括：格栅、沉砂池、生化池、沉淀池等。处理规模 $Q=10000\text{m}^3/\text{d}$，生化段出水 COD＝35～102mg/L，pH＝8.5，TN、TP 等指标均已达标。以生化段经过沉淀后的出水作为芬顿高级氧化段的进水。高级氧化段的处理工艺流程包括：酸度调节池、芬顿反应池、中和池、固液分离池。深度处理出水需达到《地表水环境质量标准》（GB 3838—2002）的Ⅲ类水标准。对酸、H_2O_2、$FeSO_4$ 的投加量进行计算。

（二）设计计算

1. 计算调整 pH 值所需的酸投加量（V_1）

根据芬顿氧化反应所需的 pH 值条件要求，需将溶液 pH 值控制在 $3.0 \sim 4.0$。计算目标值取 $pH=3$。可采用投加浓 H_2SO_4 或稀 H_2SO_4 的方式实现酸碱度的调整。需计算 pH 调整所需的 H_2SO_4 加药量

$$M_1 = Q(H_1 + H_2)98/2$$

式中　M_1——pH 调整所需的 H_2SO_4 加药量，kg/d；

　　　Q——水处理量，m^3/d；

　　　H_1——pH 由 8.5 调节到 7 所需的 H^+ 量，mol/L；

　　　H_2——pH 由 7 调节到 3 所需的 H^+ 量，mol/L。

计算可知，$M_v = 10000 \times (3.16 \times 10^{-6} + 1 \times 10^{-3}) \times 98/2 = 491.5(kg/d)$，$H_2SO_4$ 的浓度 C_1 为 10%，相对密度 R_1 为 1.4kg/L。

计算得到所需的 H_2SO_4 加药体积量 V_1：

$$V_1 = \frac{M_1}{C_1 R_1 \times 1000} = 3.51(m^3/d)$$

2. 计算 H_2O_2 投加量（V_2）

H_2O_2 的浓度 C_2 为 30%，相对密度 R_2 为 1.1kg/L。

$$M_2 = Qk(S_1 - S_2)/1000$$

式中　M_2——H_2O_2 投加量，kg/d；

　　　Q——水处理量，m^3/d；

　　　k——H_2O_2 与 COD 的比率，$(1:1) \sim (4:1)$，取 $k=2$；

　　　S_1——进水 COD，mg/L，取 102mg/L；

　　　S_2——出水 COD，mg/L，取 20mg/L。

计算可知，$M_2 = 10000 \times 2 \times (102 - 20)/1000 = 1640(kg/d)$。

H_2O_2 的浓度 C_2 为 30%，相对密度 R_2 为 1.1kg/L。

计算得到所需的 H_2O_2 加药体积量 V_2

$$V_2 = \frac{M_2}{C_2 R_2 \times 1000} = 4.97(m^3/d)$$

3. 计算 $FeSO_4$ 投加量（V_3）

$FeSO_4$ 溶液浓度 C_3 为 10%，相对密度 R_3 为 1.1kg/L。

$$M_3 = WM_2/r$$

式中　M_3——$FeSO_4$ 投加量，kg/d；

　　　W——$FeSO_4 \cdot 7H_2O$ 与 H_2O_2 的分子量比值；

　　　M_2——H_2O_2 投加量，m^3/d；

r——H_2O_2 与 Fe^{2+} 的摩尔比，可以取 $(1:1)\sim(10:1)$，取 8。

计算可知，$M_3=(278/34)\times1640/8=1676.2(kg/d)$。

所需的 $FeSO_4$ 投加体积量 (V_3)

$$V_3=\frac{M_3}{C_3R_3\times1000}=15.2(m^3/d)$$

芬顿氧化反应药剂投加量与投加比例应经过试验确定，在缺乏试验数据的情况下可以参考上述计算过程中的数据。

投加药剂时，可以先在芬顿反应池之前投加亚铁盐，再在芬顿反应池投加 H_2O_2。芬顿反应 $HRT=2\sim4h$，$ORP=250\sim300mV$。可以在调酸池与芬顿反应池之间增设催化剂（硫酸亚铁）混合池，混合时间不小于 2min。中和池投加碱液调整 pH 值至中性。固液分离池可以采用沉淀池，也可采用超滤膜实现污泥分离。经过上述工艺处理后的出水 COD 为 $12\sim19mg/L$。

第九章
国内外部分已建城市污水
深度处理回用工程实例

    城市污水再生回用是城市供水开源节流的首选方案，是实现水资源可持续利用以保证经济和城市可持续发展的重要举措，已成为众多国家的共识。

    在国内外，实施污水回用的时间较久，已有较多的工程实例。本章将一些国内外已建的城市污水深度处理回用工程实例列出，并列出其处理规模、处理工艺流程、出水用途、工程造价及制水成本等资料，以供调研和设计建设参考。

第一节　国外部分城市污水回用工程实例

    国外部分城市污水再生利用工程实例见表 9-1。

表 9-1　国外部分城市污水再生利用工程实例

序号	建设年代、处理规模、工艺流程	出水水质、出水用途、工程投资及制水成本
1	所在地区：美国加利福尼亚圣地亚哥 工程名称：Padre Dam 深度水净化示范工程 建设年代：2015 年 处理规模：10 万加仑/d 工艺流程：污水厂出水→氯消毒→膜滤→反渗透→紫外线消毒→臭氧氧化→出水	出水水质：美国饮用水标准 出水用途：饮用 工程投资：300 万美元

序号	建设年代、处理规模、工艺流程	出水水质、出水用途、工程投资及制水成本
2	所在地区:美国弗吉尼亚州 工程名称:Broad Run 水回用设施 建设年代:2008 年 处理规模:1100 万加仑/d 工艺流程:粗格栅→沉砂池→初沉池→细格栅(2mm)→转输水池→MBR→活性炭→消毒	出水水质:TN<4mg/L,TP<0.1mg/L,TKN<1.0mg/L,COD<10mg/L 出水用途:灌溉、冷却塔及其他用途
3	所在地区:美国科罗拉多州 工程名称:丹佛污水处理厂 建设年代:1983 年 处理规模:$31.5×10^4 m^3/d$ 工艺流程:二级出水→混凝→沉淀→过滤→离子交换→活性炭吸附→臭氧→活性炭吸附→反渗透→消毒→饮用	出水水质:饮用水标准 出水用途:饮用水、市政杂用 工程投资:1620 万美元
4	所在地区:美国科罗拉多州 工程名称:奥罗拉沙溪再生水厂 建设年代:2001 年 处理规模:500 万加仑/d 工艺流程:原水→初沉池→生物处理→二沉池→过滤→紫外线消毒→回用	出水水质:SS<1mg/L,NH_3-N<0.14mg/L,BOD<2.3mg/L,TP 未检出 出水用途:市政绿化
5	所在地区:美国科罗拉多州 工程名称:农夫科纳污水处理厂 建设年代:1999 年 处理规模:300 万加仑/d 工艺流程:原水→格栅→活性污泥→二沉池→投药→三级沉淀→消毒→回用	出水水质:BOD<1mg/L,SS<1.07mg/L,NH_3-N<3.36mg/L,TP<0.007mg/L 出水用途:饮用水水源地
6	所在地区:美国科罗拉多州 工程名称:狄龙蛇河污水处理厂 建设年代:2002 年 处理规模:260 万加仑/d 工艺流程:原水→格栅→曝气池→二沉池→混凝→澄清→过滤→消毒→回用	出水水质:BOD<0.7mg/L,SS<0.6mg/L,NH_3-N<0.25mg/L,TP<0.015mg/L 出水用途:饮用水水源地
7	所在地区:美国科罗拉多州 工程名称:帕克凤梨园再生水厂 建设年代:2005 年 处理规模:200 万加仑/d 工艺流程:原水→格栅→巴顿甫工艺→二沉池→混凝→过滤→紫外线消毒→回用	出水水质:BOD<1.1mg/L,SS<2.2mg/L,TP<0.029mg/L 出水用途:回灌地下含水层及水库
8	所在地区:美国俄勒冈州 工程名称:希尔斯伯勒石溪污水深度处理厂 建设年代:1993 年 处理规模:3900 万加仑/d 工艺流程:原水→格栅→初沉→曝气→二沉池→三级沉淀→过滤→次氯酸钠消毒→回用	出水水质:BOD<1.1mg/L,SS<2.2mg/L,TP<0.029mg/L 出水用途:景观水体
9	所在地区:日本东京 工程名称:落合污水处理厂 建设年代:1984 年 处理规模:$45×10^4 m^3/d$ 工艺流程:原水→沉砂→初沉→曝气→二沉池→混凝→过滤→氯消毒→回用	出水水质:大肠菌群数<10个/mL,臭味无不快感,pH=5.8~8.6 出水用途:景观水体

序号	建设年代、处理规模、工艺流程	出水水质、出水用途、工程投资及制水成本
10	所在地区：日本东京 工程名称：多摩川上游污水处理厂 建设年代：1984 年 处理规模：$15×10^4 m^3/d$ 工艺流程：污水厂二级出水→过滤→回用	出水水质：大肠菌群数＜10 个/mL，臭味无不快感，pH＝5.8～8.6 出水用途：景观水体
11	所在地区：以色列 工程名称：Shafdan 再生水厂 处理规模：$35×10^4 m^3/d$ 工艺流程：预处理→厌氧生物选择器(除磷)、AO→补给池→垂直渗入地下→土壤内 8d 停留处理。之后先流经水质观测井，再由外围抽水井抽出符合以色列用水水质标准的再生水，用管线输送作为农业灌溉	出水水质：以色列饮用水水质标准之再生水 出水用途：农业灌溉
12	所在地区：美国加利福尼亚州 工程名称：West Basin 再生水厂 建设年代：1947～2006 年 处理规模：$90000 m^3/d$ 工艺流程：采用了 5 种不同的工艺路线，分别为 ①二级出水＋砂滤＋消毒； ②二级硝化出水＋砂滤＋消毒； ③二级出水＋MF＋RO(低压锅炉)； ④二级出水＋MF＋RO(高压锅炉)； ⑤二级出水＋石灰软化＋UV＋H_2O_2	出水水质：饮用水标准 出水用途：5 种工艺分别满足灌溉、工业冷却、高低压锅炉用水及阻止海水入侵等 工程投资：4.6 亿美元 2006 年处理成本约为 0.63 美元/m^3
13	所在地区：新加坡 工程名称：胜科新生水厂 建设年代：2003 年 处理规模：$22.8×10^4 m^3/d$ 工艺流程：污水通过严格净化和处理变成可以直接饮用的淡水。主要有三个过程：微过滤(去除较大颗粒的固体、微生物等，降低浑浊度)、反渗透(去除较小的非有机物质，杀虫剂和病毒也会被滤除)、紫外线消毒(去除剩余的细菌和病毒)	出水水质：优于饮用水标准 出水用途：工业用水以及民用自来水 工程投资：1.8 亿美元
14	所在地区：澳大利亚 工程名称：Luggage Point 再生水厂 处理规模：$7×10^4 m^3/d$ 工艺流程：化学沉淀→微滤→反渗透→UV 消毒→高级氧化	出水水质：接近饮用水标准 出水用途：当需要时会补充到布里斯班的饮用水源地

注：1 加仑(美)＝$3.785412 dm^2$。

第二节　国内部分城市污水回用工程实例

国内部分城市污水再生利用工程实例见表 9-2。

表 9-2　国内部分城市污水再生利用工程实例

序号	建设年代、处理规模、工艺流程	出水水质、出水用途、工程投资及制水成本
1	所在地区:北京 工程名称:高碑店污水处理厂再生利用工程 建设年代:2008 年 处理规模:100×10⁴m³/d 工艺流程: 	出水水质:达到地表水Ⅳ类标准 出水用途:工业、城市生态景观和市政回用 工程投资:33668 万元 制水成本:0.33 元/m³
2	所在地区:北京 工程名称:清河污水处理厂 建设年代:2006 年(8×10⁴m³/d);2012 年(15×10⁴m³/d);2013 年(32×10⁴m³/d) 处理规模:55×10⁴m³/d。再生水厂 8×10⁴m³/d 工艺流程:二级处理一期为倒置 A²O 工艺;二级处理二期为 A²O 工艺;再生水厂处理工艺超滤+臭氧(8×10⁴m³/d),MBR+臭氧(15×10⁴m³/d),脱硝生物滤池+膜处理+臭氧(32×10⁴m³/d)	出水水质:满足《城市污水再生利用　景观环境用水水质》(GB/T 18921—2019)标准 出水用途:景观水体 工程投资:一期处理能力 20×10⁴m³/d,总投资 4.42 亿;二期处理能力 20×10⁴m³/d,总投资 2.75 亿元;再生水厂 1 亿元
3	所在地区:北京 工程名称:北小河污水处理厂再生利用工程 建设年代:2008 年(6×10⁴m³/d);2012 年(4×10⁴m³/d) 处理规模:10×10⁴m³/d 工艺流程:污水厂二级出水→MBR+臭氧(部分再经 RO 处理)→回用	出水水质:《城市污水再生利用　城市杂用水水质》(GB/T 18920—2020)中车辆冲洗水质标准 出水用途:市政杂用 工程投资:一期 4×10⁴m³/d,二期 6×10⁴m³/d。一期改造及二期新建及配套管线共计 2.93 亿元

序号	建设年代、处理规模、工艺流程	出水水质、出水用途、工程投资及制水成本
4	所在地区:北京 工程名称:酒仙桥再生水厂 建设年代:2003 年($6\times10^4\,\mathrm{m^3/d}$);2013 年($14\times10^4\,\mathrm{m^3/d}$) 处理规模:$20\times10^4\,\mathrm{m^3/d}$ 工艺流程:污水厂二级出水→二级生物滤池＋滤布滤池＋臭氧→回用	出水水质:《城市污水再生利用 城市杂用水水质》(GB/T 18920—2020)和《城市污水再生利用 景观环境用水水质》(GB/T 18921—2019) 出水用途:市政杂用
5	所在地区:北京 工程名称:北京经济技术开发区再生水工程 建设年代:2008 年 处理规模:$2\times10^4\,\mathrm{m^3/d}$ 工艺流程: 污水处理厂二级出水→细格栅→提升泵→MF 系统→RO 系统→清水池→回用水泵→再生水用户（NaClO 投加于清水池前）	出水水质:城镇污水处理厂出水排入Ⅳ类水体及其汇水范围的一级 B 标准;部分出水作为城市杂用水和景观用水,同时满足《城市污水再生利用 城市杂用水水质》(GB/T 18920—2020)标准和《城市污水再生利用 景观环境用水水质》(GB/T 18921—2019) 出水用途:景观补充水 工程投资:一期 $20\times10^4\,\mathrm{m^3/d}$,总投资 4.42 亿;二期 $20\times10^4\,\mathrm{m^3/d}$,总投资 2.75 亿元
6	所在地区:天津 工程名称:天津市纪庄子污水回用工程(停运) 建设年代:2002 年 处理规模:$5\times10^4\,\mathrm{m^3/d}$ 工艺流程: 回用居住区 污水厂二沉池出水→提升泵→反应沉淀池（Cl_2、聚合铝投加）→CMF净水间（清洗剂、压缩空气）→尾气吸收池→臭氧接触池（O_3、Cl_2）→清水池→送水泵房→居住区用户（反洗废水至污水厂;O_3） 回用工业区 污水厂二沉池出水→提升泵→反应沉淀池（Cl_2、聚合铝投加）→普通快滤池（压缩空气、反冲洗水）→接触池（Cl_2）→清水池→送水泵房→工业区用户（污泥、反洗废水至污水厂）	出水水质:《工业循环冷却水处理设计规范》(GB/T 50050—2017) 出水用途:市政回用、工业用水 制水成本:CMF1.138 元/t,传统 0.73 元/t

序号	建设年代、处理规模、工艺流程	出水水质、出水用途、工程投资及制水成本
7	所在地区:山西太原 工程名称:北郊污水处理厂 建设年代:2006 年 处理规模:深度处理 $4×10^4 m^3/d$ 工艺流程:粗格栅→提升→细格栅→沉砂池→厌氧池→氧化沟→二沉池→混凝沉淀→过滤→紫外线消毒→回用	出水水质:《城镇污水处理厂污染物排放标准》(GB 18918—2002)一级 A 出水用途:景观水体、灌溉用水 工程投资: 50 万元(深度处理) 制水成本:0.25 元/m^3(不含二级处理费)
8	所在地区:山西太原 工程名称:山西大学商务学院再生水回用工程 建设年代:2008 年 处理规模:1000m^3/d 工艺流程: 	出水水质:同时满足《城市污水再生利用 景观环境用水水质》(GB/T 18921—2019)和《城市污水再生利用 城市杂用水水质标准》(GB/T 18920—2020) 出水用途:校园内人工湖补水及市政杂用 工程投资:220 万元 制水成本:0.58 元/t
9	所在地区:山西汾阳 工程名称:汾酒厂再生水回用工程 建设年代:1998 年 处理规模:4000m^3/d 工艺流程:污水→格栅→初沉池→阶段曝气池→二沉池→滤池→消毒→清水池→提升→电子除垢仪→回用	出水水质:满足《城市污水再生利用 城市杂用水水质标准》(GB/T 18920—2020) 出水用途:葡萄园浇灌、生态湖补水及市政杂用 工程投资:112 万元(新建滤池→消毒→清水池→提升→电子除垢仪→回用部分) 制水成本:0.24 元/t
10	所在地区:山西高平 工程名称:兴高焦化厂生活污水再生回用工程 建设年代:2007 年 处理规模:50m^3/d 工艺流程:污水→格栅→调节池→MBR 酸化池→MBR 膜池→消毒→清水池→回用	出水水质:满足《城市污水再生利用 城市杂用水水质标准》(GB/T 18920—2020) 出水用途:生产冷却系统补水 工程投资:49.53 万元 制水成本:1.49 元/t

序号	建设年代、处理规模、工艺流程	出水水质、出水用途、工程投资及制水成本
11	所在地区:山西榆次 工程名称:晋中市第二污水处理厂及回用工程 建设年代:2009 年 处理规模:$10 \times 10^4 m^3/d$ 工艺流程:污水→格栅→A/A/O＋混凝沉淀过滤工艺→消毒→回用	出水水质:《城镇污水处理厂污染物排放标准》(GB 18918—2002)一级 A 出水用途:电厂用水 工程投资:5441 万元 制水成本:1.04 元/t
12	所在地区:山西武乡 工程名称:山西省武乡县污水处理厂及回用工程 建设年代:2008 年 处理规模:$0.8 \times 10^4 m^3/d$ 工艺流程:污水→格栅→A/A/O＋BAF→消毒→回用	出水水质:《城镇污水处理厂污染物排放标准》(GB 18918—2002)一级 A 出水用途:电厂用水 工程投资:4017.44 万元 制水成本:1.51 元/t
13	所在地区:陕西西安 工程名称:邓家村污水处理厂 建设年代:2008 年 处理规模:$6 \times 10^4 m^3/d$ 工艺流程:污水→一级处理→A/A/O→絮凝→过滤→消毒→回用	出水水质:$COD \leqslant 50mg/L$,$TN \leqslant 15mg/L$,$BOD_5 \leqslant 10mg/L$,$TP \leqslant 1mg/L$,$SS \leqslant 5mg/L$,$NH_3-N \leqslant 5mg/L$,$pH = 6.5 \sim 8.5$ 出水用途:作为市政杂用水和工业冷却水 工程投资:1.1 亿元
14	所在地区:山东济南 工程名称:西区污水处理厂 建设年代:一期 2006 年,二期 2013 年 处理规模:一期 $2.5 \times 10^4 m^3/d$,二期 $5 \times 10^4 m^3/d$ 工艺流程:污水进口→粗格栅→集水井(污水泵提升)→细格栅→氧化沟→絮凝沉淀池→高效纤维滤池→二沉池→消毒池→回用	出水水质:《城镇污水处理厂污染物排放标准》(GB 18918—2002)一级 A 出水用途:工业生产及市政杂用 工程投资:一期 2100 万元,二期 5443 万元
15	所在地区:山东青岛 工程名称:李村河污水处理厂 建设年代:一期 1997 年(UTC),二期 2008 年(A^2O),升级 2013 年 处理规模:$17 \times 10^4 m^3/d$ 工艺流程:污水→格栅→曝气沉砂池→初沉池→原生物处理＋MSBR→二沉池→高密度沉淀池→滤布滤池→消毒池→回用	出水水质:《城镇污水处理厂污染物排放标准》(GB 18918—2002)一级 A 出水用途:市政杂用 工程投资:4.64 亿元

序号	建设年代、处理规模、工艺流程	出水水质、出水用途、工程投资及制水成本
16	所在地区：山东青岛 工程名称：海泊河污水处理厂 建设年代：2013 年 处理规模：$16\times10^4\,\mathrm{m^3/d}$ 工艺流程：AB 法工艺二级出水→混凝沉淀→过滤→消毒→回用	出水水质：《城镇污水处理厂污染物排放标准》（GB 18918—2002）一级 A 出水用途：景观水体 工程投资：升级改造投资 6726 万元
17	所在地区：河南郑州 工程名称：五龙口污水处理厂 建设年代：2005 年(一期)，2009 年(二期) 处理规模：$20\times10^4\,\mathrm{m^3/d}$(一期再生水 $5\times10^4\,\mathrm{m^3/d}$，二期再生水 $15\times10^4\,\mathrm{m^3/d}$) 工艺流程：污水进口→粗格栅→集水井(污水泵提升)→细格栅→旋流沉砂池→氧化沟→二沉池→混凝沉淀→过滤→消毒池→回用	出水水质：《城镇污水处理厂污染物排放标准》（GB 18918—2002）一级 A 出水用途：景观水体 工程投资：升级改造投资 3.5 亿元
18	所在地区：湖南长沙 工程名称：洋湖再生水厂 建设年代：2012 年 处理规模：一期 $2\times10^4\,\mathrm{m^3/d}$ 工艺流程：MSBR(传统二级生化处理)＋人工湿地＋自然湿地	出水水质：《城镇污水处理厂污染物排放标准》（GB 18918—2002）一级 A 出水用途：景观水体 工程投资：2 亿元（一、二期 $4\times10^4\,\mathrm{m^3/d}$） 制水成本：0.4 元/$\mathrm{m^3}$（深度处理部分）
19	所在地区：新疆乌鲁木齐 工程名称：河东污水处理厂深度处理回用工程 建设年代：2014 年 处理规模：一期 $20\times10^4\,\mathrm{m^3/d}$ 工艺流程： 	出水水质：《城镇污水处理厂污染物排放标准》（GB 18918—2002）一级 A 出水用途：工业冷却及工业企业杂用 工程投资：4.6 亿元（一、二期 $4\times10^4\,\mathrm{m^3/d}$）

序号	建设年代、处理规模、工艺流程	出水水质、出水用途、工程投资及制水成本
20	所在地区:青海西宁 工程名称:西宁市第一再生水厂 建设年代:2014 年 处理规模:工业 $2.7\times10^4\,\mathrm{m^3/d}$,景观 $0.8\times10^4\,\mathrm{m^3/d}$ 工艺流程: 进水 $49000\mathrm{m^3/d}$ →提升泵池→(9000$\mathrm{m^3/d}$)→曝气生物滤池→(8000$\mathrm{m^3/d}$)→混合反应沉淀池→(8000$\mathrm{m^3/d}$)→砂滤池→(8000$\mathrm{m^3/d}$)→景观水再生水池→(8000$\mathrm{m^3/d}$)→送水泵房→(8000$\mathrm{m^3/d}$)→宁湖补水 反洗排水至三污水厂(1000$\mathrm{m^3/d}$) 提升泵池→(40000$\mathrm{m^3/d}$)→混合反应沉淀池→(40000$\mathrm{m^3/d}$)→砂滤池→(40000$\mathrm{m^3/d}$)→超滤+反渗透→(27000$\mathrm{m^3/d}$)→工业水再生水池→(27000$\mathrm{m^3/d}$)→送水泵房→(27000$\mathrm{m^3/d}$)→工业园 排水至三污水厂(13000$\mathrm{m^3/d}$)	出水水质:以《城市污水再生利用 工业用水水质》(GB/T 19923—2005)为标准,并针对主要用水企业的具体要求对某些指标作出进一步限制;《城市污水再生利用 景观环境用水水质》(GB/T 18921—2019) 出水用途:工业用水、道路浇洒、景观水体 工程投资:1.4 亿元(一期 $3.5\times10^4\,\mathrm{m^3/d}$)
21	所在地区:内蒙古包头 工程名称:北郊水质净化厂污水回用工程 建设年代:2004 年 处理规模:$8\times10^4\,\mathrm{m^3/d}$ 工艺流程:二级出水→沉淀→过滤→消毒→回用	出水水质:《城市污水再生利用 城市杂用水水质》(GB/T 18920—2020) 出水用途:市园林绿化、工业循环水 工程投资:2.8 亿元(包含回用管网)
22	所在地区:内蒙古包头 工程名称:包头市东河东中水处理厂 建设年代:2005 年 处理规模:$4\times10^4\,\mathrm{m^3/d}$ 工艺流程: 污水厂出水→调节池→提升泵站→静态混合器→(铝盐)→高密度沉淀池→曝气生物滤池→(反冲洗水泵、风机)→清水池→(液氯)→送水泵房→用户	出水水质:$SS\leqslant20\mathrm{mg/L}$;$BOD_5\leqslant10\mathrm{mg/L}$;$NH_3\text{-}N\leqslant10$;TP 未检出 出水用途:工业用水 工程投资:1.8 亿元
23	所在地区:内蒙古乌兰浩特 工程名称:乌兰浩特市东区再生水回用工程 建设年代:2011 年 处理规模:$4\times10^4\,\mathrm{m^3/d}$ 工艺流程:二级出水→混凝→澄清→过滤→消毒池→回用	出水水质:《城镇污水处理厂污染物排放标准》(GB 18918—2002)一级 A 出水用途:回用于电厂 工程投资:2782.7 万元
24	所在地区:江苏南京 工程名称:溧水区城市污水处理厂再生水回用工程 建设年代:2015 年 处理规模:$5\times10^4\,\mathrm{m^3/d}$ 工艺流程:粗格栅→进水泵房→细格栅→沉砂池→DE 氧化沟→二沉池→高效混凝沉淀→滤布滤池→消毒池→回用	出水水质:《城镇污水处理厂污染物排放标准》(GB 18918—2002)一级 A 出水用途:河道补水 工程投资:3478.60 万元

序号	建设年代、处理规模、工艺流程	出水水质、出水用途、工程投资及制水成本
25	所在地区:江苏无锡 工程名称:太湖新城污水处理厂再生水回用工程 建设年代:2009 年 处理规模:$5×10^4 m^3/d$ 工艺流程:MSBR 工艺	出水水质:《城镇污水处理厂污染物排放标准》(GB 18918—2002)一级 A 出水用途:绿地浇灌、市政杂用 工程投资:1.56 亿元
26	所在地区:江苏徐州 工程名称:徐州卷烟厂污水处理与再生回用工程 建设年代:2007 年 处理规模:$5×10^4 m^3/d$ 工艺流程:气浮＋水解酸化＋MBR 膜＋反渗透	出水水质:《城市污水再生利用 城市杂用水水质》(GB 18920—2020);《工业锅炉水质》(GB 1576—2018)和《循环冷却水水质》(GB 50050—2017) 出水用途:绿化和冲厕;锅炉补给水和空调循环冷却水 工程投资:1600 万元 制水成本:1.89 元/m^3
27	所在地区:陕西宝鸡 工程名称:十里铺污水处理厂中水回用工程 建设年代:2011 年 处理规模:$5×10^4 m^3/d$ 工艺流程:二级出水→沉淀→过滤→消毒→回用	出水水质:《城镇污水处理厂污染物排放标准》(GB 18918—2002)一级 A 出水用途:绿化和冲厕;电厂、热力公司等工业用水及市行政中心杂用 工程投资:6645.38 万元
28	所在地区:贵州贵阳 工程名称:小河污水处理厂 建设年代:2009 年 处理规模:$8×10^4 m^3/d$ 工艺流程:改良 SBR	出水水质:《城镇污水处理厂污染物排放标准》(GB 18918—2002)一级 B 出水用途:景观河道补水 工程投资:1.25 亿元
29	所在地区:福建厦门 工程名称:石渭头污水处理厂污水再生利用工程 建设年代:2007 年 处理规模:$2.4×10^4 m^3/d$ 工艺流程:多模式 A^2O 氧化沟工艺	出水水质:《城镇污水处理厂污染物排放标准》(GB 18918—2002)一级 B 出水用途:绿地浇灌 工程投资:3299 万元

序号	建设年代、处理规模、工艺流程	出水水质、出水用途、工程投资及制水成本
30	所在地区:河北石家庄 工程名称:桥东污水处理厂中水回用工程 建设年代:2013 年 处理规模:$60×10^4 m^3/d$ 工艺流程:AAO 工艺+脱氮生物滤池+高效沉淀+滤布滤池+紫外线消毒+臭氧脱色	出水水质:《城镇污水处理厂污染物排放标准》(GB 18918—2002)一级 A,其中色度达《城市供水水质标准》(CJ/T 206—2005)标准 出水用途:景观用水、洗车、工业用水 工程投资:3.5 亿元
31	所在地区:河北唐山 工程名称:西郊污水处理厂中水回用工程 建设年代:2013 年 处理规模:$6×10^4 m^3/d$ 工艺流程:AAO 工艺二级出水+生物滤池+混合反应沉淀池+高效纤维滤池(辅以粉末活性炭吸附)+消毒	出水水质:《城镇污水处理厂污染物排放标准》(GB 18918—2002)一级 A 出水用途:工业用水、景观用水及市政杂用 工程投资:9489 万元(其中 $4×10^4 m^3/d$ 部分)
32	所在地区:福建晋江 工程名称:经济开发区工业污水处理厂 建设年代:2015 年 处理规模:$3.5×10^4 m^3/d$(其中 55% 为中水) 工艺流程:混凝沉淀+SDN+MBR+RO 工艺	出水水质:《城镇污水处理厂污染物排放标准》(GB 18918—2002)一级 A 出水用途:工业用水及市政杂用 工程投资:1.83 亿元
33	所在地区:安徽淮北 工程名称:淮北市污水处理厂中水回用工程 建设年代:2010 年 处理规模:$9×10^4 m^3/d$ 工艺流程: 	出水水质:火电厂循环冷却水水质标准及《城市污水再生利用 景观环境用水水质》(GB/T 18921—2019)、《城市污水再生利用 城市杂用水水质》(GB 18920—2020) 出水用途:工业用水、景观用水及市政杂用 工程投资:1.83 亿元
34	所在地区:天津 工程名称:天津市东郊污水处理厂及再生水厂迁建工程 处理规模:污水处理规模为 $60×10^4 m^3/d$,再生水处理规模 $10×10^4 m^3/d$ 工艺流程:污水处理工段主处理工艺采用改进多级 AO+高效沉淀池+深床滤池+臭氧氧化工艺。再生水工段主处理工艺采用超滤+反渗透工艺	出水水质:天津市《城镇污水处理厂污染物排放标准》(DB 12/599—2015)的 A 类标准 出水用途:出水作为热电厂冷却用水及部分市政用水 工程投资:约 36.9 亿元

序号	建设年代、处理规模、工艺流程	出水水质、出水用途、工程投资及制水成本
35	所在地区:江苏常熟 工程名称:常熟洪洞水质净化厂 处理规模:总规模为日处理污水 $24×10^4$ t,一期日处理污水 $16×10^4$ t 建设年代:2021 年 工艺流程:一期工程采用预处理、脱氮除磷、混凝沉淀、Ⅴ型滤池等处理工艺	出水水质:《城镇污水处理厂污染物排放标准》(DB 32/4440—2022) 出水用途:尾水注入生态湿地 工程投资:约 15 亿元
36	所在地区:四川成都 工程名称:成都洗瓦堰再生水厂 处理规模: $20×10^4$ m³/d 工艺流程:污水处理采用预处理＋多级 AO＋高效沉淀池＋反硝化滤池(Ⅴ型滤池)工艺;污泥采用离心脱水机脱水至 80% 后外运至已建成污泥处置中心处理;消毒采用紫外消毒辅以次氯酸钠消毒;再生水厂除臭采用生物除臭工艺＋全过程除臭＋离子送新风,调蓄池采用化学除臭	出水水质:《城镇污水处理厂污染物排放标准》(GB 18918—2002)一级 A 标准及《四川省岷江、沱江流域水污染物排放标准》(DB 51/2311—2016)要求标准的较严值 出水用途: $18×10^4$ m³/d 尾水回用于河道景观补水, $2×10^4$ m³/d 尾水回用于市政杂用水 工程投资:成都市洗瓦堰再生水厂及调蓄池工程项目总投资 31.8 亿元
37	所在地区:湖北武汉 工程名称:湖北省长江新区谌家矶再生水厂 建设年代:2022～2023 年 处理规模:近期 $7.5×10^4$ m³/d,远期 $15×10^4$ m³/d 工艺流程:MBR 工艺(活性污泥法与膜分离技术)。地下共有两层,负一层为操作区,负二层为各个水处理构筑物功能区,主要包括 MBR 膜池、膜设备间、生物反应池、消毒池、出水泵房、预处理区和污泥浓缩脱水间等。其中膜组器共有 128 台	出水水质:《地表水环境质量标准》(GB 3838—2002)Ⅳ类标准 出水用途:能够直接用于环卫园林用水、社会车辆冲洗用水、景观补水、大型消防水池补水等。一部分排放到朱家河 工程投资:11 亿元
38	所在地区:四川内江 工程名称:四川省内江市谢家河再生水厂 建设年代:2020～2023 年 处理规模:近期 $1×10^4$ m³/d,远期 $3×10^4$ m³/d 工艺流程:预处理工艺采用粗格栅井＋细格栅渠＋曝气沉砂池,生化处理采用五段巴顿甫工艺,深度处理采用高效沉淀池＋深床反硝化滤池的两级深度处理工艺,消毒采用紫外线消毒＋次氯酸钠接触消毒组合工艺	出水水质:《四川省岷江、沱江流域水污染物排放标准》、《城市污水再生水利用城市杂用水水质标准》和《城市污水再生利用景观水标准》 出水用途:作为生态补水回补到谢家河;可用于公共建筑厕所冲洗、城市街道路面冲洗、谢家河公园及谢家河再生水厂海绵公园绿地浇灌 工程投资:内江谢家河流域水环境整治工程(再生水厂)建设项目投资 2.27 亿元

附　录

附录1　《城市污水再生利用 分类》(GB/T 18919—2002)

附表1　城市污水再生利用类别

序号	分　类	范　围	示　例
1	农、林、牧、渔业用水	农田灌溉	种籽与育种、粮食与饲料作物、经济作物
		造林育苗	种籽、苗木、苗圃、观赏植物
		畜牧养殖	畜牧、家畜、家禽
		水产养殖	淡水养殖
2	城市杂用水	城市绿化	公共绿地、住宅小区绿化
		冲厕	厕所便器冲洗
		道路清扫	城市道路的冲洗及喷洒
		车辆冲洗	各种车辆冲洗
		建筑施工	施工场地清扫、浇洒、灰尘抑制、混凝土制备与养护、施工中的混凝土构件和建筑物冲洗
		消防	消火栓、消防水炮
3	工业用水	冷却用水	直流式、循环式
		洗涤用水	冲渣、冲灰、消烟除尘、清洗
		锅炉用水	中压、低压锅炉
		工艺用水	溶料、水浴、蒸煮、漂洗、水力开采、水力输送、增湿、稀释、搅拌、选矿、油田回注
		产品用水	浆料、化工制剂、涂料
4	环境用水	娱乐性景观环境用水	娱乐性景观河道、景观湖泊及水景
		观赏性景观环境用水	观赏性景观河道、景观湖泊及水景
		湿地环境用水	恢复自然湿地、营造人工湿地
5	补充水源水	补充地表水	河流、湖泊
		补充地下水	水源补给、防止海水入浸、防止地面沉降

附录 2 《城市污水再生利用 城市杂用水水质》 (GB/T 18920—2020)

附表 2-1 城市杂用水水质基本控制项目及限值

序号	项目		冲厕、车辆冲洗	城市绿化、道路清扫、消防、建筑施工
1	pH 值		6.0～9.0	6.0～9.0
2	色度/度	≤	15	30
3	嗅		无不快感	无不快感
4	浊度/NTU	≤	5	10
5	五日生化需氧量(BOD$_5$)/(mg/L)	≤	10	10
6	氨氮/(mg/L)	≤	5	8
7	阴离子表面活性剂/(mg/L)	≤	0.5	0.5
8	铁/(mg/L)	≤	0.3	—
9	锰/(mg/L)	≤	0.1	—
10	溶解性总固体/(mg/L)	≤	1000(2000)[①]	1000(2000)[①]
11	溶解氧/(mg/L)	≥	2.0	2.0
12	总氯/(mg/L)	≥	1.0(出厂),0.2(管网末端)	1.0(出厂),0.2[②](管网末端)
13	大肠埃希氏菌/(MPN/100mL 或 CFU/100mL)		无[③]	无[③]

注："—"表示对此项无要求。

① 括号内指标值未沿海及本地水源中溶解性固体含量较高的区域的指标。

② 用于城市绿化时,不应超过 2.5mg/L。

③ 大肠埃希氏菌不应检出。

附表 2-2 城市杂用水选择性控制项目及限值

序号	项目		限值
1	氯化物(Cl$^-$)/(mg/L)	≤	350
2	硫酸盐(SO$_4^{2-}$)/(mg/L)	≤	500

附录 3 《城市污水再生利用 景观环境用水水质》 (GB/T 18921—2019)

附表 3 景观环境用水的再生水水质

序号	项目	观赏性景观环境用水			娱乐性景观环境用水			景观湿地环境用水
		河道类	湖泊类	水景类	河道类	湖泊类	水景类	
1	基本要求	无漂浮物,无令人不愉快的嗅和味						
2	pH 值	6.0～9.0						

序号	项目		观赏性景观环境用水			娱乐性景观环境用水			景观湿地环境用水
			河道类	湖泊类	水景类	河道类	湖泊类	水景类	
3	五日生化需氧量(BOD$_5$)/(mg/L)	≤	10	6		10	6		10
4	浊度/NTU	≤	10	5		10	5		10
5	总磷(以 P 计)/(mg/L)	≤	0.5	0.3		0.5	0.3		0.5
6	总氮(以 N 计)/(mg/L)	≤	15	10		15	10		15
7	氨氮(以 N 计)/(mg/L)	≤	5	3		5	3		5
8	粪大肠菌群/(个/L)	≤	1000			1000		3	1000
9	余氯/(mg/L)		—					0.05～0.1	—
10	色度/度		≤20						

注：1. 未采用加氯消毒方式的再生水，其补水点无余氯要求。

2. "—"表示对此项无要求。

附录4 《城市污水再生利用 工业用水水质》 (GB/T 19923—2005)

附表4 再生水用作工业用水水源的水质标准

序号	控制项目		冷却用水		洗涤用水	锅炉补给水	工艺与产品用水
			直流冷却水	敞开式循环冷却水系统补充水			
1	pH 值		6.5～9.0	6.5～8.5	6.5～9.0	6.5～8.5	6.5～8.5
2	悬浮物(SS)/(mg/L)	≤	30	—	30	—	—
3	浊度/NTU	≤	—	5	—	5	5
4	色度/度	≤	30	30	30	30	30
5	生化需氧量(BOD$_5$)/(mg/L)	≤	30	10	30	10	10
6	化学需氧量(COD$_{Cr}$)/(mg/L)	≤	—	60	—	60	60
7	铁/(mg/L)	≤	—	0.3	0.3	0.3	0.3
8	锰/(mg/L)	≤	—	0.1	0.1	0.1	0.1
9	氯离子/(mg/L)	≤	250	250	250	250	250
10	二氧化硅(SiO$_2$)	≤	50	50	—	30	30
11	总硬度(以 CaCO$_3$ 计)/(mg/L)	≤	450	450	450	450	450
12	总碱度(以 CaCO$_3$ 计)/(mg/L)	≤	350	350	350	350	350
13	硫酸盐/(mg/L)	≤	600	250	250	250	250
14	氨氮(以 N 计)/(mg/L)	≤	—	10[①]	—	10	10
15	总磷(以 P 计)/(mg/L)	≤	—	1	—	1	1

序号	控制项目		冷却用水		洗涤用水	锅炉补给水	工艺与产品用水
			直流冷却水	敞开式循环冷却水系统补充水			
16	溶解性总固体/(mg/L)	≤	1000	1000	1000	1000	1000
17	石油类/(mg/L)	≤	—	1	—	1	1
18	阴离子表面活性剂/(mg/L)	≤	—	0.5	—	0.5	0.5
19	余氯②/(mg/L)	≥	0.05	0.05	0.05	0.05	0.05
20	粪大肠菌群/(个/L)	≤	2000	2000	2000	2000	2000

① 当敞开式循环冷却水系统换热器为铜质时，循环冷却系统中循环水的氨氮指标应小于 1mg/L。

② 加氯消毒时管末梢值。

附录 5　《城市污水再生利用 地下水回灌水质》
(GB/T 19772—2005)

附表 5-1　城市污水再生水地下水回灌基本控制项目及限值

序号	基本控制项目	单位	地表回灌①	井灌
1	色度	稀释倍数	30	15
2	浊度	NTU	10	5
3	pH 值	—	6.5～8.5	6.5～8.5
4	总硬度(以 $CaCO_3$ 计)	mg/L	450	450
5	溶解性总固体	mg/L	1000	1000
6	硫酸盐	mg/L	250	250
7	氯化物	mg/L	250	250
8	挥发酚类(以苯酚计)	mg/L	0.5	0.002
9	阴离子表面活性剂	mg/L	0.3	0.3
10	化学需氧量(COD)	mg/L	40	15
11	五日生化需氧量(BOD_5)	mg/L	10	4
12	硝酸盐(以 N 计)	mg/L	15	15
13	亚硝酸盐(以 N 计)	mg/L	0.02	0.02
14	氨氮(以 N 计)	mg/L	1.0	0.2
15	总磷(以 P 计)	mg/L	1.0	1.0
16	动植物油	mg/L	0.5	0.05
17	石油类	mg/L	0.5	0.05
18	氰化物	mg/L	0.05	0.05
19	硫化物	mg/L	0.2	0.2
20	氟化物	mg/L	1.0	1.0
21	粪大肠菌群数	个/L	1000	3

① 表层黏性土厚度不宜小于 1m，若小于 1m 按井灌要求执行。

附表 5-2　城市污水再生水地下水回灌选择控制项目及限值

序号	选择控制项目	限值	序号	选择控制项目	限值
1	总汞	0.001	27	三氯乙烯	0.07
2	烷基汞	不得检出	28	四氯乙烯	0.04
3	总镉	0.01	29	苯	0.01
4	六价铬	0.05	30	甲苯	0.7
5	总砷	0.05	31	二甲苯①	0.5
6	总铅	0.05	32	乙苯	0.3
7	总镍	0.05	33	氯苯	0.3
8	总铍	0.0002	34	1,4-二氯苯	0.3
9	总银	0.05	35	1,2-二氯苯	1.0
10	总铜	1.0	36	硝基氯苯②	0.05
11	总锌	1.0	37	2,4-二硝基氯苯	0.5
12	总锰	0.1	38	2,4-二氯苯酚	0.093
13	总硒	0.01	39	2,4,6-三氯苯酚	0.2
14	总铁	0.3	40	邻苯二甲酸二丁酯	0.003
15	总钡	1.0	41	邻苯二甲酸二(2-乙基己基)酯	0.008
16	苯并[a]芘	0.00001	42	丙烯腈	0.1
17	甲醛	0.9	43	滴滴涕	0.001
18	苯胺	0.1	44	六六六	0.005
19	硝基苯	0.017	45	六氯苯	0.05
20	马拉硫磷	0.05	46	七氯	0.0004
21	乐果	0.08	47	林丹	0.002
22	对硫磷	0.003	48	三氯乙醛	0.01
23	甲基对硫磷	0.002	49	丙烯醛	0.1
24	五氯酚	0.009	50	硼	0.5
25	三氯甲烷	0.06	51	总 α 放射性	0.1
26	四氯化碳	0.002	52	总 β 放射性	1

① 二甲苯：指对-二甲苯、间-二甲苯、邻-二甲苯。

② 硝基氯苯：指对-硝基氯苯、间-硝基氯苯、邻-硝基氯苯。

注：除 51、52 项的单位是 Bq/L 外，其他项目的单位均为 mg/L。

附录 6　《城市污水再生利用 农田灌溉用水水质》
(GB 20922—2007)

附表 6-1　基本控制项目及水质指标最大限值（mg/L）

序号	基本控制项目	灌溉作物类型			
		纤维作物	旱地谷物 油料作物	水田谷物	露地蔬菜
1	生化需氧量（BOD$_5$）	100	80	60	40
2	化学需氧量（COD$_{Cr}$）	200	180	150	100
3	悬浮物（SS）	100	90	80	60
4	溶解氧（DO）　≥	—	0.5		
5	pH 值（无量纲）	5.5～8.5			

序号	基本控制项目	灌溉作物类型			
		纤维作物	旱地谷物 油料作物	水田谷物	露地蔬菜
6	溶解性总固体(TDS)	非盐碱地地区 1000,盐碱地地区 2000			1000
7	氯化物	350			
8	硫化物	1.0			
9	余氯	1.5		1.0	
10	石油类	10		5.0	1.0
11	挥发酚	1.0			
12	阴离子表面活性剂(LAS)	8.0		5.0	
13	汞	0.001			
14	镉	0.01			
15	砷	0.1		0.05	
16	铬(六价)	0.1			
17	铅	0.2			
18	粪大肠菌群数/(个/L)	40000			20000
19	蛔虫卵数/(个/L)	2			

附表 6-2 选择控制项目及水质指标最大限值 (mg/L)

序 号	选择控制项目	限 值	序 号	选择控制项目	限 值
1	铍	0.002	10	锌	2.0
2	钴	1.0	11	硼	1.0
3	铜	1.0	12	钒	0.1
4	氟化物	2.0	13	氰化物	0.5
5	铁	1.5	14	三氯乙醛	0.5
6	锰	0.3	15	丙烯醛	0.5
7	钼	0.5	16	甲醛	1.0
8	镍	0.1	17	苯	2.5
9	硒	0.02			

附录 7 《农田灌溉水质标准》 (GB 5084—2021)

附表 7-1 农田灌溉水质基本控制项目限值

序号	项目类别		作物种类		
			水田作物	旱地作物	蔬菜
1	pH 值		5.5～8.5		
2	水温/℃	≤	35		
3	悬浮物/(mg/L)	≤	80	100	60[①],15[②]
4	五日生化需氧量(BOD₅)/(mg/L)	≤	60	100	40[①],15[②]
5	化学需氧量(COD_Cr)/(mg/L)	≤	150	200	100[①],60[②]
6	阴离子表面活性剂/(mg/L)	≤	5	8	5
7	氯化物(以 Cl⁻ 计)/(mg/L)	≤	350		

序号	项目类别		作物种类		
			水田作物	旱地作物	蔬菜
8	硫化物(以 S²⁻ 计)/(mg/L)	≤	1		
9	全盐量/(mg/L)	≤	1000(非盐碱土地区),2000(盐碱土地区)		
10	总铅/(mg/L)	≤	0.2		
11	总镉/(mg/L)	≤	0.01		
12	铬(六价)/(mg/L)	≤	0.1		
13	总汞/(mg/L)	≤	0.001		
14	总砷/(mg/L)	≤	0.05	0.1	0.05
15	粪大肠菌群数/(MPN/L)	≤	40000	40000	20000①,10000②
16	蛔虫卵数/(个/10L)	≤	20		20①,10②

① 加工、烹调及去皮蔬菜。

② 生食类蔬菜、瓜类和草本水果。

附表 7-2 农田灌溉水质选择控制项目限值

序号	项目类别		作物种类		
			水田作物	旱地作物	蔬菜
1	氰化物(以 CN⁻ 计)/(mg/L)	≤	0.5		
2	氟化物(以 F⁻ 计)/(mg/L)	≤	2(一般地区),3(高氟区)		
3	石油类/(mg/L)	≤	5	10	1
4	挥发酚/(mg/L)	≤	1		
5	总铜/(mg/L)	≤	0.5	1	
6	总锌/(mg/L)	≤	2		
7	总镍/(mg/L)	≤	0.2		
8	硒/(mg/L)	≤	0.02		
9	硼/(mg/L)	≤	1①,2②,3③		
10	苯/(mg/L)	≤	2.5		
11	甲苯/(mg/L)	≤	0.7		
12	二甲苯/(mg/L)	≤	0.5		
13	异丙苯/(mg/L)	≤	0.25		
14	苯胺/(mg/L)	≤	0.5		
15	三氯乙醛/(mg/L)	≤	1	0.5	
16	丙烯醛/(mg/L)	≤	0.5		
17	氯苯/(mg/L)	≤	0.3		
18	1,2-二氯苯/(mg/L)	≤	1.0		
19	1,4-二氯苯/(mg/L)	≤	0.4		
20	硝基苯/(mg/L)	≤	2.0		

① 对硼敏感作物,如黄瓜、豆类、马铃薯、笋瓜、韭菜、洋葱、柑橘等。

② 对硼耐受性较强的作物,如小麦、玉米、青椒、小白菜、葱等。

③ 对硼耐受性强的作物,如水稻、萝卜、油菜、甘蓝等。

附录8 《水回用导则 再生水厂水质管理》 (GB/T 41016—2021)

附表8 再生水厂风险分析与关键控制点（HACCP）体系水质管理措施示例

关键控制点（CCP）	再生水厂主要环节	风险因子或事件	监控指标、设备和频率		纠正和验证措施
			水质指标	关键控制参数	
CCP1	进水口	进水水质超标	化学需氧量（COD$_{Cr}$）、悬浮物（SS）、浊度等	pH、温度、COD$_{Cr}$、SS、氨氮（NH$_3$-N）、电导率等	①调查水质超标的原因；若进水为污水，宜加强源头控制；若进水为二级出水，宜通知上游污水处理厂；②若继续进水宜调整污水再生处理工艺和运行参数
CCP2	生物反应池	污水含大量泡沫、污泥膨胀	温度、pH、溶解氧（DO）、氧化还原电位（ORP）、五日生化需氧量（BOD）、总氮（TN）、总磷（TP）等	水力停留时间、有机负荷、水力负荷、气水比、混合液悬浮固体浓度（MLSS）、混合液挥发性悬浮固体浓度（MLVSS）、污泥回流比等	①采取水喷淋、投加消泡剂等消除泡沫措施；②投加絮凝剂、消毒剂等药剂，调节进水有机负荷，加大污泥回流量
CCP3	絮凝池/沉淀池	出水浊度超标、絮体沉积、泥渣沉积、藻类滋生	浊度、SS等	浊度、SS、药剂投加量、泥位计等	①优化药剂选型、调整加药量、搅拌强度、排泥频次等；②采取避光设施，当藻类较多时，可采用机械或药剂控藻
CCP4	介质过滤滤池	出水浑浊、滤料泄漏、结构破坏	浊度、SS等	浊度、SS、水力负荷、反冲洗强度、滤料膨胀率等	①调整滤层滤料、厚度、滤速等；②调整反冲洗方式、强度、周期等
CCP5	硝化生物滤池	滤床堵塞	浊度、SS、温度、COD$_{Cr}$、DO、TN、NH$_3$-N、ORP等	浊度、SS、滤速、容积负荷、反冲洗强度、滤料膨胀率等	①观察滤料表面生物膜的颜色、状态、气味等的变化情况；②调整滤层滤料、厚度等；③调整反冲洗方式、强度、周期等；④调整布气方式、曝气量等；⑤定期清理滤头、出水堰等设备、设施上的淤积物
CCP6	反硝化生物滤池	滤池进水C/N值低、滤床堵塞	浊度、SS、温度、COD$_{Cr}$、DO、TN、硝酸盐氮（NO$_3$-N）、ORP等	浊度、SS、滤速、容积负荷、碳源投加量、反冲洗强度滤料膨胀率等	①观察滤料表面生物膜的颜色、状态、气味等的变化情况；②调整滤层滤料、厚度等；③调整反冲洗方式、强度、周期等；④调整碳源投加量等

关键控制点（CCP）	再生水厂主要环节	风险因子或事件	监控指标、设备和频率		纠正和验证措施
			水质指标	关键控制参数	
CCP7	膜过滤系统	膜污染、膜破裂、膜断丝	浊度、SS、温度、pH、总有机碳（TOC）等	浊度、SS、温度、pH、操作压力、膜通量、跨膜压差、电导率、淤泥密度指数（SDI）、反冲洗周期、反冲洗时间、曝气强度、化学清洗周期等	①优化清洗方式、清洗程序等；②定期进行膜单元完整性测试、膜性能检测及评价、补膜、更换膜组件
CCP8	臭氧接触池	臭氧气体泄漏、出水色度过高、嗅味问题	色度、余臭氧浓度等	臭氧投加量、接触时间等	①定期检查系统管路和臭氧尾气破坏装置运行状况；②调整臭氧投加量
CCP9	消毒池	消毒单元失效、病原微生物浓度超标	pH、温度、浊度、电导率、病原指示微生物浓度等	pH、温度、浊度、消毒剂剂量、消毒剂余量、接触时间等	①定期检查臭氧发生器运行状况；②定期检查加氯系统设备、管路，调整有效氯投加量；③定期检查紫外灯强度、灯管状态、清洗方式和清洗频率，提高紫外线透光率
CCP10	清水池	病原微生物复活和再生长、藻类滋生	浊度、余氯浓度等	浊度、氯投加量、余氯浓度等	①调整氯投加量；②采取避光设施
CCP11	出水口	水质异常、检验结果连续超标	pH、色度、浊度、SS、DO、BOD、COD$_{Cr}$、TN、NH$_3$-N、TP、总大肠菌群数（TC）、粪大肠菌群数（FC）、余氯浓度等	常规指标以及针对再生水不同利用途径选用的特征指标	①加大检测频率、增加监测点、监测指标和调整处理工艺；②及时沟通上报

参 考 文 献

[1] GB 50014—2021. 室外排水设计标准 [S]. 北京：中国计划出版社，2021.

[2] GB 50013—2018. 室外给水设计标准 [S]. 北京：中国计划出版社，2018.

[3] 崔玉川，员建，陈宏平，等. 给水厂处理设施设计计算 [M]. 3 版. 北京：化学工业出版社，2019.

[4] 刘振江，崔玉川，陈宏平，等. 城市污水厂处理设施设计计算 [M]. 3 版. 北京：化学工业出版社，2018.

[5] 苏冰琴，崔玉川. 水质处理新技术 [M]. 北京：化学工业出版社，2022.

[6] 崔玉川. 水的除盐方法与工程应用 [M]. 北京：化学工业出版社，2009.

[7] 宋秀兰. 过硫酸盐高级氧化技术在水处理中的应用. 北京：化学工业出版社，2019.

[8] 刘建林，谢杰. 膜芬顿技术在污水深度处理中的应用 [J]. 中国给水排水，2020，(22).

[9] 杨凡. 污水深度处理中滤布滤池型式分类浅析 [J]. 中国市政工程，2013，(2).

[10] GB/T 41016—2021. 水回用导则再生水厂水质管理 [S]. 北京：中国标准出版社，2021.

[11] GB/T 41017—2021. 水回用导则污水再生处理技术与工艺评价方法 [S]. 北京：中国标准出版社，2021.

[12] GB/T 41018—2021. 水回用导则再生水分级 [S]. 北京：中国标准出版社，2021.

[13] GB 50335—2016. 城镇污水再生利用工程设计规范 [S]. 北京：中国建筑工业出版社，2017.

[14] CECS 114：2000. 氧气曝气设计规程 [S]. 北京：中国工程建设标准化协会，2000.

[15] CECS 112：2000. 氧化沟设计规程 [S]. 北京：中国工程建设标准化协会，2000.

[16] CECS 265：2023. 曝气生物滤池工程技术规程 [S]. 北京：中国计划出版社，2023.

[17] HJ 578—2010. 氧化沟活性污泥法污水处理工程技术规范 [S]. 北京：中国环境科学出版社，2011.

[18] HJ 2009—2011. 生物接触氧化法污水处理工程技术规范 [S]. 北京：中国环境科学出版社，2011.

[19] HJ 576—2010. 厌氧缺氧好氧活性污泥法污水处理工程技术规范 [S]. 北京：中国环境科学出版社，2010.

[20] GB/T 50109—2014. 工业用水软化除盐设计规范 [S]. 北京：中国计划出版社，2014.

[21] GB 8537—2018. 食品安全国家标准 饮用天然矿泉水 [S]. 北京：中国标准出版社，2018.

[22] GB 50050—2017. 工业循环冷却水处理设计规范 [S]. 北京：中国计划出版社，2017.

[23] GB/T 18300—2011. 自动控制钠离子交换器技术条件 [S]. 北京：中国标准出版社，2011.

[24] GB 50555—2010. 民用建筑节水设计标准 [S]. 北京：中国建筑工业出版社，2010.

[25] 住房和城乡建设部工程质量安全监管司，中国建筑标准设计研究院. 全国民用建筑工程设计技术措施——给水排水 [M]. 北京：中国计划出版社，2009.

[26] Ronald F Poltak. Sequencing Batch Reactor Design and Operational Considerations [S]. Lowell：New England Interstate Water Pollution Control Commission，2005.

[27] Alberta Environment. Recommended Standards and Guidelines for Construction，Operation，and Monitoring of Septage Management Facilities [S]. Lowell：New England Interstate Water Pollution Control Commission，2005.

[28] Alberta Environment. Authorization to Dispose of Domestic Wastewater [S]. Edmonton：Alberta Environment，2000.

[29] Great Lakes-Upper Mississippi River Board of State and Provincial Public Health and Environmental Managers. Recommended Standards for Wastewater Facilities [S]. New York：Health Education Services，1997.

[30] GB 18918—2016. 城镇污水处理厂污染物排放标准 [S]. 北京：中国环境科学出版社，2016.

[31] GB 5084—2021. 农田灌溉水质标准 [S]. 北京：中国标准出版社，2021.

[32] GB/T 31962—2015. 污水排入城镇下水道水质标准 [S]. 北京：中国标准出版社，2016.

[33] 严煦世，范瑾初. 给水工程 [M]. 4 版. 北京：中国建筑工业出版社，1999.

[34] 陈宏平，李富成. 汾酒厂污水处理工程的扩建 [J]. 环境工程，2004，22 (1)：73-75.

[35] 陈宏平. 汾酒厂中水回用工程的设计 [J]. 工业水处理，2004，24 (3)：71-73.

[36] 李秀珍，陈宏平. 山西省武乡县污水处理厂工艺设计 [J]. 科技情报开发与经济，2009，19 (3)：165-167.

[37] 陈宏平，樊红辉，李峰. 校园再生水回用工程调试 [J]. 中国给水排水，2011，27 (6)：97-99.

[38] 陈宏平，李峰，樊红辉. 校园再生水回用工程设计 [J]. 再生资源与循环经济，2011，4 (12)：26-27.

[39] 李纯，孙艳艳，申红艳，等. 国外再生水回用政策及对我国的启示研究 [J]. 环境科学与技术，2010，33 (12F)：626-627.

[40] Nancy Yoshi kawa. Water Recycling And Reuse：The Environmental Benefits [DB/OL]. Water Division Region IX -EPA 909-F-98-001.

[41] Guidelines for Water Re use. US EPA Office of Technology Transfer and Regulatory Support [DB/OL]. EPA/625/R-92/004. September 1992.

[42] Smith，Dennis CH2M Hill. Recycled Water Project Implementation Strategies Technical Memorandum [DB/OL]. The United States Bureau of Reclamation. March 2004.

[43] State of Florida. 2003. Water Reuse for Florida-Strategies for Effective Use of Reclaimed Water. Department of Environmental Protection. Retrieved August 29，2003 from http://www. dep. state. fl. us/water/reuse/docs/valued_resource_Final％20Report. pdf.

[44] 任素英. FLECK 全自动软水器的应用 [J]. 科技情报开发与经济，2006，16 (13)：293-294.

[45] 谢斌. 南钢软水站设备设计选型简介 [J]. 给水排水，2001，27 (5)：51-52.

[46] 李春华. 石灰软化工艺中若干问题的探讨 [J]. 水处理技术，1993，19 (5)：297-299.

[47] 李华，张尊举，王秀丽，等. UBAF-CMF 用于生活污水的处理和回用 [J]. 环境科学与管理，2007，32 (3)：124-126.

[48] 安兴才，王庚平，吕建国. 连续微滤深度处理炼化废水的应用研究 [J]. 工业水处理，2007，27 (11)：45-48.

[49] 汪大翚，雷乐成. 水处理新技术及工程设计 [M]. 北京：化学工业出版社，2001.

[50] 雷乐成，杨岳平，汪大翚，等. 污水回用新技术及工程设计 [M]. 北京：化学工业出版社，2002.

[51] 韩剑宏，于玲红，张克峰. 中水回用技术及工程实例 [M]. 北京：化学工业出版社，2004.

[52] 田刚，蒋蒙宾，石爱敏. 微滤膜在污水回用中的应用及其污染和清洗 [J]. 华北水利水电学院学报，2007，28 (5)：71-73.

[53] HJ 2010—2011. 膜生物法污水处理工程技术规范 [S]. 北京：中国环境科学出版社，2012.

[54] HJ 2014—2012. 生物滤池法污水处理工程技术规范 [S]. 北京：中国环境科学出版社，2012.

[55] Brosler Priscilla, Girão Ana V., Silva Rui F., et al. Electrochemical Advanced Oxidation Processes Using Diamond Technology: A Critical Review [J]. Environments. 2023, 10 (2): 15.

[56] WANG J, SUN W, XU C, et al. Ozone Degradation of Chloram-phenicol: Efficacy, Products and Toxicity [J]. International Journal of Environmental Technology and Management, 2012, 15 (2): 180-192.

[57] Brough C, Miller D A, Keen J M, et al. Use of Polyvinyl Alcohol as a Solubility-enhancing Polymer for Poorly Water Soluble Drug Delivery (part 1) [J]. AAPS Pharm Sci Tech, 2016, 17 (1): 167-179.

[58] Pal K, Banthia A K, Majumdar D K. Preparation and characterization of polyvinyl alcohol-gelatin hydrogel membranes for biomedical applications [J]. AAPS Pharm Sci Tech, 2007, 8 (1): 21.

[59] Harruddin N, Othman N, Ee Sin A L, et al. Selective Removal and Recovery of Black B Reactive Dye from Simulated Textile Wastewater Using the Supported Liquid Membrane Process [J]. Environmental Technology, 2015, 36 (1-4): 271-280.